高等职业教育课程改革精品教材

课程思政＋互联网＋教育改革新理念教材

信息技术（基础模块）

主编　李　瑛　赵克宝　黄逸凡

上海交通大學出版社
SHANGHAI JIAO TONG UNIVERSITY PRESS

内容提要

本书根据教育部最新颁布的《高等职业教育专科信息技术课程标准（2021 年版）》的要求和内容编写而成。全书共包括 7 个项目，分别为计算机基础知识、文档处理、电子表格处理、演示文稿制作、信息检索、新一代信息技术概述、信息素养与社会责任。学生通过对信息技术知识与技能的学习和应用实践，可增强信息意识，提升计算思维、数字化创新与发展能力，培养正确的信息社会价值观和责任感，从而为职业发展、终身学习和服务社会奠定基础。

本书内容丰富、讲解通俗、趣味性强、配套资源丰富，可作为高等职业教育专科信息技术课程的教材。

图书在版编目（CIP）数据

信息技术 : 基础模块 / 李瑛，赵克宝，黄逸凡主编
. -- 上海 : 上海交通大学出版社，2021.7（2021.9 重印）
ISBN 978-7-313-25188-6

Ⅰ. ①信… Ⅱ. ①李… ②赵… ③黄… Ⅲ. ①电子计算机一高等职业教育一教材 Ⅳ. ①TP3

中国版本图书馆 CIP 数据核字(2021)第 143938 号

信息技术（基础模块）

XINXI JISHU（JICHU MOKUAI）

主　　编：李　瑛　赵克宝　黄逸凡
出版发行：上海交通大学出版社　　地　　址：上海市番禺路 951 号
邮政编码：200030　　电　　话：021-64071208
印　　制：北京京华铭诚工贸有限公司　　经　　销：全国新华书店
开　　本：880mm×1230mm　1/16　　印　　张：17.25
字　　数：419 千字
版　　次：2021 年 7 月第 1 版　　印　　次：2021 年 9 月第 2 次印刷
书　　号：ISBN 978-7-313-25188-6
定　　价：59.80 元

前言 PREFACE

信息技术 基础模块

为贯彻落实《国家职业教育改革实施方案》《职业教育提质培优行动计划（2020—2023 年）》，满足国家信息化发展战略对人才培养的要求，我们根据教育部最新颁布的《高等职业教育专科信息技术课程标准（2021 年版）》的要求和内容组织编写了本教材。

本书特色

（1）课政融合，同向同行：本书秉承课程教育与思想政治教育同向同行的理念，选取能够体现职业素养、工匠精神等理念的案例，将知识技能学习和思政教育完美融合在一起，力求培养高素质、高水准、高技能的专业型人才。

（2）内容丰富，安排合理：本书根据《高等职业教育专科信息技术课程标准（2021 年版）》的要求，结合高等职业专科院校学生的学习水平和能力特点精选内容，可满足学生在校学习和未来职业生涯发展的需要。

（3）项目引领，任务驱动：本书采用以任务为驱动的项目教学方式，将每个项目分解为多个任务，每个任务均包含“任务解读”“体验探究”“必备知识”“实践探索”4 个部分。

- 任务解读：介绍任务的背景情况，让学生对本任务涉及的知识点有一个初步的了解。
- 体验探究：给出生产、生活中的典型案例或应用情境，让学生动手操作或思考探究，帮助学生将生产、生活中遇到的问题与信息技术关联起来，提高学生的学习兴趣。
- 必备知识：讲解本任务中涉及的信息技术相关知识和技能，帮助学生系统掌握理论知识。
- 实践探索：安排一个或多个精心设计的案例，引导学生创作个性化的信息技术应用作品或方案，提升学生的自主学习和创新能力。

（4）体例丰富，趣味性强：本书体例丰富，穿插使用了“小提示”“小技巧”“知识链接”“课外拓展”“课堂互动”等版块，可以丰富学生的阅读体验，活跃课堂气氛，为学生创造一个轻松的学习环境。

（5）及时巩固，强化技能：本书配有能力训练，包含多项实践操作和大量习题，方便学生及时巩固与强化相关知识和技能，检测自己的学习效果。

（6）微课辅助，针对性强：本书紧跟时代步伐，融入“互联网+”思维，采用微课辅助教学。学生可以根据需要，有针对性地通过扫描二维码随时随地观看视频，从而提高学习质量。

（7）配套丰富，易教易学：本书配有丰富的教学资源，既方便教师组织教学，也有利于学生自主学习。书中涉及的所有教学素材及制作的任务实例均已上传，读者可以登录文旌综合教育平台“文旌课堂”（www.wenjingkt.com）下载。

本书编写队伍

本书由李瑛、赵克宝、黄逸凡担任主编，由祝丰菊、吴芳菲、张艳、端木祥慧、蔡芸、禹云、邓爱民、胡晓巍、胡素娟、梁艳玲、周海峰、杨吉才、韦量、卜一川担任副主编，姜丹、于昊参与编写。在编写本书的过程中，编者参阅、借鉴了诸多著作和资料，在此，谨向有关作者表示诚挚的谢意！

由于编者水平有限，书中存在的疏漏及不足之处，恳请各位专家、广大师生及同仁批评指正，以便再版时修订、完善。

本书编委会

主　编　李　瑛　赵克宝　黄逸凡

副主编　祝丰菊　吴芳菲　张　艳　端木祥慧

蔡　芸　禹　云　邓爱民　胡晓巍

胡素娟　梁艳玲　周海峰　杨吉才

韦　量　卜一川

参　编　姜　丹　于　昊

目录 CONTENTS

项目一

计算机基础知识

项目导读

21 世纪是信息化的时代，即时通信、网约车出行、移动支付、远程会议、办公自动化、网络课程等信息技术给人们的生活、工作和学习带来了翻天覆地的变化。计算机技术是信息技术的核心，掌握计算机技术相关知识，正确地选用计算机设备，是我们成为信息社会合格公民的必经之路。

知识目标

了解计算机的产生、发展与应用等基础知识，掌握计算机软硬件系统的组成，了解多媒体技术、计算机病毒及预防，掌握计算机中信息的表示与存储，熟悉 Windows 10 操作系统的特点、视窗元素、文件与文件夹管理等常用操作，了解计算机网络的基本概念，掌握 Internet 基础知识及典型服务。

能力目标

能根据需要选择合适的计算机软硬件，能使用 Windows 10 操作系统的基本技能，能安装与卸载应用程序及驱动程序，能对文件与文件夹进行各种管理操作，能使用浏览器获取 Internet 上的信息与资源及收发邮件等。

思政目标

理解信息技术在现代社会中的作用与价值，关注信息技术对社会形态和个人行为方式带来的影响，自觉弘扬创新精神，增强个体在信息社会的适应力与创造力。

任务一 认识计算机

任务解读

计算机已成为当代人们生活、工作和学习中不可缺少的工具。对学生而言，其各项学习活动（如线上学习、查阅资料、撰写论文等）都需要用到计算机。因此，我们有必要掌握一定的计算机基础知识。

在本任务中，我们首先对某学生个人计算机的配置需求进行分析；然后学习计算机的产生与发展、特点与分类、应用领域、计算机软硬件系统、多媒体技术和计算机病毒及预防；最后学习组装个人计算机的方法。

体验探究——个人计算机需求分析

李明哲是某商务职业学院的新生，考虑到今后学习上的需要，他想购买一台适合自己的个人计算机。但市面上琳琅满目的计算机配置、种类繁多的计算机配件、目不暇接的促销活动、褒贬不一的产品评价却让他陷入了难以抉择的窘境之中。

于是，李明哲找到了在电脑城工作的朋友寻求帮助。朋友建议他自行购买计算机配件，然后会指导他用这些配件组装成一台个人计算机，这样既能节省成本，还能学到很多计算机知识。李明哲欣然同意。

根据李明哲的用机需求，朋友首先帮助他对计算机的主要配件进行了分析。

（1）CPU。对于普通学习用机，英特尔的酷睿 i3 或 i5 处理器即可满足要求。

（2）主板。支持所购 CPU 的主流主板即可。

（3）内存。当同时打开多个窗口时，会造成计算机的系统可用资源急剧减少，计算机的运行速度也会越来越慢，这其中的关键就是内存资源的不足。因此，配置 8 GB 内存即可满足需要。

（4）显卡。对于不玩游戏或不进行图像、多媒体处理的普通学习用机，集成显卡就能满足需要，无须选用独立显卡。

（5）硬盘。由于普通文档和视频占用的存储空间不大，因此购买一块 1 TB 的硬盘即可满足需要。另外，为了加快计算机软件的加载和运行速度，可再购买一块 128 G 或 256 G 的固态硬盘，用于安装操作系统和常用软件。

（6）显示器。普通学习用机对显示器的要求不高，因此购买一款外观漂亮的 TN 面板显示器即可。

（7）鼠标、键盘。普通学习用机对鼠标和键盘的精度要求不高，因此常规鼠标和键盘即可满足需要。

看着朋友如数家珍地说出了各种计算机配件的参数，李明哲在赞叹不已的同时也暗暗下定决心，一定要深入了解计算机的相关知识，让自己也变成计算机“达人”。

课堂互动

请参考上述方法，分析自身计算机配置需求。

必备知识

一、计算机概述

计算机是一种能对各种信息进行存储和高速处理的电子机器。

1. 计算机的产生与发展

1946年2月，世界上公认的第一台通用电子计算机即电子数字积分计算机（electronic numerical integrator and computer，ENIAC）诞生于美国宾夕法尼亚大学，其外观如图1-1所示。它采用电子管作为基本元器件，全机大约用了18 000个电子管、1 500个继电器、10 000个电容器、70 000个电阻器，占地170平方米，重30吨，每小时耗电150千瓦，每秒能进行5 000次加法运算。

图1-1　第一台通用电子计算机ENIAC

扫一扫

计算机概述

ENIAC的诞生奠定了电子计算机的发展基础，开辟了信息时代。自ENIAC诞生以来，计算机技术获得了迅猛发展。根据所用元器件的不同，计算机经历了电子管、晶体管、中小规模集成电路、大规模及超大规模集成电路4个发展阶段，如表1-1所示。

表1-1　计算机的发展阶段及其特点

发展阶段	起止年份	主要元器件	主存储器	特　点	主要应用
第一代	1946—1957年	电子管	汞延迟线或磁鼓	体积庞大、功耗大、运算速度慢、可靠性差、价格昂贵	科学计算
第二代	1958—1964年	晶体管	磁芯	体积、功耗减小，运算速度及可靠性提高，价格下降，出现了高级语言	科学计算、工业控制等
第三代	1965—1970年	中小规模集成电路	半导体	体积、功耗进一步减小，运算速度及可靠性进一步提高，操作系统逐渐成熟，出现了多种应用软件	科学计算、文字处理、图形图像处理等
第四代	1971年至今	大规模及超大规模集成电路	集成度更高的半导体	性能大幅度提高，价格大幅度下降，编程语言和软件丰富多彩，外围设备多样化、系列化	渗透到社会的各个领域

在第四代计算机发展过程中，最重要的成就之一表现在中央处理器的体积不断减小、集成度不断提高、运算速度越来越快，计算机向微型机方向发展，并逐渐走进办公室、学校及普通家庭。

2．计算机的特点

（1）运算速度快。目前计算机的最高运算速度已超过 40 亿亿次每秒，意味着过去需要几年甚至几十年才能完成的任务，现在只需要几分钟即可完成，这极大地提高了工作效率。随着科学技术的发展，计算机的运算速度还在不断提高。

（2）计算精度高。计算机的计算精度取决于机器的字长，字长越长，精度越高。不同型号的计算机字长不同，有 8 位、16 位、32 位、64 位等，目前较流行的计算机大多为 64 位字长。

（3）存储功能强。计算机能存储大量的数字、文字、图像、视频和音频等信息。此外，计算机强大的存储能力还表现在“持久”方面，即无论是哪种形式的数据，计算机都能长期保存。

（4）具有逻辑判断能力。除计算能力外，计算机具有逻辑运算能力，能对信息进行识别、比较、判断等。高级计算机还具有推理、诊断和联想等模拟人类思维的能力。

（5）自动化程度高。计算机内部的运算都是在程序的控制之下自动完成的，人们只需按照需求编写正确的程序，计算机就可以按照程序的指令要求，自动完成指定的任务。在此过程中，不需要人工干预。

3．计算机的分类

根据规模大小和功能强弱，计算机可分为巨型计算机、大型计算机、小型计算机和微型计算机等。

（1）巨型计算机。巨型计算机（简称巨型机）也称超级计算机，具有极高的性能和极大的规模，价格昂贵，主要用于航天、气象、地质勘探等尖端科技领域。巨型计算机的研发和生产是一个国家科技实力的体现，我国是世界上少数几个能生产巨型计算机的国家之一，成功研制了“银河”“曙光”“天河”“神威”等巨型计算机。在 2020 年公布的全球超级计算机运算速度排名列表中，中国的“神威 · 太湖之光”（见图 1-2）排名第四，“天河二号”紧跟其后排名第五。

图 1-2　“神威 · 太湖之光”巨型计算机

（2）大型计算机。大型计算机（简称大型机）虽然在量级上不及巨型计算机，但也有很高的运算速度和很大的存储量，适用于政府部门或大型企业（如银行），主要用于复杂事务处理、海量信息管理、大型数据库管理和数据通信等。目前，生产大型机的厂商主要有美国的 IBM 公司和 DEC 公司，以及日本的富士通公司等。

（3）小型计算机。小型计算机（简称小型机）的规模比大型机小，但仍能支持十几个用户同时使用。其特点是结构简单、可靠性高和维护费用低。目前，小型机已逐渐被微机取代。

（4）微型计算机。微型计算机（简称微机）是当今使用最广泛的一类计算机，其特点是体积小、功耗低、功能多、性价比高。按结构和性能的不同，微机又可分为单片机、单板机、个人计算机（PC）、工作站和服务器等几种类型。其中，个人计算机包括台式计算机、笔记本电脑、一体机和平板电脑等类型，如图 1-3 所示。

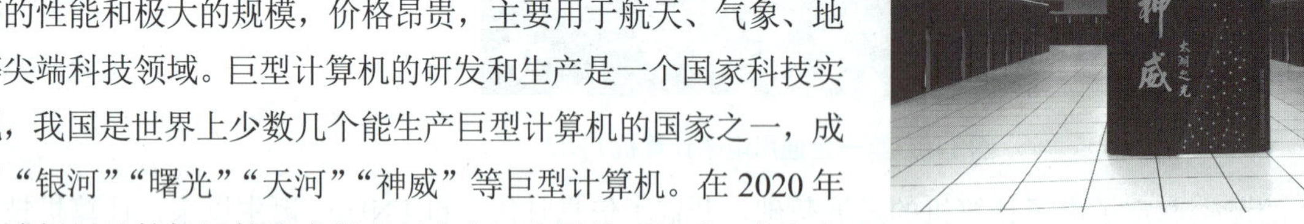

图 1-3　个人计算机

4．计算机的应用领域

计算机问世之初，主要用于数值计算，因此得名“计算机”。但随着计算机技术的迅猛发展，它的应用已渗透到社会的各个领域，正在改变着人们的工作、学习和生活方式，推动着社会的发展。归纳起来，计算机的应用领域主要有以下几个方面。

（1）科学运算。科学运算是计算机最早的应用领域。计算机不仅具有非常高的运算速度和精度，而且具有强大的信息存储能力，使人们能够既快速又准确地完成各类复杂的运算，从而大大提高了工作效率。例如，气象预报需要求解描述大气运动规律的微分方程，发射导弹需要求解导弹弹道曲线方程，这些都要通过计算机高速而精确的计算才能完成。

（2）数据处理。数据处理是指对各种数据进行收集、存储、整理、分类、统计、加工、利用、传播等一系列活动的统称，如企业的生产管理、学校的学籍管理、奥运会上的成绩统计、新闻采集与发布等。图 1-4 为某企业的信息管理系统。

（3）过程控制。过程控制是指利用计算机检测生产过程或其他过程，并自动控制设备的运行状态。利用计算机进行过程控制，无须人工干预，可以有效提高生产的自动化水平，从而改善劳动条件、提高产品质量及合格率等。例如，在汽车工业方面，利用计算机控制机床，进而控制整个装配流水线，可以实现高精度、复杂形状零件的自动化加工。

（4）计算机辅助。计算机辅助主要包括计算机辅助设计（CAD）、计算机辅助制造（CAM）和计算机辅助教学（CAI），分别用于帮助人们进行工程设计、管理生产过程和完成教学任务等。例如，京沪高速铁路的效果图设计、模具设计、服装设计、三维动画设计等，都能利用计算机提高设计速度、缩短设计周期、保证设计质量，从而更好地节省人力、物力、财力，进一步解放生产力。图 1-5 为利用计算机设计的建筑效果图。

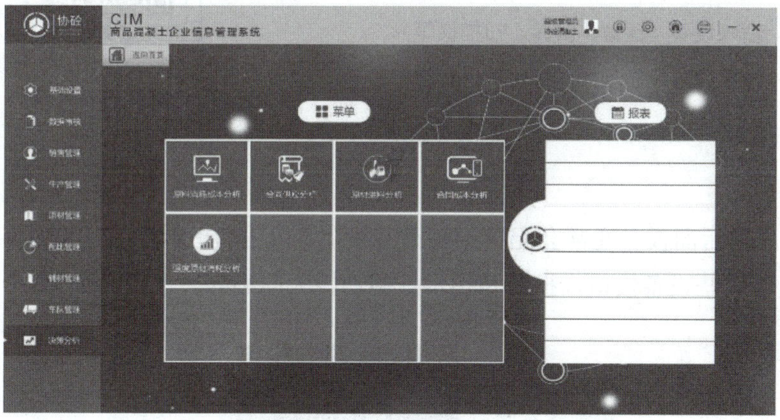

图 1-4　某企业的信息管理系统

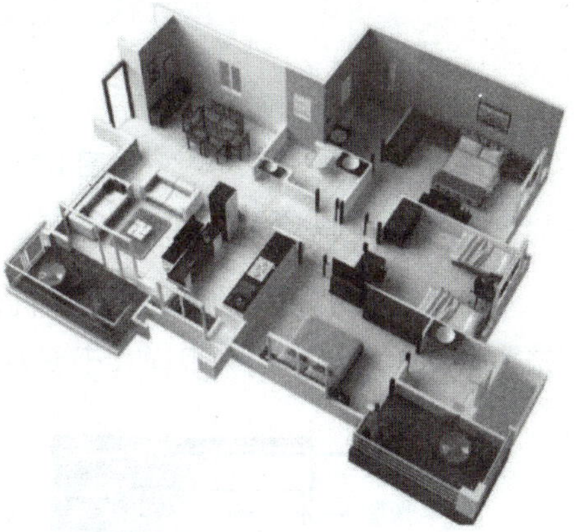
图 1-5　利用计算机设计的建筑效果图

（5）多媒体应用。多媒体是文本、图形、图片、音频、动画和视频等多种媒体的总称。近年来，多媒体技术广泛应用于医疗、教育、商业、军事和出版等领域。图 1-6 为某剃须刀产品的多媒体广告截图。

（6）人工智能。人工智能（artificial intelligence，AI）是指让计算机模拟人类的某些智力能力，使其具有人的感知能力和思维能力。人工智能是计算机应用的新领域，虽然这方面的很多研究和应用尚处于发展阶段，但其在医疗诊断、定理证明、语言翻译、机器人等方面已有了显著成效。图 1-7 为利用人工智能技术研制的机器人。

（7）计算机网络。计算机网络是现代计算机技术与通信技术高度发展和密切结合的产物。它利用通信设备和线路将地理位置不同、功能独立的多个计算机系统互连起来，实现网络中的资源共享和信息传递。例如，世界最大的计算机网络因特网（Internet）把整个世界变成一个小小的“地球村”，人们可以方便地在网上查询信息、下载资源、通信、学习、娱乐和买卖东西等。

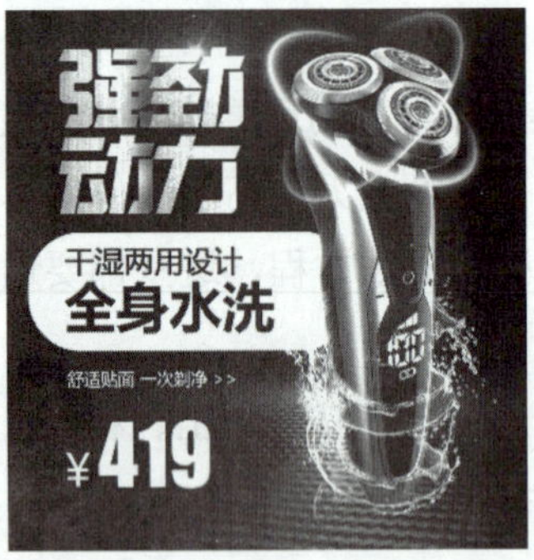

图 1-6　利用多媒体技术制作的广告

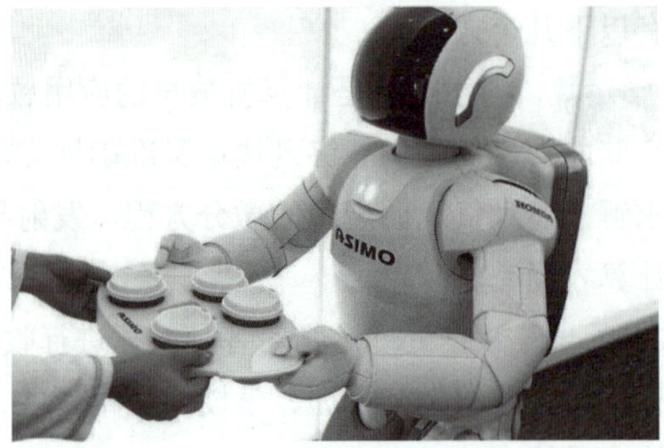

图 1-7　利用人工智能技术研制的机器人

二、计算机硬件系统

计算机硬件系统是指在计算机系统中看得见、摸得着的物理装置，其组成如图 1-8 所示。

- 计算机硬件系统
  - 主机
    - CPU
      - 运算器
      - 控制器
    - 内存储器
      - 只读存储器（ROM）
      - 随机存储器（RAM）
  - 外部设备
    - 外存储器（硬盘、光盘、U 盘等）
    - 输入设备（键盘、鼠标、扫描仪等）
    - 输出设备（显示器、打印机、音箱等）

图 1-8　计算机硬件系统的组成

扫一扫

计算机硬件系统

1. 主机

主机是计算机硬件的核心。在主机机箱的前后面板上通常会配置一些设备接口、按钮和指示灯等，如图 1-9 所示。虽然主机机箱的外观样式千变万化，但这些设备接口、按钮和指示灯的功能大同小异。

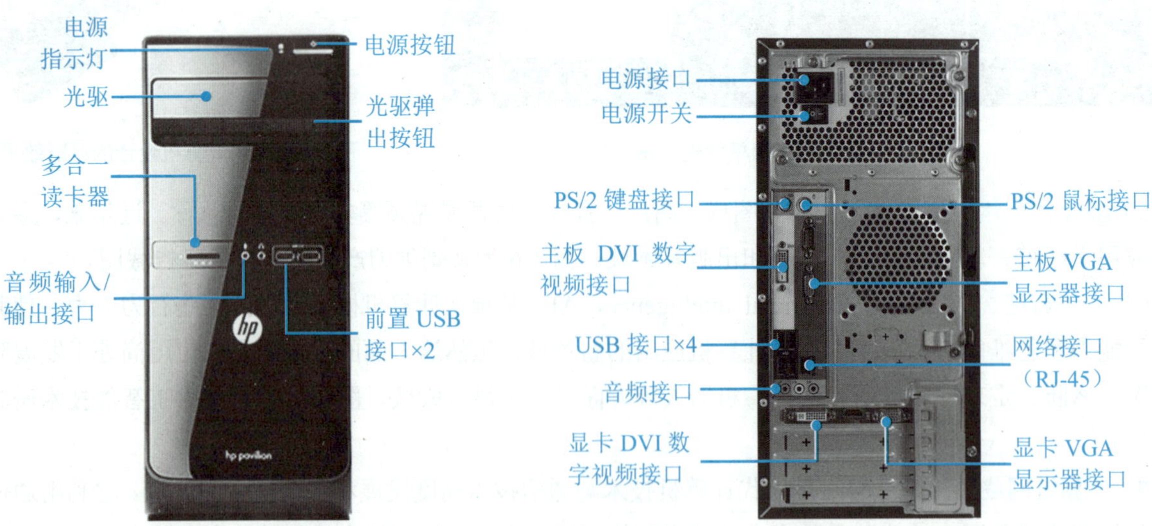

图 1-9　主机机箱前后面板

在主机机箱中还安装着微型计算机的大部分重要硬件设备，包括主板、CPU、内存储器、各种板卡、电源及各种连线等。

（1）主板。主板又称母板，是一块印刷电路板。它是计算机中其他组件的载体，在各组件中起着协调工作的作用，如图 1-10 所示。主板主要由 CPU 插槽、总线及总线扩展槽（如内存插槽、显卡插槽）、输入/输出（I/O）接口、电池及各种集成电路等组成。

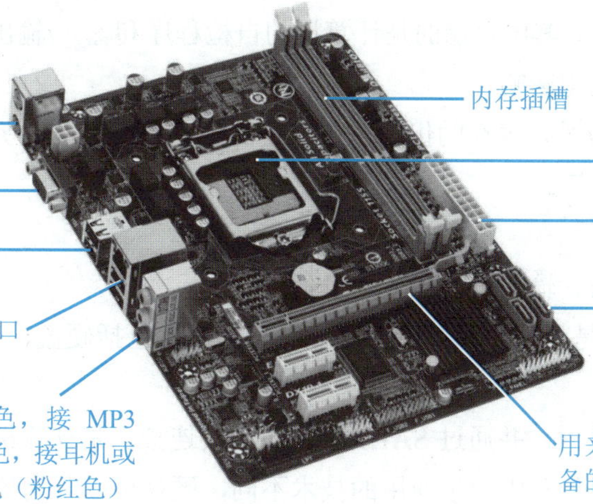

图 1-10 主板

- **总线和总线扩展槽：**总线用于在计算机的各个部件之间传输信息；总线扩展槽用来连接计算机的内存、显卡等部件。总线按传输信息的不同分为数据总线、地址总线和控制总线，分别用来在设备之间传输数据、地址和控制信息。
- **输入/输出（I/O）接口：**主要用来连接计算机的各种外部设备，包括 PS/2 接口和 USB 接口等。其中，USB 接口是计算机中最常用的接口，可以用来连接键盘、鼠标、打印机、扫描仪、摄像机、数码相机、U 盘等设备，具有数据传输速度快、可热插拔（即在开机状态下插拔设备）等优点。

（2）CPU。CPU 即中央处理器，其外观如图 1-11 所示。它由控制器和运算器组成，是计算机最核心的组成部分，负责整个系统的协调、控制及运算。其中，运算器的作用是执行指令进行算术运算和逻辑运算；控制器的作用是控制计算机各部件协调地工作。

CPU 的速度主要取决于主频、核心数和高速缓存容量。主频一般以 GHz 为单位，表示每秒运算的次数。主频越高，计算机的运算速度越快。例如，采用酷睿 3.0 GHz 处理器的计算机要快于采用酷睿 2.0 GHz 处理器的计算机。

（3）内存储器。内存储器（简称内存）用于暂时存放需要 CPU 处理的数据，其外观如图 1-12 所示。计算机在处理数据时，首先需要将数据从外存储器（如硬盘）中调入内存，然后才能由 CPU 处理。显然，内存容量越大，频率越高，CPU 在同一时间内处理的信息量就越大，计算机的性能就越好。

图 1-11 CPU

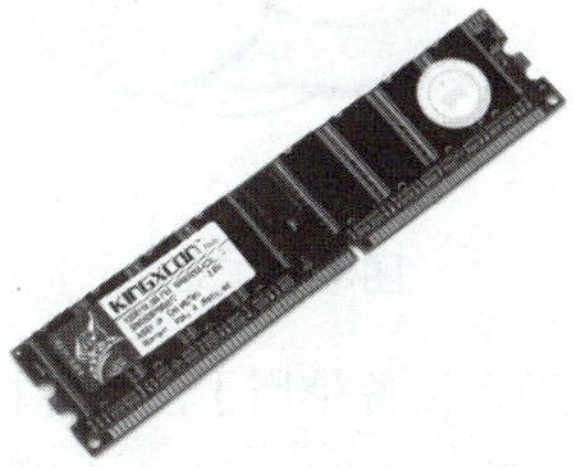
图 1-12 内存

内存储器根据其作用的不同又分为随机存储器（RAM）和只读存储器（ROM）。

➢ **随机存储器（RAM）**：通常说的内存就是随机存储器（RAM），其特点是可读可写，主要用于临时存储程序和数据，关机后在其中存储的信息会自动消失。

➢ **只读存储器（ROM）**：它的特点是只能读出信息，不能写入信息。只读存储器（ROM）通常是厂家固化在主板上的一块芯片，其中存储的是计算机的自检程序和输入/输出程序等系统服务程序，这些信息可以永久保存而不受断电影响。

在计算机中，除 CPU、主板外，内存的优劣与容量是决定计算机性能的另一个重要因素。目前，主流内存的容量有 4 GB、8 GB 和 16 GB 等。

2. 外部设备

外部设备主要包括外存储器、输入设备和输出设备。

（1）外存储器。外存储器是指除计算机内存以外的存储器，包括硬盘、光盘和 U 盘等，是计算机的辅助存储设备。

➢ **硬盘**：固定在主机机箱内，并通过 SATA 接口与主板连接，是计算机中最主要的外存储器，计算机中的大多数文件都存储在硬盘中。按使用的技术不同，硬盘可以分为传统的机械硬盘（见图 1-13）和新型的固态硬盘（见图 1-14）。与机械硬盘相比，固态硬盘具有体积小、重量轻、速度快、发热低、抗震性强、适应温度范围广、长期使用性能衰减低等优点，但容量偏小，单位容量价格高。

图 1-13　机械硬盘

图 1-14　固态硬盘

➢ **光盘**：是利用激光原理进行读写的辅助存储设备，如图 1-15 所示。光盘需要光驱来读取/写入内容。目前市面上的光驱产品主要有 DVD 光驱、DVD 刻录机、蓝光 COMBO 和蓝光刻录机等。

➢ **U 盘**：是目前应用较广泛的移动存储设备，如图 1-16 所示。它比硬盘更便于携带，比光盘存取速度快。U 盘通过 USB 接口与计算机相连，可即插即用。一般的 U 盘容量有 8 G、16 G、32 G、64 G 和 128 G 等。

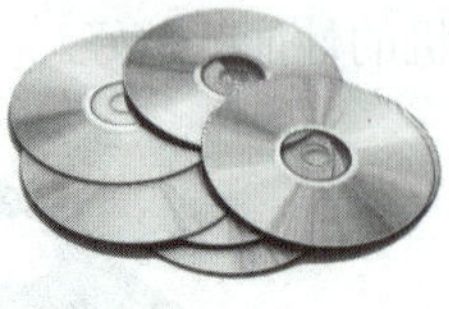

图 1-15　光盘

图 1-16　U 盘

（2）输入设备。输入设备是用于向计算机输入命令、程序、数据、文本、图形、图像、音频和视频等信息的设备。常见的输入设备有键盘、鼠标和扫描仪等，如图 1-17 所示。

图 1-17 常见输入设备

（3）输出设备。输出设备可以将计算机的处理过程或处理结果以人们熟悉的文字、图形、图像、声音等形式展现出来。常见的输出设备有显卡、显示器和打印机等，如图 1-18 所示。

图 1-18 常见输出设备

三、计算机软件系统

软件是指为计算机运行服务的各种程序、数据及相关资料的集合。软件是计算机的灵魂，是计算机具体功能的体现。要让计算机为人们工作，必须在计算机中安装相应的软件。一台没有安装软件的计算机（俗称裸机）无法完成任何有实际意义的工作。

计算机软件系统主要分为系统软件和应用软件两大类。

1. 系统软件

系统软件是管理和控制计算机软硬件资源的软件，它的功能是使计算机能够正常工作或具备解决某些问题的能力。系统软件包括操作系统、数据库管理系统和语言处理程序。

（1）操作系统。操作系统是控制和管理计算机软硬件资源的平台。它在计算机系统中占有特殊的地位，计算机需要安装操作系统才能正常工作。这是因为，一方面，用户需要通过操作系统去操作计算机，合理、有效地利用各种资源，而不必去直接操作计算机硬件；另一方面，计算机中所有其他软件都建立在操作系统的基础上，并得到它的支持与服务。操作系统与其他软硬件的关系如图 1-19 所示。

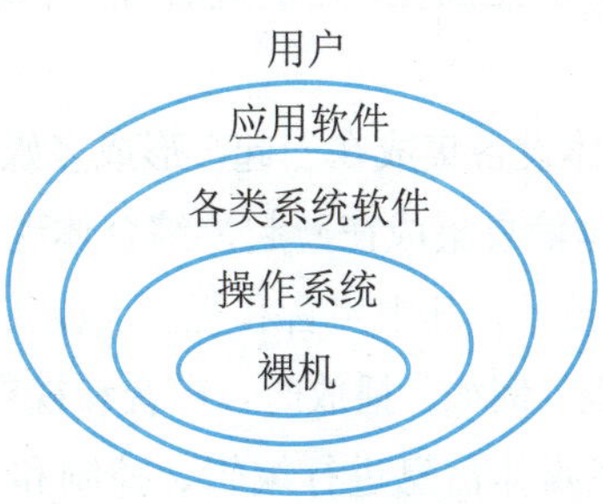

图 1-19 操作系统与其他软硬件的关系

扫一扫

计算机软件系统

（2）数据库管理系统。数据库管理系统是用户建立、使用和维护数据库的软件，简称 DBMS。目前，常用的数据库管理系统有 Visual FoxPro、Sybase、Oracle、SQL Server、MySQL 等。

（3）语言处理程序。人们利用计算机解决具体的问题时，是通过一连串的指令来实现的，这些指令的有序集合就是程序。程序设计语言是用来编制各种程序的计算机语言，包括机器语言、汇编语言和高级语言（如 C++、C#、Java、Python）等。

机器语言可以直接在计算机上执行，而使用汇编语言和高级语言编制的程序需要翻译成机器语言后才能在计算机上执行。语言处理程序的作用就是将汇编语言和高级语言编制的程序翻译成计算机能识别并执行的目标程序。

2. 应用软件

应用软件运行在操作系统之上，是为用户的某种实际应用或解决某种特殊问题而编制的程序及相关资源的集合，具有较强的实用性和针对性。从其服务对象的角度来看，可将应用软件分为通用软件和专用软件两类。

（1）通用软件。这类软件通常是为了解决某一类常见问题而设计的，如办公软件 Office，图像处理软件 Photoshop，视频剪辑软件 Premiere，计算机辅助设计软件 AutoCAD，杀毒软件 360 安全卫士，压缩/解压缩软件 WinRAR 等。

（2）专用软件。通用软件一般在应用市场上就可以购买，但有些具有特殊功能和需求的软件是无法买到的。例如，某公司厂房的数控软件既能自动控制厂里的车床，同时也能将各种事务性工作集成起来统一管理，这种需要组织人力单独开发的软件称为专用软件。

四、多媒体技术简介

多媒体技术是 20 世纪 80 年代末兴起并得到迅速发展的一门技术。它使计算机具备了综合处理文字、音频、图像、视频和动画的能力，帮助人们创作了许多丰富多彩、赏心悦目的作品，给人们的生活、工作和学习增添了色彩和乐趣。

1. 多媒体的概念

媒体在计算机领域有两种含义：一种是指媒质，即存储信息的实体，如硬盘、光盘、U 盘等；另一种是指传递信息的载体，如数字、文字、声音、图形和图像等。

多媒体（Multimedia）是指多种媒体的综合集成与交互。多媒体不仅是指多种媒体本身，而且包含处理和应用它的一整套技术，因此，多媒体技术是指利用计算机综合处理文本、图形、图像、声音、动画和视频等媒体的技术。

扫一扫

多媒体的概念及特征

2. 多媒体的特征

根据多媒体的定义可以看出其有几个显著的特征，即多样性、集成性、实时性和交互性。

（1）多样性。利用多媒体人们不但可以看到文字说明、静止图像，还能观看视频和动画，以及听到声音等，从而使信息的表现方式更加丰富。

（2）集成性。集成性包括两方面，一方面是把不同媒体设备集成在一起，形成多媒体系统；另一方面是利用多媒体技术将文字、图形、图像、声音和视频等多种媒体信息集成在一起，综合体现它们的应用。

（3）实时性。由于多媒体技术是研究多种媒体集成的技术，其中声音和视频（或其他活动的图像）都与时间有着密切的关系，这就决定了多媒体技术应支持实时处理。例如，播放时，声音和视频都不能有停顿的现象。

（4）交互性。所谓交互性是指参与的各方都可以对多媒体信息进行编辑、控制和传递。多媒体系统一般具有捕捉、编辑、存储、显显示和通信功能，用户能够随意控制声音、影像等媒体信息，实现用户和用户之间、用户和计算机之间的双向交流。

3. 媒体的数字化

多媒体信息可以通过计算机输出，向人们展示丰富多彩的文字、图像、声音，而在计算机内部都是先转换成 0 和 1 的数字信息后进行处理，然后以不同的文件类型进行存储。

1）声音的数字化

声音信号是在时间和幅度上连续的模拟信号，将连续的模拟信号变成离散的数字信号的过程就是数字化。声音数字化主要包括采样、量化和编码 3 个基本过程。

采样是以固定的时间间隔对连续的模拟信号进行抽取，在时间上将连续的信号变成离散的信号。该时间间隔称为采样周期，其倒数（每秒的采样次数）称为采样频率。采样频率越高，声音的还原性就越好，但需要的存储空间也越大。根据奈奎斯特采样定理，当采样频率大于或等于声音信号最高频率的两倍时，就可以将采集到的样本还原成原声音信号。例如，人的语音频率一般在 80～3 400 Hz，则采样频率为 8 kHz 就能基本还原到人的语音信号。

量化是指将采样后得到的信号转换为相应的数值。量化位数一般为 8 位或 16 位。量化位数越大，采集得到的样本精度越高，所需的存储空间也越大。

经过采样和量化后，还需要进行编码，即将量化后的数值转换成二进制码组，有时也将量化和编码过程统称为量化。

声音文件格式有多种，包括 WAV、MIDI、VOC、AU、AIF 等。

2）图像的数字化

图像是多媒体中最基本、最重要的数据之一，图像有黑白图像、灰度图像、彩色图像、摄影图像等。在自然界中，景和物有静和动两种形态，因此，图像又可分为静态图像和动态图像。静态图像根据其在计算机中生成的原理不同，分为矢量图形和位图图像两种。动态图像根据获取方式的不同分为视频和动画两种。

（1）静态图像的数字化。一幅图像可以近似地看成由许许多多的点组成，因此它的数字化可以通过采样和量化实现。图像的采样是指采集组成一幅图像的点，量化是指将采集到的信息转换成相应的数值。组成一幅图像的每个点称为一个像素，每个像素表示其颜色信息。存储图像颜色的二进制位数称为颜色深度。例如，3 位二进制数可以表示 8 种不同的颜色，因此 8 色图的颜色深度是 3。

（2）动态图像的数字化。人眼看到的一幅图像消失后，还将在视网膜上滞留几毫秒，动态图像正是根据这样的原理制作而成的。动态图像是将静态图像以每秒 n 幅的速度播放，当 $n \geq 25$ 时，显示在人眼中的就是连续的画面。

图像文件的格式包括 BMP、GIF、TIFF、PNG、WMF、DXF 等，视频文件的格式包括 AVI、MOV、WMV 等。

4. 多媒体数据压缩

在多媒体系统中，为了达到令人满意的图像、视频画面质量和听觉效果，必须解决视频、图像、音频信号数据的大容量存储和实时传输问题。解决的方法除了提高计算机本身的性能及通信信道的带宽外，更重要的是对数据进行有效的压缩。

数据压缩的实质是查找和消除信息的冗余量。被压缩的对象是原始数据，压缩后得到的数据是压缩数据，两者容量之比为压缩比。目前常用的多媒体数据压缩方法有两类：一是无损压缩，二是有损压缩。

无损压缩又称冗余压缩法或熵编码法，该压缩方式算法的出发点是去掉或减少数据中的冗余，压缩过程中不能破坏数据中所包含的信息，也就是说没有任何信息损失，解压缩后的数据必须与原来的一样。无损压缩主要用于文本数据的压缩。

有损压缩又称为熵压缩法，是指在压缩过程中减少了数据中所包含的数据量，也就是说有一定的失真，因此在解压缩中恢复的数据与原来的数据是不一样的。如用于静态图像压缩的 JPEG、用于动态图像压缩的 MPEG 等都属于有损压缩。

小提示

一般将对某类数据采用的压缩/解压缩技术称为编码。目前，对图像、视频和音频都有许多国际编码标准。例如，视频有 MPEG 系列编码标准，图像有 JPEG 编码标准等。

存储在计算机中的视频文件，都是经过编码（压缩）后得到的数字信息，而利用视频编辑软件输出视频，或者利用视频格式转换软件转换视频格式，实质上就是对视频进行相应编码（压缩）的过程。对于其他多媒体文件，如音频、图像等也是如此。

利用多媒体播放软件播放音视频文件，实质上是对音视频文件进行解压缩的过程。假设某视频是利用 H.264 编码标准进行编码的，但播放软件没有内嵌该编码器，那么它将不能播放该视频文件。

五、计算机病毒及预防

计算机在给我们的工作、学习和生活带来便利的同时，也存在许多安全威胁。用户稍不留意，计算机就会感染病毒，或被黑客攻击，导致不能正常使用或损失重要的数据。下面介绍计算机病毒的概念、特点、分类，计算机感染病毒的常见症状，以及计算机病毒的传播和预防。

扫一扫

计算机病毒及预防

1. 计算机病毒的概念

计算机病毒是一种人为编制的特殊程序，或普通程序中的一段特殊代码，它的功能是影响计算机的正常运行，毁坏计算机中的数据或窃取用户的账号、密码等。

在大多数情况下，计算机病毒不是独立存在的，而是依附（寄生）在其他计算机文件中。由于它像生物病毒一样，具有传染性、破坏性并能够进行自我复制，因此称为病毒。

小提示

我们经常听说的木马属于远程控制软件，木马传播者利用各种渠道（如邮件附件、恶意网页等）将木马种植到用户的计算机中，这样他们便可以远程控制用户的计算机，盗取用户的账号、密码，以及删除、篡改用户计算机中的文件等。

2. 计算机病毒的特点

计算机病毒具有以下几个明显的特点。

（1）破坏性。计算机病毒发作时，轻则占用系统资源，影响计算机的运行速度；严重的甚至会删除、破坏和盗取用户计算机中的重要数据，或损坏计算机硬件等。

（2）寄生性。计算机病毒寄生在其他可执行程序中，它能享有被寄生程序所能得到的一切权力。

（3）传染性。传染性是计算机病毒的基本特征。计算机病毒会进行自我复制，并通过各种渠道（如 U 盘、网络等）传染给其他计算机。

（4）隐蔽性。计算机病毒具有很强的隐蔽性，它通常寄生在正常的程序之中，或使用正常的文件图标来伪装自己，如伪装成图片、文档或注册表文件等，从而使用户不易发觉。但当用户执行病毒寄生的程序，或打开病毒伪装成的文件时，病毒就会运行，对用户的计算机造成破坏。

（5）潜伏性。计算机感染病毒后，病毒一般不会马上发作，而是潜伏在计算机中，继续进行传播而不被发现。当外界条件满足病毒发作的条件时，病毒才开始破坏活动。例如，“愚人节”病毒的发作条件是愚人节，即每年的 4 月 1 日。

3. 计算机病毒的分类

计算机病毒的分类方法很多，按病毒依附的媒体类型可分为下面 5 种。

（1）引导区型病毒又称为系统型病毒，主要通过 U 盘、光盘等移动存储介质感染硬盘的引导区。当硬盘的引导区感染病毒后，病毒就会试图感染每个插入计算机进行读写的磁盘引导区。

（2）文件型病毒主要感染扩展名为 com、exe、drv、bin、ovl、sys 等的文件。

（3）混合型病毒既可以感染磁盘的引导区，又可以感染文件，兼有引导区型病毒和文件型病毒的特征。

（4）宏病毒寄存在 Microsoft Office 文档或模板的宏中，只感染 Microsoft Office 文档文件或模板文件，一般以 BASIC 语言编写。

（5）网络病毒大多通过 E-mail 传播，通过网络非法进入他人的计算机系统，截取或篡改数据。“蠕虫”病毒就是网络病毒的代表。

4. 计算机感染病毒的常见症状

计算机病毒虽然很难检测，但只要细心留意计算机的运行状况，还是可以发现计算机感染病毒时的一些异常情况。

（1）磁盘文件数目无故增多。

（2）系统的内存空间明显变小。

（3）文件日期/时间被修改（用户自己并没有修改）。

（4）感染病毒的可执行文件的长度明显增加。

（5）正常情况下可以运行的程序却突然因内存不足而不能运行。

（6）程序加载或执行时间明显变长。

（7）计算机经常出现死机或不能正常启动的现象。

（8）显示器上经常出现一些莫名其妙的信息或异常现象。

5. 计算机病毒的传播和预防

计算机病毒主要通过移动存储设备（如移动硬盘、U 盘和光盘）、局域网和 Internet（如网页、邮件附件、从网上下载的文件）等途径传播。因此，要预防计算机病毒，除了要加强计算机自身的防护功能外，还应养成良好的计算机使用习惯和上网习惯。

（1）慎用移动存储设备。对外来的移动存储设备要进行病毒检测，确认无毒后再使用。对执行重要工作的计算机最好专机专用，不用外来的存储设备。

（2）文件来源要可靠。慎用从 Internet 上下载的文件，因为这些文件可能已感染病毒。

（3）安装操作系统补丁程序。许多病毒都是利用操作系统的漏洞实现入侵的，因此，应及时下载相关补丁来修复漏洞。目前，许多安全软件都带有系统漏洞修复功能。

（4）安装杀毒软件。利用杀毒软件的病毒防火墙可以防范病毒入侵。当计算机感染病毒后，还可以使用杀毒软件查杀病毒。

（5）安装网络防火墙。网络防火墙能防范木马窃取计算机中的数据，以及防范黑客攻击。

（6）养成良好的上网习惯。不打开来历不明的电子邮件附件，不浏览来历不明的网页，不从不知名的站点下载软件。使用 QQ、微信等聊天工具聊天时，不轻易接收别人发来的文件，不轻易打开聊天窗口中的网址等。

实践探索——组装个人计算机

扫一扫
组装个人计算机

在购买了计算机配件后，李明哲在朋友的帮助和指导下，将这些配件组装成了一台完整的个人计算机，组装流程如表 1-2 所示。具体操作可观看本书配套教学视频。有条件的读者可根据视频中的操作自己动手组装计算机。

表 1-2　组装计算机流程

操　作	流　程
安装主机	安装 CPU
	安装内存
	把主板装到机箱中
	安装硬盘
	安装光驱
	安装显卡
	安装声卡/网卡及其他扩展卡
	安装电源，连接电源线及数据线
连接主机与外部设备	连接键盘、鼠标
	连接网络接口
	连接音频接口
	连接显示器
	连接主机及显示器电源
	通电自检

任务二　了解计算机中信息的表示与存储

任务解读

计算机科学中的信息通常被认为是能够用计算机处理的内容或消息，它们以数据的形式出现，如数值、文字、语言、图形和图像等。数据是信息的载体，信息是对人有用的数据。因此，在学习计算机的应用之前，有必要了解计算机中信息的表示与存储。

在本任务中，我们将了解计算机中的数制及转换，字符编码，以及数据的存储单位及换算。

体验探究——了解“计算机为何采用二进制存储数据”

在了解计算机相关知识的过程中，李明哲发现一个问题，数据的类型多样，但都是以二进制形式存储到计算机中的。那计算机为何采用二进制存储数据呢？李明哲通过查阅资料，终于弄清楚了这个问题。

（1）状态简单。二进制只有“1”和“0”两种状态，而计算机由逻辑电路组成，逻辑电路通常也只有开关的接通与断开两种状态，正好可以用“1”和“0”表示。

（2）运算规则简单。两个二进制数的和、积运算组合各有 3 种，运算规则简单，有利于简化计算机内部结构，提高运算速度。

（3）便于逻辑判断。二进制“1”和“0”可以对应表示逻辑运算中的“真”和“假”，这样就可以表示与门、或门、非门、异或门等。

（4）稳定性和可靠性高。用二进制表示的数据具有抗干扰能力强，可靠性高等优点。因为每位数据只有高低两个状态，当受到一定程度的干扰时，仍能可靠地分辨出它的状态。

扫一扫

计算机为何采用二进制存储数据

必备知识

一、计算机中的数制及转换

扫一扫

计算机中的数制及转换

1. 数制的基本概念

数制也称计数制，是用一组固定的符号和统一的规则来表示数值的方法。人们通常采用的数制有十进制、二进制、八进制和十六进制。

一般情况下，在数字的后面用特定的字母（下标）表示该数的进制，表示方法为：B 表示二进制；D 表示十进制（D 可省略）；O 表示八进制；H 表示十六进制。例如，二进制数 101100 应表示为$(101100)_B$。

无论使用哪一种数制，数值的表示都包含两个基本要素：基数和位权。

（1）基数是一种进位数制允许使用的基本数字符号的个数。一般而言，r 进制的基数为 r，即可供使用的计数符号有 r 个，分别为 0～$r-1$，每个数位计满 r 就向其高位进 1，即“逢 r 进一”。例如，十六进制中，基数为 16，可用的计数符号有 0、1、…、9 和 A、B、…、F（或 a、b、…、f，其中 A 或 a 表示 10，以此类推），计数规则是“逢十六进一”。

（2）位权简称“权”，是指数制中每个固定位置对应的单位值（常数），其值等于以基数为底，以数字符号所处位置的序号为指数的整数次幂。其中，各数字符号所处位置的序号计法为：以小数点为基准，整数部分自右向左递增，依次为 0、1、2、…；小数部分自左向右递减，依次为−1、−2、…。

例如，将十进制数 385.26 按权展开为 $3\times10^2+8\times10^1+5\times10^0+2\times10^{-1}+6\times10^{-2}$，即 3 的位权是 10^2，8 的位权是 10^1，5 的位权是 10^0，2 的位权是 10^{-1}，6 的位权是 10^{-2}。

2. 数制的转换

虽然不同进制数之间的转换过程是计算机自动完成的，但我们仍有必要了解不同进制数之间的转换方法。

（1）其他进制数转换为十进制数。将其他进制数按权展开，然后各项相加，就得到相应的十进制数。

【例 1-1】 将二进制数 10110.101 转换为十进制数。

按权展开$(10110.101)_B=1\times2^4+0\times2^3+1\times2^2+1\times2^1+0\times2^0+1\times2^{-1}+0\times2^{-2}+1\times2^{-3}$

$=16+0+4+2+0+0.5+0+0.125=(22.625)_D$

【例 1-2】 将八进制数 654.23 转换为十进制数。

按权展开$(654.23)_O=6\times8^2+5\times8^1+4\times8^0+2\times8^{-1}+3\times8^{-2}$

$=384+40+4+0.25+0.046875=(428.296875)_D$

【例 1-3】 将十六进制数 3A6E.5 转换为十进制数。

按权展开$(3A6E.5)_H=3\times16^3+10\times16^2+6\times16^1+14\times16^0+5\times16^{-1}$

$=12288+2560+96+14+0.3125=(14958.3125)_D$

（2）十进制数转换为 r 进制数。整数部分的转换采用“除 r 取余法”，即把十进制数不断除以 r，取每次所得余数，将所有余数按倒序排列即为相应的进制数。小数部分的转换则采用“乘 r 取整法”，并将所得数按顺序排列。

【例 1-4】 将十进制数 43.625 转换成二进制数。

将 43.625 的整数部分和小数部分分开处理如下。

整数部分

除数	被除数	取余数
2	43	1 ↑
2	21	1
2	10	0
2	5	1
2	2	0
2	1	1
	0	

小数部分

	取整数
0.625×2=1.25	1 ↓
0.25×2=0.5	0
0.5×2=1.0	1

结果为：$(43.625)_D=(101011.101)_B$

（3）二进制、八进制、十六进制数之间的转换。由于二进制、八进制、十六进制之间存在特殊的关系：$8^1=2^3$，$16^1=2^4$，即 1 位八进制数相当于 3 位二进制数，1 位十六进制数相当于 4 位二进制数，因此转换比较容易，对照表 1-3 进行转换即可。

表 1-3 各种进制数码对照表

十进制	二进制	八进制	十六进制	十进制	二进制	八进制	十六进制
0	0	0	0	9	1001	11	9
1	1	1	1	10	1010	12	A
2	10	2	2	11	1011	13	B
3	11	3	3	12	1100	14	C
4	100	4	4	13	1101	15	D
5	101	5	5	14	1110	16	E
6	110	6	6	15	1111	17	F
7	111	7	7	16	10000	20	10
8	1000	10	8	17	10001	21	11

【例 1-5】 将二进制数 10101011.110101 转换成八进制数。

(010 101 011.110 101)$_B$=(253.65)$_O$（整数高位补 0）

2 5 3 6 5

小 提 示

以小数点为中心，整数部分自右向左，每 3 位为 1 组，最后 1 组不满 3 位时高位补 0；小数部分自左向右，每 3 位为 1 组，最后 1 组不满 3 位时低位补 0。

【例 1-6】 将二进制数 10101011.110101 转换成十六进制数。

(1010 1011.1101 0100)$_B$=(AB.D4)$_H$（小数低位补 0）

A B D 4

二、字符编码

计算机内部采用二进制的方式存储和处理数据，不论是数值数据还是非数值数据（如文本、图形等），在计算机内部都采用一定的编码标准。编码标准可以把这些数据转换成二进制数进行处理，然后计算机再将处理后的信息转换成可视的信息显示出来。

字符是计算机中使用最多的信息形式之一，在计算机中要为每个字符指定一个确定的二进制编码，作为识别与使用这些字符的依据。字符编码就是用二进制数表示字符的规则与方法。

1. ASCII 码

在西文领域，目前普遍采用的字符编码是 ASCII 码（美国标准信息交换码），有七位版本和八位版本两种。目前，国际上通用且使用最广泛的字符有十进制数字符号 0～9，大、小写英文字母，各种运算符、标点符号等，这些字符的个数不超过 128 个。因此，用七位二进制数就可以对这些字符进行编码。七位 ASCII 码也被称为标准 ASCII 码，如表 1-4 所示。

表 1-4 七位 ASCII 字符编码表

b_7–b_5 / b_4–b_1	000	001	010	011	100	101	110	111
0000	NUL	DLE	SP	0	@	P	`	p
0001	SOH	DC1	!	1	A	Q	a	q
0010	STX	DC2	“	2	B	R	b	r
0011	ETX	DC3	#	3	C	S	c	s
0100	EOT	DC4	$	4	D	T	d	t
0101	ENQ	NAK	%	5	E	U	e	u
0110	ACK	SYN	&	6	F	V	f	v
0111	BEL	ETB	‘	7	G	W	g	w
1000	BS	CAN	(	8	H	X	h	x
1001	HT	EM	)	9	I	Y	i	y
1010	LF	SUB	*	:	J	Z	j	z

（续表）

b_7–b_5 \ b_4–b_1	000	001	010	011	100	101	110	111
1011	VT	ESC	+	;	K	[	k	{
1100	FF	FS	,	<	L	\	l	|
1101	CR	GS	–	=	M	]	m	}
1110	SO	RS	.	>	N	^	n	~
1111	SI	US	/	?	O	_	o	DEL

小提示

ASCII 码是唯一的，不可能出现两个字符的 ASCII 码值一样的情况。

八位版本的 ASCII 码是指一个字符用八位二进制数来表示，可表示 256 个字符。码值为 128～255 的编码称为 ASCII 码扩展集，留作他用。

2. 汉字编码

从汉字编码的角度看，计算机对汉字信息的处理过程实际上是各种汉字编码间转换的过程。这些编码主要包括汉字外码、汉字交换码、汉字机内码和汉字字形码等。

（1）汉字外码：汉字外码也称汉字输入码，是用键盘将汉字输入到计算机中的编码方式。目前常用的输入码有拼音码、五笔字型码、自然码、表形码、认知码、区位码和电报码等。一种好的输入码应具有编码规则简单、易学好记、操作方便、重码率低、输入速度快等优点，用户可以根据自己的需要进行选择。

（2）汉字交换码：汉字交换码是汉字信息处理系统之间或通信系统之间进行信息交换的汉字代码，简称交换码，它是为方便在各种系统、设备之间进行信息交换而制定的。我国制定颁布了国家标准《信息交换用汉字编码字符集 • 基本集》（GB 2312－1980），也称国标码。

国标码中收集了 682 个常用图形符号（如序号、数字、罗马数字、英文字母、日文假名、俄文字母和汉语注音等）和 6 763 个汉字。这些汉字分为两级：第一级包括常用汉字 3 755 个，按拼音排序；第二级包括一般汉字 3 008 个，按部首排序。

（3）汉字机内码：汉字机内码是在计算机内部进行存储、处理的汉字代码。每一个汉字输入计算机后都要转换为机内码，然后才能在计算机中处理和传输。

（4）汉字字形码：汉字字形码是汉字的输出码。输出汉字时都采用图形方式，无论汉字的笔画多少，每个汉字都可以写在同样大小的方块中。通常用 16×16 点阵来显示汉字。

三、数据的存储单位及换算

计算机中数据最基本的存储单位是“位”和“字节”。

（1）位（bit）：1 个二进制位，称为比特，用“b”表示。它是计算机中数据存储的最小单位。1 位可以表示“0”或“1”。

（2）字节（byte）：8 个二进制位称为字节，用“B”表示。它是数据处理和数据存储的基本单位。例如，一个英文字母占一个字节，一个汉字占两个字节。

此外，计算机中通常用 KB（千字节）、MB（兆字节）、GB（吉字节）或 TB（太字节）表示存储设备的容量或文件的大小，它们之间的换算关系如下：

1 B=8 bit　　1 KB=1 024 B　　1 MB=1 024 KB　　1 GB=1 024 MB　　1 TB=1 024 GB

课堂互动

生活中经常听到 U 盘容量为 8 GB、16 GB、32 GB，或者硬盘容量为 1 TB、2 TB 之类的描述，换算一下，1 TB 的硬盘相当于几个 32 GB 的 U 盘。

实践探索——使用计算器进行数制转换

计算器是 Windows 10 自带的一个数学计算工具，与我们日常生活中的小型计算器类似。它分为“标准”“科学”“程序员”等多种模式，利用“程序员”模式可以在不同数制间快速转换，如图 1-20 所示。启动电脑中的计算器体验一下吧。

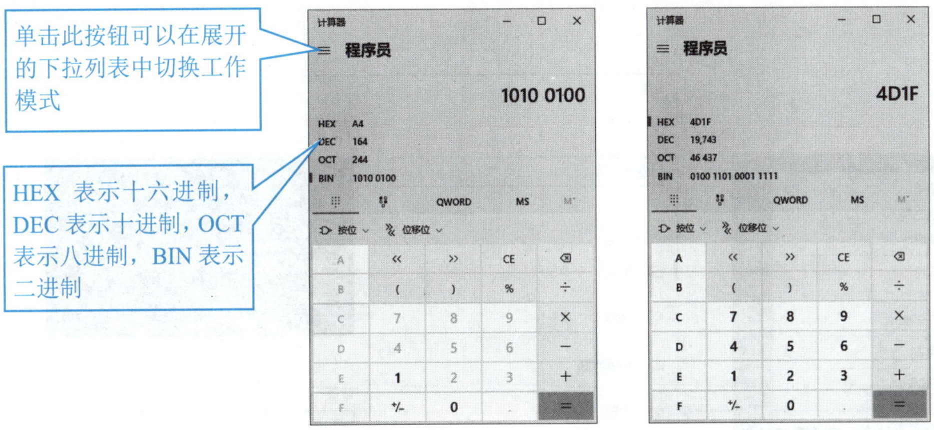

图 1-20　使用计算器进行数制转换

课堂互动

你知道一品脱是多少毫升吗？你知道一盎司是多重吗？如果告诉你体温是 98 华氏度，你能判断自己是否发热吗？Windows 10 自带的计算器不仅可以进行数制转换，还可以进行货币、容量、重量、长度、温度、能量、面积和速度等的转换。快打开计算器，在模式下拉列表中选择“转换器”类别下的相应选项，解答上面提出的问题吧！

任务三　使用操作系统

任务解读

操作系统（operating system，OS）是管理和控制计算机软硬件资源的平台。它在计算机系统中占有特殊的地位，计算机需要安装操作系统才能正常工作。

在本任务中，我们将了解操作系统的功能、类型和特点，熟悉 Windows 10 的视窗元素，掌握 Windows 10 的基本操作，掌握安装与卸载应用程序及驱动程序的方法，掌握管理文件和文件夹的方法。

体验探究——个性化设置 Windows 10

在组装了自己的计算机后，朋友帮助李明哲在计算机上安装了 Windows 10 操作系统。但是，李明哲发现桌面上只有一个“回收站”图标，其他常用的桌面图标需要自己添加，并且主题和桌面背景也不是自己喜欢的。为此，他决定设置一个与众不同的工作环境，使其符合自己的工作习惯和爱好，从而提高工作效率。

扫一扫

个性化设置 Windows 10

一、添加与更改桌面图标

步骤 1▶ 在桌面空白处右击，在弹出的快捷菜单中选择“个性化”选项，打开“设置”窗口，如图 1-21 所示。

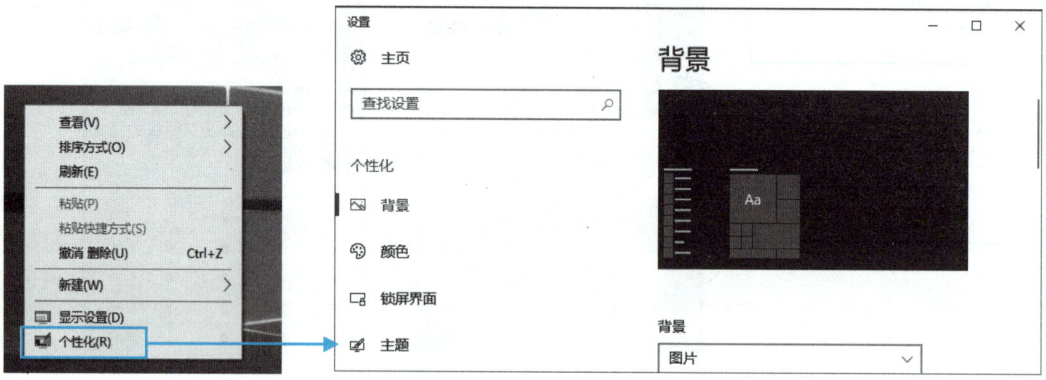

图 1-21　打开“设置”窗口

步骤 2▶ 在“个性化”列表中选择“主题”选项，然后选择窗口右侧的“桌面图标设置”选项，打开“桌面图标设置”对话框，在“桌面图标”设置区选中要在桌面上显示的图标前的复选框，如图 1-22 所示。

步骤 3▶ 单击“确定”按钮，即可在桌面上显示选中的常用图标，如图 1-23 所示。

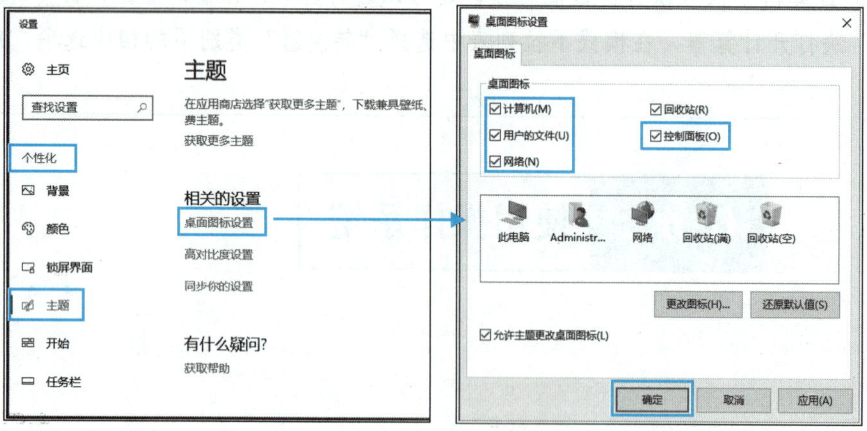

图 1-22　选中要在桌面上显示的图标

图 1-23　添加桌面图标效果

小提示

如果要更改现有的桌面图标，可在“桌面图标设置”对话框中选中要更改的桌面图标，然后单击“更改图标”按钮，在打开的对话框中选择一种图标并确定即可。

二、应用主题并设置桌面背景

Windows 10 提供了强大的外观和个性化设置功能，用户可选择“控制面板”窗口“外观和个性化”类别中的相应选项，然后在打开的“设置”窗口中进行设置。

其中，桌面主题是桌面总体风格的集合，通过改变桌面主题，可以同时改变桌面图标、背景图像和窗口等项目的外观。例如，要将桌面主题更换为 Windows 10 自带的鲜花主题，并把桌面背景更换为沙滩跑步图片，操作步骤如下。

步骤 1▶ 在“控制面板”窗口中选择“外观和个性化”类别，打开控制面板的“外观和个性化”界面。

步骤 2▶ 选择“任务栏和导航”类别下的“导航属性”选项（见图 1-24），打开“设置”界面。

步骤 3▶ 在窗口左侧选择“主题”选项，进入主题设置界面，在窗口右侧的主题列表中选择“鲜花”主题，系统将自动应用该主题，如图 1-25 所示。

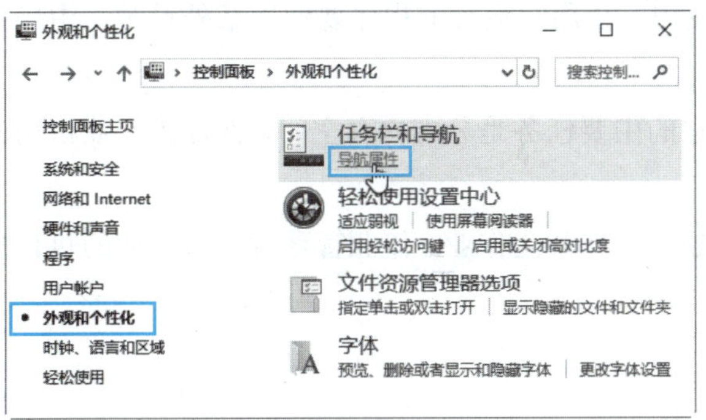

图 1-24　选择“导航属性”选项

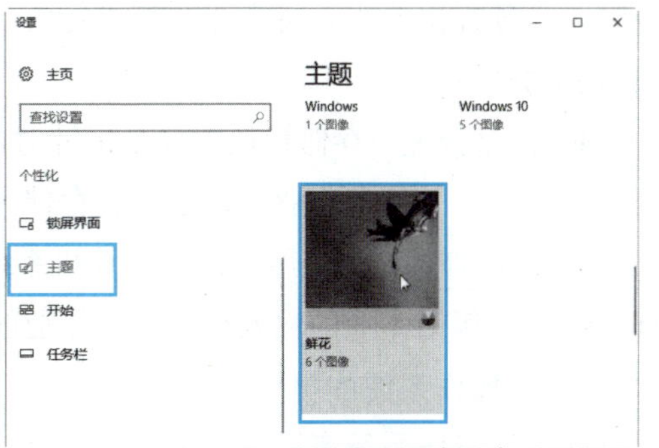

图 1-25　选择“鲜花”主题

步骤 4▶ 选择窗口左侧的“背景”选项，进入背景设置界面，在“背景”下拉列表中选择“图片”选项，再在“选择图片”列表中单击要应用的背景图片，如图 1-26 所示。

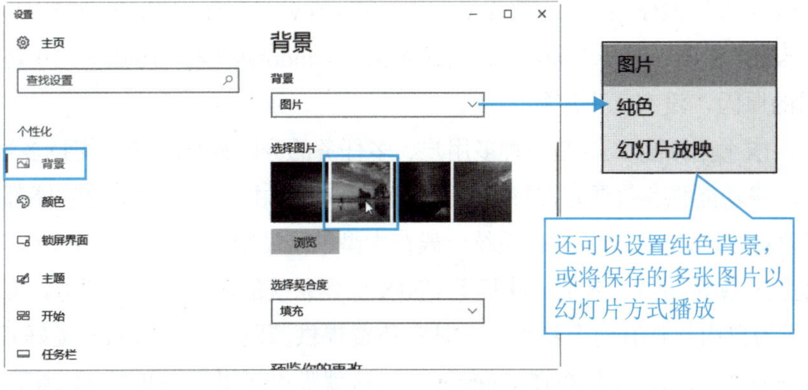

图 1-26　更改桌面背景

步骤 5▶ 在“选择契合度”下拉列表中选择背景图片在桌面上的放置方式，此处保持默认的“填充”选项。

步骤 6▶ 关闭“设置”窗口，即可应用设置。

要使用其他图片（如自己的照片）作为桌面背景，可单击图 1-26 中“选择图片”下方的“浏览”按钮，打开“打开”对话框，从本地计算机中选择所需图片后单击“选择图片”按钮即可。

必备知识

一、操作系统概述

1. 操作系统的功能

为了使计算机系统能协调、高效而可靠地进行工作，同时也为了给用户营造一种方便友好地使用计算机的环境，在计算机操作系统中，通常都设有进程管理、文件管理、设备管理、存储管理和作业管理等功能模块，它们相互配合，共同完成操作系统既定的全部职能。

（1）进程管理。进程是程序在计算机上的一次执行活动，它是操作系统进行资源分配的单位。当用户运行一个程序时，就启动了一个进程。进程管理主要包括进程组织、进程控制、进程调度和进程通信等。

（2）文件管理。文件是指存储在磁盘上的信息集合，包括文字、图形、图像、声音、视频和程序等。计算机是以文件的形式来存放信息的。文件管理是指操作系统对信息资源的管理。

（3）设备管理。设备管理是指操作系统负责管理各类外围设备（简称外设）。其主要任务是：当用户使用外设时，必须提出要求，待操作系统进行统一分配后方可使用。当用户运行的程序要使用某外设时，由操作系统负责驱动外设。

（4）存储管理。存储管理主要是指针对内存的管理。它的主要任务是分配内存空间，保证各作业占用的存储空间不冲突，并使各作业在自己所属存储区中互不干扰。

（5）作业管理。每个用户请求计算机系统完成的一个独立操作称为作业。作业管理就是对作业的执行情况进行管理，它包括作业的输入和输出，作业的调度与控制。

2. 主流操作系统的类型和特点

目前主流操作系统有以下几个。

（1）Windows 操作系统。这是由微软公司在 20 世纪 90 年代发布的图形化工作界面操作系统，俗称“视窗”。它的即插即用特性使得安装各种即插即用设备变得非常容易。它还具有出色的多媒体处理功能，以及方便安全的网络管理功能。

Windows 个人版操作系统有 Windows XP、Windows Vista、Windows 7、Windows 8 和 Windows 10 等。其中，Windows XP 和 Windows Vista 已逐渐被淘汰；Windows 7 和 Windows 10 是目前的主流；Windows 8 由于用户使用习惯的原因，没有真正流行。

（2）UNIX 操作系统。这是一种多用户、多任务的分时操作系统，支持多种处理器架构。它具有可靠性高、开放性好、网络功能强和数据库支持功能强大等特点。但由于它的大部分功能都是以命令方式进行操作的，初级用户不容易掌握，因此，UNIX 操作系统一般在大型的网站或大型的企事业单位局域网中作为网络操作系统使用。

（3）Linux 操作系统。这是一款基于 UNIX 操作系统的多用户、多任务，支持多线程和多 CPU 的操作系统。

Linux 作为自由软件有两个特点：一是它免费提供源码；二是 Linux 爱好者可以按照自己的需要自由修改、复制和发布程序的源码，并公布在 Internet 上。这就吸引了世界各地的 IT 高手为 Linux 编写各种各样的驱动程序和应用软件，目前流行的移动设备操作系统 Android 就是基于 Linux 内核开发的。

（4）iOS。这是由苹果公司开发的移动设备操作系统，于 2007 年 7 月发布第一版。iOS 最初是设计给 iPhone 使用的，后来陆续应用到 iPod touch 和 iPad 等苹果产品上。iOS 与苹果的 macOS 一样，都是基于 UNIX 开发的，属于类 UNIX 的商业操作系统。

iOS 主要针对苹果公司的产品开发，对其他公司的移动终端并不支持。

知识链接

> macOS 是苹果公司推出的操作系统，最早运行在 Macintosh 计算机上。它是全图形化界面操作系统的鼻祖。在高端的图形图像设计、三维图形和动画设计、视频处理等多媒体领域主要使用 Macintosh 计算机和 macOS 操作系统。

（5）Android 操作系统。这是一种基于 Linux 的开放源代码的操作系统，主要应用于移动设备，如智能手机和平板电脑。目前，Android 操作系统是在智能手机上应用最广泛的操作系统。

二、Windows 10 的视窗元素

1．认识 Windows 10 系统的桌面及桌面图标

登录到 Windows 10 系统后，展现在用户面前的是它的桌面，其主要包括桌面图标、任务栏和桌面区 3 个部分，如图 1-27 所示。

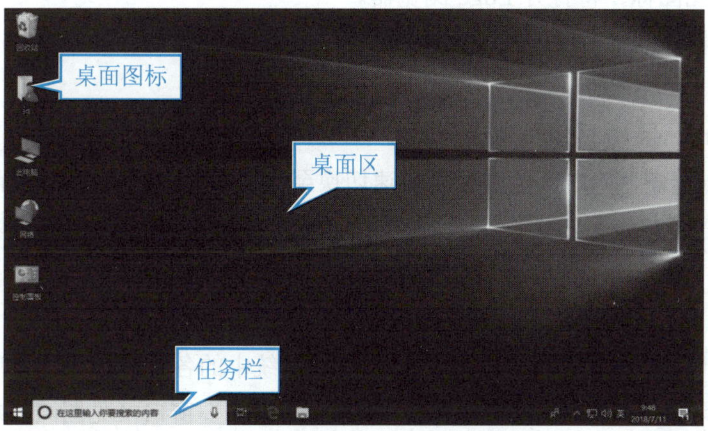

图 1-27 Windows 10 系统的桌面

扫一扫

Windows 10 的视窗元素

Windows 10 系统桌面上和文件资源管理器中伴有名称的小型图片称为图标。图标可以代表程序、文件、文件夹、快捷方式或其他项目。双击图标可以启动或打开它所代表的项目，用户也可以根据需要在桌面上排列、增减图标。常见的桌面图标及其作用如下。

（1）“用户文档”图标。双击此图标，可以打开“用户文档”文件夹，该文件夹中包含图片、视频、音乐、收藏夹、文档等多个文件夹，用于分类存放对应的文件。“用户文档”文件夹是系统默认的文档保存位置。

（2）“此电脑”图标。双击此图标，可以打开“此电脑”窗口，在该窗口中可以实现对计算机中所有文件和文件夹的管理，在其中用户还可以访问连接到计算机的手机、U 盘、摄像头、数码相机和其他硬件的有关信息。

（3）“网络”图标。双击此图标，可以打开“网络”窗口，在该窗口中可以查看和访问局域网中的计算机。

（4）“回收站”图标。双击此图标，可以打开“回收站”窗口，在该窗口中可以查看、还原或彻底删除用户已删除的文件和文件夹。

（5）“控制面板”图标。双击此图标，可以打开“控制面板”窗口，在该窗口中可以查看并操作基本的系统设置，如添加/删除软件、设置用户账户。

2．认识任务栏

任务栏左端是“开始”按钮⊞，从左往右依次是搜索栏和“语音助手 Cortana”按钮、“任务视图”按钮、“Edge

浏览器”图标和通知区域，如图 1-28 所示。当打开某一程序后，在任务栏上会显示该程序的任务栏图标，程序关闭，该图标消失。

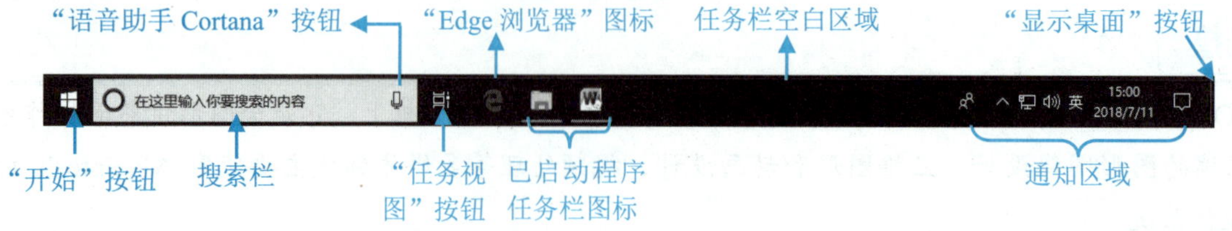

图 1-28　任务栏组成

（1）“开始”按钮。单击此按钮，可以打开“开始”菜单。通过“开始”菜单可以启动应用程序、对 Windows 10 系统进行环境设置、关闭和重启计算机等。

（2）搜索栏。在搜索栏中输入文件名、应用程序名或其他内容，能迅速获得本地和网络搜索结果。

（3）“语音助手 Cortana”按钮。单击此按钮，在打开的界面中可以进行语音搜索。

（4）“任务视图”按钮。单击此按钮，会显示所有已打开窗口的缩略图，单击某一窗口缩略图可以将其切换为当前窗口。

（5）“Edge 浏览器”图标。单击此图标，将打开 Edge 浏览器。

（6）通知区域。包括时钟、扬声器、网络、输入法及一些程序通知的图标。单击、双击或右击通知区域中的图标可以分别执行不同的操作。

（7）已启动程序任务栏图标。Windows 10 系统默认会分组显示程序的任务栏图标，将鼠标指针移动到“图标”上时，会显示分组内不同窗口的预览图，单击预览图可以快速切换至该程序窗口。右击“图标”，会弹出快捷菜单，其中列出了当前可以对该程序窗口进行的操作、最近使用的文档或常用的对象，用户可以选择所需项进行快速操作。

3. 认识窗口

单击或双击某一项目或文件夹，即可打开对应的窗口。Windows 10 系统中的各种窗口之间有所差别，但大多数窗口都有共同的组成元素。双击桌面上的“此电脑”图标，打开“此电脑”窗口（见图 1-29）。下面以该窗口为例，介绍窗口的组成元素。

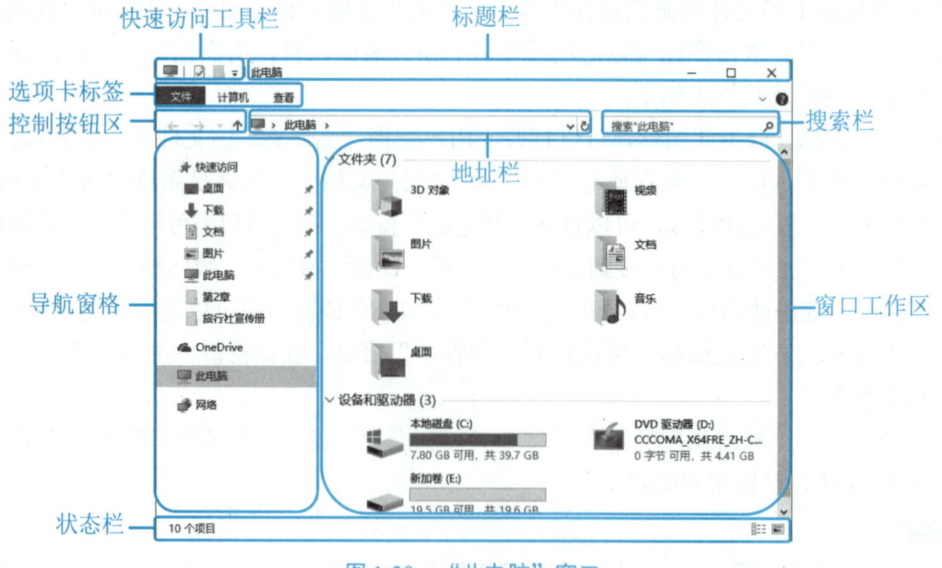

图 1-29　“此电脑”窗口

（1）标题栏。标题栏位于窗口顶端，显示当前目录的位置，其右端为窗口的“最小化”“最大化/还原”“关闭”按钮，单击相应的按钮可以对窗口执行对应的操作。

（2）快速访问工具栏。快速访问工具栏用于显示用户常用的命令，默认只显示“属性”和“新建文件夹”两个命令，用户可以单击快速访问工具栏右侧的下拉按钮，从展开的下拉列表中勾选需要在快速访问工具栏上出现的命令选项，将其显示在快速访问工具栏上。

（3）选项卡标签。选项卡标签用于分类存放与当前窗口相关的命令。例如，在“此电脑”窗口中，“文件”选项卡中是一些与文件操作相关的命令；“查看”选项卡中则是一些与浏览视图、项目布局、项目显示等相关的命令。单击选项卡标签右侧的 ˅ 按钮可以展开功能区（用于显示当前选项卡包含的命令），再次单击可最小化功能区。

（4）控制按钮区。控制按钮区的主要功能是实现目录的后退←、前进→或返回上级目录↑。

（5）地址栏。地址栏用于显示当前目录的路径信息，单击某一级目录即可切换到该目录；用户还可以在地址栏中输入要查看的目录的路径信息，按“Enter”键访问该目录。

（6）搜索栏。搜索栏用于在当前目录中搜索文件。

（7）导航窗格。导航窗格可以用来查找文件和文件夹，还可以在其中将项目直接移动或复制到目标位置。如果在已打开的窗口中没有看到导航窗格，可以单击“查看”选项卡“窗格”组中的“导航窗格”按钮，在展开的列表中选择“导航窗格”选项。

（8）窗口工作区。窗口工作区用于显示当前窗口的内容或执行某项操作后显示的内容。若窗口工作区的内容较多，将在其右侧和下方出现滚动条，通过拖动滚动条可以查看其他未显示的内容。

（9）状态栏。状态栏会根据用户选择的内容，显示当前窗口中的项目数量、已选择项目数量、选中文件的大小等属性信息；状态栏右端显示有“列表”按钮和“缩略图”按钮，单击某一按钮，即可切换到对应的视图模式。

除了最小化、最大化/还原和关闭窗口的操作外，常用的窗口操作还包括如下几项：

（1）窗口的移动。将鼠标指针移至窗口标题栏的空白区域，然后按住鼠标左键并拖动，到合适位置后释放鼠标左键即可。注意，最大化的窗口不能移动。

（2）窗口最小化后还原。最小化窗口后，窗口将缩小为图标并显示在任务栏上，要将图标还原成窗口，只需单击该图标即可。

（3）窗口大小的改变。将鼠标指针移至窗口的左或右（上或下）侧边框，待鼠标指针变为左右双向箭头↔（或上下双向箭头↕）形状时，按住鼠标左键不放并左右（或上下）拖动，到合适大小后，释放鼠标左键，可以调整窗口的宽度（或高度）；要同时改变窗口的宽度和高度，可以将鼠标指针移到窗口的任意一个角上，当鼠标指针变为倾斜双向箭头↘时，按住鼠标左键并拖动，到合适大小后，释放鼠标左键即可。

4. 认识快捷菜单

在 Windows 10 系统桌面、窗口等的不同位置右击，会弹出一个快捷菜单，其中列出了一些与当前所选对象相关的快捷操作，图 1-30 为右击桌面空白区域弹出的快捷菜单，选择快捷菜单中的某一项，即可执行对应的操作。例如，选择“个性化”选项，可以打开“设置”窗口，在该窗口中可以对计算机进行更换桌面背景、调整图标大小等个性化设置。

5. 认识对话框

对话框是 Windows 10 系统中的一种特殊窗口，用于对所操作项目进行信息显示、获得用户响应或设置参数等操作。对话框的大小、形状各异，但基本上都是一组控制命令的集合。下面在“此电脑”窗口中单击“查看”选项卡中的“选项”按钮，打开“文件夹选项”对话框（见图 1-31），以该对话框为例，介绍对话框的组成。

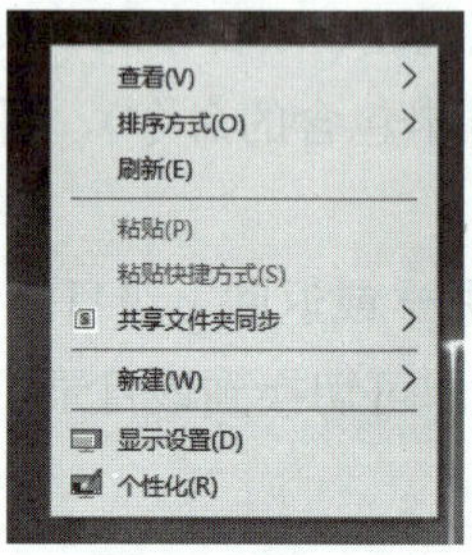

图 1-30　快捷菜单

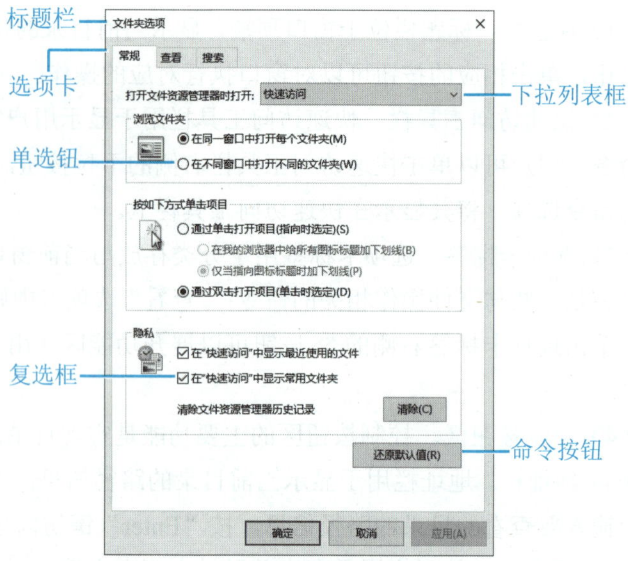

图 1-31　“文件夹选项”对话框

（1）标题栏。左端显示对话框的名称，右端是“关闭”按钮，单击它可以关闭对话框。

（2）选项卡。当对话框中的内容较多时，通常采用选项卡的方式，将内容归类到不同的选项卡中。

（3）下拉列表框。包含某些设置的可选择项。下拉列表框只显示一个当前选项，需单击其右侧的三角按钮⌄打开下拉列表，再选择其他选项。

（4）复选框。用于设定或取消某些项目，单击☐可以选中当前项，此时方框变为形状☑，再次单击☑可以取消选择。

（5）单选钮。通常由多个单选钮组成一组，只能选择其中之一，从而完成某种设置。选中的单选钮呈◉显示，未选中的单选钮呈○显示。

（6）命令按钮。在对话框中有许多按钮，单击这些按钮可以打开某个对话框或应用相关设置。几乎所有的对话框中都有“确定”“取消”“应用”等按钮，其中单击“确定”按钮可以使对话框中所做的设置生效并关闭对话框，单击“应用”按钮可以使设置生效而不关闭对话框，单击“取消”按钮将取消操作并关闭对话框。

除了以上各元素外，Windows 10 系统的对话框中还有编辑框 21 厘米 （用于编辑参数值）、帮助按钮（单击此按钮可以显示对应项目的帮助信息）等元素。

三、Windows 10 的基本操作

用户在使用计算机时，经常需要对系统进行设置，如设置桌面主题、设置桌面背景、设置合适的显示器分辨率、设置系统日期和时间等，以使 Windows 10 系统更符合自己的使用习惯。

1．设置桌面主题

桌面主题是 Windows 10 系统的界面风格，通过改变桌面主题，可以同时改变桌面图标、背景图像和窗口等项目的外观。右击桌面空白区域，在弹出的快捷菜单中选择“个性化”选项，打开“设置”窗口，选择左侧窗格中的“主题”选项，在右侧窗格的主题列表中选择所需主题即可，如图 1-32 所示。

2．设置桌面背景

在“设置”窗口左侧窗格中选择“背景”选项，在右侧窗格的图片列表中单击要设置为桌面背景的图片即可，如图 1-33 所示。

要使用其他图片作为桌面背景，可以单击“浏览”按钮，在打开的“浏览文件夹”对话框中选择图片所在

的位置，最后单击“选择图片”按钮。

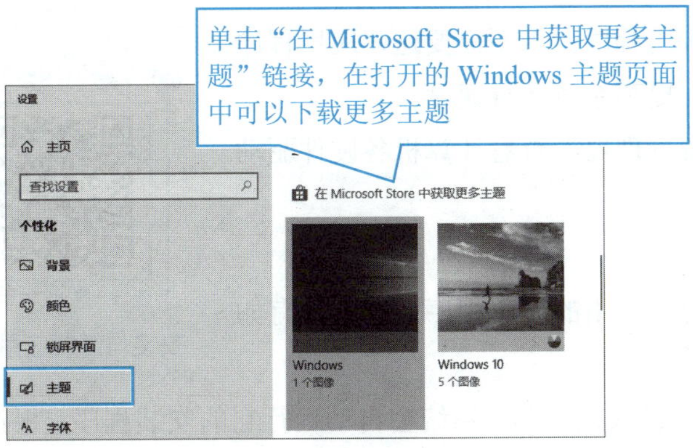

图 1-32　设置桌面主题

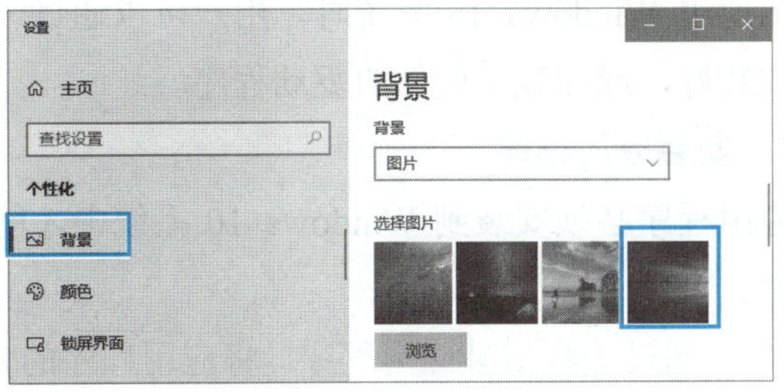

图 1-33　设置桌面背景

3．设置合适的显示器分辨率

在操作计算机的过程中，为了使显示器的显示效果达到最佳状态，可以在 Windows 10 系统中将显示器屏幕的分辨率调整为最佳分辨率，方法是在“设置”窗口左侧窗格中选择“显示”选项，在右侧窗格的“分辨率”下拉列表框中选择显示器的最佳分辨率，如图 1-34 所示。

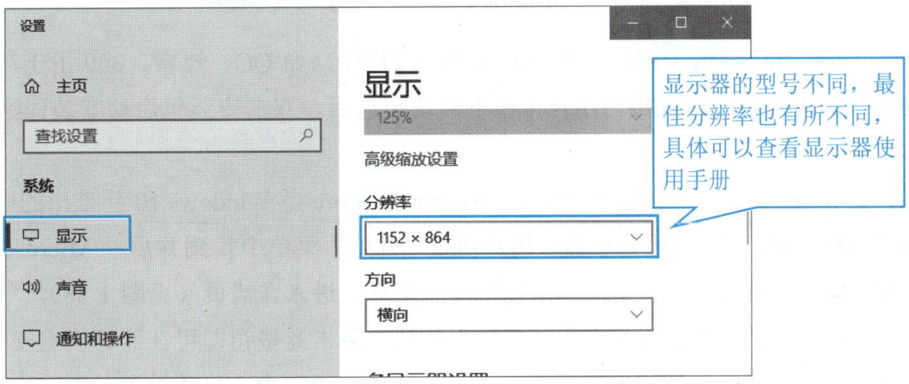

图 1-34　设置显示器分辨率

4．设置系统日期和时间

右击任务栏右端的日期和时间，在弹出的快捷菜单中选择“调整日期/时间”选项，打开“日期和时间”设置界面，对于已经联网的 Windows 10 系统计算机，“自动设置时间”的开关默认是“开”状态，这样系统会自动通过互联网上的时间服务器同步日期和时间。

如果需要手动修改日期和时间，则先将“自动设置时间”关闭，然后单击“更改”按钮，如图 1-35 所示。在打开的“更改日期和时间”对话框中设置新的日期和时间后，单击“更改”按钮应用设置，如图 1-36 所示。

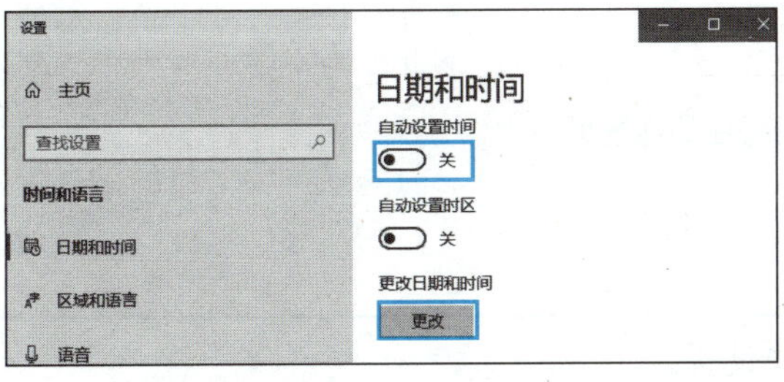

图 1-35　关闭“自动设置时间”后单击“更改”按钮

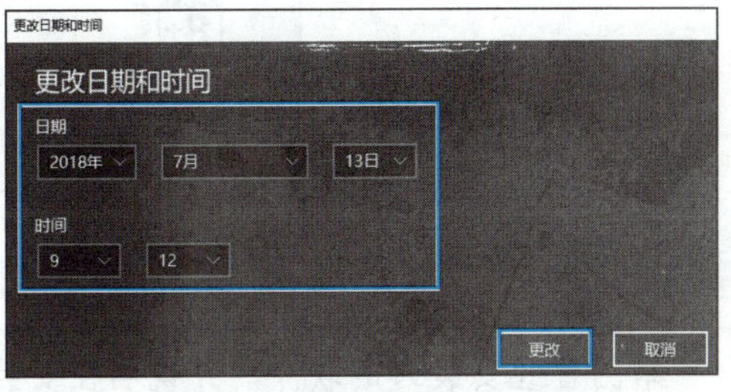

图 1-36　更改日期和时间

四、安装与卸载应用程序及驱动程序

为了扩展计算机的功能，用户需要为计算机安装应用程序。当不需要这些应用程序时，可以将它们从操作系统中卸载，以节约系统资源，提高系统运行速度。

在使用 Windows 10 系统时，用户可以通过“设备管理器”查看计算机各硬件驱动是否安装好，或卸载某硬件的驱动程序。

扫一扫

安装与卸载应用程序

1．安装应用程序

应用程序必须安装到 Windows 10 系统中才能使用。常用的应用程序启动方法有如下 3 种。

（1）通过光盘安装应用程序。将应用程序的安装光盘放入光驱，系统会自动运行它的安装程序，根据提示进行操作即可。如果安装程序没有自动运行，则需要在存放应用程序的文件夹中找到 Setup.exe 或 Install.exe（也可能是软件名称）等安装程序，双击它便可以进行安装操作，如图 1-37 所示。

图 1-37　常见软件的安装程序图标

（2）通过安装包安装应用程序。如今的很多应用程序（如 QQ、迅雷、360 卫士等）都在其官网上提供了后缀为“.exe”的安装包下载链接，用户可在下载安装包后，双击安装包启动安装程序，并根据提示完成应用程序的安装。

（3）通过 Microsoft Store 安装应用程序。Microsoft Store 是 Windows 10 新推出的应用商店，在其中上架了很多免费或付费的应用程序供用户下载，用户可在“开始”菜单中找到并启动 Microsoft Store。通过 Microsoft Store 中安装应用程序得具体方法是，单击应用程序图标，进入详情页（见图 1-38），单击“获取”按钮以获取应用程序。获取后，“获取”按钮将变为“安装”按钮，单击此按钮即可在计算机上安装该应用程序。

Microsoft Store 的优点是程序安装简单，缺点是软件种类较少，且质量参差不齐。

图 1-38　Microsoft Store 中应用程序的详情页

课堂互动

举例曾经安装过的软件，并说明在安装过程中进行了哪些设置。

2. 启动应用程序

要使用应用程序，需要先启动它，常用的应用程序启动方法有如下 3 种。

（1）通过“开始”菜单。应用程序安装后，一般会在“开始”菜单中自动新建一个快捷方式，在“开始”菜单列表中单击要运行程序所在的文件夹，然后单击相应的程序快捷图标即可启动应用程序。

（2）通过快捷方式图标。如果在桌面上为应用程序创建了快捷方式图标，双击该图标即可启动应用程序。

（3）通过应用程序的启动程序。在应用程序的安装文件夹中找到启动程序文件（一般以 exe 为扩展名），然后双击该文件即可启动应用程序。

要退出应用程序，可以直接单击应用程序窗口右上角的“关闭”按钮×，或在“文件”列表中选择“退出”选项，或直接按“Alt+F4”组合键。

3. 卸载应用程序

在计算机中安装过多的应用程序不仅会占据大量硬盘空间，还会影响系统的运行速度，所以对于不需要的应用程序，应该将其卸载。卸载应用程序的方法有两种。

（1）使用“开始”菜单：大多数应用程序会自带卸载命令，安装好应用程序后，一般可在“开始”菜单中找到该命令，卸载应用程序时，只需执行卸载命令，然后按照卸载向导中的提示进行操作即可。

（2）使用“应用和功能”选项：有些应用程序的卸载命令不在“开始”菜单中，如 Office 2016、Photoshop 等，此时可以使用 Windows 10 系统提供的“应用和功能”进行卸载。为此，可以在“设置”窗口中选择“应用和功能”选项，在显示的设置界面中单击要删除的应用程序，然后单击“卸载”按钮（见图 1-39），根据打开的卸载向导中的提示进行操作，完成应用程序的卸载。

图 1-39 卸载应用程序

4. 设备管理

在桌面上右击“此电脑”图标，在弹出的快捷菜单中选择“属性”选项，打开“系统”窗口，选择“设备管理器”选项，打开“设备管理器”窗口。图 1-40 中用方框框住的选项便是安装好了的声卡、网卡和显卡等驱动程序。

如果某硬件的驱动程序没有正确安装或没有安装驱动程序，相关设备会显示叹号、红叉或问号等，如图 1-41 所示。此时需要重新安装该硬件的驱动程序，或选择该硬件名称，单击工具栏中的“更新设备驱动程序”按钮，重新为该硬件安装驱动程序。

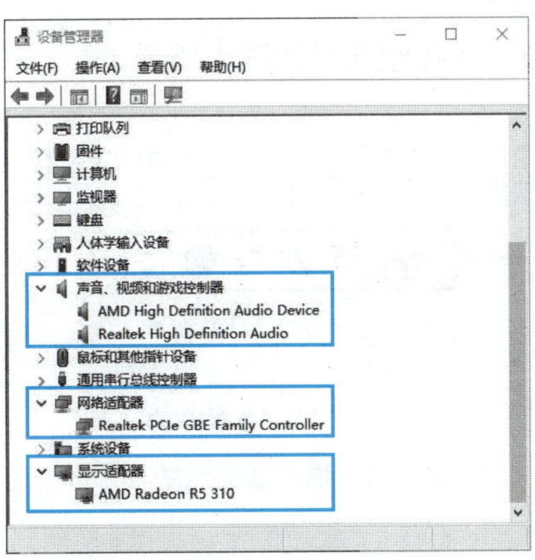

图 1-40 查看安装好的驱动程序

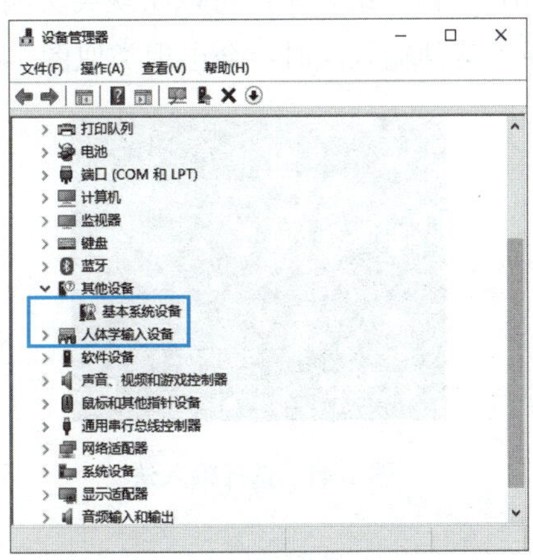

图 1-41 查看有问题的设备

如果某硬件设备的驱动程序没有正确安装，需要将其卸载并重新安装。要卸载某硬件的驱动程序，只需在“设备管理器”窗口中右击该驱动程序，然后在弹出的快捷菜单中选择“卸载设备”选项，再根据系统提示进行操作即可。

五、常用的中英文输入方法

1. 汉字输入法的分类

输入法是利用键盘，根据一定的编码规则来输入汉字的一种方法。常用的汉字输入法有两类，一类是拼音输入法，另一类是五笔字型输入法。

（1）拼音输入法。它是以汉语拼音为基础的输入法，用户只要会汉语拼音，就可以通过输入拼音来输入汉字。常见的拼音输入法主要有微软拼音输入法、搜狗拼音输入法、QQ 拼音输入法等。每种输入法又可以分为如下几种输入方式。

① 全拼输入。全拼输入需输入汉字的全部拼音字母。

② 简拼输入。简拼输入只需输入汉字的全拼中的第一个字母即可。

使用拼音输入法时，一般使用“+”“-”或者“PgUp”“PgDn”键在输入框中进行翻页操作，以寻找需要的汉字。

小提示

拼音输入法很容易上手，其缺点是重码率高，输入效率低于五笔字型输入法。

（2）五笔字型输入法。它是一种根据汉字的结构进行编码输入的方法。它将汉字拆分成一些基本字根，每个字根都与键盘上的某字母键相对应，找到字根所在位置，按下相应按键，即可输入汉字。

五笔字型输入法的优点是重码率低，熟练后可以快速输入汉字；缺点是五笔是形码，想要使用它，必须先学习它的输入规则，所以没有拼音输入法容易上手。

五笔字型输入法特别适合记者、编辑及录排人员等使用。常见的五笔字型输入法包括智能五笔输入法、万能五笔输入法和极品五笔输入法等。

2. 使用输入法

要切换输入法，可以单击任务栏或桌面语言栏中的输入法图标，从展开的列表中选择所需的输入法（见图 1-42），还可以按“Ctrl+Shift”组合键，进行输入法之间的逐一切换，直到切换到所需输入法为止。

按“Ctrl+空格”组合键，可以实现英文输入和中文输入的切换。

当选择了某种输入法时，会出现类似图 1-43 的输入法提示条，各按钮含义如图中所示。

图 1-42　选择输入法

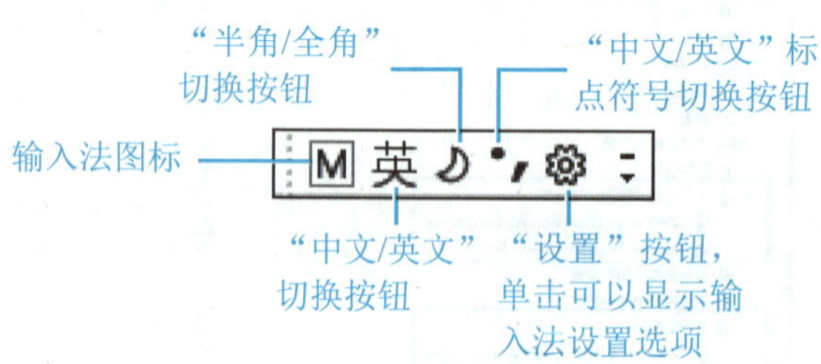

图 1-43　输入法提示条

六、管理文件与文件夹

在使用计算机的过程中，经常需要对文件或文件夹进行各种管理操作，如选择、新建、重命名、移动、复制、还原或查找文件和文件夹等。

1. 文件和文件夹

1）认识文件

文件是数据在计算机中的组织形式。计算机中的任何程序和数据都是以文件的形式保存在计算机的外存储器（如硬盘、光盘和U盘等）中的。Windows 10中的所有文件都是用图标和文件名来标识的，其中文件名由主文件名和扩展名两部分组成，中间由“.”分隔。

扫一扫

管理文件与文件夹

- **主文件名：** 最多可以由255个英文字符或127个汉字组成，或者混合使用字符、汉字、数字甚至空格。但是，文件名中不能含有\、/、:、<、>、?、*、"和|字符。
- **扩展名：** 通常为3个英文字符。扩展名决定了文件的类型，也决定了可以使用什么程序来打开文件。常说的文件格式指的就是文件的扩展名。

小提示

> 默认情况下，为避免用户修改文件扩展名导致文件打不开，在资源管理器中查看文件时，文件扩展名是隐藏的。

从打开方式看，文件分为可执行文件和不可执行文件两种类型。

- **可执行文件：** 指可以自己运行的文件，其扩展名主要有exe、com等。用鼠标双击可执行文件，它便会自己运行。
- **不可执行文件：** 指不能自己运行，而需要借助特定程序打开或使用的文件。例如，双击txt文档，系统将调用“记事本”程序打开它。不可执行文件有许多类型，如文档文件、图像文件、视频文件等。每一种类型又可根据文件扩展名细分为多种类型。大多数文件都属于不可执行文件。

2）认识文件夹

文件夹是存放文件的场所。在Windows 10中，文件夹由一个黄色的小夹子图标和名称组成，如图1-44所示。为了方便管理文件，用户可以创建不同的文件夹，将文件分门别类地存放在不同的文件夹中。此外，在文件夹中除了可以包含文件外还可以包含其他文件夹。

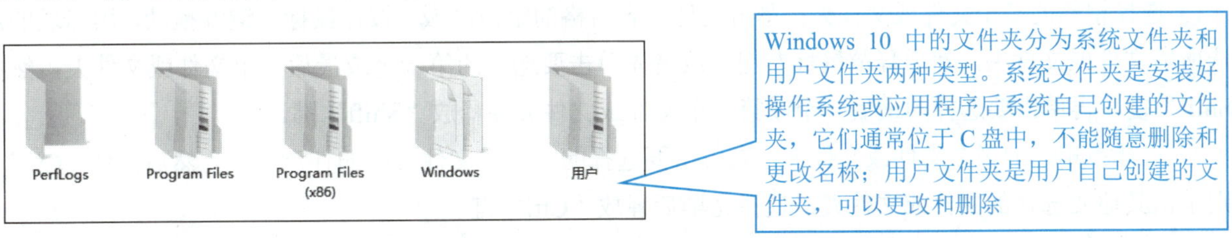

图1-44 文件夹

3）文件路径

文件路径是指文件的存储位置。例如，“D:\办公\文档\工作计划.docx”就是一个文件路径。它指的是：一个Word文件“工作计划”存储在D盘下的“办公”文件夹中的“文档”文件夹中。若要打开这个文件，按照文件路径一级一级找到此文件即可。

如果想要查看和复制当前的文件路径，只需在窗口地址栏的空白处单击，让地址栏以传统方式显示文件路径（见图 1-45），再复制文件路径即可。

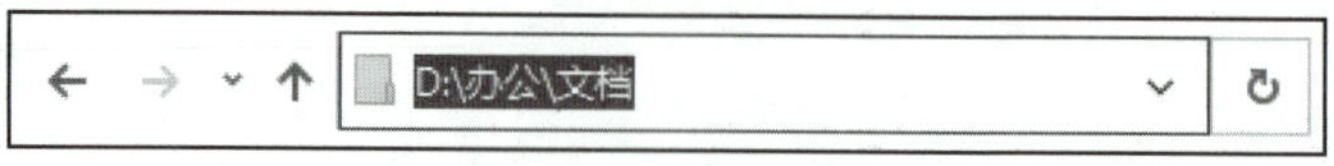

图 1-45　查看文件路径

4）文件资源管理器

在 Windows 10 中，文件资源管理器是管理计算机中文件、文件夹等资源的最重要工具，用户可以用它查看本台计算机中的所有资源，特别是它提供的树形文件系统结构，使用户能更清楚、更直观地认识计算机中的文件和文件夹。

右击“开始”按钮，在弹出的快捷菜单中选择“文件资源管理器”选项，或者单击任务栏中的“文件资源管理器”图标，均可打开“文件资源管理器”窗口，如图 1-46 所示。从中可看到系统提供的树形文件系统结构，方便查看计算机中的文件和文件夹。

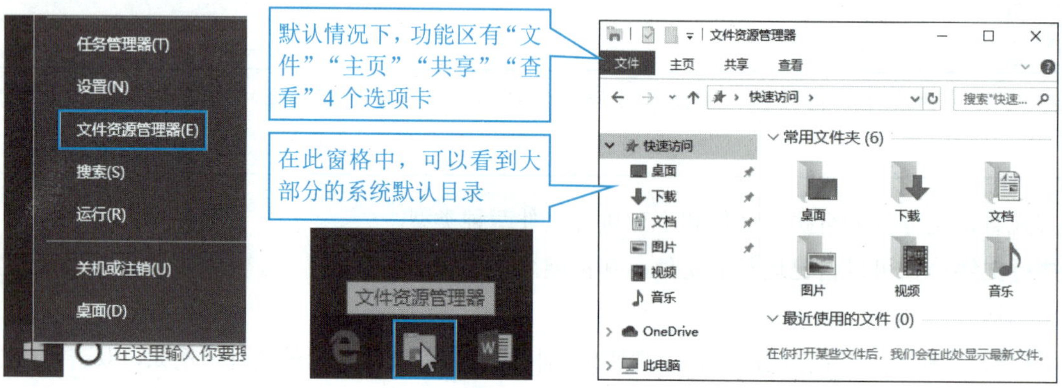

图 1-46　打开“文件资源管理器”窗口

2. 管理文件和文件夹常用操作

1）选择文件或文件夹

要选择单个文件或文件夹，直接单击文件或文件夹，或用键盘方向键将光标移至其上，使之高亮显示即为被选中。要选择多个文件或文件夹，可以执行如下操作。

（1）选择相邻的多个文件或文件夹：单击文件列表窗格的空白区域，按住鼠标左键并拖动，用出现的矩形框框选所需文件或文件夹，然后释放鼠标左键；或者先单击要选择的第一个或最后一个文件或文件夹，然后按住“Shift”键，再单击要选择的最后一个或第一个文件或文件夹并释放“Shift”键。

（2）选择不相邻的多个文件或文件夹：先单击要选择的文件或文件夹中的任意一个，然后按住“Ctrl”键，再分别单击其他要选择的文件或文件夹，选择完毕后释放“Ctrl”键。

（3）选择当前窗口中的所有文件或文件夹：单击“主页”选项卡“选择”组中的“全部选择”按钮，或按“Ctrl+A”组合键。

2）新建文件夹

选择新文件夹要出现的位置为当前操作位置，如选择桌面为当前位置，右击桌面空白区域，在弹出的快捷菜单中选择“新建”/“文件夹”选项，在桌面上会立即出现一个以“新建文件夹”临时命名的文件夹，将临时名称改为所需名称后按“Enter”键或单击桌面空白区域确定即可。

3）重命名文件或文件夹

右击要重命名的对象，在弹出的快捷菜单中选择“重命名”选项（或在选中要重命名的对象后按“F2”键），如图 1-47 所示。此时，文件夹的名称变为可编辑状态，删除原来的名称，输入新的名称（如“旅游图片”），然后按“Enter”键，或在桌面空白区域单击，完成文件夹的重命名。

4）移动、复制文件或文件夹

移动是指将所选文件或文件夹移动到指定位置，在原来的位置不保留被移动的文件或文件夹，而复制会在原来的位置保留被移动的文件或文件夹。

选中需要复制的单个或多个文件或文件夹，然后右击选中的对象，在弹出的快捷菜单中选择“复制”选项，或在选中对象后按“Ctrl+C”组合键。打开想要复制到的目标磁盘分区或文件夹窗口，如磁盘 D，再右击窗口的空白区域，在弹出的快捷菜单中选择“粘贴”选项（见图 1-48），或按“Ctrl+V”组合键。

如果希望移动文件或文件夹，只需在右击文件或文件夹弹出的快捷菜单中选择“剪切”选项，或按“Ctrl+X”组合键即可。

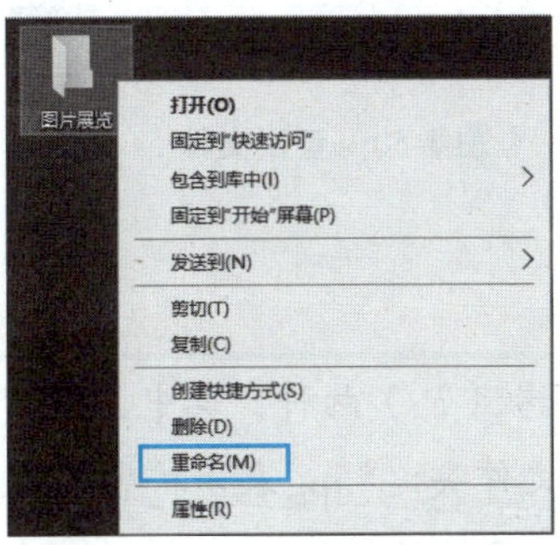

图 1-47 选择“重命名”选项

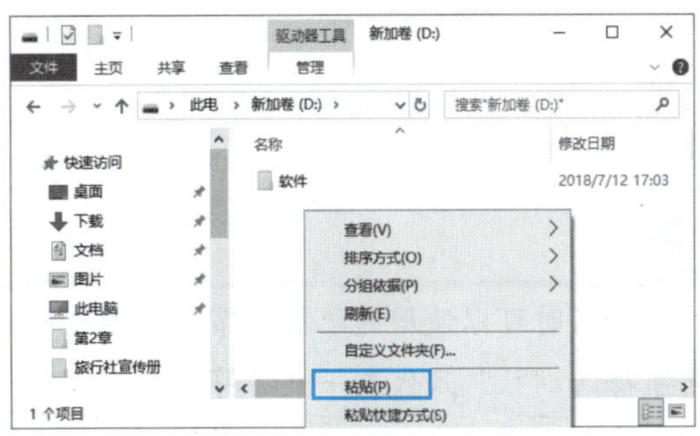

图 1-48 选择“粘贴”选项

5）删除文件或文件夹

当计算机中的文件或文件夹不再需要时应及时删除，以释放其占用的磁盘空间。删除文件或文件夹可以参考以下方法。

（1）选中要删除的文件或文件夹，然后按“Delete”键，即可将其删除。

（2）直接将要删除的文件或文件夹拖放到回收站中。

删除大文件时，可以不经过回收站而直接将其从硬盘中删除。其方法是：选中要删除的文件或文件夹，按“Shift+Delete”组合键，然后在打开的提示框中确认即可。

6）管理回收站

回收站是 Windows 10 系统中用于存放临时删除的文件和文件夹的特定磁盘区域。被删除的文件和文件夹并未真正从计算机中消失，可以在回收站中将其还原或彻底删除。

（1）还原对象。在“回收站”窗口中选择欲还原的对象，然后执行以下方法之一。

① 单击“回收站工具 管理”选项卡“还原”组中的“还原选定的项目”按钮（见图 1-49）。

② 右击欲还原的对象，在弹出的快捷菜单中选择“还原”选项。

③ 将欲还原的对象从回收站中拖放到目标位置。

（2）永久删除对象。回收站中的文件和文件夹仍然占用一定的磁盘空间，只有将其从回收站中永久删除，其所占用的磁盘空间才能得以释放。从回收站中删除对象可以采用以下方法之一。

① 打开“回收站”窗口，单击“回收站工具 管理”选项卡“管理”组中的“清空回收站”按钮。

② 右击桌面上的回收站图标，在弹出的快捷菜单中选择“清空回收站”选项。

③ 在“回收站”窗口中选中对象再次进行删除操作。

7）查找文件或文件夹

打开“此电脑”窗口，在窗口右上角的搜索框中输入要查找的文件名称（如果记不清文件或文件夹全名，可只输入部分名称）。此时系统自动开始搜索，等待一段时间即可显示搜索的结果，如图 1-50 所示。

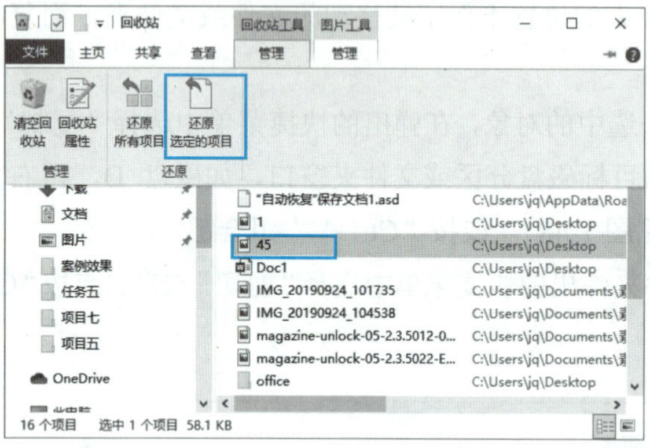

图 1-49 还原被删除文件

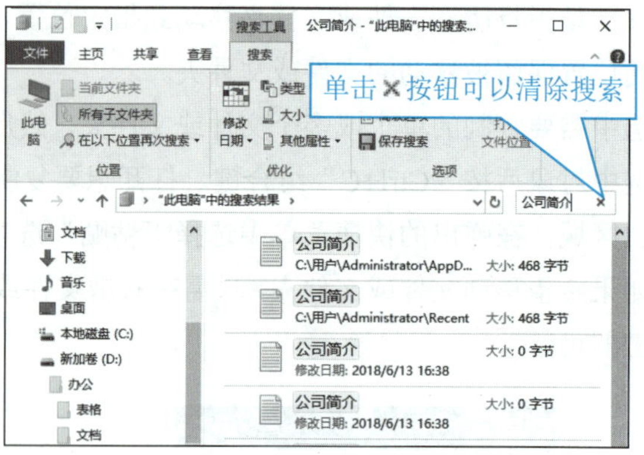

图 1-50 查找文件

知识链接

在输入文件名时可以使用通配符。常用的通配符有星号（*）和问号（？）两种。其中，“*”代表一个或多个任意字符，“？”只代表一个字符。例如，*.*表示所有文件和文件夹；*.jpg表示扩展名为.jpg的所有文件；?ss.doc 表示扩展名为.doc，文件名为 3 位，且必须是以 ss 为文件名结尾的所有文件。

实践探索——安装搜狗拼音输入法并输入文本

Windows 10 系统自带了微软拼音输入法、微软五笔输入法等。如果要使用其他输入法，如搜狗拼音、万能五笔等，一般需要从网上下载外部输入法的安装程序并安装。请在计算机中安装搜狗拼音输入法并输入一段文字。

（1）从网上下载搜狗拼音输入法。

（2）安装搜狗拼音输入法时选择自定义安装，然后取消不需要的功能。

（3）打开“记事本”程序，切换到搜狗拼音输入法，输入一段文字，如图 1-51 所示。

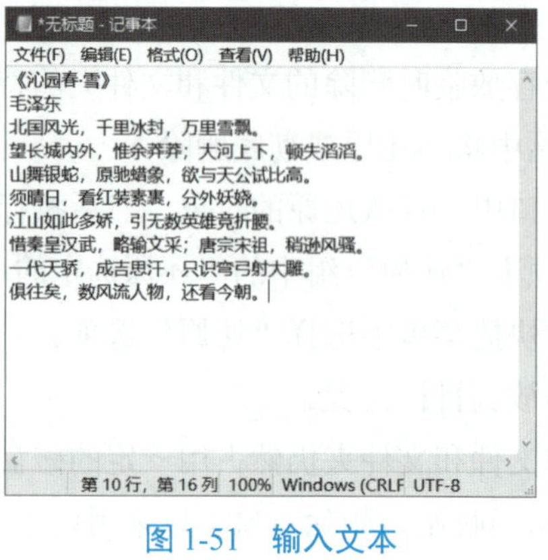

图 1-51 输入文本

任务四 计算机网络与 Internet

任务解读

计算机网络是计算机科学技术与通信技术相互结合的产物，是计算机应用中的一个重要领域，它给人类的生活和工作带来了巨大便利。如今，人们足不出户就可以在线预订酒店和火车票，进行生活缴费和话费充值，还可以实时查看股市行情并进行买卖交易，以及在电商平台购买家电、服装、日用品等，这些现代人习以为常的生活方式，全都离不开计算机网络的支持。

在本任务中，我们学习计算机网络的基本概念、Internet 的基础知识和典型服务。

体验探究——浏览并保存和收藏人民网的网页

计算机设置完成后，李明哲立刻上网查看自己感兴趣的信息。由于 Windows 10 操作系统自带 IE 浏览器，李明哲可以非常方便地浏览人民网，阅读相关文章，获取信息，并可以保存感兴趣的网页内容、图片，以及收藏常用的网页，方便下次浏览。

一、浏览网页

步骤 1▶ 启动 IE 浏览器，在地址栏中输入网址。例如，输入人民网的网址“http://www.people.com.cn/”，然后按“Enter”键，便可打开人民网主页，如图 1-52 所示。

图 1-52 打开人民网主页

步骤 2▶ 查看网页内容。网页的页面一般都比较长，浏览器在一屏内不能完全显示。要查看隐藏的网页内容，可向下拖动浏览器右侧的滚动条或滚动鼠标滚轮。找到感兴趣的标题或栏目后，单击该超链接，如单击顶部导航栏中的“观点”→“人民网评”超链接。

小提示

将鼠标指针移至网页中的文字、图片等项目上方，如果鼠标指针变成手形“👆”，表明是超链接，此时单击便可打开该超链接指向的网页。

步骤 3▶ 打开人民网观点网页，查看网页内容，然后单击希望浏览的文章标题超链接，即可阅读具体的文章内容，如图 1-53 所示。

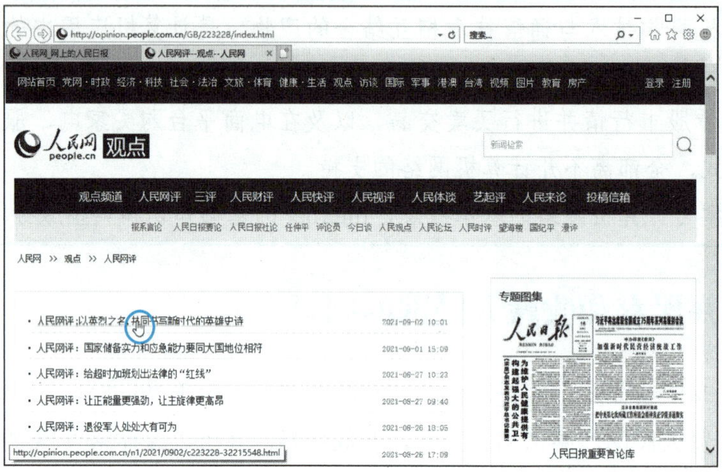

图 1-53　单击希望浏览的超链接

二、保存网页的内容

步骤 1▶ 打开想要浏览的文章页面，单击窗口右上角的“工具”按钮⚙，在展开的窗格中选择“文件”→“另存为”选项，如图 1-54 所示。

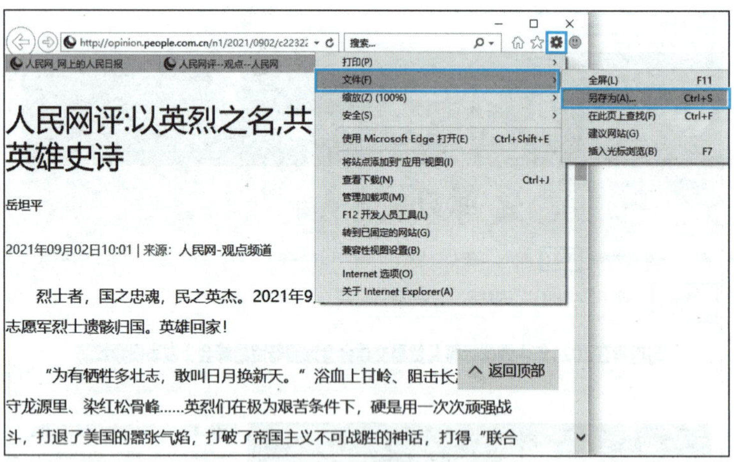

图 1-54　保存为文件

步骤 2▶ 打开“保存网页”对话框，“文件名”为默认的网页名，在保存类型的下拉列表中选择“文本文件（*.txt）”选项，然后单击“保存”按钮，如图 1-55 所示。

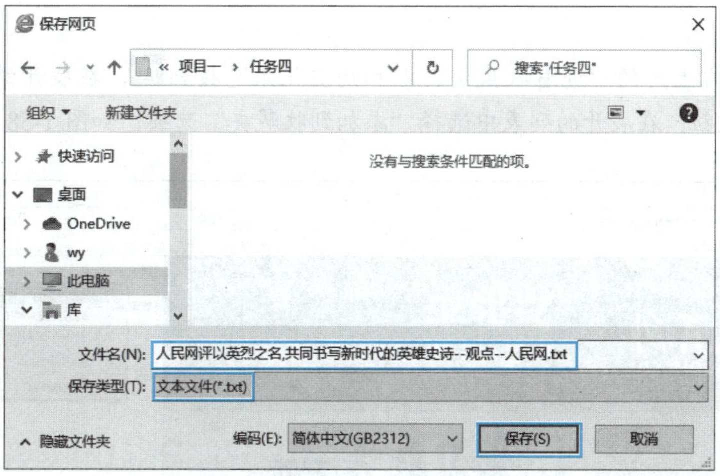

图 1-55　设置文件名和保存类型

三、保存网页中的图片

步骤 1▶ 返回人民网首页，右击要保存的图片，在弹出的快捷菜单中选择“图片另存为”选项，如图 1-56 所示。

图 1-56　保存图片

步骤 2▶ 打开“保存图片”对话框，在“文件名”编辑框中输入图片名称，保存类型默认为“JPEG(*.jpg)”，然后单击“保存”按钮，如图 1-57 所示。

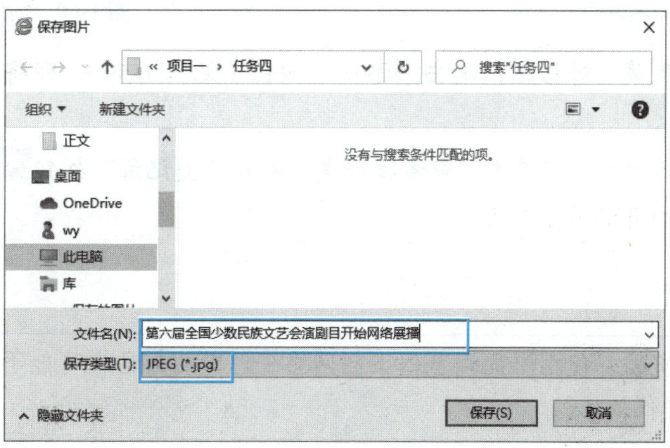

图 1-57　设置文件名

四、收藏网页

步骤 1▶ 单击窗口右上角的“查看收藏夹、源和历史记录”按钮，在展开的窗格中单击“添加到收藏夹”按钮右侧的三角按钮，在展开的列表中选择“添加到收藏夹”选项，如图 1-58 所示。

图 1-58 收藏网页

步骤 2▶ 打开“添加收藏”对话框，在“名称”编辑框中输入网页的名称，然后单击“新建文件夹”按钮，如图 1-59。此时若单击“添加”按钮，可将网页保存到收藏夹的根目录下。

步骤 3▶ 打开“创建文件夹”对话框，在“文件夹名”编辑框中输入“常用网站”，然后单击“创建”按钮，如图 1-60 所示。

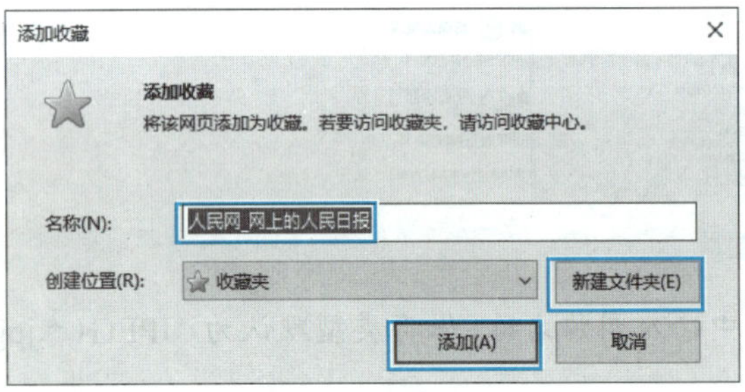

图 1-59 命名网页

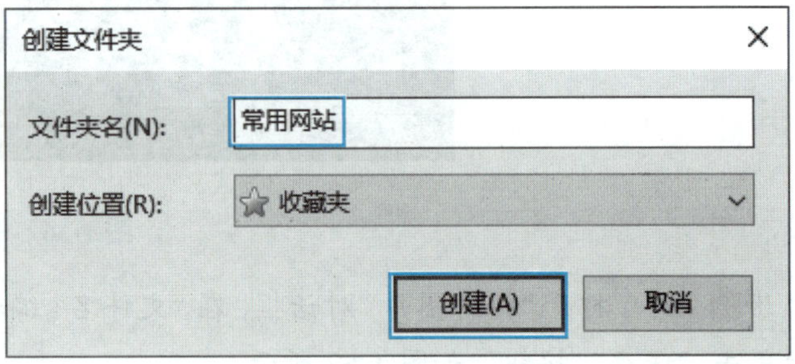

图 1-60 创建文件夹

步骤 4▶ 返回“添加收藏”对话框，单击“添加”按钮（见图 1-59），即将网页收藏到了新建的“常用网站”文件夹中。

步骤 5▶ 要打开收藏的网页，可单击“查看收藏夹、源和历史记录”按钮，在展开的窗格中单击保存网页的文件夹，然后单击要打开的网页即可。

小提示

本例中使用的是 IE 浏览器，使用不同浏览器下载网络资源时的对话框可能不同，但基本步骤大同小异，大家可根据实际情况进行操作。

必备知识

一、计算机网络的基本概念

计算机网络是计算机技术与通信技术高度发展、紧密结合的产物，在应用 Internet 之前，有必要了解一些与计算机网络相关的基本概念。

1．计算机网络中的数据通信

数据通信是计算机技术和通信技术结合产生的一种新的通信方式，它是指在两个计算机或终端之间以二进制的形式进行信息交换，传输数据。下面介绍几个关于数据通信的常用术语。

（1）信号。信号是指数据的电子或电磁编码形式，数据在传输介质或通信路径上以信号的形式传送。信号可分为模拟信号和数字信号。模拟信号是一种以电或磁的形式模拟其他物理方式所产生的连续变化的信号，如电话信号。数字信号是一种离散的脉冲序列，如计算机产生的用 0 和 1 两种不同电平表示的电信号。

（2）信道。信道是指数据通信中发送端和接收端之间的通路。根据传输媒介的不同，信道可分为有线信道和无线信道。常见的有线信道有双绞线、同轴电缆、光缆等，无线信道有地波、短波、超短波、卫星中继等。

（3）调制和解调。将数字信号转换成模拟信号的过程称为调制，将模拟信号转换成数字信号的过程称为解调。例如，普通电话线是针对声音设计的模拟信道，只适用于传输模拟信号，不可直接传输数字信号，因此，在传输声音信号前须在电话线的两端分别安装调制解调器进行调制和解调。

（4）带宽和数据传输速率。在模拟信道中，用带宽表示信道传输信息的能力。带宽以信号的最高频率和最低频率之差表示，即频率的范围。在某一特定带宽的信道中、同一时间段内，数据既能以同一种频率传送，也能以多种频率传送。因此，信道的带宽越宽，其可用的频率就越多，传输的数据量就越大。在数字信道中，用数据传输率（比特率）表述信道的传输能力，即每秒传输的二进制位数（b/s 即比特/秒）。带宽和数据传输率是通信系统的主要技术指标。

2．计算机网络的分类

计算机网络按照不同的分类方法可以分为不同的类型。按照网络覆盖的地理范围的大小，可以把计算机网络分为局域网、城域网和广域网 3 种类型，它们的关系如图 1-61 所示。

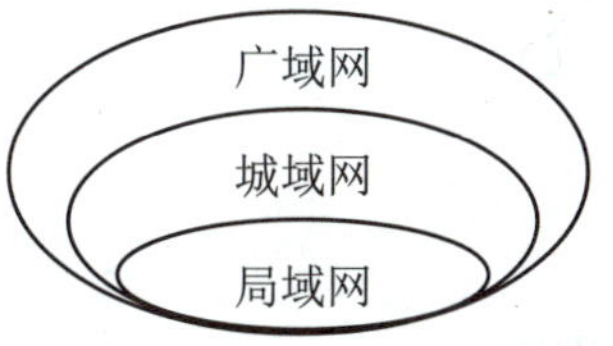

图 1-61　网络类型

① 局域网（local area network，LAN）：是将较小地理范围内的计算机或数据通信设备连接在一起，实现资源共享和数据通信的网络。局域网覆盖的地理范围比较小，一般在几十米到几千米之间。它常用于组建一个办公室、一间机房、一栋楼、一个学校或一个企业的计算机网络。

② 城域网（metropolitan area network，MAN）：是介于局域网和广域网之间的高速网络。最初的城域网是将城市的终端连接起来，因此城域网可以说是一种大型的局域网，它的覆盖范围一般为几千米到几十千米，覆盖范围通常在一个城市内，如北京市城域网。

③ 广域网（wide area network，WAN）：是覆盖广阔地理区域的网络。它的通信线路大多借用公用通信网络，数据传输速率比较低。广域网能够实现远距离计算机之间的数据传输和信息共享。广域网可以覆盖一个国

家、几个国家甚至于全球。我们常说的 Internet 就是世界上最大的广域网。

3．网络拓扑结构

扫一扫

网络拓扑结构

在计算机网络中，把主机、终端和交换机等网络单元抽象为“点”，把网络中的电缆等通信介质抽象为“线”，这样从拓扑学的观点看计算机网络系统，就形成了点和线组成的几何图形，从而抽象出了计算机的网络结构。这种采用拓扑学方法抽象出的网络结构称为计算机网络的拓扑结构。目前，常见的网络拓扑结构主要有以下 5 大类。

（1）总线型网络。总线型网络采用单根传输线路作为公共传输线路，可以双向传输，如图 1-62 所示。

（2）星型网络。星型网络是以中央节点为中心，把若干外围节点连接起来的辐射式互联结构，如图 1-63 所示。这种连接方式以双绞线或同轴电缆作为连接线路。

（3）环型网络。环型网络是各个节点通过通信线路组成闭合线路，环中信号只能沿一个方向传输，信息在每台设备上的延迟时间是固定的，如图 1-64 所示。

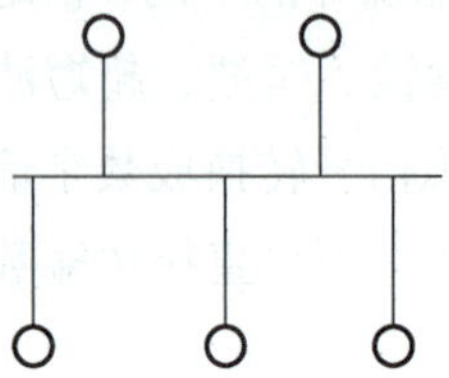

图 1-62　总线型网络

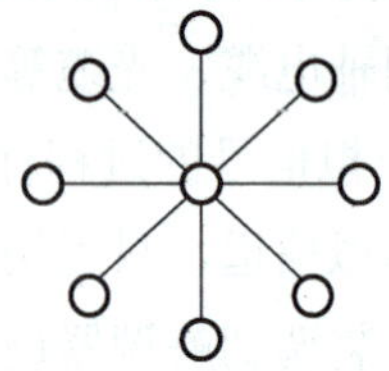

图 1-63　星型网络

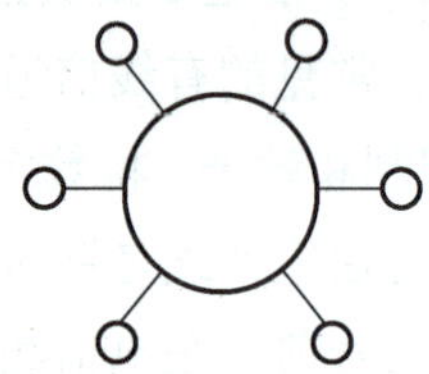

图 1-64　环型网络

（4）树型网络。树型网络是从总线型网络演变而来，它把星型和总线型结合起来，形状像一棵倒置的树，顶端有一个带分支的根，每个分支还可以延伸出子分支，如图 1-65 所示。

（5）网状型网络。网状型网络是指将各网络节点与通信线路互连成不规则的形状，每个节点至少与其他两个节点相连，或者说每个节点至少有两条链路与其他节点相连，如图 1-66 所示。大型互联网一般都采用这种结构，如 Internet 的主干网就采用网状结构。

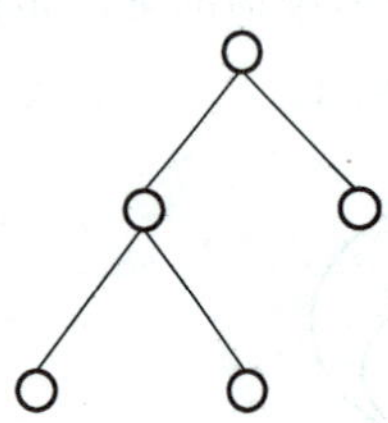

图 1-65　树型网络

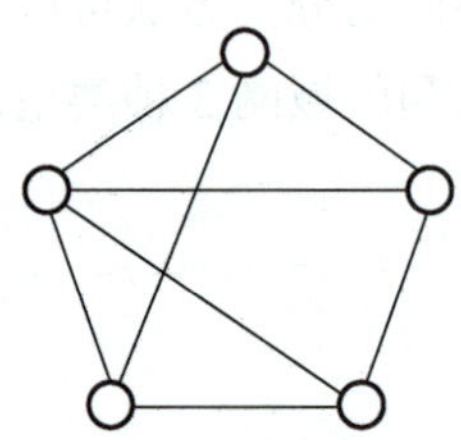

图 1-66　网状型网络

4．计算机网络的组成

计算机网络系统由网络硬件和网络软件两部分组成。

1）网络硬件

计算机网络硬件是计算机网络的物质基础，一个计算机网络就是通过网络设备和通信线路将不同地点的计算机及其外围设备在物理上实现连接。因此，网络硬件主要由可独立工作的计算机、网络设备和传输介质等组成。

（1）可独立工作的计算机是计算机网络的核心，也是主要的网络资源。

（2）网络设备是构成计算机网络的一些部件，如网卡、调制解调器、中继器、网桥、交换机、路由器和网关等。独立工作的计算机可通过网络设备访问网络上的其他计算机。

① 网卡（network interface card，NIC），是计算机与传输介质的接口，一方面它负责接收网络上传过来的数

据包，解包后将数据通过主板上的总线传输给本地计算机；另一方面它将本地计算机上的数据打包后送入网络。

② 调制解调器（Modem），是利用调制解调技术实现数字信号与模拟信号在通信过程中相互转换的设备。确切地说，调制解调器的主要工作是，将数据设备送来的数字信号转换成能在模拟信道（如电话交换网）传输的模拟信号，反之，它也能将来自模拟信道的模拟信号转换为数字信号。

③ 中继器（Repeater），是最简单的局域网延伸设备，其主要作用是放大传输介质上传输的信号，以便在网络上传输得更远。不同类型的局域网采用不同的中继器。

④ 网桥（Bridge），用于连接使用相同通信协议、传输介质和寻址方式的网络。它能将一个大的 LAN 分割为多个网段，也能将两个以上的 LAN 互联为一个逻辑 LAN。

⑤ 交换机（Switch），有多个端口，每个端口都具有桥接功能，可连接一个局域网或一台计算机。交换机所有端口都由专用处理器进行控制，并由控制总线转发信息。

⑥ 路由器（Router），用于连接局域网和广域网，它有判断网络地址和选择路径的功能。其主要工作是为经过路由器的报文寻找一条最佳路径，并将数据传送到目的站点。

⑦ 网关（Gateway），不仅具有路由功能，而且还能实现不同网络协议之间的转换，并将数据重新分组后传送。

（3）传输介质是网络通信用的信号线路，它提供了数据信号传输的物理通道。传输介质按其特征可分为有线通信介质和无线通信介质两大类。有线通信介质包括双绞线、同轴电缆和光缆等；无线通信介质包括无线电、微波和卫星通信等。它们具有不同的传输速率和传输距离，分别支持不同的网络类型。

2）网络软件

网络软件主要包括网络操作系统、网络通信协议和提供网络服务功能的应用软件。其中，网络操作系统是用于管理网络软、硬件资源，提供简单网络管理的系统软件。常见的网络操作系统有 UNIX、Windows、Linux 等；网络通信协议是网络中计算机交换信息时的规则。

提供网络服务功能的应用软件是指在网络环境中，能够为用户提供各种服务的软件。例如，浏览器软件 Internet Explorer、文件传输软件 FTP、远程登录软件 Telnet、电子邮件管理软件 Foxmail、即时通信软件 QQ 和微信、下载工具软件迅雷、流媒体播放软件暴风影音等。

二、Internet 的基础知识

Internet 是目前世界上最大的计算机网络，又称因特网或互联网，它连接了世界上众多的计算机网络与单机，将整个地球“一网打尽”。任何计算机只要加入 Internet，就可以利用其各种各样的资源，以及同世界各地的朋友相互通信和交换信息等。

扫一扫

Internet 的基础知识

1. TCP/IP 协议

传输控制协议/网际协议（transmission control protocol/internet protocol，TCP/IP）起源于美国 ARPANET，由它的两个主要协议，即 TCP 协议和 IP 协议而得名。TCP/IP 是 Internet 上所有网络和主机之间进行交流所使用的共同“语言”，它定义了电子设备如何连入 Internet，以及数据如何在它们之间传输的标准。

2. IP 地址

在计算机网络中，每一台计算机都有一个 IP 地址，用来识别不同的计算机。每台计算机的 IP 地址在其所处的网络中都是唯一的。IP 地址的长度为 32 位（4 个字节），为方便阅读，将每个 IP 地址进行分组，每组 8 位，共 4 组，然后将每组二进制数转换为相应的十进制数，中间用“.”隔开，这种表示方式称为“点分十进制”，如 131.107.16.200。

IP 地址由网络地址和主机地址构成，用于表示该地址所属的网络及主机在本网络中所处的位置。根据网络规模的差异，IP 地址被分为 A（第 1 组为 0～127）、B（第 1 组为 128～191）、C（第 1 组为 192～223）、D、E 五类。其中，常用的有 A、B、C 三类地址，D、E 类保留给专门的机构使用。

3．域名和域名系统（DNS）

由于 IP 地址在使用过程中难于记忆和书写，人们又发明了一种与 IP 地址对应的字符来表示计算机在网络上的地址，这就是域名。Internet 上每一个网站都有自己的域名，并且域名是独一无二的。为了避免重名，域名采用层次结构，各层次的子域名使用“.”隔开，从右向左分别是一级域名（顶级域名）、二级域名……主机名。例如，清华大学的域名是 www.tsinghua.edu.cn，其中，cn 为一级域名，表示中国；edu 为二级域名，采用类别域名，表示教育机构；tsinghua 为机构名，采用的是清华大学的英文缩写；www 为主机名，表示 web 服务器。

域名系统（domain name system，DNS）是 Internet 上作为域名和 IP 地址相互映射的一个分布式数据库，它能够使用户通过域名方便地访问 Internet 网站，而不用去记住网站所在服务器的 IP 地址。例如，我们只需在浏览器地址栏中输入域名 www.sohu.com，就可以访问搜狐网站。

小提示

二级域名分为地区域名和类别域名。其中，地区域名表示行政区，如 bj（北京）、sh（上海）等，常用的类别域名有 com（商业结构）、edu（教育机构）、net（网络机构）、gov（政府机构）、org（非盈利性机构）、mil（国防机构）等。

4．接入 Internet 方式

目前，常见的 Internet 接入方式有电话拨号连接、专线连接、局域网连接和无线连接等。

（1）电话拨号连接（asymmetrical digital subscriber line，ADSL）利用电话线路接入 Internet，上网时可拨打或接听电话。其优点是上网方便，只要安装过电话即可开通，服务商会提供一个 ADSL Modem。

（2）专线连接有多种接入方式，常见的有 Cable-Modem（线缆调制解调器）接入方式和光纤接入方式。Cable-Modem 接入方式利用有线电视网上网，无须拨号，价格低，绝对上网速度快，但当同时上网的用户比较多时，速度会有所下降；光纤接入方式利用光纤作为传输媒介上网，通信容量大、损耗低、不受电磁干扰，能确保通信畅通无阻。

（3）局域网连接是指用户接入局域网，使用路由器通过数据通信网与 ISP（Internet 服务提供商）连接、通过 ISP 接入 Internet。其优点是传输容量大、可靠性高、安装便捷、成本低、扩展方便，能提供高速、高效、安全、稳定的网络连接。

（4）无线连接通过 AP（装有无线网卡的计算机或支持 WiFi 功能的手机等设备）接入 Internet，AP 就像一个简单的有限交换机，将计算机和 ADSL 或有线局域网连接起来，达到接入 Internet 的目的。普通的小型办公室、家庭有一个 AP 就足够了，几个邻里之间也可以共享一个 AP 上网。

三、Internet 的典型服务

Internet 提供的典型服务包括 WWW 信息服务、文件传输服务、远程登录服务及电子邮件服务等。

1．WWW 信息服务

万维网（world wide web，WWW）又称全球信息网，它将世界各地的信息资源以超文本或超媒体的形式组织成一个巨大的信息网络，用户只要使用 Web 浏览器，就可以随心所欲地在万维网中漫游，获取感兴趣的信息。WWW 信息服务是目前使用最普遍、最受欢迎的互联网服务形式。

2. 文件传输服务

文件传输是指在两台主机之间以文件为单位传输信息，从而实现资源共享的服务方式。互联网的文件传输服务通过应用层的文件传输协议（file transfer protocol，FTP）实现，因此 FTP 也常常成为互联网上文件传输的代名词。

目前，常见的 FTP 下载工具有 CuteFTP 和 LeapFTP 等。这些下载工具既可用于文件的下载，也可用于文件的上传。许多 FTP 下载工具还具有断点续传功能，即当网络连接意外中断时，FTP 下载工具会保留正在传输的文件的中断点，再次连接后可从文件的断点处继续传输。许多 FTP 下载工具还可以同时建立多个数据连接，同时传输多个文件，或把一个文件分成几部分同时传输，从而提高传输效率。

3. 远程登录服务

远程登录服务又称为 Telnet 服务，是指用户使用 Telnet 命令，使自己的计算机暂时成为远程主机的一个仿真终端，一旦成功登录，用户便可以像使用本地主机一样，使用远程主机的资源。

4. 电子邮件服务

电子邮件也称为 E-mail，是指通过互联网传递的邮件。与传统邮件相比，电子邮件具有速度快、成本低、使用方便等优点，利用它可以发送文本信件、图片和动画等。电子邮件的收发需要借助电子邮箱。目前，国内外的很多网站均可注册电子邮箱，较知名的包括网易公司的 163 网易免费邮、腾讯公司的 QQ 邮箱、谷歌公司的 Gmail 和微软公司的 Outlook 等。

一般来说，电子邮箱的地址是一串字符，其格式为“用户名@域名”。其中，“用户名”是收件人的账号，可在创建电子邮箱时由用户自定义；“域名”是电子邮件服务器名，一般由提供电子邮箱的网站规定，用户无法更改；@是一个功能分隔符号，用于连接前后两部分。例如，“li_93@163.com”就是一个电子邮箱，它同时指代电子邮件的收件人。值得一提的是，电子邮箱地址必须是唯一的，即在同一域名下，用户名不能重复。

实践探索——收发电子邮件

电子邮箱是 24 小时工作的，可以随时发送或接收邮件。因此，在 Internet 上收发电子邮件不受地域或时间的限制，且双方的计算机无须同时打开。使用电子邮箱执行以下收发和回复电子邮件操作。

（1）给小蓝（jinqie2021@163.com）发送电子邮件，以附件形式发送“本学期最新课程表.docx”文件，主题为“最新课程表”，正文内容为“小蓝，你好！附件里是最新的课程表，请查看！”。

（2）接收并阅读小蓝发来的感谢邮件，并回复邮件，回复内容为“不用谢，课堂见！”。

项目总结

作为信息技术的核心，计算机技术已深刻改变了人们的生活、工作和学习方式。要做到与时俱进，就必须掌握计算机的相关知识。

计算机是一种能对各种信息进行存储和高速处理的电子机器。自世界上第一台计算机 ENIAC 诞生以来，计算机技术获得了迅猛发展，共经历了电子管、晶体管、中小规模集成电路、大规模及超大规模集成电路 4 个发展阶段。作为信息时代的核心设备，计算机具有运算速度快、计算精度高、存储功能强、可实现逻辑判断和自动化程度高的特点，应用领域主要包括科学运算、数据处理、过程控制、计算机辅助、多媒体应用、人工智能和计算机网络。

多媒体技术是指利用计算机综合处理文本、图形、图像、声音、动画和视频等媒体的技术，它具有多样性、集成性、实时性和交互性等特征。多媒体信息数字化后数据量很大，可以通过数据压缩来解决该问题，常用的数据压缩方法有无损压缩和有损压缩。

计算机病毒是一种人为编制的特殊程序，或普通程序中的一段特殊代码，具有破坏性、寄生性、传染性、隐蔽性和潜伏性等特点。它主要通过移动存储设备、局域网和 Internet 等途径传播。

通常采用的数制有十进制、二进制、八进制和十六进制，它们之间可以互相转换。在计算机中，文本、数字、声音、图形图像、视频及动画等数据都是以二进制形式存储的。计算机中常用的字符编码有 ASCII 码和汉字编码，计算机中数据最基本的存储单位是“位”和“字节”。

以微型计算机为例，计算机的可分为硬件系统和软件系统。其中，硬件系统包括 CPU、存储器、输入和输出设备等；而软件系统主要包括系统软件和应用软件两部分。

在计算机软件系统中，操作系统是最重要的系统软件，它能使计算机系统协调、高效和可靠地进行工作，是控制和管理计算机软硬件资源的平台。操作系统的功能包括进程管理、文件管理、设备管理、存储管理和作业管理等，时下主流的操作系统包括 Windows、UNIX、Linux、iOS 和 Android 等。

用户要使用 Windows 10 系统，首先，必须充分熟悉 Windows 10 的视窗元素，如桌面、图标、任务栏、对话框等；其次，还需要掌握 Windows 系统的基本操作，如设置桌面主题、设置桌面背景、设置合适的显示器分辨率、设置系统日期和时间等，以使 Windows 10 系统更符合自己的使用习惯；最后，Windows 系统支持安装各种类型的应用程序，可大大提高用户的工作和学习效率。

在使用计算机的过程中，可以对文件或文件夹进行各种管理操作，如新建、选择、重命名、删除、移动或复制文件和文件夹等。

计算机网络按网络覆盖的地理范围的大小划分，可以把计算机网络分为局域网、城域网和广域网 3 种类型；网络拓扑结构可分为总线型、星型、环型、树型和网状型 5 种类型。

TCP/IP 定义了电子设备如何连入 Internet，以及数据如何在它们之间传输的标准。在计算机网络中，每一台计算机都有一个唯一的 IP 地址，用来识别不同的计算机。域名是与 IP 地址对应的字符，用于表示计算机在网络上的地址。DNS 是 Internet 上作为域名和 IP 地址相互映射的一个分布式数据库，它能够使用户通过域名方便地访问 Internet 网站，而不用去记住网站所在服务器的 IP 地址。

计算机和操作系统是信息时代的重要工具，也是人们访问互联网的桥梁。作为新时代的青年，我们应该与时俱进，拥抱新时代、新技术，以成为信息社会的高素质人才为目标，不断提高自身综合素质，为早日投身中国特色社会主义建设而不断奋斗。

项目二

文档处理

项目导读

随着信息技术的飞速发展以及计算机教育的普及，社会对信息的需求越来越大，同时也对我们的信息处理能力提出了更高的要求。在日常生活和实际办公中，最常见的信息处理是文档处理。熟练掌握 Word 文字处理软件，可以帮助我们快速、高效地完成文、图、表等的编辑排版，使文档更加专业、美观，并易于阅读。

知识目标

熟悉 Word 2016 的工作界面，了解 Word 2016 的各项功能及其操作方法，如输入、编辑文本，设置字符和段落格式，设计图文版式，制作表格，编辑长文档，以及多人协同编辑文档等。

能力目标

能够熟练使用 Word 2016 制作和编辑各种文档，初步具备根据生活情境、本专业领域实际问题，运用 Word 2016 设计信息化解决方案的能力。

思政目标

自觉树立自主学习、协作学习、探究学习意识，提高在数字化环境下解决生活、学习和工作中的实际问题的信息化办公能力，养成数字化学习与实践创新的习惯，跟上时代发展的步伐。

任务一　操作 Word 2016 文档处理软件

任务解读

Word 2016 是微软公司研发的办公自动化组件之一，它是一款优秀的文字处理软件，能够满足用户的各种文档处理需求，如输入、编辑文本，设置文档格式，在文档中插入与编辑图片、艺术字和形状，制作表格等，从而帮助用户制作出专业、美观的文档。

在本任务中，我们将认识 Word 2016，并掌握它的基本操作。

体验探究——制作商铺租赁合同

租赁合同是出租人将租赁物交付承租人使用、收益，承租人支付租金的合同，其内容包括租赁物的名称、数量、用途、租赁期限、租金及其支付期限和方式、租赁物维修等条款。下面根据租赁合同的主要内容，制作一份商铺租赁合同，效果如图 2-1 所示。

扫一扫

制作商铺租赁合同

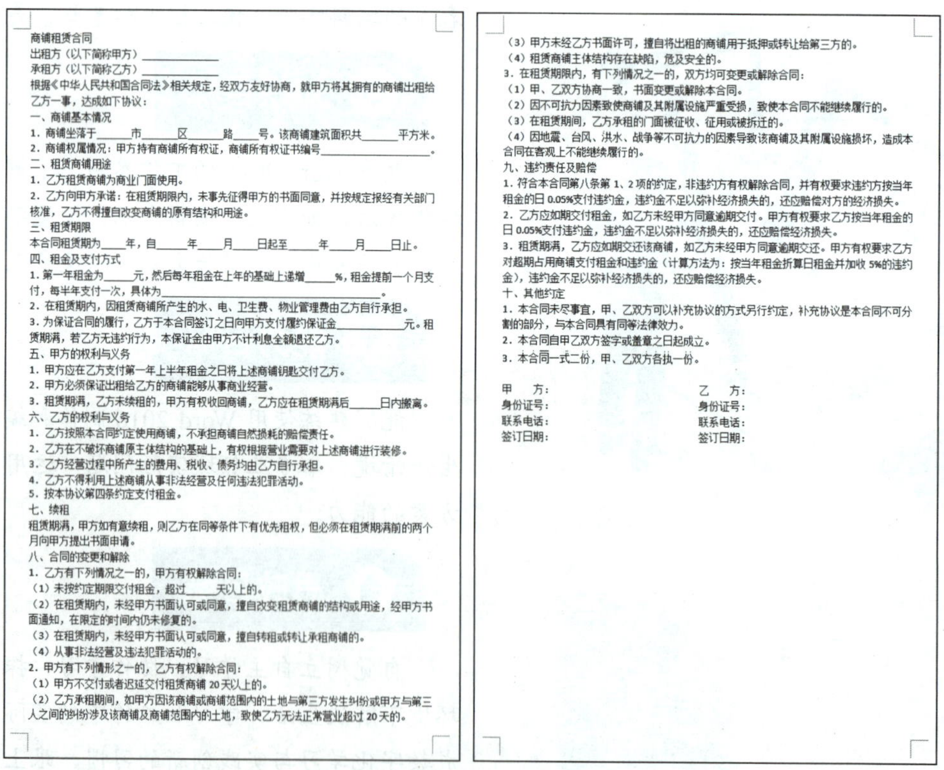
商铺租赁合同
出租方（以下简称甲方）______
承租方（以下简称乙方）______
根据《中华人民共和国合同法》相关规定，经双方友好协商，就甲方将其拥有的商铺出租给乙方一事，达成如下协议：
一、商铺基本情况
1．商铺坐落于____市____区____路____号。该商铺建筑面积共____平方米。
2．商铺权属情况：甲方持有商铺所有权证，商铺所有权证书编号______。
二、租赁商铺用途
1．乙方租赁商铺为商业门面使用。
2．乙方向甲方承诺：在租赁期限内，未事先征得甲方的书面同意，并按规定报经有关部门核准，乙方不得擅自改变商铺的原有结构和用途。
三、租赁期限
本合同租赁期为____年，自____年____月____日起至____年____月____日止。
四、租金及支付方式
1．第一年租金为____元，然后每年租金在上年的基础上递增____%，租金提前一个月支付，每半年支付一次，具体为______。
2．在租赁期内，因租赁商铺所产生的水、电、卫生费、物业管理费由乙方自行承担。
3．为保证合同的履行，乙方于本合同签订之日向甲方支付履约保证金______元。租赁期满，若乙方无违约行为，本保证金由甲方不计利息全额退还乙方。
五、甲方的权利与义务
1．甲方应在乙方支付第一年上半年租金之日将上述商铺钥匙交付乙方。
2．甲方必须保证出租给乙方的商铺能够从事商业经营。
3．租赁期满，乙方未续租的，甲方有权收回商铺，乙方应在租赁期满后____日内搬离。
六、乙方的权利与义务
1．乙方按照本合同约定使用商铺，不承担商铺自然损耗的赔偿责任。
2．乙方在不破坏商铺原主体结构的基础上，有权根据营业需要对上述商铺进行装修。
3．乙方经营过程中所产生的费用、税收、债务均由乙方自行承担。
4．乙方不得利用上述商铺从事非法经营及任何违法犯罪活动。
5．按本协议第四条约定支付租金。
七、续租
租赁期满，甲方如有意续租，则乙方在同等条件下有优先租权，但必须在租赁期满前的两个月向甲方提出书面申请。
八、合同的变更和解除
1．乙方有下列情况之一的，甲方有权解除合同：
（1）未按约定期限交付租金，超过____天以上的。
（2）在租赁期内，未经甲方书面认可或同意，擅自改变租赁商铺的结构或用途，经甲方书面通知，在限定的时间内仍未修复的。
（3）在租赁期内，未经甲方书面认可或同意，擅自转租或转让承租商铺的。
（4）从事非法经营及违法犯罪活动的。
2．甲方有下列情形之一的，乙方有权解除合同：
（1）甲方不交付或者迟延交付租赁商铺 20 天以上的。
（2）乙方承租期间，如甲方因该商铺或商铺范围内的土地与第三方发生纠纷或甲方与第三人之间的纠纷涉及该商铺及商铺范围内的土地，致使乙方无法正常营业超过 20 天的。
（3）甲方未经乙方书面许可，擅自将出租的商铺用于抵押或转让给第三方的。
（4）租赁商铺主体结构存在缺陷，危及安全的。
3．在租赁期限内，有下列情况之一的，双方均可变更或解除合同：
（1）甲、乙双方协商一致，书面变更或解除本合同。
（2）因不可抗力因素致使商铺及其附属设施严重受损，致使本合同不能继续履行的。
（3）在租赁期间，乙方承租的门面被征收、征用或被拆迁的。
（4）因地震、台风、洪水、战争等不可抗力的因素导致该商铺及其附属设施损坏，造成本合同在客观上不能继续履行的。
九、违约责任及赔偿
1．符合本合同第八条第 1、2 项的约定，非违约方有权解除合同，并有权要求违约方按当年租金的日 0.05%支付违约金，违约金不足以弥补经济损失的，还应赔偿对方的经济损失。
2．乙方应如期交付租金，如乙方未经甲方同意逾期交付。甲方有权要求乙方按当年租金的日 0.05%支付违约金，违约金不足以弥补经济损失的，还应赔偿经济损失。
3．租赁期满，乙方应如期交还该商铺，如乙方未经甲方同意逾期交还。甲方有权要求乙方对超期占用商铺支付租金和违约金（计算方法为：按当年租金折算日租金并加收 5%的违约金），违约金不足以弥补经济损失的，还应赔偿经济损失。
十、其他约定
1．本合同未尽事宜，甲、乙双方可以补充协议的方式另行约定，补充协议是本合同不可分割的部分，与本合同具有同等法律效力。
2．本合同自甲乙双方签字或盖章之日起成立。
3．本合同一式二份，甲、乙双方各执一份。

甲　方：　　乙　方：
身份证号：　　身份证号：
联系电话：　　联系电话：
签订日期：　　签订日期：

图 2-1　商铺租赁合同效果

一、新建并保存文档

步骤 1▶ 启动 Word 2016，在开始界面中选择“空白文档”选项（见图 2-2），新建一个空白文档。

步骤 2▶ 按“Ctrl+S”组合键，打开“另存为”界面（见图 2-3），单击“浏览”按钮，打开“另存为”对话框，在其中选择文档的保存位置“项目二”/“任务一”，然后在“文件名”编辑框中输入文档名称“商铺租赁合同”，最后单击“保存”按钮，如图 2-4 所示。

图 2-2 选择“空白文档”选项

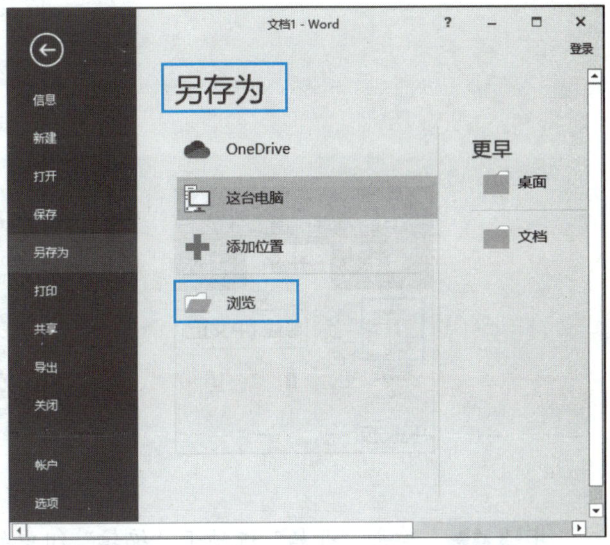

图 2-3 “另存为”界面

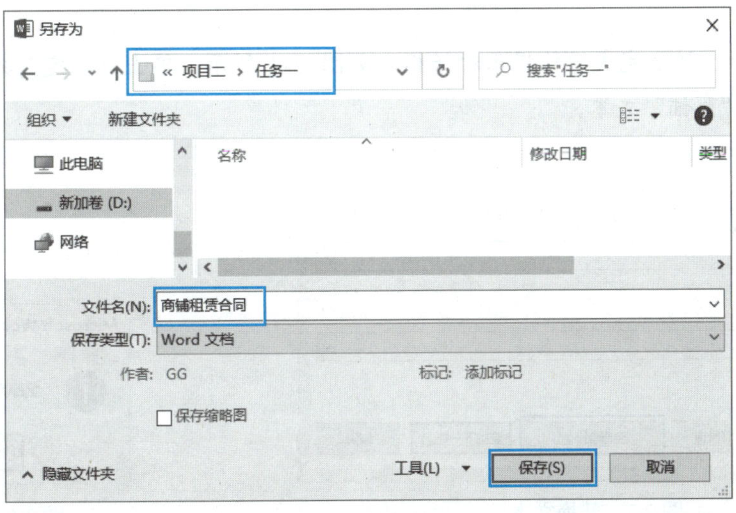

图 2-4 保存文档

二、编辑文档

步骤 1▶ 在文档中输入合同的标题和部分内容，如图 2-5 所示。

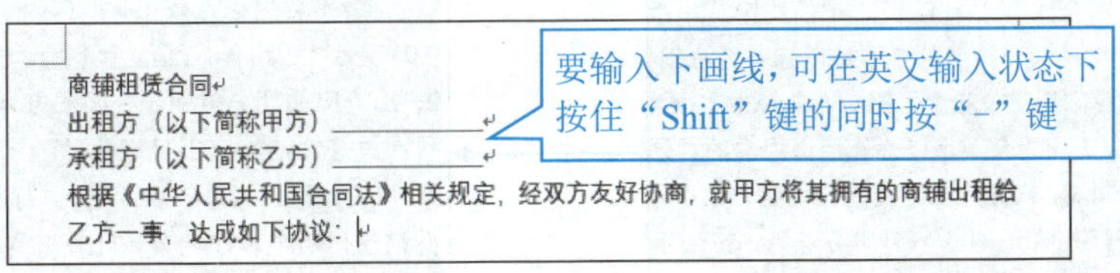

图 2-5 输入文本

步骤 2▶ 打开本书配套素材“项目二”/“任务一”/“合同条款.docx”文档，按“Ctrl+A”组合键全选文档内容，然后单击“开始”选项卡“剪贴板”组中的“复制”按钮复制选中的文本。

步骤 3▶ 返回“商铺租赁合同”文档，按“Enter”键在文档末尾开始一个新的段落，然后单击“开始”选项卡“剪贴板”组中的“粘贴”按钮粘贴复制的文本，如图 2-6 所示。

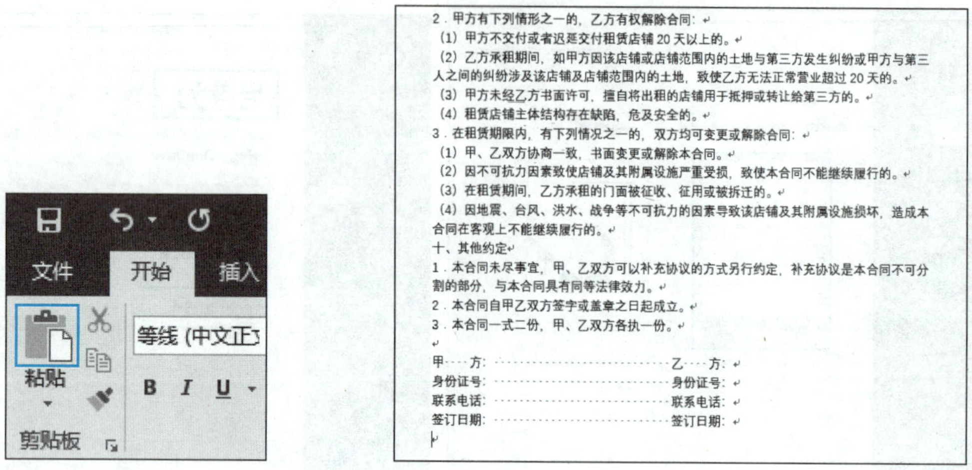

图 2-6 复制粘贴文本

步骤 4▶ 单击“开始”选项卡“编辑”组中的“替换”按钮，打开“查找和替换”对话框，在“查找内容”编辑框中输入“店铺”文本，在“替换为”编辑框中输入“商铺”文本，然后单击“全部替换”按钮，如图 2-7 所示。

步骤 5▶ 替换完毕，弹出完成操作提示对话框，如图 2-8 所示。单击“确定”按钮，此时文档中的所有“店铺”文本已替换成“商铺”文本。

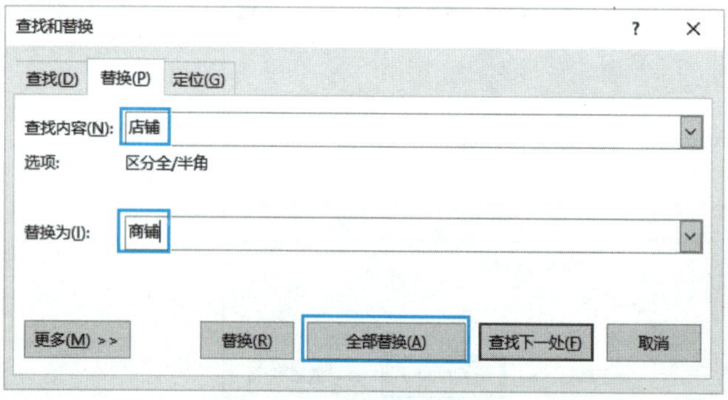

图 2-7 替换文本

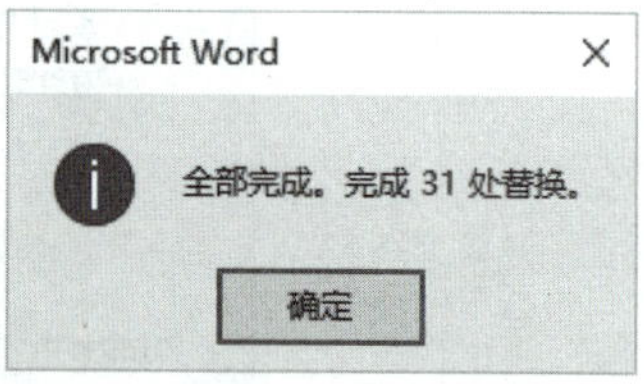

图 2-8 完成替换

步骤 6▶ 选中要移动的段落文本“八、违约责任及赔偿……还应赔偿经济损失。”，然后将其拖至“十、其他约定”文本的前面，如图 2-9 所示。

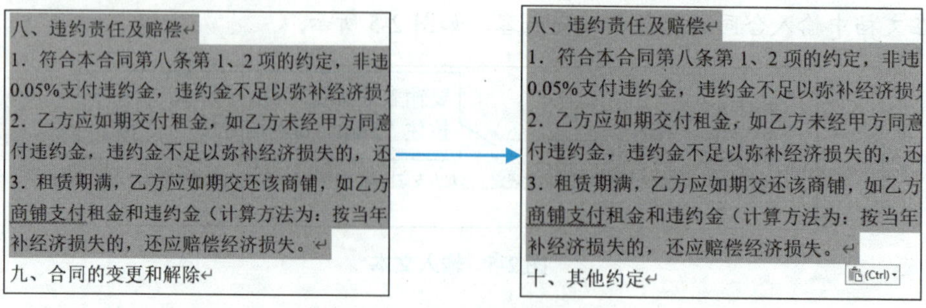

图 2-9 移动文本

步骤 7▶ 调整合同条款的序号。将“八、违约责任及赔偿”修改为“九、违约责任及赔偿”，将“九、合同的变更和解除”修改为“八、合同的变更和解除”。至此，文档编辑完毕，按“Ctrl+S”组合键保存文档。

三、加密文档

步骤 1▶ 单击“文件”按钮，在打开的界面中选择“信息”选项，再在右侧单击“保护文档”按钮，在展开的下拉列表中选择“用密码进行加密”选项，如图 2-10 所示。

步骤 2▶ 打开“加密文档”对话框，输入密码（如“123abc”），单击“确定”按钮，再在打开的“确认密码”对话框中再次输入密码，单击“确定”按钮，如图 2-11 所示。

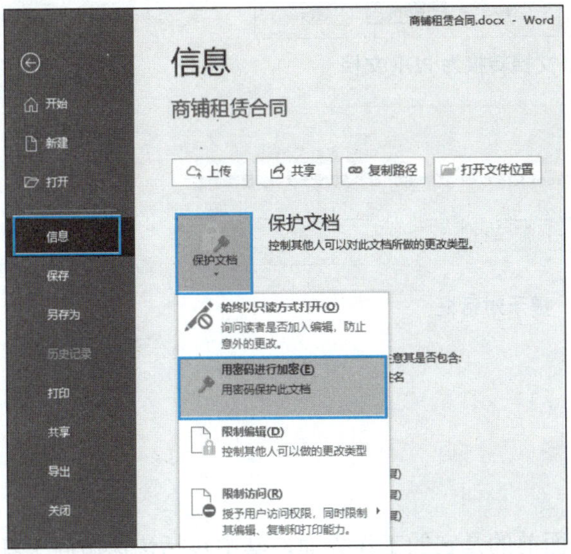

图 2-10 选择“用密码进行加密”选项

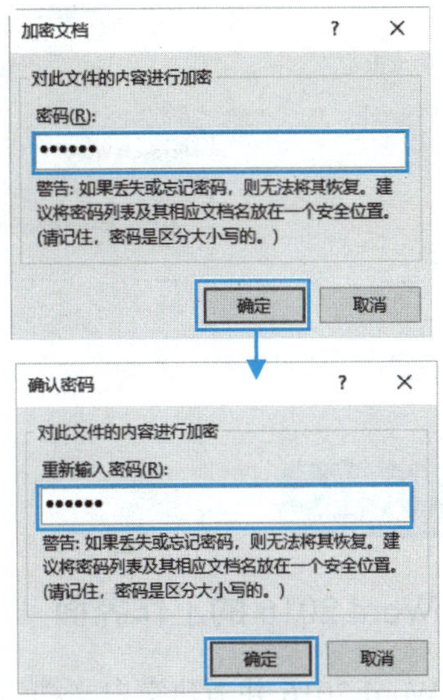

图 2-11 设置加密密码

小提示

当打开加密文档时，会弹出“密码”对话框，只有输入正确的密码才能访问文档。如果要修改文档密码，可在打开文档后执行与设置密码相同的操作。如果要取消为文档设置的密码，可打开“加密文档”对话框，然后将密码设置为空并单击“确定”按钮。

四、转换为 PDF 文档

步骤 1▶ 单击“文件”按钮，在打开的界面中选择“另存为”选项，打开“另存为”界面，单击“浏览”按钮，打开“另存为”对话框。

步骤 2▶ 选择文档的保存位置为“项目二”/“任务一”，然后在“保存类型”下拉列表中选择“PDF”选项，最后单击“保存”按钮，如图 2-12 所示。

步骤 3▶ 弹出提示对话框（见图 2-13），提示文档类型转换后密码保护将失效，单击“是”按钮，即可成功将 Word 文档转换为 PDF 文档。此时会自动打开转换后的 PDF 文档，不需要输入密码即可查看文档内容。

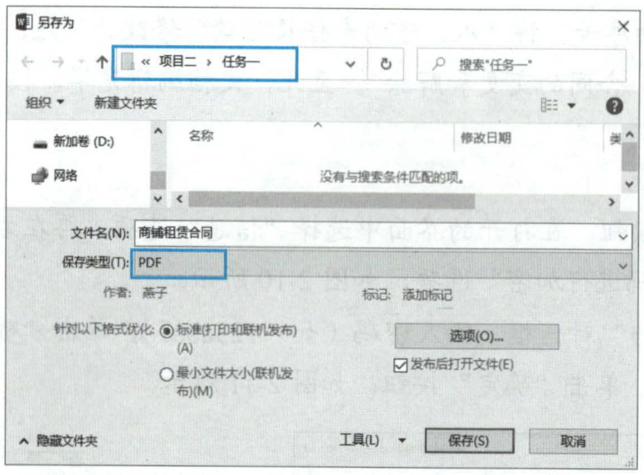

图 2-12　将 Word 文档转换为 PDF 文档

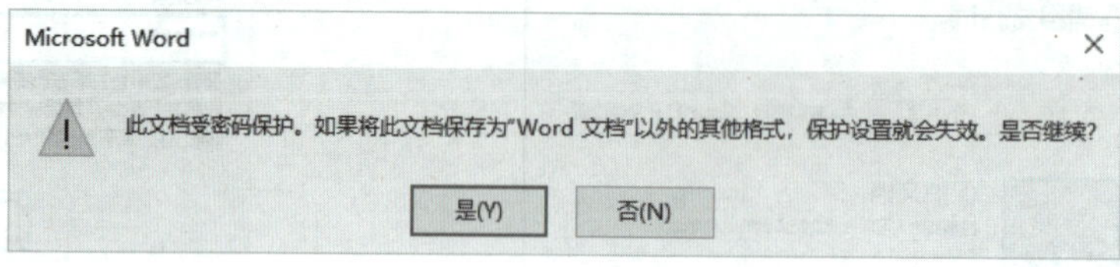

图 2-13　提示对话框

必备知识

一、Word 2016 的工作界面

启动 Word 2016 并新建空白文档后，显示在用户面前的是它的工作界面，其中包括快速访问工具栏、标题栏、功能区、文档编辑区和状态栏等组成元素，如图 2-14 所示。

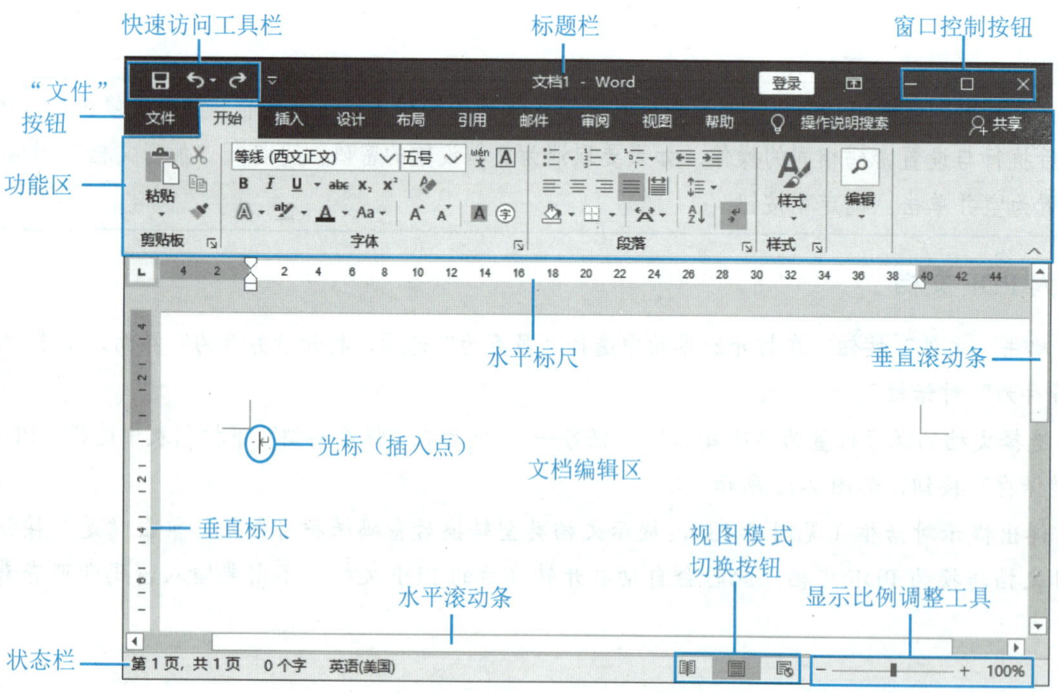

图 2-14　Word 2016 的工作界面

- **快速访问工具栏：** 用于放置使用频率较高的工具。默认情况下，该工具栏包含"保存"按钮、"撤销"按钮和"恢复"按钮。如果要向其中添加其他命令按钮，可单击快速访问工具栏右侧的"自定义快速访问工具栏"按钮，在展开的下拉列表中选择需要添加的命令，使其左侧显示✓标记。
- **标题栏：** 位于窗口的最上方，其中显示了当前编辑的文档名、程序名、"功能区显示选项"按钮（单击该按钮，可在展开的下拉列表中选择隐藏功能区或显示功能区选项卡和命令）和窗口控制按钮。
- **"文件"按钮：** 单击该按钮，在打开的界面中选择相应选项，可执行新建、保存、打印、共享和导出等文档操作。
- **功能区：** 用选项卡的方式分类存放编排文档时所需要的命令。单击功能区上方的选项卡标签可切换到不同的选项卡，从而显示不同的工具。在每一个选项卡中，工具又被分类放置在不同的组中，如图 2-15 所示。某些组的右下角还有一个对话框启动器按钮，用于打开与该组命令相关的对话框，以便用户对要进行的操作做进一步的设置。例如，单击"字体"组右下角的对话框启动器按钮，可打开"字体"对话框，用于对字体做更多设置。

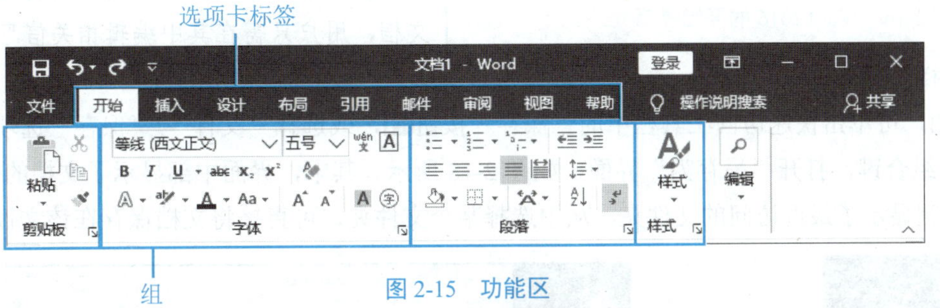

图 2-15 功能区

小 提 示

如果不知道功能区中某个命令按钮的作用，可将鼠标指针移到该命令按钮上，停留片刻，就会显示该命令按钮的名称和作用。

除图 2-15 中所示的选项卡外，Word 功能区还会在特定情况下出现特定的选项卡，如选中图片后会出现"图片工具/格式"选项卡，选中表格后会出现"表格工具"选项卡。

- **标尺：** 分为水平标尺和垂直标尺，用于确定文档内容在页面上的位置和设置段落缩进等。要显示标尺，可在"视图"选项卡的"显示"组中选中"标尺"复选框。
- **文档编辑区：** 用户进行文本输入、编辑和排版的地方。在文档编辑区的左上角有一个不停闪烁的光标，称为插入点，用于定位当前的编辑位置。在文档编辑区中每输入一个字符，插入点会自动向右移动一个字符。
- **状态栏：** 位于窗口的底部，其左侧显示了当前文档的状态和相关信息，右侧显示了 Word 的视图模式切换按钮和显示比例调整工具。

二、新建和保存文档

1. 新建文档

启动 Word 2016 后，系统默认打开 Word 2016 的开始界面（见图 2-16），其左侧会显示最近打开过的文档（如果打开过），右侧则会显示一些常用的文档模板。选择"空白文档"选项，即可新建一个空白文档并进入

Word 2016 的工作界面。

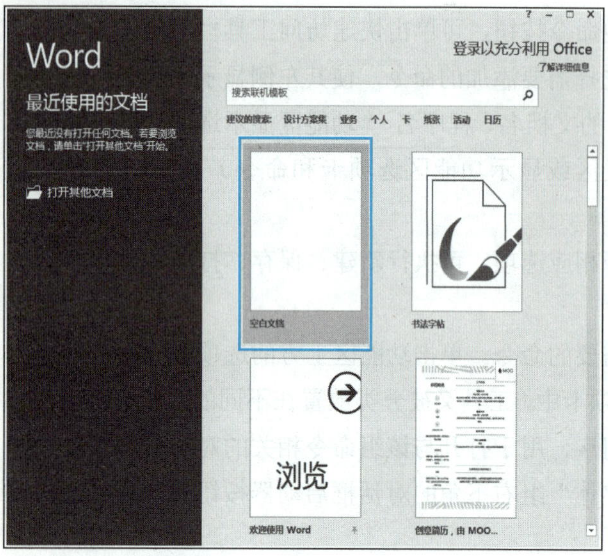

图 2-16　Word 2016 的开始界面

小提示

如果新建文档或打开文档后需要新建其他文档，有以下两种方法：

（1）按“Ctrl+N”组合键，可快速新建一个空白文档。

（2）Word 2016 提供了丰富的模板，利用它们可快速制作出专业、漂亮的文档。为此，可单击 Word 2016 工作界面左上角的“文件”按钮，在打开的界面中选择“新建”选项，可看到右侧窗格中显示了 Word 2016 提供的各种文档模板。选择某个模板，在打开的界面中单击“创建”按钮，可从网上下载该模板并根据所选模板新建带有特定格式和内容的文档，用户只需在其中编辑相关信息即可。

2．保存文档

要保存文档，可单击快速访问工具栏中的“保存”按钮，或选择“文件”/“保存”选项（见图 2-17），或按“Ctrl+S”组合键，打开“另存为”界面，如图 2-18 所示。其中，界面中部显示了文档的保存位置“这台电脑”，界面右侧显示了最近访问的文件夹，从中选择某个文件夹，可直接将文档保存在该文件夹中。

图 2-17　选择“保存”选项

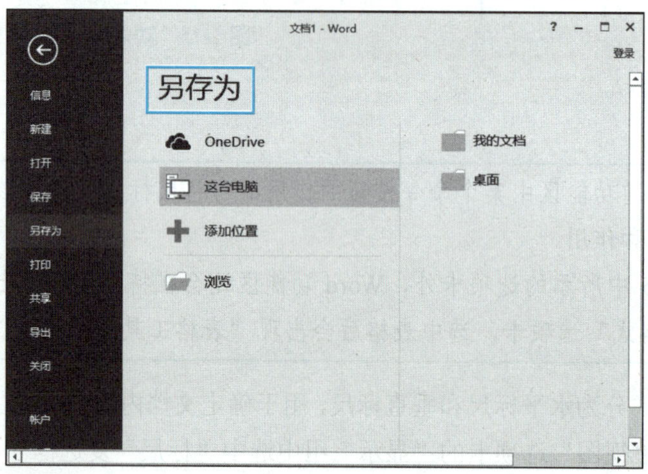

图 2-18　“另存为”界面

如果希望将文档保存在其他位置，可单击界面中部的“浏览”按钮，打开“另存为”对话框，在其中设置文档的保存位置和文档名称后单击“保存”按钮即可。

小提示

新建文档后，要及时将文档以与其内容相符的名称保存在计算机的硬盘中；在文档处理的过程中和处理完成后，也要及时对文档执行保存操作，以免断电或其他意外情况导致 Word 关闭时，丢失所处理的文档内容。对文档执行第二次保存操作时，会直接用修改后的内容覆盖原来保存的文档。

如果要将文档以不同的名称、格式或在不同的位置保存，可选择“文件”/“另存为”选项，此时系统将打开“另存为”界面，在其中设置文档的保存位置和文档名称后单击“保存”按钮进行保存即可。

三、编辑文档

Word 2016 提供了强大的文档编辑功能，可对文档内容进行输入、修改、删除，以及复制、移动、查找和替换等。

1. 输入文本

要输入普通文本，首先要定位插入点，然后选择一种输入法，即可在插入点处输入文本。

如果要在文档中输入诸如箭头、方块、几何图形、希腊字母和单位符号等键盘上没有的特殊符号，可在定位插入点后单击“插入”选项卡“符号”组中的“符号”按钮，在展开的下拉列表中选择需要的符号。如果该下拉列表中没有所需符号，可选择“其他符号”选项，在打开的“符号”对话框中进行选择，如图 2-19 所示。

小技巧

要删除文档中不再需要的内容，可首先确定插入点位置，然后按“Delete”键删除插入点右侧的字符，或按“Backspace”键删除插入点左侧的字符。如果要删除的内容较多，可选择要删除的内容（选择方法详见后面的讲解）后再执行删除操作。

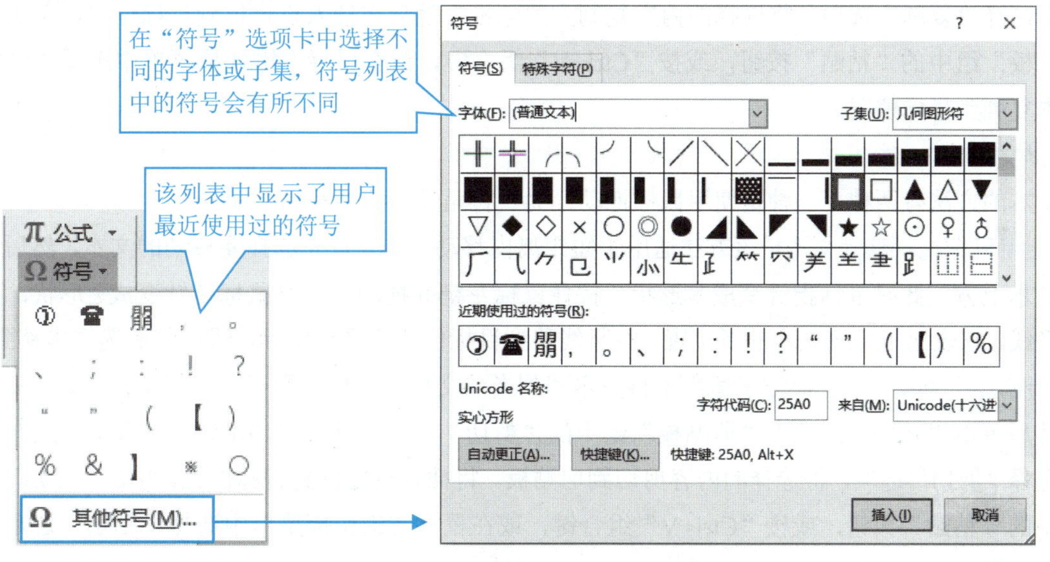

图 2-19　利用“符号”按钮输入特殊符号

2. 选择文本

对文本进行复制、移动或设置格式等操作时，一般都需要先选择要操作的文本。下面是选择文本的几种常用方法。

（1）使用拖动方式选择任意文本。这是选择少量文本时的一种常用方法。将插入点置于要选择文本的开始位置，按住鼠标左键并拖动，到要选择文本的结束位置释放鼠标，选择的文本呈灰色底纹显示。

（2）选择区域跨度较大的文本。当要选择的文本区域跨度较大时，使用拖动方式选择文本十分不便，此时可在要选择的文本区域的开始位置单击，然后按住“Shift”键的同时在要选择的文本区域的结束位置单击。

（3）选择不连续的多处文本。选择一处文本后，按住“Ctrl”键的同时选择其他文本。

（4）利用选定栏选择文本。选定栏是指页面左边界到文档内容左边界之间的空白区域。将鼠标指针移到选定栏中，鼠标指针变成↗形状，此时单击可选择鼠标指针指向的行。如果按住鼠标左键并上下拖动，可选择连续的多行；如果双击，可选择鼠标指针指向行所在的段落；如果连续单击三次，可选择整篇文档。

（5）选择一个句子。要选择一个句子，可在按住“Ctrl”键的同时，在要选择的句子中的任意位置单击。

（6）选择整篇文档。按“Ctrl+A”组合键，或按住“Ctrl”键的同时在选定栏中单击。

小提示

如果要取消文本的选择，只需在文档的任意位置单击即可。

3. 复制文本

复制文本是编辑文档的常用操作之一，可有效提高编辑文档的效率。复制文本的方法有两种：一种是使用鼠标拖动；另一种是使用复制和粘贴命令。

（1）使用鼠标拖动复制文本。该方法适用于短距离内复制文本。首先选择要复制的文本，然后将鼠标指针移到所选文本上方，此时鼠标指针变成↖形状，按住“Ctrl”键的同时将所选文本拖到（此时鼠标指针变成形状）目标位置，最后依次释放鼠标左键和“Ctrl”键，即可将所选文本复制到目标位置。

（2）使用命令复制文本。该方法适用于将文本复制到当前文档的其他页面或另一篇文档中。首先选择要复制的文本，然后单击“开始”选项卡“剪贴板”组中的“复制”按钮，或按“Ctrl+C”组合键，或在鼠标右键快捷菜单中选择“复制”选项，将选择的内容复制到剪贴板。然后将插入点定位到目标位置，单击“开始”选项卡“剪贴板”组中的“粘贴”按钮，或按“Ctrl+V”组合键，或在鼠标右键快捷菜单中选择“粘贴”选项，即可将文本复制到目标位置。

4. 移动文本

移动文本的方法有两种：一种是使用鼠标拖动；另一种是使用剪切和粘贴命令。

（1）使用鼠标拖动移动文本。该方法适用于短距离内移动文本。首先选择要移动的文本，然后将鼠标指针移到所选文本上方，此时鼠标指针变成↖形状。按住鼠标左键并拖动，此时鼠标指针变成形状，且在其附近出现一条竖线，它表明了所选文本的新位置。将竖线移到目标位置后释放鼠标，即可将所选文本移到目标位置。

（2）使用命令移动文本。该方法适用于将文本移到当前文档的其他页面或另一篇文档中。首先选择要移动的文本，然后单击“开始”选项卡“剪贴板”组中的“剪切”按钮，或按“Ctrl+X”组合键，或在鼠标右键快捷菜单中选择“剪切”选项，将选择的内容剪切到剪贴板。将插入点定位到目标位置，单击“开始”选项卡“剪贴板”组中的“粘贴”按钮，或按“Ctrl+V”组合键，或在鼠标右键快捷菜单中选择“粘贴”选项，即可将文本移到目标位置。

小提示

复制文本后，原位置会保留复制的文本；而移动文本后，原位置不再保留移动的文本。

5. 查找文本

利用 Word 2016 提供的查找功能，可以在文档中迅速查找到指定内容。

要查找文本，首先将插入点定位到要开始查找的位置，然后单击“开始”选项卡“编辑”组中的“查找”按钮，或按“Ctrl+F”组合键，打开“导航”任务窗格，在任务窗格上方的编辑框中输入要查找的内容，如“大赛”，系统会自动完成查找，如图 2-20 所示。此时，文档中以黄色底纹突出显示查找到的内容。

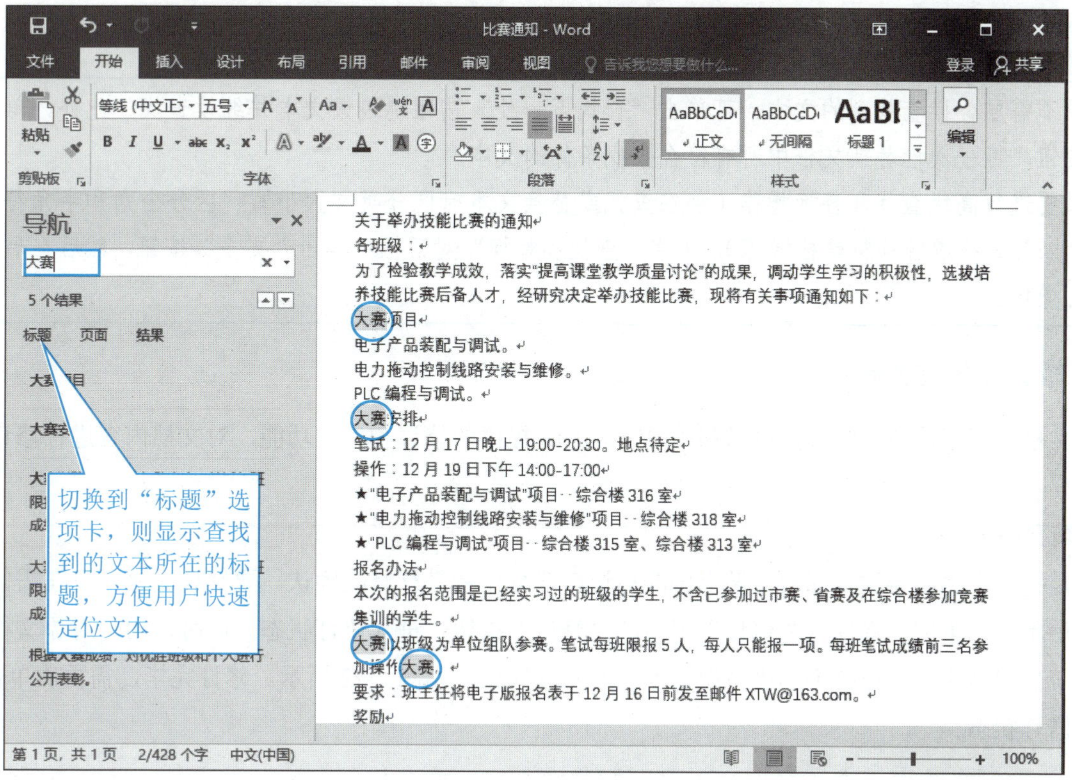

图 2-20 查找文本

小技巧

在“导航”任务窗格中单击“下一处搜索结果”按钮▽，可从上向下定位搜索结果；单击“上一处搜索结果”按钮△，则可从下向上定位搜索结果。

6. 替换文本

利用 Word 2016 提供的替换功能，可以将查找到的内容替换成其他内容，从而使文档的修改工作变得高效。

要替换文本，首先将插入点定位到要开始替换的位置，然后单击“开始”选项卡“编辑”组中的“替换”按钮，或按“Ctrl+H”组合键，打开“查找和替换”对话框的“替换”选项卡。在“查找内容”编辑框中输入需要替换的内容，如“大赛”，在“替换为”编辑框中输入要替换成的内容，如“比赛”，如图 2-21 所示。单击“替换”按钮，即可替换当前查找到的文本。

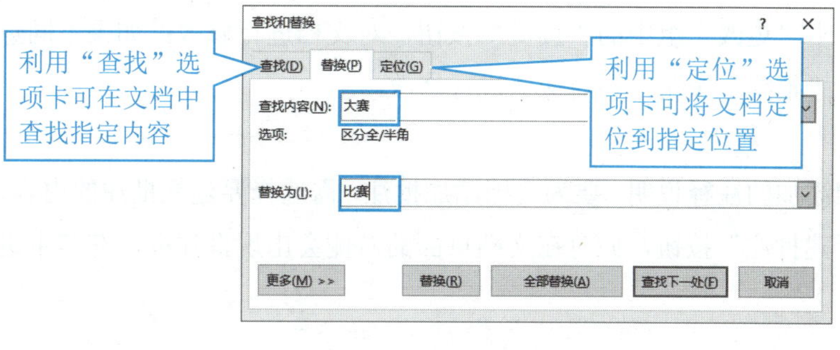

图 2-21 替换文本

小提示

如果不需要替换查找到的文本，可单击“查找下一处”按钮跳过该文本并继续查找。此外，单击“全部替换”按钮，可一次性替换文档中所有符合查找条件的文本。

如果要进行高级查找和替换操作（如在查找或替换文本时区分英文大小写，区分全角和半角符号，使用通配符，以及查找或替换特殊格式等），可在“查找和替换”对话框中单击“更多”按钮，然后在展开的对话框中进行操作。

四、修订和批注文档

在对文档进行阅读或审阅时，可以利用 Word 2016 提供的修订和批注功能，对文档内容进行修订或提出修改意见。

1. 修订文档

修订是指对文档内容进行修改后做上修改标记，等待作者进行修改确认。要修订文档，可在需修改的位置单击，然后单击“审阅”选项卡“修订”组中的“修订”按钮，进入修订状态。此时，用户对原文档进行修改操作，系统会根据修改操作的不同类型做出不同的修订标记，如图 2-22 所示。修订完毕，需再次单击“修订”按钮退出修订状态。

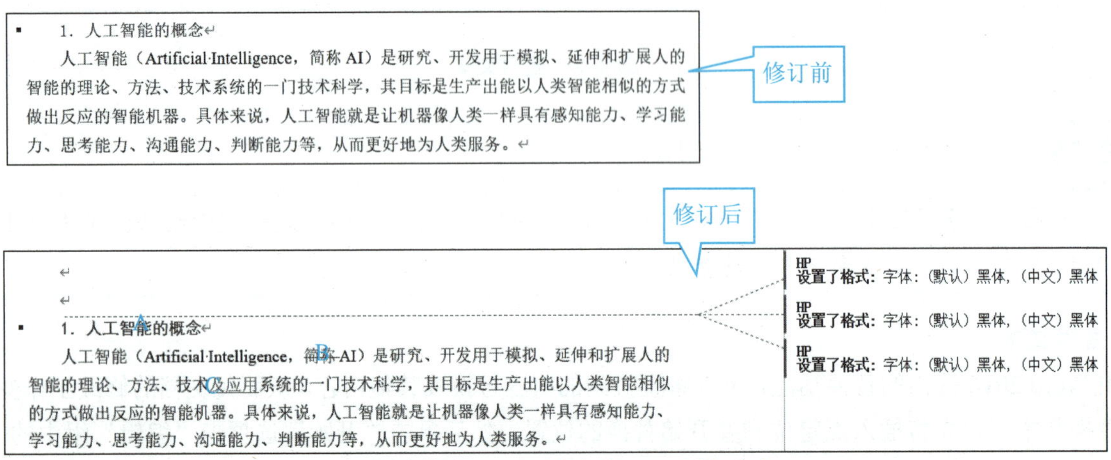

A—更改格式；B—删除内容；C—插入内容

图 2-22　修订文档

对文档进行的所有修改操作，系统会自动做出修订标记，用户可对修订标记逐一进行审阅。审阅时，如果同意修订，则单击“审阅”选项卡“更改”组中的“接受”按钮，对文档进行修改；如果不同意修订，则单击“审阅”选项卡“更改”组中的“拒绝”按钮，不对文档进行修改。

2. 批注文档

批注是作者或审阅者为文档添加的注释说明。要为文档添加批注，需选择要建立批注的内容，然后单击“审阅”选项卡“批注”组中的“新建批注”按钮，此时在文档页面的右侧会出现批注框，在其中进行批注的编辑操作即可，如图 2-23 所示。

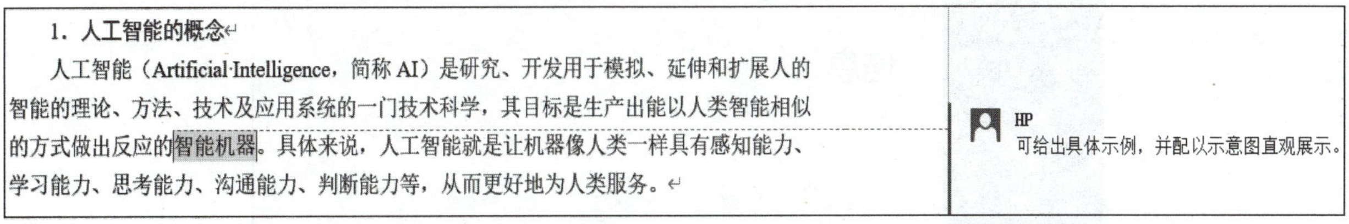

图 2-23　批注文档

单击批注原文或批注说明内容，然后单击“审阅”选项卡“批注”组中的“删除”按钮，可删除当前批注。

五、转换和保护文档

在实际应用中，经常需要对文档类型进行转换。例如，为了避免文档被修改，可将 Word 文档转换成 PDF 文档；或者为了方便编辑，可将 PDF 文档转换成可编辑的文本文档或 Word 文档。在 Word 2016 中，要转换文档类型，可选择“文件” / “另存为”或“导出”选项。

（1）选择“另存为”选项，可在打开的“另存为”对话框中的“保存类型”下拉列表中选择其他文档类型，如 PDF（*.pdf）、网页（*.htm，*.html）、纯文本（*.txt）等。

（2）选择“导出”选项，可在打开的“导出”界面（见图 2-24）中选择“创建 PDF/XPS 文档”选项，再单击“创建 PDF/XPS”按钮，然后在打开的“发布为 PDF 或 XPS”对话框中设置文档的保存位置、名称和保存类型（PDF 文档或 XPS 文档），最后单击“发布”按钮。

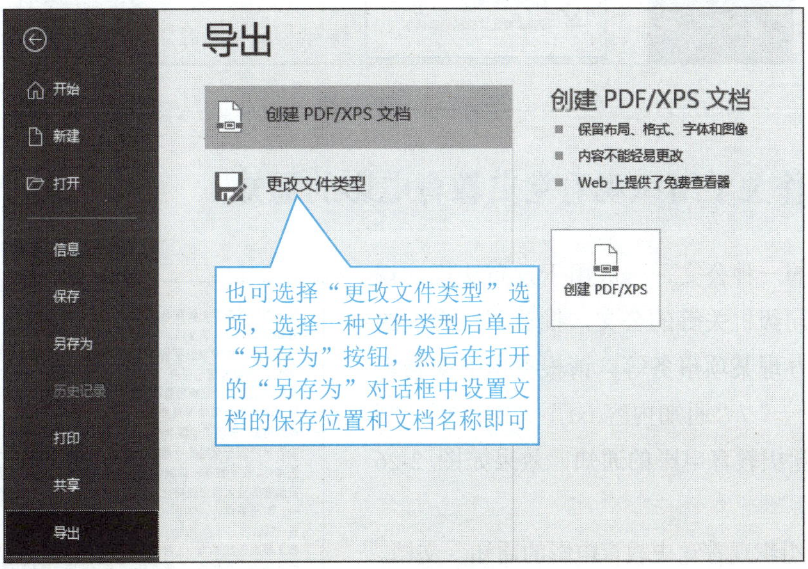

图 2-24　“导出”界面

为保证文档的安全性，可以对文档设置保护措施，以便控制他人对文档的访问，防止未经授权的人查阅或修改文档。

单击“文件”按钮，在打开的界面中选择“信息”选项，再在右侧单击“保护文档”按钮，在展开的下拉列表中选择相应选项，可使用不同方式对文档进行保护，如以只读方式打开、用密码进行加密、限制编辑和访问等，如图 2-25 所示。

图 2-25　保护文档

实践探索——制作关于组织观看党史教育电影的通知

通知是运用广泛的一种公文，一般用于发布法规、规章，转发上级机关、同级机关等的公文，批转下级机关的公文，要求下级机关办理某项事务等。请根据本书配套素材“项目二”/“任务一”/“通知内容.txt”文本文档，制作一份关于组织观看党史教育电影的通知，效果如图 2-26 所示。

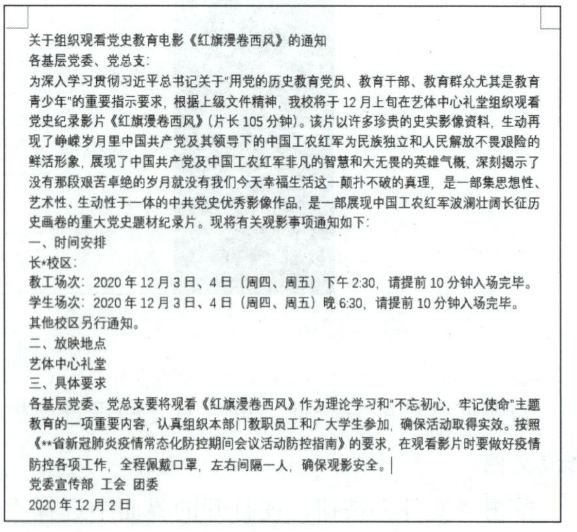

关于组织观看党史教育电影《红旗漫卷西风》的通知
各基层党委、党总支:
为深入学习贯彻习近平总书记关于"用党的历史教育党员、教育干部、教育群众尤其是教育青少年"的重要指示要求，根据上级文件精神，我校将于 12 月上旬在艺体中心礼堂组织观看党史纪录影片《红旗漫卷西风》(片长 105 分钟)。该片以许多珍贵的史实影像资料，生动再现了峥嵘岁月里中国共产党及其领导下的中国工农红军为民族独立和人民解放不畏艰险的鲜活形象，展现了中国共产党及中国工农红军非凡的智慧和大无畏的英雄气概，深刻揭示了没有那段艰苦卓绝的岁月就没有我们今天幸福生活这一颠扑不破的真理，是一部集思想性、艺术性、生动性于一体的中共党史优秀影像作品，是一部展现中国工农红军波澜壮阔长征历史画卷的重大党史题材纪录片。现将有关观影事项通知如下:
一、时间安排
长*校区:
教工场次：2020 年 12 月 3 日、4 日（周四、周五）下午 2:30，请提前 10 分钟入场完毕。
学生场次：2020 年 12 月 3 日、4 日（周四、周五）晚 6:30，请提前 10 分钟入场完毕。
其他校区另行通知。
二、放映地点
艺体中心礼堂
三、具体要求
各基层党委、党总支要将观看《红旗漫卷西风》作为理论学习和"不忘初心，牢记使命"主题教育的一项重要内容，认真组织本部门教职员工和广大学生参加，确保活动取得实效。按照《**省新冠肺炎疫情常态化防控期间会议活动防控指南》的要求，在观看影片时要做好疫情防控各项工作，全程佩戴口罩，左右间隔一人，确保观影安全。
党委宣传部　工会　团委
2020 年 12 月 2 日

图 2-26　关于组织观看党史教育电影的通知效果

（1）新建“关于组织观看党史教育电影的通知”文档。

（2）根据效果文档输入通知的标题、称呼和落款，并将本书配套素材“项目二”/“任务一”/“通知内容.txt”文本文档中的内容复制到新建的文档中，作为通知的正文部分。

（3）将文档中的“多媒体大教室”替换为“艺体中心礼堂”。

（4）调整“学生场次”和“教工场次”文本所在段落的前后顺序。

（5）保存文档。

任务二 使用 Word 2016 设置文档格式

任务解读

为文档设置必要的格式，不仅可以使文档看起来更加美观，还有助于读者更轻松地阅读和理解文档内容。在本任务中，我们主要学习设置文档格式的方法，包括设置文档的页面格式、字符格式和段落格式。

体验探究——编排大学生就业力调研报告

调研报告是对某一情况、某一事件、某一问题等进行调查了解，并根据所获得的调查结果进行分析、研究而写成的反映客观实际、揭示事物本质和规律的书面报告。下面编排大学生就业力调研报告，效果如图 2-27 所示。

扫一扫
编排大学生就业力调研报告

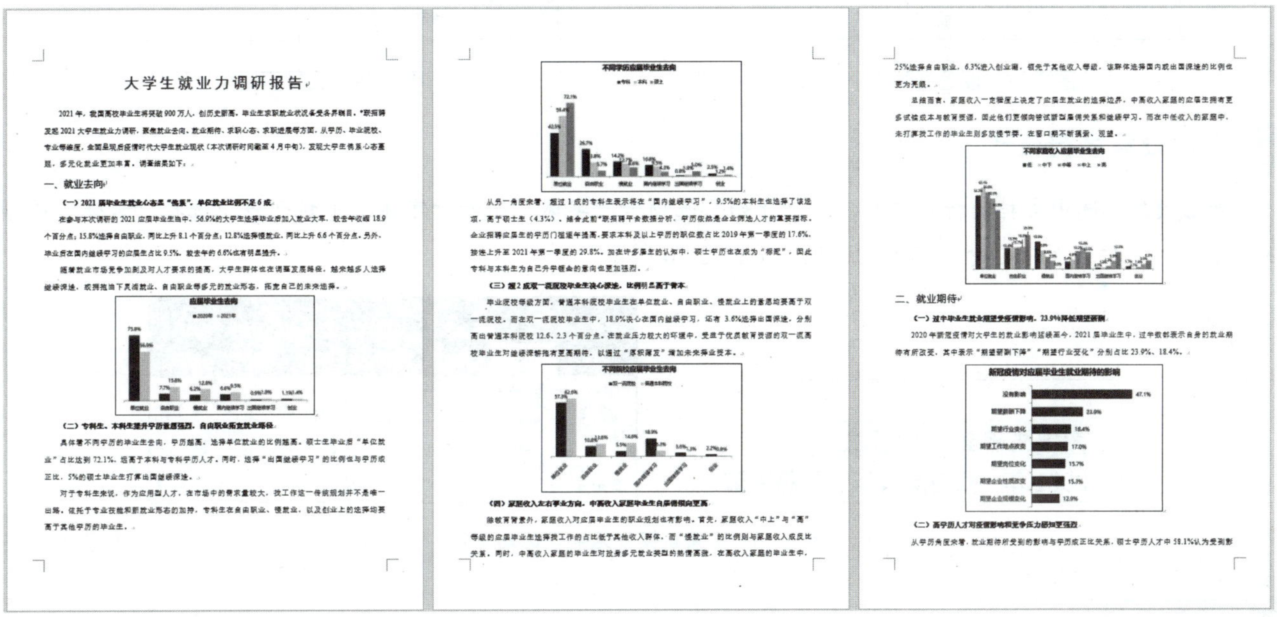
大学生就业力调研报告

图 2-27 大学生就业力调研报告效果（部分）

一、设置页面格式

步骤 1▶ 打开本书配套素材“项目二”/“任务二”/“大学生就业力调研报告.docx”文档。

步骤 2▶ 单击“布局”选项卡“页面设置”组中的“纸张大小”按钮，在展开的下拉列表中选择“A4”选项，如图 2-28 所示。

步骤 3▶ 单击“页面设置”组中的“页边距”按钮，在展开的下拉列表中选择“适中”选项，如图 2-29 所示。

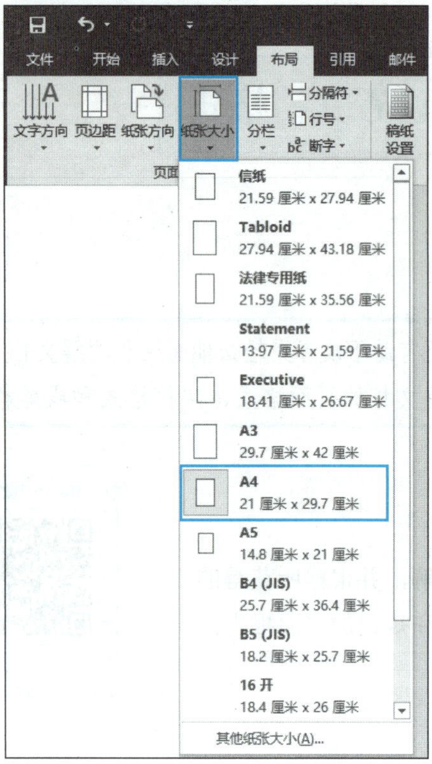

图 2-28　设置纸张大小

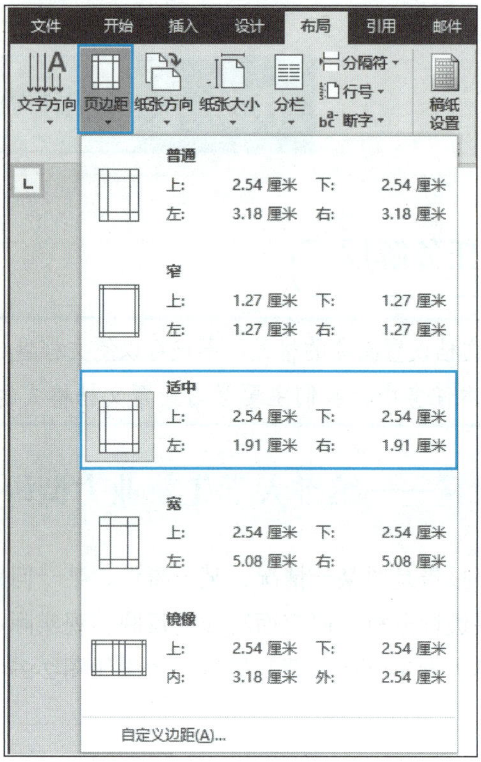

图 2-29　设置页边距

二、设置字符格式

步骤 1▶ 选中文档的标题文本，在“开始”选项卡“字体”组的“字体”下拉列表中选择“黑体”选项，在“字号”下拉列表中选择“二号”选项，如图 2-30 所示。

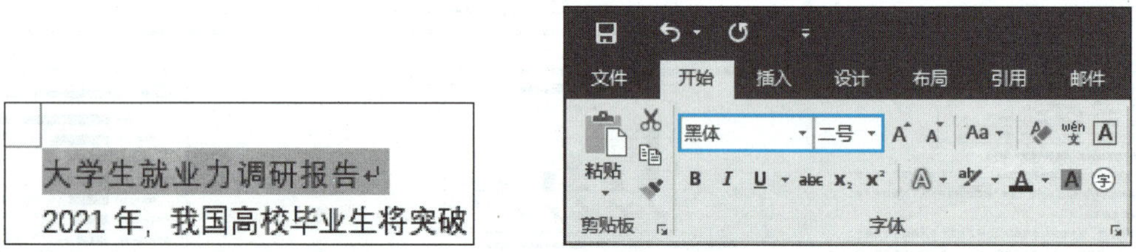

图 2-30　设置标题文本的字体和字号

小 提 示

字号的表示方法有两种：一种以“号”为单位，如初号、一号、二号……，数值越大，字号越小；另一种以“磅”为单位，如 5、5.5、6.5……数值越大，字号也越大。除了可以选择字号外，用户也可以直接单击“字号”下拉列表框并在其中输入所需字号的磅值。

步骤 2▶ 保持标题文本的选中状态，单击“字体”组右下角的对话框启动器按钮，打开“字体”对话框。在“高级”选项卡的“间距”下拉列表中选择“加宽”选项，并在右侧的“磅值”编辑框中输入“2 磅”，然后单击“确定”按钮，如图 2-31 所示。

步骤 3▶ 配合“Ctrl”键选中除标题和图片外的其他正文文本，然后打开“字体”对话框，在“字体”选项卡的“中文字体”下拉列表中选择“宋体”选项，在“西文字体”下拉列表中选择“Times New Roman”选项，然后单击“确定”按钮，如图 2-32 所示。

步骤 4▶ 配合“Ctrl”键选中“一、就业去向”“二、就业期待”“三、求职心态与行为”“四、求职进展”文本，分别在“字体”和“字号”下拉列表中选择“微软雅黑”和“四号”选项，效果如图 2-33 所示。

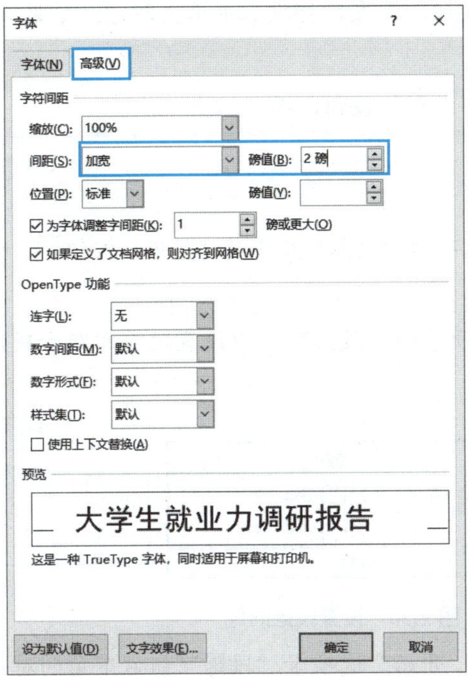

图 2-31 设置字符间距

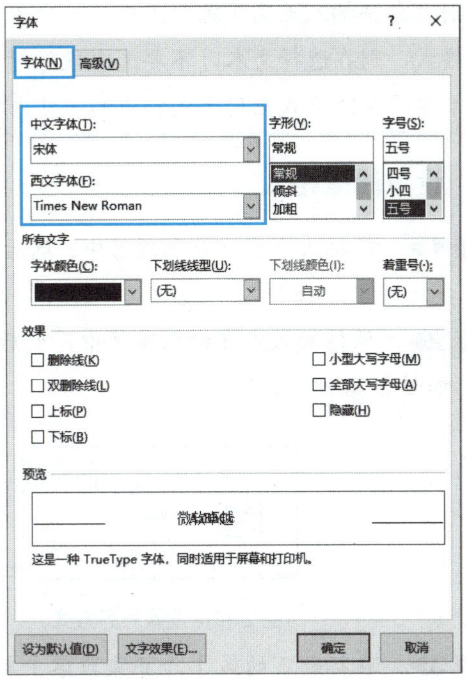

图 2-32 设置正文文本的中文字体和西文字体

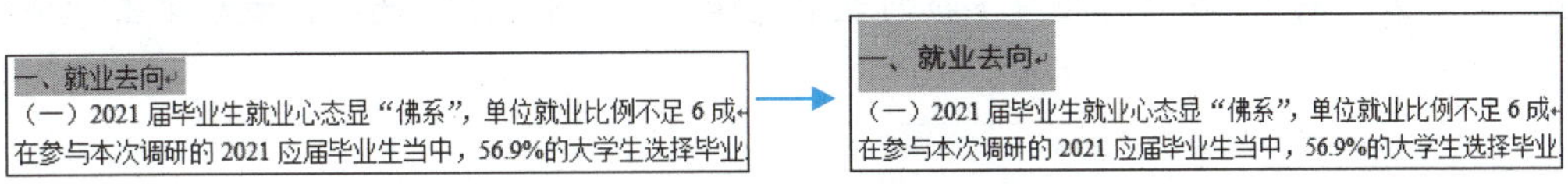

图 2-33 设置文本的字符格式

步骤 5▶ 选中“（一）2021 届毕业生……不足 6 成”文本，在“字体”组中单击“加粗”按钮 **B**，设置加粗效果。

步骤 6▶ 保持“（一）2021 届毕业生……不足 6 成”文本的选中状态，然后双击“开始”选项卡“剪贴板”组中的“格式刷”按钮（见图 2-34），再拖过文档中带编号“（一）”～“（十一）”的文本，将加粗效果应用到其中。格式复制完毕，按“Esc”键或单击“格式刷”按钮结束格式复制操作。

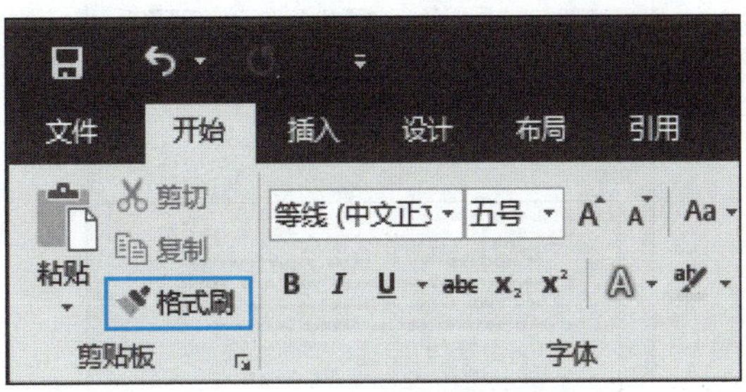

图 2-34 双击“格式刷”按钮

小 技 巧

在 Word 中，格式刷工具用于复制字符格式或段落格式。如果只希望复制段落格式（而不复制字符格式），则只需将插入点置于源段落中，然后单击“格式刷”按钮，再在目标段落中单击即可；如果只希望复制字符格式，则在选择文本时不要选中段落标记。

如果要将所选格式应用于文档中的一处内容，可单击“格式刷”按钮，而非双击。

三、设置段落格式

步骤 1▶ 将插入点置于标题段落中，然后单击“开始”选项卡“段落”组中的“居中”按钮☰，如图 2-35 所示。

步骤 2▶ 保持插入点在标题段落中，然后在“布局”选项卡的“段落”组中设置段前间距和段后间距均为 1 行，如图 2-36 所示。

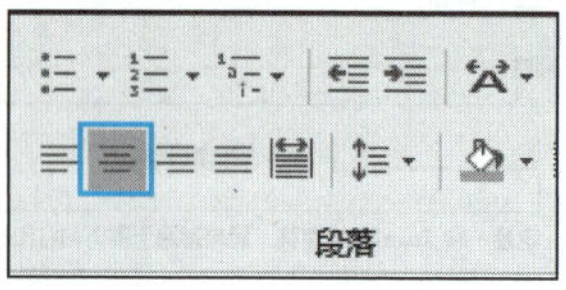

图 2-35　设置对齐方式

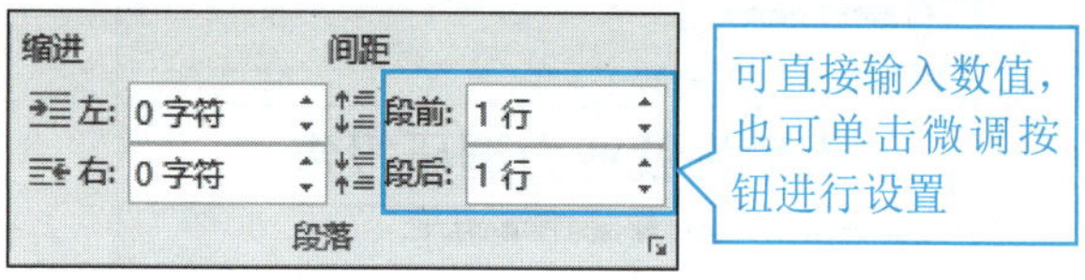

图 2-36　设置段落间距

步骤 3▶ 在标题下的第 1 个正文段落中单击，然后单击“开始”选项卡“段落”组右下角的对话框启动器按钮◲，打开“段落”对话框。在“缩进和间距”选项卡的“特殊格式”下拉列表中选择“首行缩进”选项，保持“缩进值”为“2 字符”；在“行距”下拉列表中选择“1.5 倍行距”选项，最后单击“确定”按钮，如图 2-37 所示。

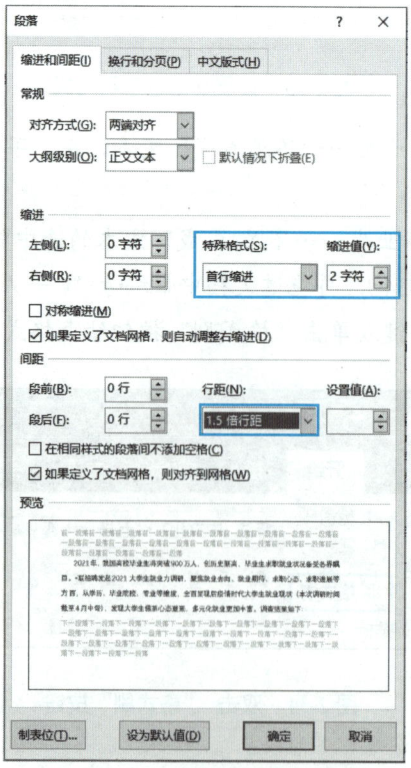

图 2-37　设置段落首行缩进和行距

步骤 4▶ 利用“格式刷”工具将步骤 3 设置的段落格式复制到文档的其他正文段落（不包含图片所在段落）。

步骤 5▶ 在文档的任意图片所在段落中单击，然后单击“开始”选项卡“段落”组中的“居中”按钮，设置图片所在段落的对齐方式为居中对齐。同样地，利用“格式刷”工具将图片的居中对齐格式复制到文档其他图片所在段落。至此，大学生就业力调研报告文档就编排好了，最后保存文档即可。

四、打印文档

步骤 1▶ 单击“文件”按钮，在打开的界面中选择“打印”选项，进入文档的“打印”界面。在界面的中间区域可看到设置的纸张方向、纸张大小和页边距，在界面的右侧区域可预览文档的打印效果，如图 2-38 所示。

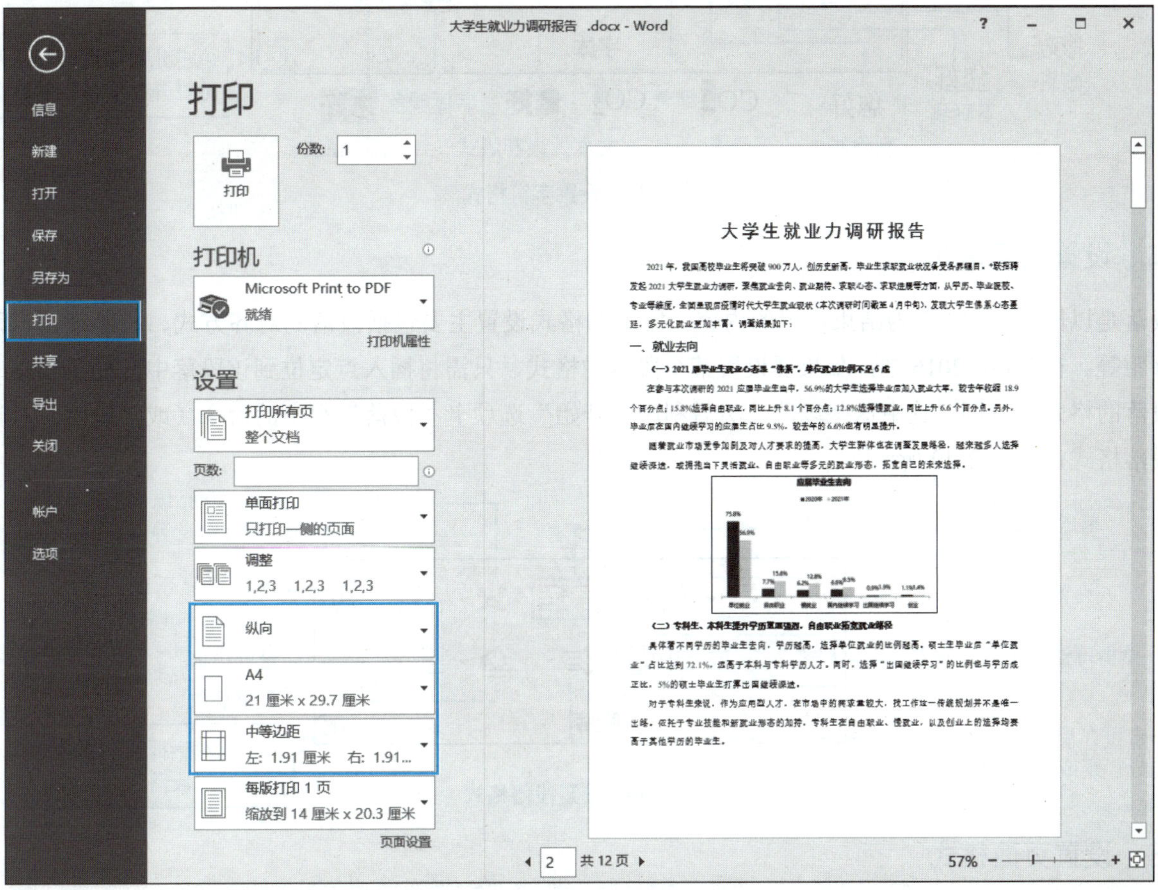

图 2-38 预览大学生就业力调研报告文档的打印效果

步骤 2▶ 单击界面右侧区域左下方的“上一页”按钮◀和“下一页”按钮▶，可查看上一页和下一页的预览效果。在这两个按钮之间的编辑框中输入页码数字，然后按“Enter”键，可快速查看该页的预览效果。

步骤 3▶ 确认预览无误后，在“份数”编辑框中输入要打印的文档份数，在“打印机”下拉列表中选择要使用的打印机，然后单击“打印”按钮即可。

必备知识

一、设置字符格式

字符格式是指文本的字体、字号、字形、下画线和字体颜色等。为了使文档的版面美观，增加文档的可读性，突出标题和重点等，经常需要为文档的指定文本设置字符格式。在 Word 2016 中，可以利用“开始”选项卡“字体”组中的命令（或“字体”对话框）设置字符格式，如图 2-39 所示。设置时，一般直接单击相应命令按钮即可；但也有些设置需要单击命令按钮右侧的下拉按钮▾，在展开的下拉列表中选择需要的选项。

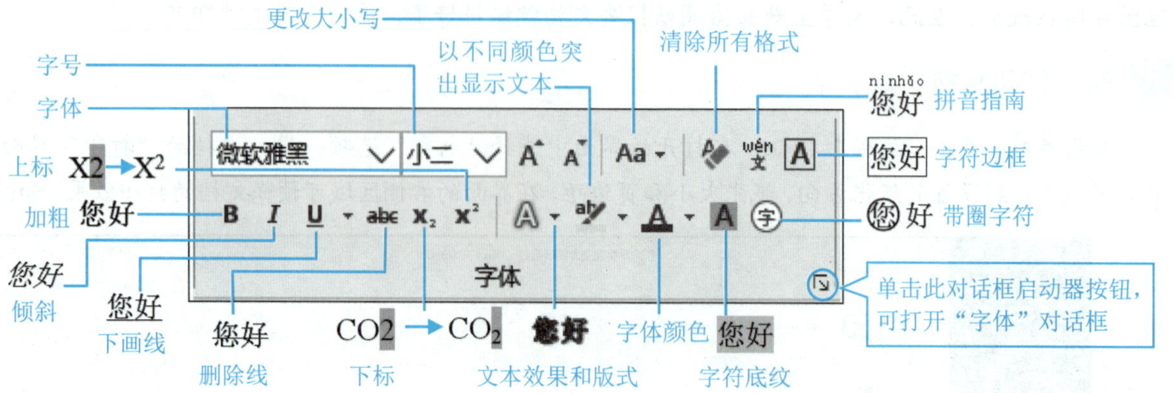

图 2-39　设置字符格式

二、设置段落格式

段落是以回车符“↵”为结束标记的内容。段落的格式设置主要包括段落的对齐方式、段落缩进、段落间距及行距等。在 Word 2016 中，如果要设置某个段落的格式，只需将插入点定位到该段落中；如果要同时设置多个段落的格式，可同时选中这些段落，然后利用“开始”选项卡“段落”组中的命令（或“段落”对话框）设置段落格式，如图 2-40 所示。

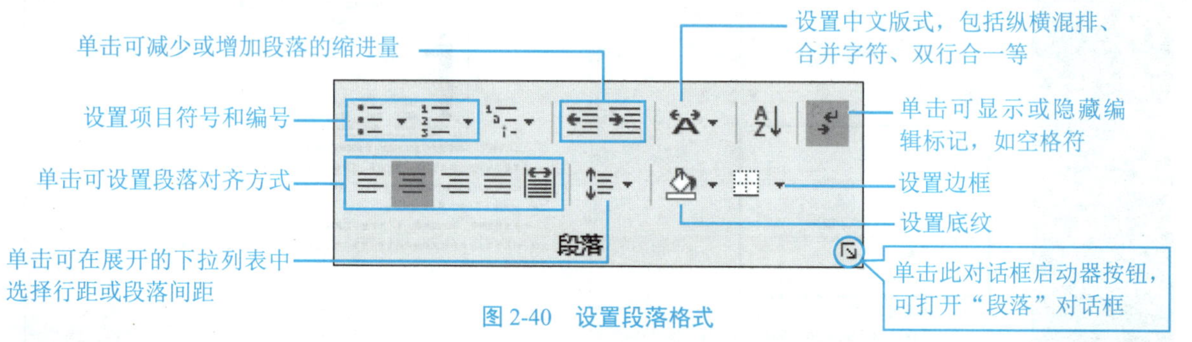

图 2-40　设置段落格式

三、设置页面格式

新建文档时，Word 对文档的纸张大小、纸张方向和页边距等进行了默认设置，用户也可根据需要对这些设置进行更改。在 Word 2016 中，可利用“布局”选项卡“页面设置”组中的命令（或“页面设置”对话框）设置页面格式，如图 2-41 所示。

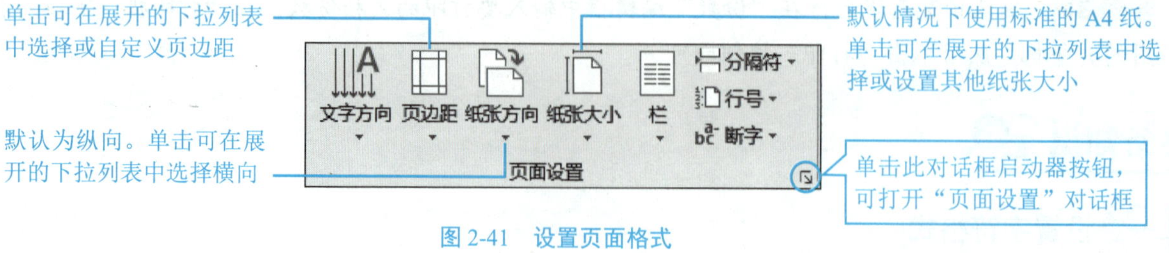

图 2-41　设置页面格式

课堂互动

“字体”对话框中能设置的字符格式比“开始”选项卡“字体”组中的命令更丰富、更详细，与之类似的还有“段落”对话框和“页面设置”对话框，快打开它们体验一下吧！

四、打印文档

制作好文档后，就可以将其打印出来了。为防止出错，在打印文档前应先进行打印预览，以便发现文档版式等错误并及时修改，避免因不符合要求而直接打印造成纸张浪费。

单击“文件”按钮，在打开的界面中选择“打印”选项，进入“打印”界面，在界面的右侧区域可预览文档的打印效果，如图 2-42 所示。在界面的中间区域单击相应按钮，在展开的下拉列表中选择相应选项，可重新设置文档的纸张方向、纸张大小和页边距，选择要使用的打印机，以及设置打印份数、是否双面打印等。最后单击“打印”按钮，即可按照设置打印文档。

小 技 巧

如果只需打印插入点所在页，可在“打印所有页”下拉列表中选择“打印当前页面”选项；如果要打印指定页，可在“打印所有页”下拉列表中选择“自定义打印范围”选项，并在“页数”编辑框中输入要打印的页码范围。例如，输入“2-6”表示打印第 2 页至第 6 页的内容。如果选中了文档中的部分内容，在“打印所有页”下拉列表中选择“打印所选内容”选项，将只打印选中的内容。

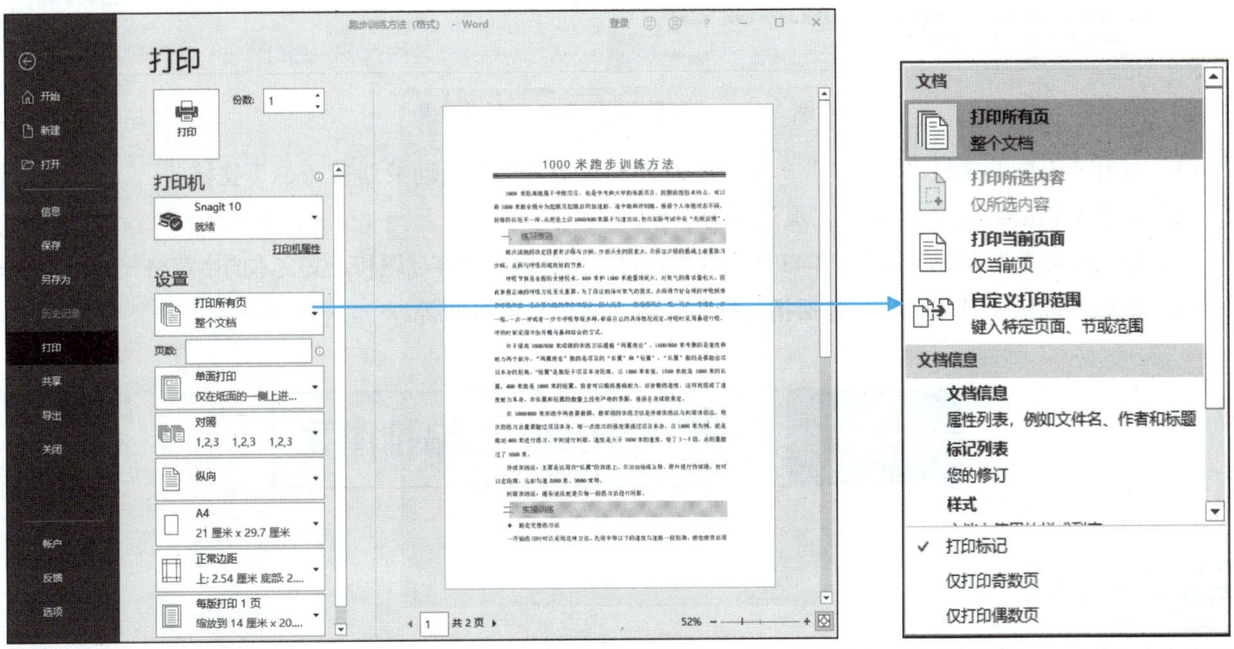

图 2-42 打印预览文档

实践探索——编排“垃圾分类”活动策划书

活动策划书又称活动策划方案，是指对未来某个活动或者事件进行策划，并展现给读者的富有创意的书面设计方案。它侧重于计划，一般包括策划的背景、目的、基本内容、参与人员、实施的场所、开展的时间、执行的具体方法、资源经费的预算，以及预测、评估策划的结果等。

请以“垃圾分类 从我做起”为主题，制作一份活动策划书（或直接打开本书配套素材“项目二”/“任务二”/“‘垃圾分类’活动策划书.docx”文档），并对文档进行编排，效果如图 2-43 所示。

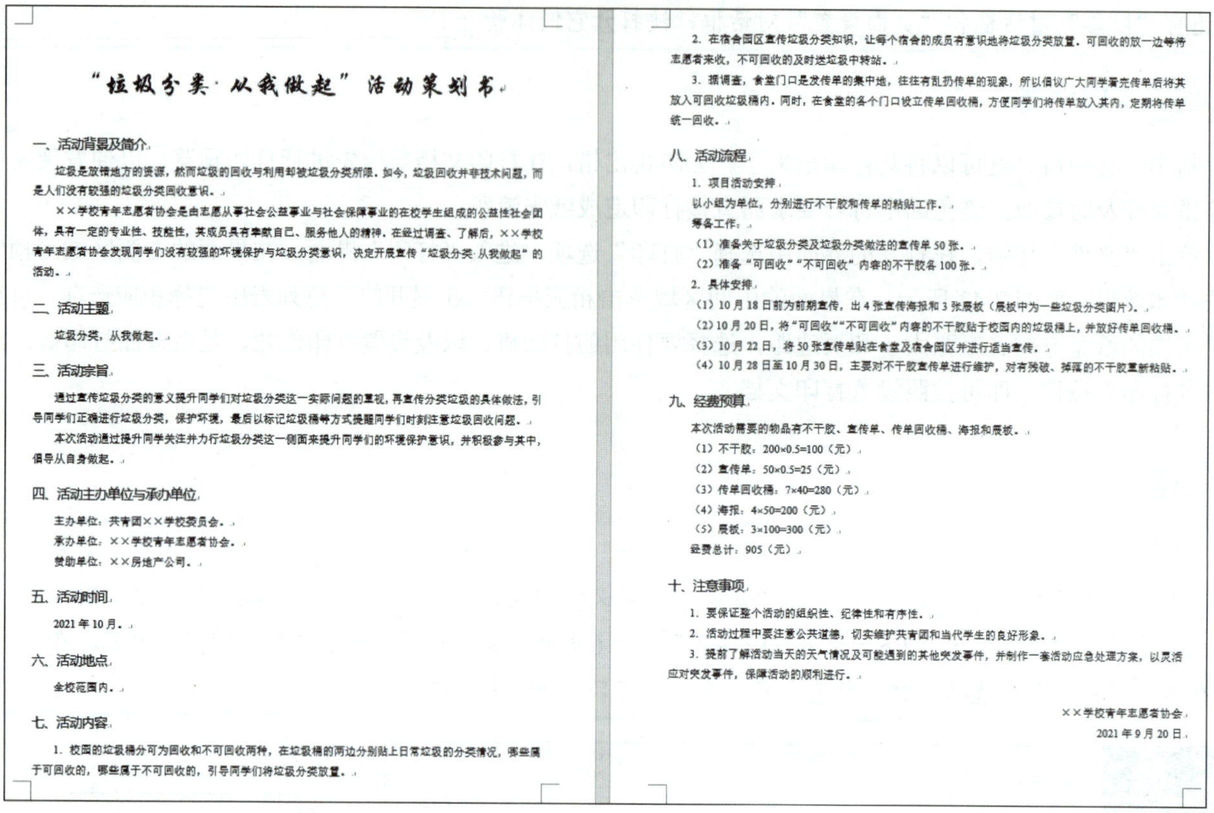

“垃圾分类·从我做起”活动策划书

一、活动背景及简介

垃圾是放错地方的资源，然而垃圾的回收与利用却被垃圾分类所限。如今，垃圾回收并非技术问题，而是人们没有较强的垃圾分类回收意识。

××学校青年志愿者协会是由志愿从事社会公益事业与社会保障事业的在校学生组成的公益性社会团体，具有一定的专业性、技能性，其成员具有奉献自己、服务他人的精神。在经过调查、了解后，××学校青年志愿者协会发现同学们没有较强的环境保护与垃圾分类意识，决定开展宣传“垃圾分类·从我做起”的活动。

二、活动主题

垃圾分类，从我做起。

三、活动宗旨

通过宣传垃圾分类的意义提升同学们对垃圾分类这一实际问题的重视，再宣传分类垃圾的具体做法，引导同学们正确进行垃圾分类，保护环境，最后以标记垃圾桶等方式提醒同学们时刻注意垃圾回收问题。

本次活动通过提升同学关注并力行垃圾分类这一侧面来提升同学们的环境保护意识，并积极参与其中，倡导从自身做起。

四、活动主办单位与承办单位

主办单位：共青团××学校委员会。

承办单位：××学校青年志愿者协会。

赞助单位：××房地产公司。

五、活动时间

2021 年 10 月。

六、活动地点

全校范围内。

七、活动内容

1. 校园的垃圾桶分可为回收和不可回收两种，在垃圾桶的两边分别贴上日常垃圾的分类情况，哪些属于可回收的，哪些属于不可回收的，引导同学们将垃圾分类放置。

2. 在宿舍园区宣传垃圾分类知识，让每个宿舍的成员有意识地将垃圾分类放置。可回收的放一边等待志愿者来收，不可回收的及时送垃圾中转站。

3. 据调查，食堂门口是发传单的集中地，往往有乱扔传单的现象，所以倡议广大同学看完传单后将其放入可回收垃圾桶内。同时，在食堂的各个门口设立传单回收桶，方便同学们将传单放入其内，定期将传单统一回收。

八、活动流程

1. 项目活动安排

以小组为单位，分别进行不干胶和传单的粘贴工作。

筹备工作：

（1）准备关于垃圾分类及垃圾分类做法的宣传单 50 张。

（2）准备“可回收”“不可回收”内容的不干胶各 100 张。

2. 具体安排

（1）10 月 18 日前为前期宣传，出 4 张宣传海报和 3 张展板（展板中为一些垃圾分类图片）。

（2）10 月 20 日，将“可回收”“不可回收”内容的不干胶贴于校园内的垃圾桶上，并放好传单回收桶。

（3）10 月 22 日，将 50 张宣传单贴在食堂及宿舍园区并进行适当宣传。

（4）10 月 28 日至 10 月 30 日，主要对不干胶宣传单进行维护，对有残破、掉落的不干胶重新粘贴。

九、经费预算

本次活动需要的物品有不干胶、宣传单、传单回收桶、海报和展板。

（1）不干胶：200×0.5=100（元）

（2）宣传单：50×0.5=25（元）

（3）传单回收桶：7×40=280（元）

（4）海报：4×50=200（元）

（5）展板：3×100=300（元）

经费总计：905（元）

十、注意事项

1. 要保证整个活动的组织性、纪律性和有序性。

2. 活动过程中要注意公共道德，切实维护共青团和当代学生的良好形象。

3. 提前了解活动当天的天气情况及可能遇到的其他突发事件，并制作一套活动应急处理方案，以灵活应对突发事件，保障活动的顺利进行。

××学校青年志愿者协会

2021 年 9 月 20 日

图 2-43 “垃圾分类”活动策划书效果

（1）打开本书配套素材“项目二”/“任务二”/“‘垃圾分类’活动策划书.docx”文档。

（2）设置文档的纸张大小为 A4，页边距为中等。

（3）以版面美观为原则，参照图 2-43 所示效果设置文档标题、内容标题和正文文本的字符格式及段落格式。

（4）根据实际需要打印文档，包括指定打印份数、是否双面打印等。

任务三 使用 Word 2016 编排图文

任务解读

在制作 Word 文档时，用户可以使用图片、形状、文本框、艺术字、SmartArt 图形等多种对象，并可对插入的对象进行灵活的编辑和美化操作，从而制作出较为特殊的文档版式，使文档更具表现力和艺术性。

在本任务中，我们将学习在文档中使用图片、文本框、艺术字、SmartArt 图形等多种对象的方法。

体验探究——制作企业简介

企业简介是目前各类企业广泛使用的一种文体类型。它主要通过简明扼要地描述企业概况、发展状况、企业文化、主要产品、销售业绩等信息，让客户从中得到所需的有价值的信息，从而起到宣传企业及其产品的作用。下面制作一份企业简介，效果如图 2-44 所示。

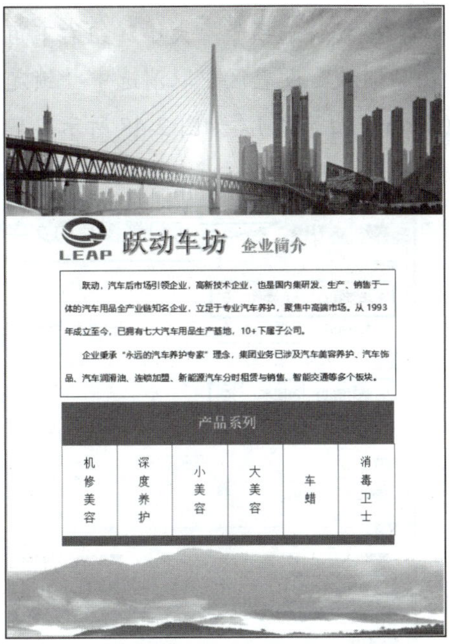

图 2-44 企业简介效果

扫一扫

制作企业简介

一、使用图片

步骤 1▶ 新建一个空白文档，然后单击“插入”选项卡“插图”组中的“图片”按钮，如图 2-45 所示。

步骤 2▶ 打开“插入图片”对话框，选择本书配套素材“项目二”/“任务三”/“企业简介背景.jpg”图片，单击“插入”按钮（见图 2-46），将所选图片插入到文档中。

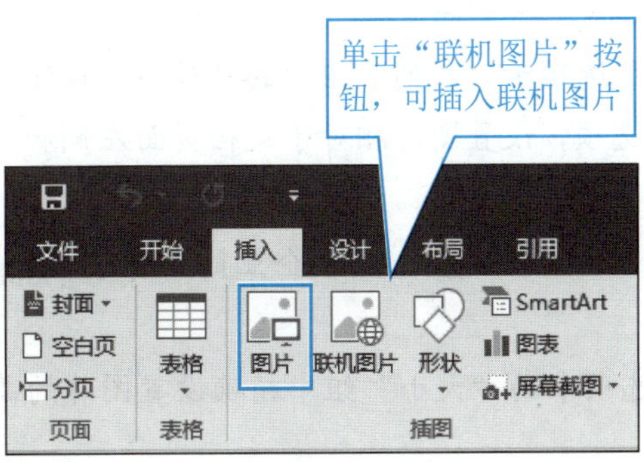

图 2-45 单击“图片”按钮

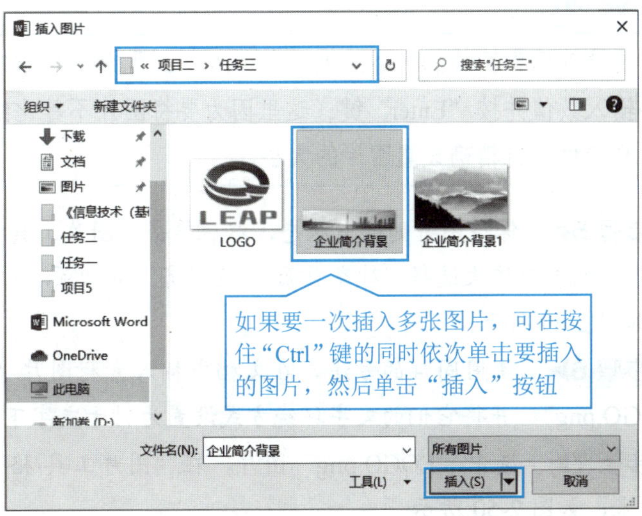

图 2-46 选择要插入的图片

步骤 3▶ 保持图片的选中状态，单击“图片工具/格式”选项卡“排列”组中的“环绕文字”按钮，在展开的下拉列表中选择“衬于文字下方”选项（见图 2-47），将图片置于文本的下方。

小 提 示

图片的默认环绕方式是“嵌入型”，艺术字、形状和文本框的默认环绕方式是“浮于文字上方”。

步骤 4▶ 保持图片的选中状态，单击“图片工具/格式”选项卡“大小”组右下角的对话框启动器按钮，打开“布局”对话框并自动显示“大小”选项卡，在“缩放”设置区中取消选中“锁定纵横比”复选框，然后精确设置图片的高度为 9.8 厘米，宽度为 21 厘米（即与页面等宽），如图 2-48 所示。

图 2-47 选择“衬于文字下方”选项

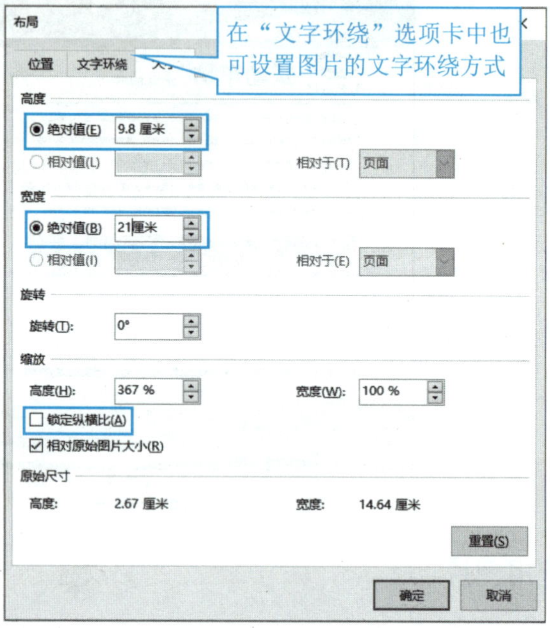

图 2-48 精确设置图片的高度和宽度

小 提 示

要精确调整图片的大小，也可在“图片工具/格式”选项卡“大小”组中的“高度”和“宽度”编辑框中直接输入数值并按“Enter”键。这里因为要将图片不等比缩放，所以要在“布局”对话框中取消“锁定纵横比”复选框后再精确设置图片的大小。

步骤 5▶ 保持图片的选中状态，然后单击“图片工具/格式”选项卡“排列”组中的“对齐”按钮，在展开的下拉列表中依次选择“对齐页面”“左对齐”和“顶端对齐”选项，设置图片相对于文档页面左侧和顶端对齐，如图 2-49 所示。

步骤 6▶ 使用同样的方法，在文档中插入素材图片“项目二”/“任务三”/“企业简介背景 1.jpg”和“LOGO.png”，并将它们的文字环绕方式设置为衬于文字下方。

步骤 7▶ 选中“LOGO.png”图片，在“图片工具/格式”选项卡的“大小”组中精确设置图片的高度为 2.2 厘米，如图 2-50 所示。

图 2-49 设置图片的对齐方式

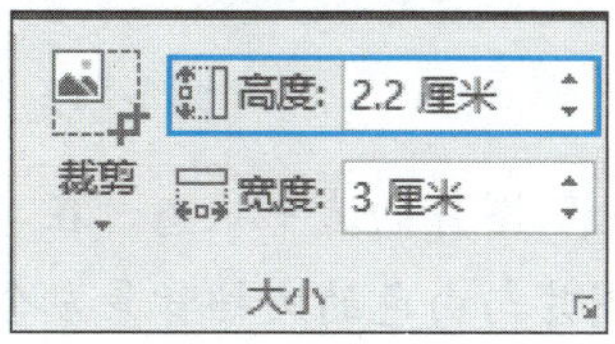

图 2-50 设置“LOGO.png”图片高度

步骤 8▶ 保持“LOGO.png”图片的选中状态，在“图片工具/格式”选项卡“调整”组的“颜色”下拉列表中选择“设置透明色”选项，如图 2-51 所示。

步骤 9▶ 在“LOGO.png”图片的白色区域单击，将图片的背景色设置为透明，然后将图片移到如图 2-52 所示的位置。

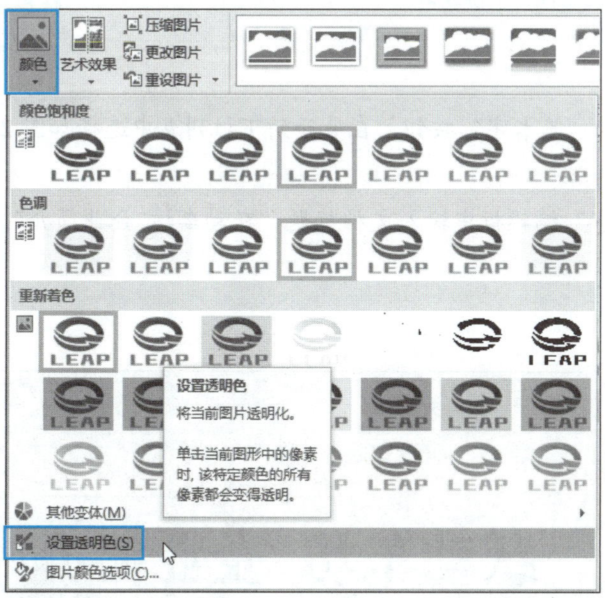

图 2-51 选择“设置透明色”选项

图 2-52 移动图片位置

小技巧

选中图片后，按住“Ctrl”键的同时按键盘上的方向键，可对图片的位置进行微调。

步骤 10▶ 选中“企业简介背景 1.jpg”图片，单击“图片工具/格式”选项卡“大小”组中的“裁剪”按钮，此时图片的四周出现裁剪控制点，将鼠标指针移到图片左下角的裁剪控制点上，当鼠标指针变成┗形状时按住鼠标左键并向图片的右上角方向拖动，到合适大小后释放鼠标，使其仅保留右上部分内容（见图 2-53），按“Enter”键确认裁剪效果。

步骤 11▶ 将图片移到页面的底部（也可使用“对齐”下拉列表中的“左对齐”和“底端对齐”选项调整），并调整其宽度与页面宽度相等（需取消纵横比锁定再调整），如图 2-54 所示。

图 2-53　裁剪图片

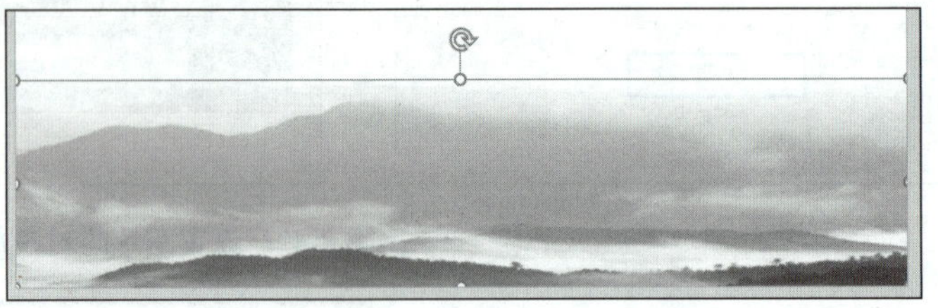

图 2-54　调整图片的位置和宽度

步骤 12▶ 保持“企业简介背景 1.jpg”图片的选中状态，在“颜色”下拉列表中选择“设置透明色”选项，然后在图片最上方的浅色处单击，使图片与白色的文档背景融合，如图 2-55 所示。

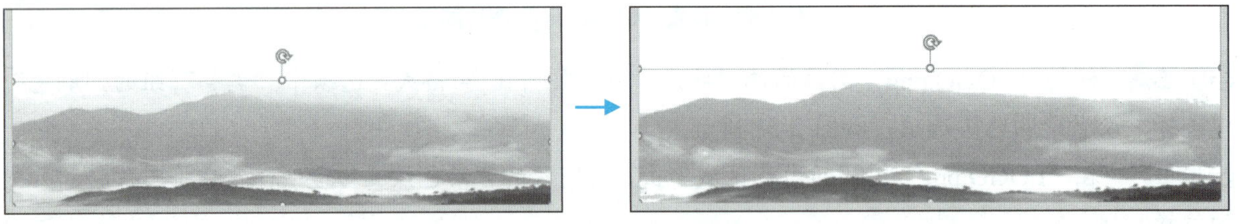

图 2-55　设置图片的透明色

二、使用艺术字

步骤 1▶ 单击“插入”选项卡“文本”组中的“艺术字”按钮，在展开的下拉列表中选择如图 2-56 所示的艺术字样式。

步骤 2▶ 在自动出现的“请在此放置您的文字”编辑框中输入文档标题“跃动车坊 企业简介”（字体设置为宋体），如图 2-57 所示。

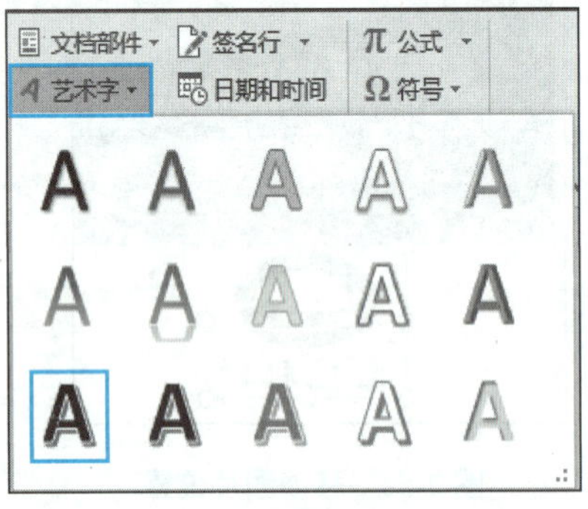

图 2-56　选择艺术字样式

图 2-57　输入文档标题

步骤 3▶ 选中“企业简介”文本，在“开始”选项卡中设置其字号为二号，然后将艺术字移到“LOGO.png”图片的右侧，如图 2-58 所示。

图 2-58　设置部分标题文本的字号和标题位置

课堂互动

利用“艺术字样式”组中“文本填充”“文本轮廓”“文本效果”下拉列表中的选项，可设置艺术字文本的填充颜色，艺术字文本的轮廓，艺术字文本的阴影、映像、发光、棱台和三维旋转效果，使得艺术字样式更加多样、美观，快去体验一下吧！

三、使用文本框

步骤 1▶ 单击“插入”选项卡“文本”组中的“文本框”按钮，在展开的下拉列表中选择“绘制文本框”选项，如图 2-59 所示。

步骤 2▶ 在标题的下方绘制一个横排文本框，并在其中输入企业简介内容（用户可打开本书配套素材“项目二”/“任务三”/“企业简介内容.txt”文件，将其中的内容复制到文本框中），如图 2-60 所示。

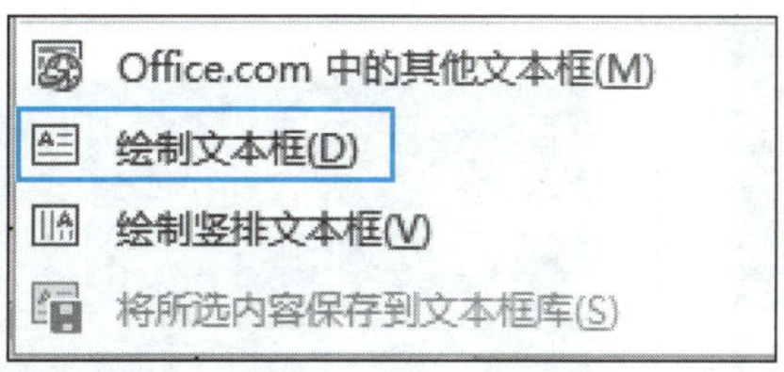

图 2-59　选择“绘制文本框”选项

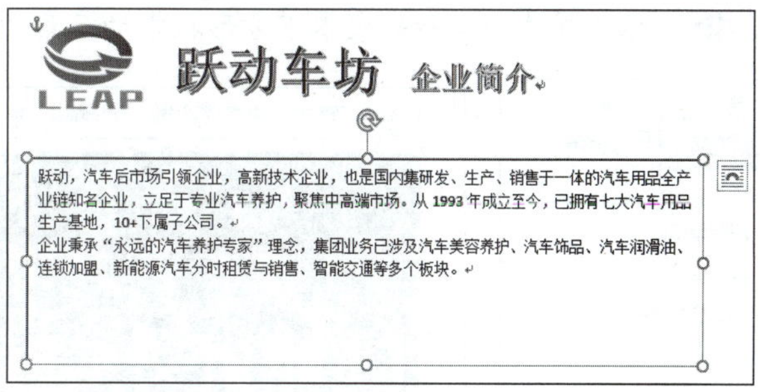

图 2-60　输入企业简介内容

步骤 3▶ 利用前面学过的知识，将文本框中文本的格式设置为微软雅黑、小四、首行缩进 2 字符，然后根据需要调整文本框的高度和宽度，美观即可，如图 2-61 所示。

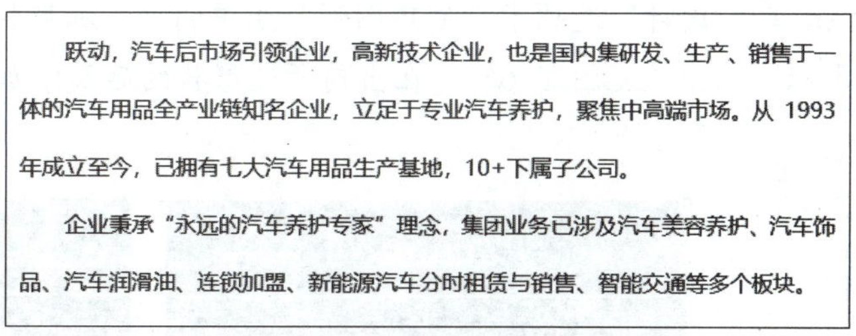

图 2-61　文本框及其中的文本效果

四、使用 SmartArt 图形

步骤 1▶ 单击“插入”选项卡“插图”组中的“SmartArt”按钮，打开“选择 SmartArt 图形”对话框，在对话框左侧选择“列表”类别，在右侧选择“表格列表”选项，单击“确定”按钮（见图 2-62），将所选 SmartArt 图形插入到文档中。

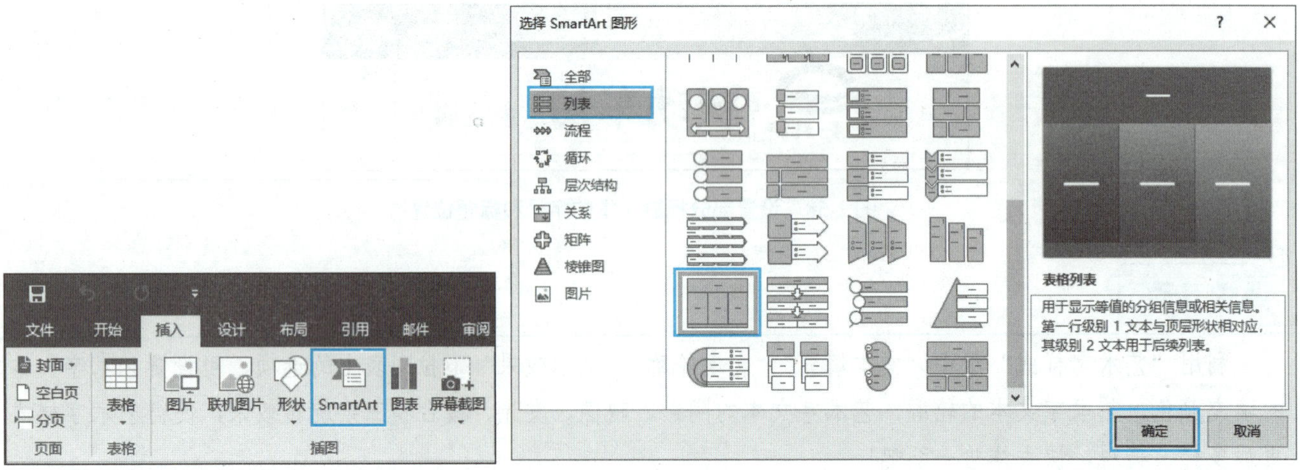

图 2-62　选择要插入的 SmartArt 图形

步骤 2▶ 将鼠标指针移到图形四周的边框线上，待鼠标指针变成形状时单击，选中整个 SmartArt 图形，然后单击“SmartArt 工具/格式”选项卡“排列”组中的“环绕文字”按钮，在展开的下拉列表中选择“浮于文字上方”选项，如图 2-63 所示。

步骤 3▶ 在图形的边框线上按住鼠标左键向下拖动，到文本框的下方后释放鼠标，再单击图形上方形状中的示意“文本”，输入分类标题“产品系列”，如图 2-64 所示。

步骤 4▶ 依次单击分类标题文本下方形状中的示意“文本”并输入内容（注意单字换行），如图 2-65 所示。

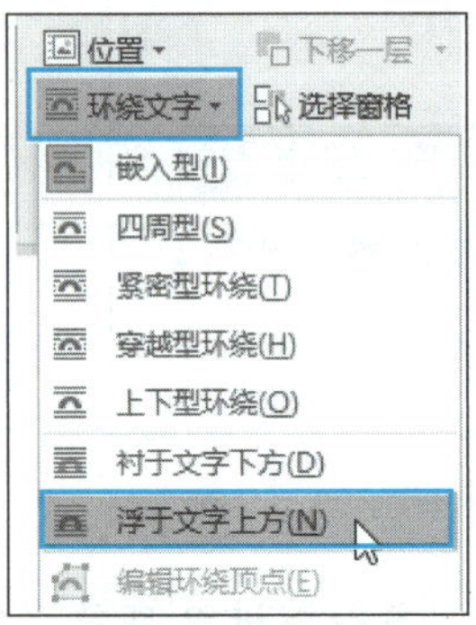

图 2-63　设置图形的文字环绕方式

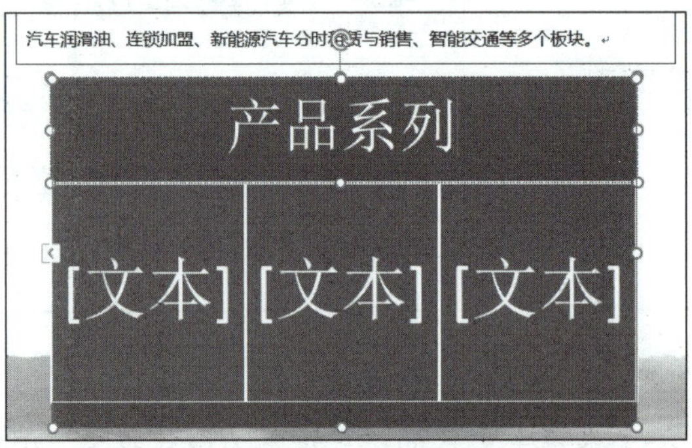

图 2-64　输入分类标题

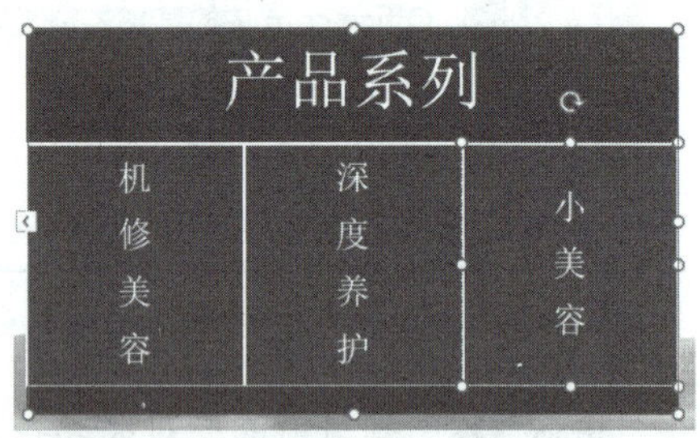

图 2-65　输入产品系列内容

步骤 5▶ 单击“SmartArt 工具/设计”选项卡“创建图形”组中的“添加形状”下拉按钮，在展开的下拉列表中选择“在后面添加形状”选项（见图 2-66），在当前所选形状的后面添加一个形状，然后输入内容，如图 2-67 所示。

图 2-66　选择“在后面添加形状”选项

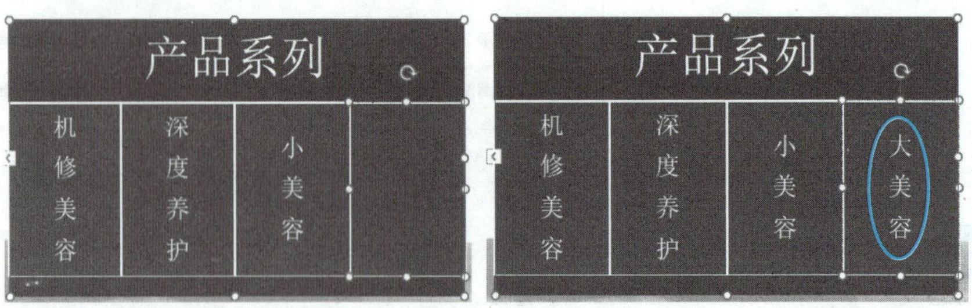

图 2-67　在添加的形状中输入内容

步骤 6▶ 使用同样的方法，在现有形状的后面再添加两个形状并输入内容，效果如图 2-68 所示。

步骤 7▶ 选中 SmartArt 图形的标题，然后在“开始”选项卡“字体”组的“字号”编辑框中输入“20”，将标题形状中文本的字号设置为 20 磅。使用同样的方法，设置 SmartArt 图形中其他形状中文本的字号为 15 磅。

步骤 8▶ 将鼠标指针移到 SmartArt 图形右侧中部的控制点上，待鼠标指针变成⟺形状时，按住鼠标左键并向右拖动，调整 SmartArt 图形的宽度与文本框的宽度大致相同，然后向上拖动图形下方中部的控制点，调整 SmartArt 图形的高度，使其效果大致如图 2-69 所示。

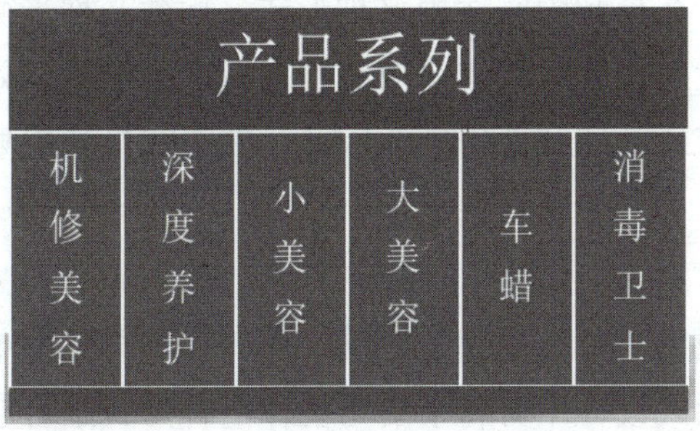

图 2-68 继续添加形状并输入内容

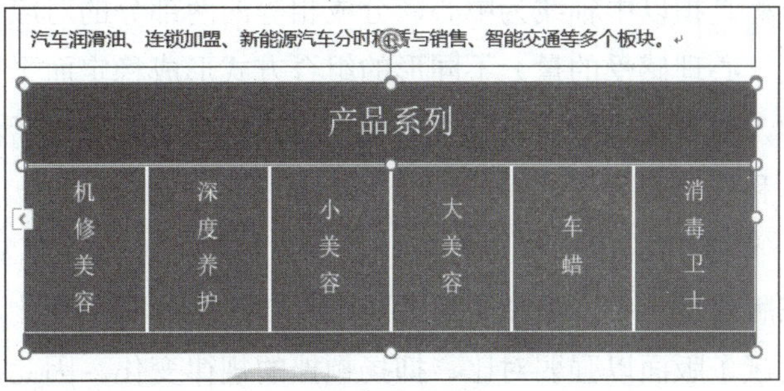

图 2-69 调整 SmartArt 图形的大小

步骤 9▶ 保持图形的选中状态，然后单击“SmartArt 工具/设计”选项卡“SmartArt 样式”组中的“更改颜色”按钮，在展开的下拉列表中为 SmartArt 图形选择一种颜色，如图 2-70 所示。至此，文档制作完毕，以“企业简介”为名保存文档即可。

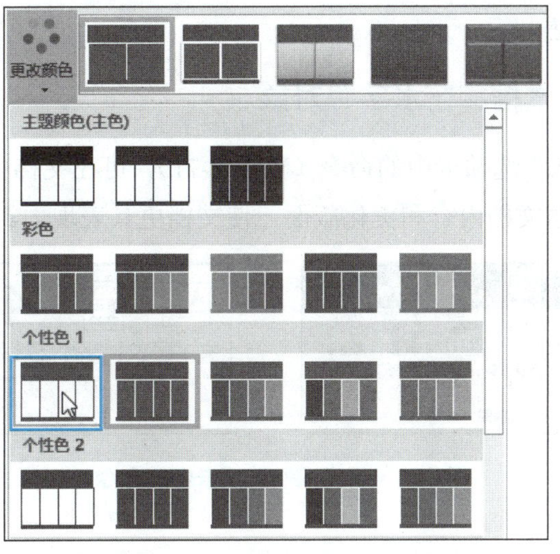

图 2-70 为 SmartArt 图形设置颜色

必备知识

一、图文版式设计基本规范

版式设计又称版面设计，是指设计人员根据设计主题和视觉需求，在预先设定的有限版面内，运用造型要素和形式原则，根据特定主题与内容的需要，将文字、图片（形状）及表格等信息要素进行有组织、有目的的组合排列的设计行为与过程。从狭义上讲，版式设计就是研究文、图、表在版面中的排列组合规律，是一门关于编排的学问。

在各式各样、浩如烟海的作品中，或多或少都遵循一些基本的版式设计规范。最常用的版式设计规范有统一与变化、对称与均衡、节奏与韵律、虚实与留白。

1. 统一与变化

统一强化了版面的整体感，变化突破了版面的单调与死板。在应用这一法则时，应注意处理好统一与变化的比重关系：统一是主导，变化是从属。在进行版式设计时，应力求在细节的变化中求得整体的统一，在单纯的统一中蕴含丰富的变化。

2. 对称与均衡

对称是指以中轴线为中心，分成相等的两部分的对应关系，在报刊中常运用这种形式。均衡又称平衡，是以同量（心理感受的量）不同形的组合方式形成稳定而平衡的状态。在版面上，对称与均衡产生的视觉效果是不同的，前者端庄静穆，有统一感和格律感；后者生动活泼，有运动感和新奇感。因此，在版式设计中要注意把对称和均衡两种形式有机地结合起来。

3. 节奏与韵律

在版式设计中，节奏是在不断重复中产生的频率变化，表现为一种有规律的跳动；而韵律不再是简单的重复，还赋予版面以强弱对比、抑扬顿挫的规律变化。因此，在版式设计中可将节奏与韵律两种形式结合起来灵活运用。

4. 虚实与留白

版面中的“虚”可为空白，也可为细弱的文字、图形等。为了强调主体，可有意将其他部分削弱为虚，甚至以留白来衬托主体的“实”。在版式设计中应用虚实与留白，可以为版面增添灵气和空间感，突出版面主体，使版面结构主次清晰，更具层次感。

二、插入图片、形状、文本框、艺术字等对象

在 Word 2016 中，利用“插入”选项卡中的命令（见图 2-71），可在文档中插入图片、形状、文本框、艺术字、SmartArt 图形等对象，以丰富文档内容和美化版面，使文档更具表现力。

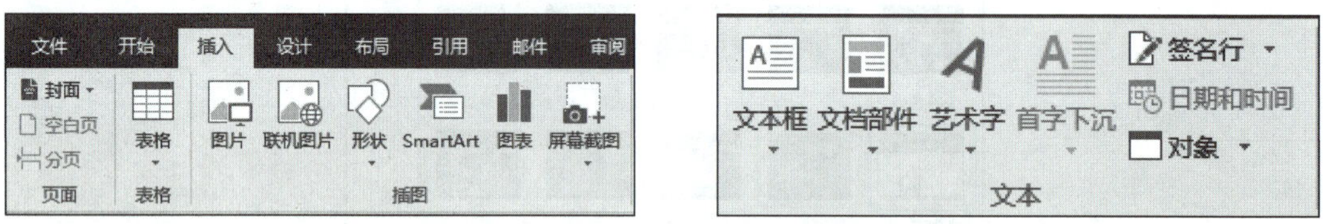

图 2-71 “插入”选项卡中的命令

小技巧

绘制形状时，在“形状”下拉列表中选择要绘制的形状，然后按住“Shift”键的同时在文档编辑区拖动鼠标，可绘制具有一定规则的图形。例如，选择“椭圆”形状后，按住“Shift”键的同时在文档编辑区拖动鼠标，可绘制正圆形。

绘制形状后，如果要在除“标注”类别外的形状中添加文本，可右击形状，在弹出的快捷菜单中选择“添加文字”选项，然后输入文本即可。

三、编辑和美化插入的对象

插入图片、形状、文本框、艺术字等对象后，在 Word 2016 的功能区会自动出现“××工具/格式”选项卡，利用它可以对插入的对象进行各种编辑和美化操作。

例如，单击“插入”选项卡“插图”组中的“图片”按钮，打开“插入图片”对话框，选择图片并将其插

入，此时功能区将出现“图片工具/格式”选项卡（见图 2-72），利用该选项卡可以对图片进行颜色、高亮的调整，图片样式设置，排列，改变大小等编辑和美化操作。

图 2-72 “图片工具/格式”选项卡

小提示

在 Word 2016 中，对图片、形状、文本框、艺术字等对象进行编辑和美化的操作方法基本相同，此处不再赘述。

实践探索——制作新店开业宣传海报和学校组织结构图

一、制作新店开业宣传海报

海报是为某项活动做的前期广告和宣传招贴，其目的是让人们参与到活动中。正规的海报中通常包括活动的性质、主办单位、时间、地点等内容。

下面制作如图 2-73 所示的新店开业宣传海报，练习在文档中插入与编辑图片、形状、艺术字和文本框的操作。

图 2-73 新店开业宣传海报效果

（1）新建“宣传海报”文档，插入“背景.jpg”图片并设置其环绕方式为“衬于文字下方”。

（2）将背景图片的大小调整为与页面相等，并为其设置如图 2-74 所示的艺术效果。

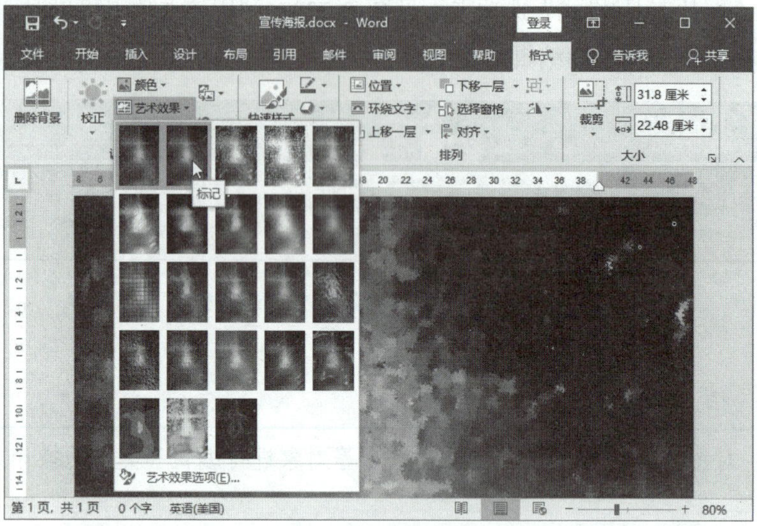

图 2-74　为图片应用“标记”艺术效果

（3）参照效果图，插入“填充：黑色，文本色 1；阴影”样式的艺术字“盛大开业　给礼更给利”，并为其设置如图 2-75 所示的艺术字效果。

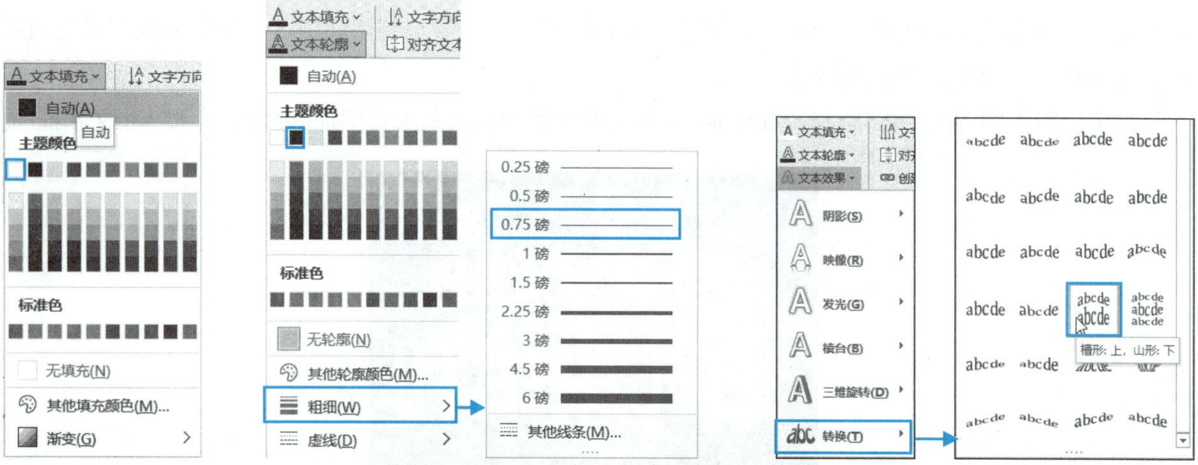

图 2-75　设置艺术字的效果

（4）插入“爆炸形：14 pt”形状，设置其填充颜色为黄色，并在其中输入文本“抢！”。设置形状文本的字体为黑体、字号为一号、字体颜色为红色，然后为其应用“转换”/“上翘”的文本效果。

（5）绘制横排文本框，在其中输入文本“低价狂欢　限时促销　全场 5 折起”，并设置文本字体为微软雅黑，字号为小初。然后去除文本框的底纹和边框。

（6）参照效果图插入并编辑艺术字“每满 500 减 200”。

（7）在文档左下方插入横排文本框，输入活动时间和新店地址，并参照效果图设置其文本格式。

（8）插入“二维码.jpg”图片，设置其环绕方式为“浮于文字上方”，然后将其移至文档右下方。

（9）参照效果图，调整各对象的大小和位置，美观即可。

二、制作学校组织结构图

组织结构图是将机构或企业组织分成若干个部分，并且标明各部分之间关系的一种表现形式。它不仅能清楚地表明各部门之间的隶属关系，还可以帮助员工清楚自己或他人在组织内的工作，加强其参与工作的欲望，增强组织的协调性。请利用 SmartArt 图形中的“组织结构图”类型绘制学校组织结构图，并对其进行美化，效果如图 2-76 所示。

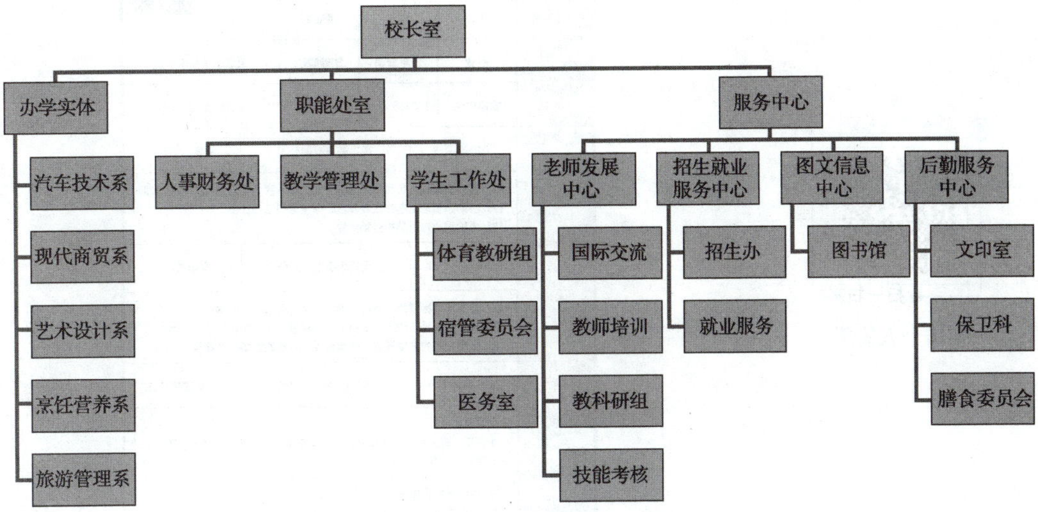

图 2-76 学校组织结构图效果

（1）新建“学校组织结构图”文档，插入“层次结构”/“组织结构图”类型的 SmartArt 图形。

（2）参照图 2-76，利用“SmartArt 工具/设计”选项卡调整 SmartArt 图形结构并输入内容。

（3）为 SmartArt 图形应用内置样式并调整颜色。

任务四 使用 Word 2016 制作表格

任务解读

使用表格可以将复杂的信息简单明了地表达出来。Word 2016 提供了多种创建表格的方法，创建好表格后，还可以对表格进行编辑和美化操作，如合并单元格，插入或删除行、列、单元格，调整表格大小，调整行高和列宽，以及为表格或单元格添加边框和底纹等。

在本任务中，我们将学习在文档中使用表格的方法。

体验探究——制作个人简历

个人简历是求职者提供给招聘单位的一份简要介绍，包含自己的求职意向、基本信息、工作经历、教育背景、特长及荣誉、自我评价等。一份美观、优秀的个人简历会成为你打开成功之门的金钥匙。下面制作一份个人简历，效果如图 2-77 所示。

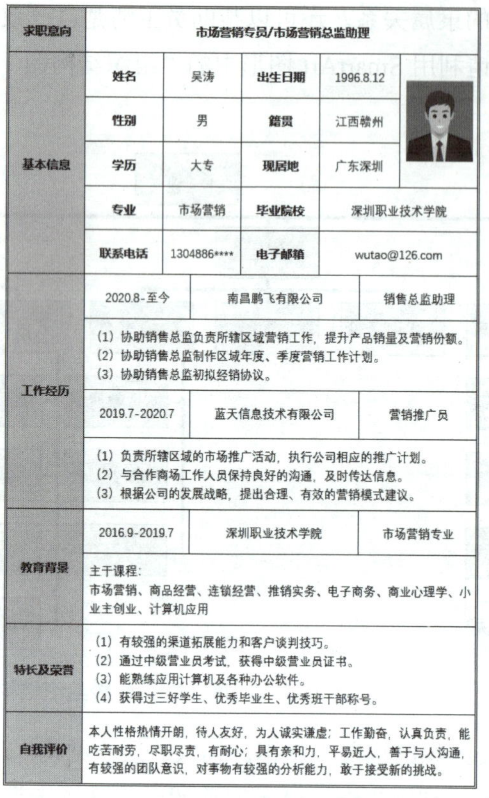

求职意向	市场营销专员/市场营销总监助理				
基本信息	姓名	吴涛	出生日期	1996.8.12	
	性别	男	籍贯	江西赣州	
	学历	大专	现居地	广东深圳	
	专业	市场营销	毕业院校	深圳职业技术学院	
	联系电话	1304886****	电子邮箱	wutao@126.com	
工作经历	2020.8-至今	南昌鹏飞有限公司	销售总监助理		
	（1）协助销售总监负责所辖区域营销工作，提升产品销量及营销份额。 （2）协助销售总监制作区域年度、季度营销工作计划。 （3）协助销售总监初拟经销协议。				
	2019.7-2020.7	蓝天信息技术有限公司	营销推广员		
	（1）负责所辖区域的市场推广活动，执行公司相应的推广计划。 （2）与合作商场工作人员保持良好的沟通，及时传达信息。 （3）根据公司的发展战略，提出合理、有效的营销模式建议。				
教育背景	2016.9-2019.7	深圳职业技术学院	市场营销专业		
	主干课程： 市场营销、商品经营、连锁经营、推销实务、电子商务、商业心理学、小业主创业、计算机应用				
特长及荣誉	（1）有较强的渠道拓展能力和客户谈判技巧。 （2）通过中级营业员考试，获得中级营业员证书。 （3）能熟练应用计算机及各种办公软件。 （4）获得过三好学生、优秀毕业生、优秀班干部称号。				
自我评价	本人性格热情开朗，待人友好，为人诚实谦虚；工作勤奋，认真负责，能吃苦耐劳，尽职尽责，有耐心；具有亲和力，平易近人，善于与人沟通，有较强的团队意识，对事物有较强的分析能力，敢于接受新的挑战。				

图 2-77　个人简历效果

扫一扫

制作个人简历

一、创建表格

步骤 1▶ 新建“个人简历”文档，然后单击“插入”选项卡“表格”组中的“表格”按钮，在展开的下拉列表中选择“插入表格”选项，如图 2-78 所示。

步骤 2▶ 打开“插入表格”对话框，分别在“列数”和“行数”编辑框中输入列数和行数，如图 2-79 所示。

步骤 3▶ 单击“确定”按钮，即可按照设置创建表格，效果如图 2-80 所示。

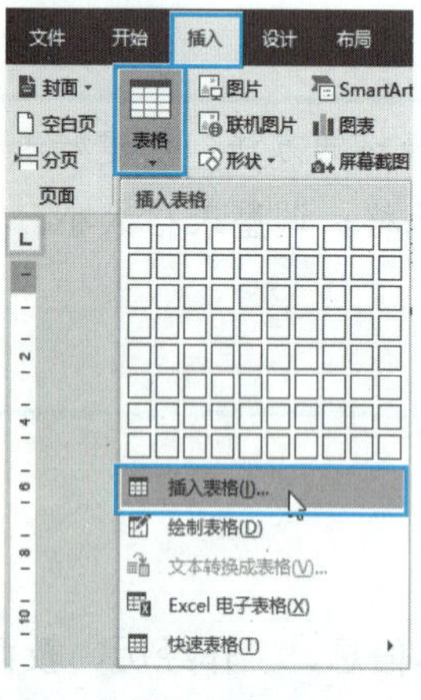

图 2-78　选择“插入表格”选项

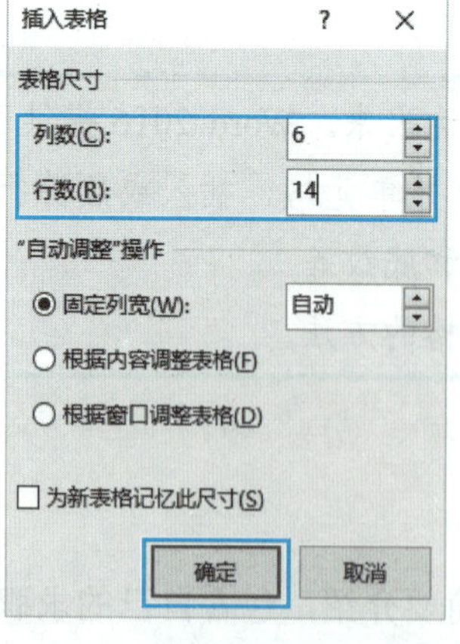

图 2-79　设置表格的行数和列数

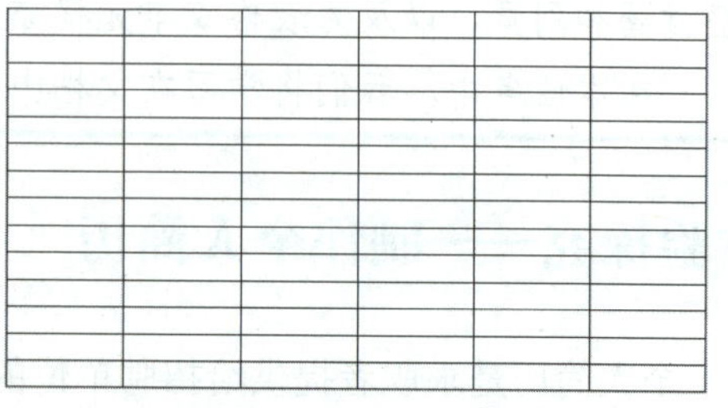

图 2-80　插入的表格效果

二、调整表格结构

步骤 1▶ 选中表格第 1 行的第 2 列至第 6 列的单元格，然后单击“表格工具/布局”选项卡“合并”组中的“合并单元格”按钮（见图 2-81），将所选单元格合并。

步骤 2▶ 参照图 2-82，分别选择其他单元格进行合并，从而获得表格的基本框架。

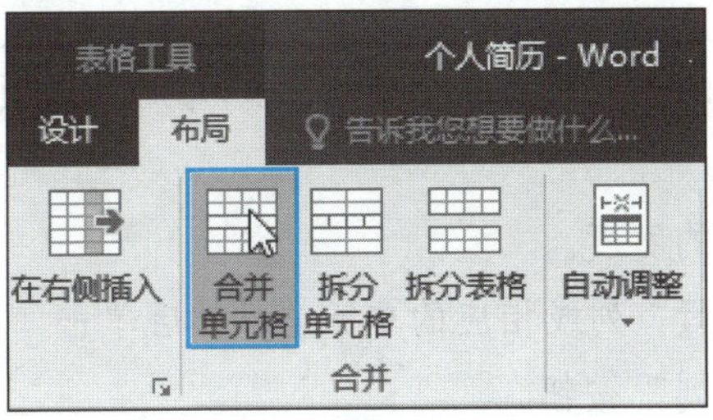

图 2-81　单击“合并单元格”按钮

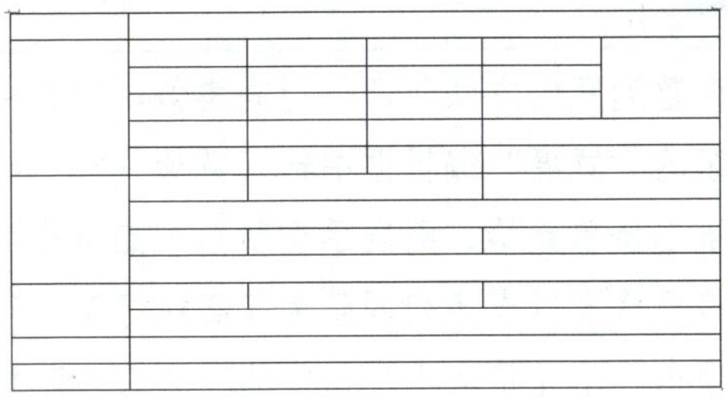

图 2-82　合并其他单元格

步骤 3▶ 调整行高。单击表格第 1 行的任意单元格，然后在“表格工具/布局”选项卡“单元格大小”组的“高度”编辑框中输入“1.3 厘米”(见图 2-83)，并按“Enter”键确认，调整第 1 行的行高为 1.3 厘米。

步骤 4▶ 参照图 2-84，调整其他行的行高。

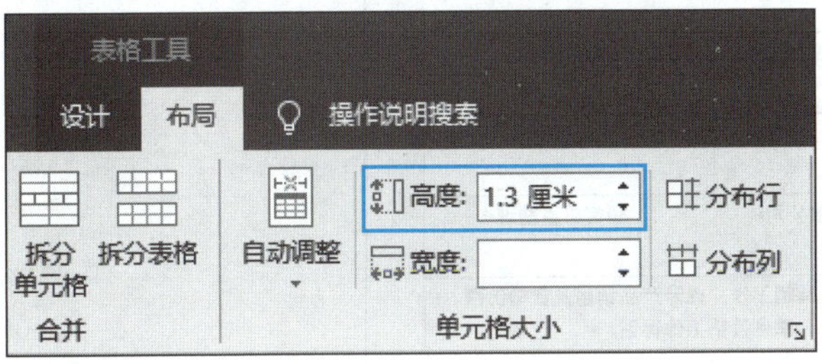

图 2-83　调整第 1 行的行高

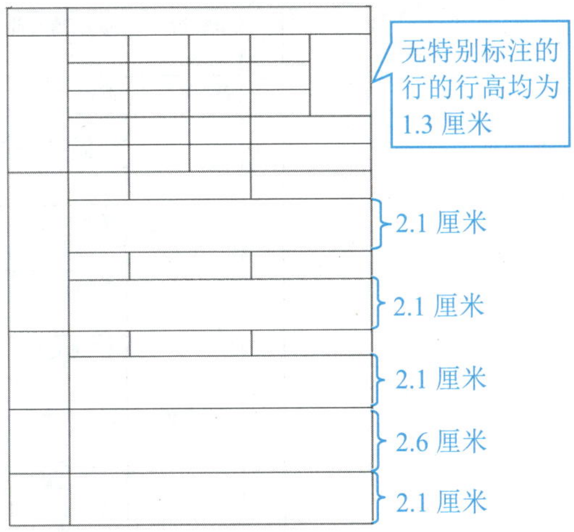

图 2-84　调整其他行的行高

步骤 5▶ 调整列宽。将鼠标指针移到第 7 行第 2 列单元格的左边框线上，待鼠标指针变成↗形状后单击，选中该单元格，然后按住“Ctrl”键的同时选中第 9 行和第 11 行的第 2 列单元格，再将鼠标指针移至所选列的右边框线上，待其变成⫲形状后按住鼠标左键并向右拖动，到合适宽度后释放鼠标，调整所选单元格的宽度，如图 2-85 所示。

步骤 6▶ 参照图 2-86，选择其他单元格并调整相关列的宽度。

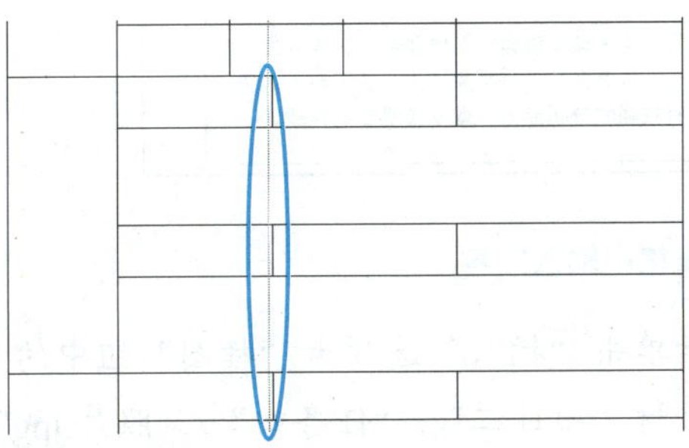

图 2-85　调整列宽

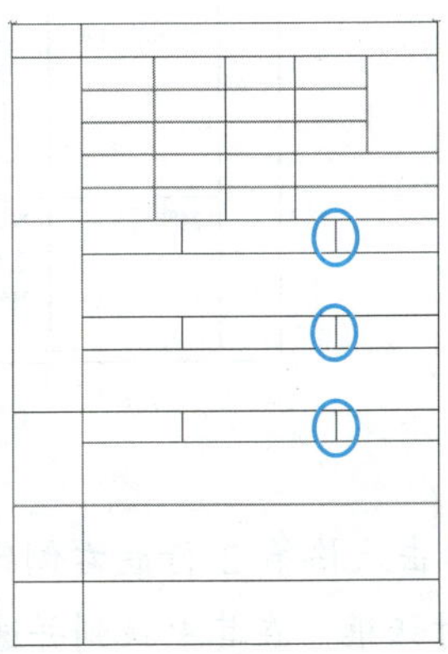

图 2-86　调整其他列的宽度

小 提 示

精确调整列宽的方法与调整行高类似，即选中要调整列宽的列，然后在“表格工具/布局”选项卡“单元格大小”组的“宽度”编辑框中输入数值并按“Enter”键确认。

如果不选择单元格，则表示调整插入点所在列全部单元格的宽度。

如果希望将多行或多列调整为等高或等宽，可先选中这些行、列或相应的单元格，然后单击“表格工具/布局”选项卡“单元格大小”组中的“分布行”按钮或“分布列”按钮。

三、在表格中输入内容并设置格式

步骤 1▶ 参照图 2-87，分别将插入点定位到各单元格中并输入相关内容。

求职意向	市场营销专员/市场营销总监助理				
基本信息	姓名	吴涛	出生日期	1996.8.12	
	性别	男	籍贯	江西赣州	
	学历	大专	现居地	广东深圳	
	专业	市场营销	毕业院校	深圳职业技术学院	
	联系电话	1304886****	电子邮箱	wutao@126.com	
工作经历	2020.8-至今	南昌鹏飞有限公司		销售总监助理	
	（1）协助销售总监负责所辖区域营销工作，提升产品销量及营销份额。 （2）协助销售总监制作区域年度、季度营销工作计划。 （3）协助销售总监初拟经销协议。				
	2019.7-2020.7	蓝天信息技术有限公司		营销推广员	
	（1）负责所辖区域的市场推广活动，执行公司相应的推广计划。 （2）与合作商场工作人员保持良好的沟通，及时传达信息。 （3）根据公司的发展战略，提出合理、有效的营销模式建议。				
教育背景	2016.9-2019.7	深圳职业技术学院		市场营销专业	
	主干课程： 市场营销、商品经营、连锁经营、推销实务、电子商务、商业心理学、小业主创业、计算机应用				
特长及荣誉	（1）有较强的渠道拓展能力和客户谈判技巧。 （2）通过中级营业员考试，获得中级营业员证书。 （3）能熟练应用计算机及各种办公软件。 （4）获得过三好学生、优秀毕业生、优秀班干部称号。				
自我评价	本人性格热情开朗，待人友好，为人诚实谦虚；工作勤奋，认真负责，能吃苦耐劳，尽职尽责，有耐心；具有亲和力，平易近人，善于与人沟通，有较强的团队意识，对事物有较强的分析能力，敢于接受新的挑战。				

图 2-87　在表格中输入内容

步骤 2▶ 单击表格第 2 行最右侧的单元格，然后单击“插入”选项卡“插图”组中的“图片”按钮，打开“插入图片”对话框，在其中找到并选择本书配套素材“项目二”/“任务四”/“照片.jpg”文件，单击“插入”按钮，将所选照片插入单元格中，并调整照片的高度为 2.4 厘米，效果如图 2-88 所示。

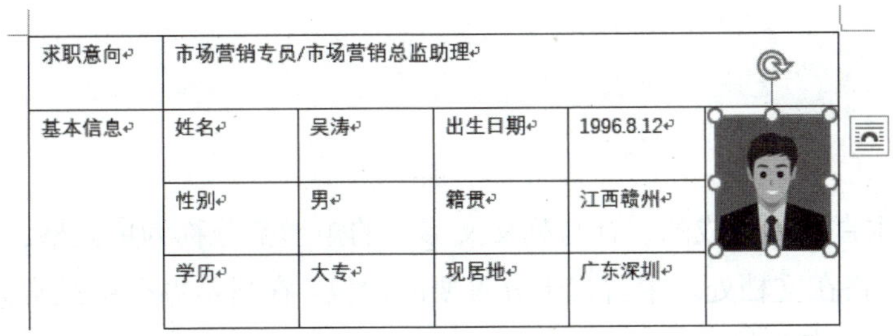

图 2-88 在单元格中插入图片

步骤 3▶ 单击表格左上角的控制柄⊞选中整个表格，然后单击“表格工具/布局”选项卡“对齐方式”组中的“水平居中”按钮（见图 2-89），将各单元格中的文本相对于单元格垂直方向和水平方向都居中对齐。

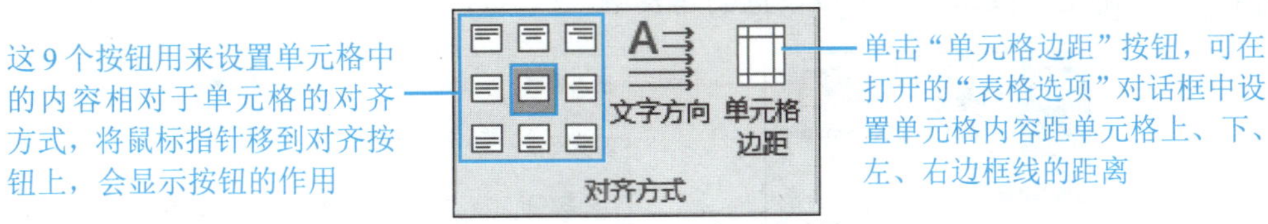

图 2-89 设置单元格内容的对齐方式

步骤 4▶ 选中第 8 行、第 10 行、第 12 行至第 14 行的第 2 列，设置其对齐方式为中部两端对齐。

步骤 5▶ 选中表格的第 1 行，利用“开始”选项卡的“字体”组设置其字符格式为微软雅黑、加粗。参照图 2-77 所示效果，为表格中其他内容设置合适的字符格式。

四、美化表格

步骤 1▶ 选中整个表格，分别单击“表格工具/设计”选项卡“边框”组中的“笔样式”“笔画粗细”和“笔颜色”下拉按钮，在展开的下拉列表中设置笔的样式、粗细和颜色，参数如图 2-90 所示。

步骤 2▶ 单击“边框”组中的“边框”下拉按钮，在展开的下拉列表中选择“外侧框线”选项（见图 2-91），为所选表格设置外边框。

步骤 3▶ 选中表格第 1 列，单击“表格工具/设计”选项卡“表格样式”组中的“底纹”下拉按钮，在展开的下拉列表中选择一种底纹颜色，如图 2-92 所示。至此，个人简历制作完成，再次保存文档即可。

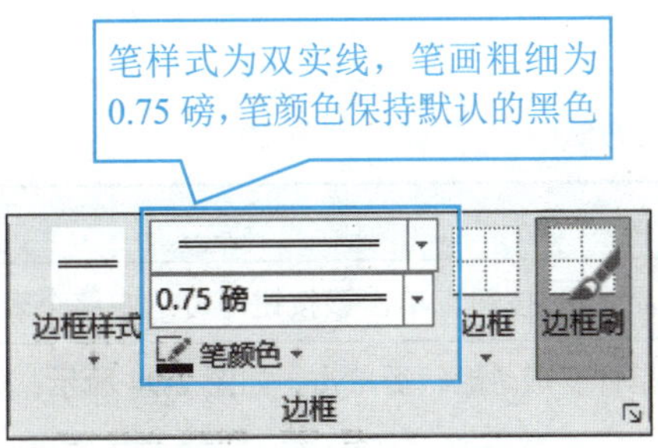

图 2-90 设置笔的样式、粗细和颜色

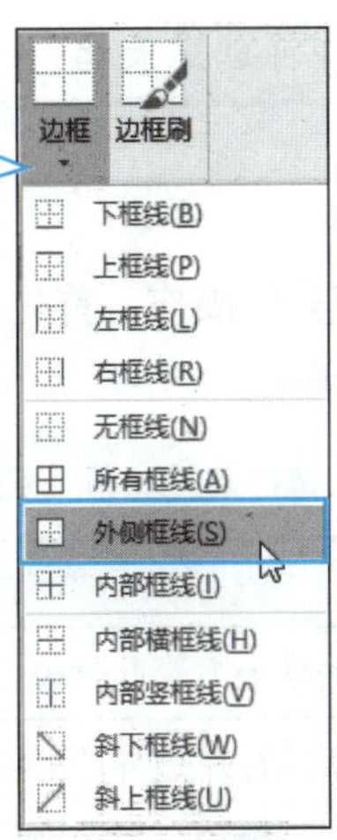

图 2-91 设置表格边框

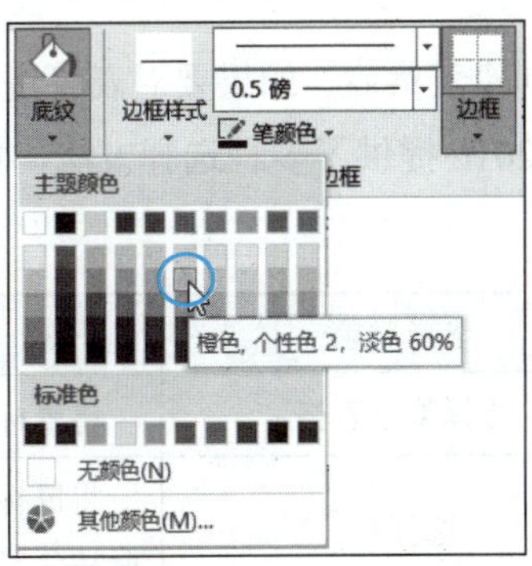

图 2-92 设置表格底纹

必备知识

一、创建表格

表格是由水平的行和垂直的列组成的，行与列交叉形成的矩形部分称为单元格。用户可以在单元格中输入文字、插入图片等对象。表格在文档处理中占有十分重要的地位，在日常办公中经常需要制作各式各样的表格，如简历、日程表、课程表和报名表等。

要在文档中创建表格，首先需将插入点定位到要创建表格的位置，然后单击“插入”选项卡“表格”组中的“表格”按钮，在展开的下拉列表中选择“插入表格”选项，打开“插入表格”对话框（见图 2-93），分别在“列数”和“行数”编辑框中输入表格的列数和行数，然后在“‘自动调整’操作”设置区中选择一种定义列宽的方式，最后单击“确定”按钮，即可按设置创建表格。

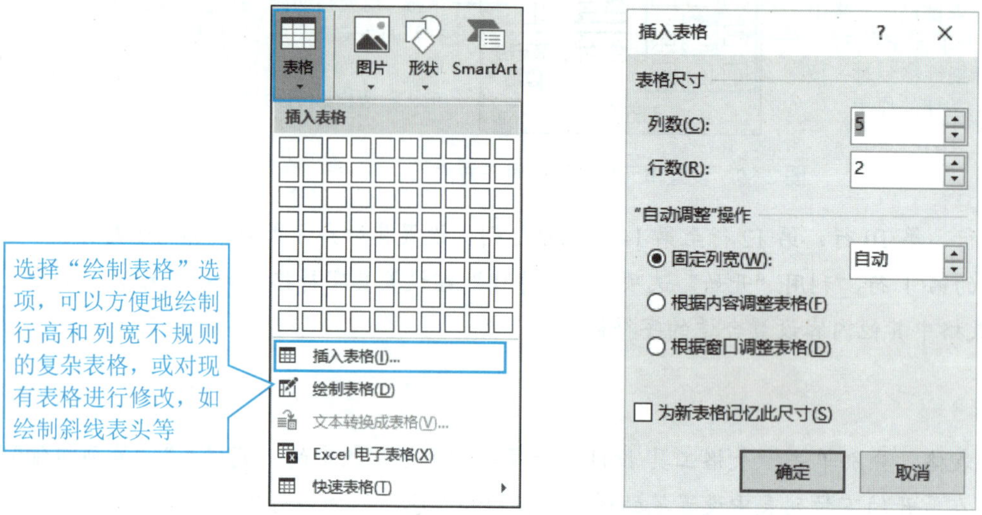

图 2-93　利用“插入表格”对话框创建表格

小技巧

在“表格”下拉列表中的网格中移动鼠标指针，鼠标划过区域以橙色高亮显示，并在文档中即时显示表格的创建效果。到合适的行列数后单击，即可创建表格。利用这种方法可快速插入 8 行 10 列以内的表格。

二、选择表格和单元格

创建表格后，如果要对表格进行编辑或美化操作，首先应选中要操作的单元格、行、列或整个表格。为此，Word 2016 提供了多种选择方法，如表 2-1 所示。

表 2-1　选择表格、行、列与单元格的方法

选择对象	操作方法
选择整个表格	将鼠标指针移到表格上方，此时表格左上角将显示⊞按钮，单击该按钮即可选中整个表格
选择行	将鼠标指针移到所选行左边界的外侧，待鼠标指针变成↗形状后单击，如图 2-94 所示；如果此时按住鼠标左键并上下拖动，可选中连续的多行

（续表）

选择对象	操作方法
选择列	将鼠标指针移到所选列的顶端，待鼠标指针变成↓形状后单击，如图 2-95 所示；如果此时按住鼠标左键并左右拖动，可选中连续的多列
选择单个单元格	将鼠标指针移到单元格的左边框线上，待鼠标指针变成↗形状后单击，如图 2-96 所示；此时若双击，可选中该单元格所在的行
选择连续的单元格区域	方法 1：在所需单元格区域的第 1 个单元格中单击，然后按住“Shift”键的同时单击所需单元格区域的最后一个单元格 方法 2：将插入点定位到所需单元格区域的第 1 个单元格中，按住鼠标左键不放并拖动，则鼠标指针经过的单元格均被选中
选择不连续的单元格或单元格区域	按住“Ctrl”键，然后使用上述方法依次选择所需的单元格或单元格区域

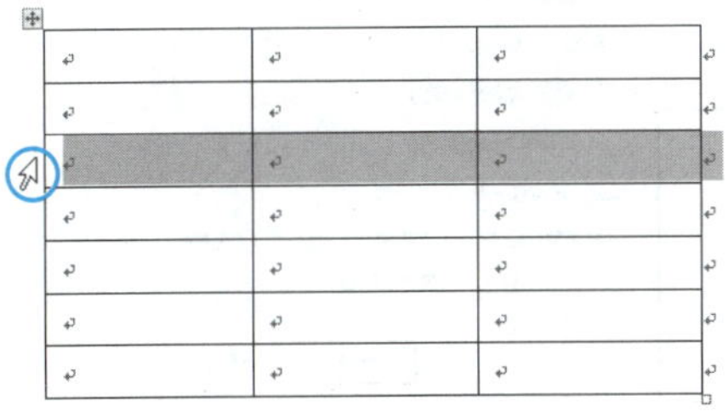

图 2-94　选择行

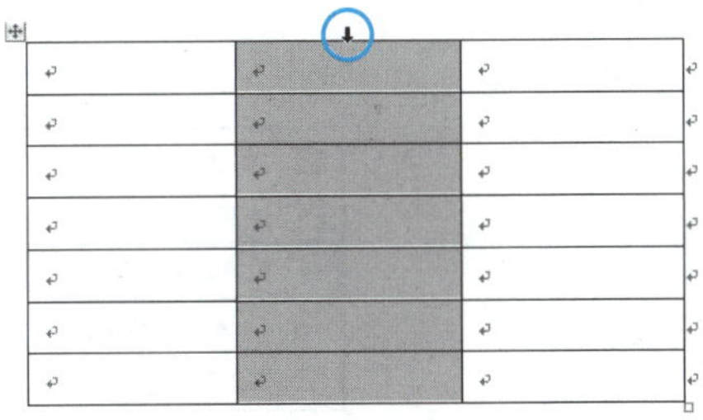

图 2-95　选择列

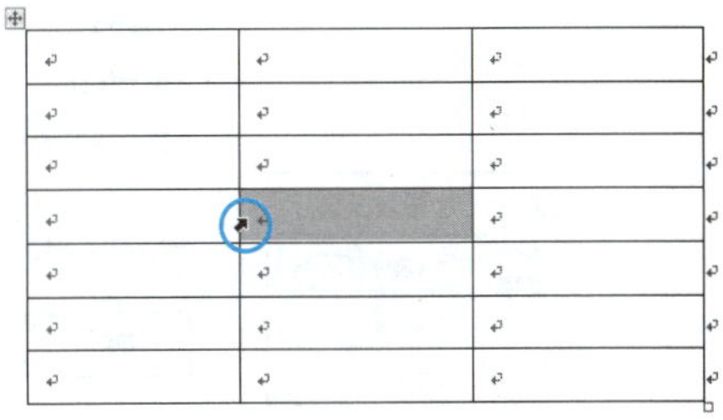

图 2-96　选择单元格

三、编辑与美化表格

Word 2016 提供了多种方法用于修改已创建的表格。例如，插入行、列或单元格，删除多余的行、列或单元格，合并或拆分单元格，以及调整单元格的行高和列宽等。

创建好表格后，将插入点定位到表格的任意单元格中，在 Word 2016 的功能区中会出现“表格工具/设计”和“表格工具/布局”选项卡，对表格的大多数编辑和美化操作都是通过这两个选项卡实现的，如图 2-97 所示。

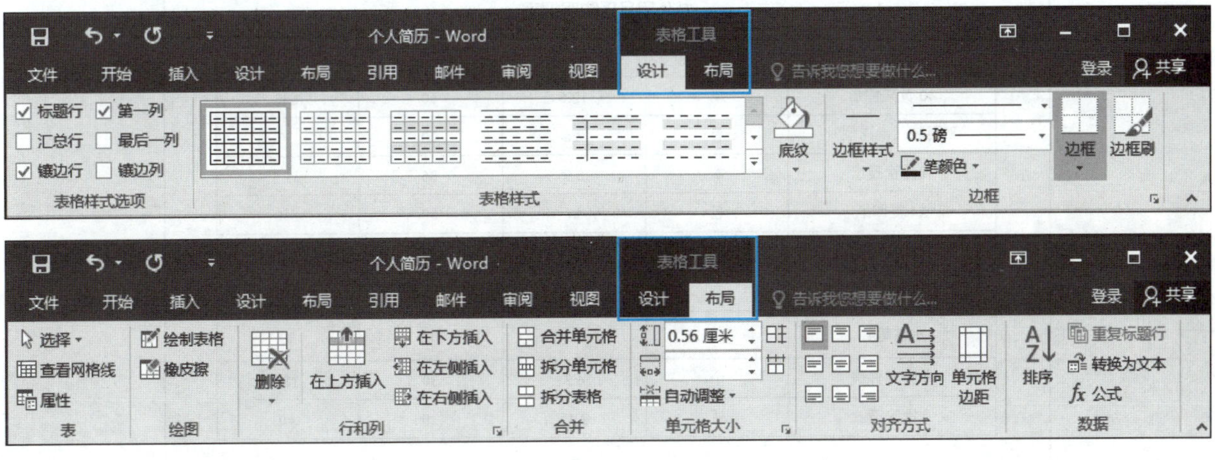

图 2-97　“表格工具”选项卡

四、文本与表格的相互转换

在 Word 2016 中，还可以实现表格与文本的相互转换。

（1）要将表格转换成文本，只需在表格的任意单元格中单击，然后单击“表格工具/布局”选项卡“数据”组中的“转换为文本”按钮，打开“表格转换成文本”对话框（见图 2-98），在其中选择一种文字分隔符，单击“确定”按钮即可。

（2）要将用段落标记、逗号、制表符或其他特定字符隔开的文本转换成表格，可选中要转换成表格的文本，然后单击“插入”选项卡“表格”组中的“表格”按钮，在展开的下拉列表中选择“文本转换成表格”选项，在打开的“将文字转换成表格”对话框（见图 2-99）中选择一种分隔符，单击“确定”按钮。此时，所选文本中被段落标记分开的文本将自动变成表格的行，被分隔符分开的文本将自动变成表格的列。

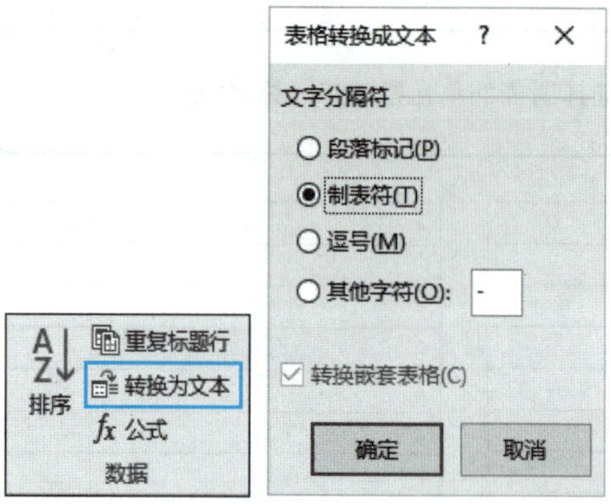

图 2-98　打开“表格转换成文本”对话框

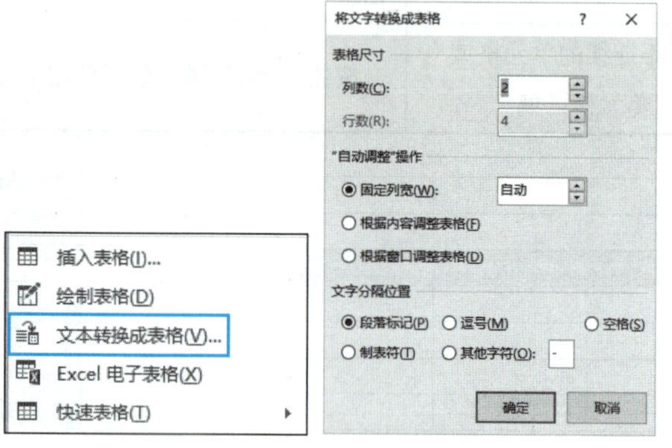

图 2-99　打开“将文字转换成表格”对话框

实践探索——制作办公用品采购明细表

采购明细表是方便采购人员采购商品的一种表格，其中一般会列出采购商品的项目、单位、单价、数量及各项目的金额等。请制作一份办公用品采购明细表，并对其进行编辑、美化和计算操作，效果如图 2-100 所示。

办公用品采购明细表

项目	单位	单价（元）	数量	金额（元）
40 页文件册	本	12.6	50	630
双面胶（泡沫型）	卷	2.8	20	56
商品管理卡	本	0.9	35	31.5
A4 复印纸	包	17	50	850
16K 复印纸	包	15.4	30	462
水性笔	支	1.05	200	210
水性笔芯	支	0.7	100	70
单夹文件夹	个	6.3	30	189
涂改液	瓶	2.45	20	49

图 2-100　办公用品采购明细表效果

（1）新建“办公用品采购明细表”文档，设置其纸张方向为横向。

（2）输入表格标题后插入一个 5 列 10 行的表格。

（3）参照图 2-100，依次在表格的各单元格中单击，输入采购内容，并设置表格内容的字符格式和对齐方式。

（4）以版面美观为原则，参照图 2-100 设置表格的行高和列宽。

（5）依据页面大小设置表格宽度和对齐方式。

（6）美化表格，为表格设置边框和底纹。

（7）计算金额。在“金额（元）”文本下方的单元格中单击，然后单击“表格工具/布局”选项卡“数据”组中的“公式”按钮，打开“公式”对话框，删除“公式”编辑框中等号“=”右侧的内容，然后输入“C2*D2”，单击“确定”按钮，得到计算结果，如图 2-101 所示。使用同样的方法，计算表格其他项目的金额。需要注意的是，公式中的参数要与其所在的列和行一一对应。

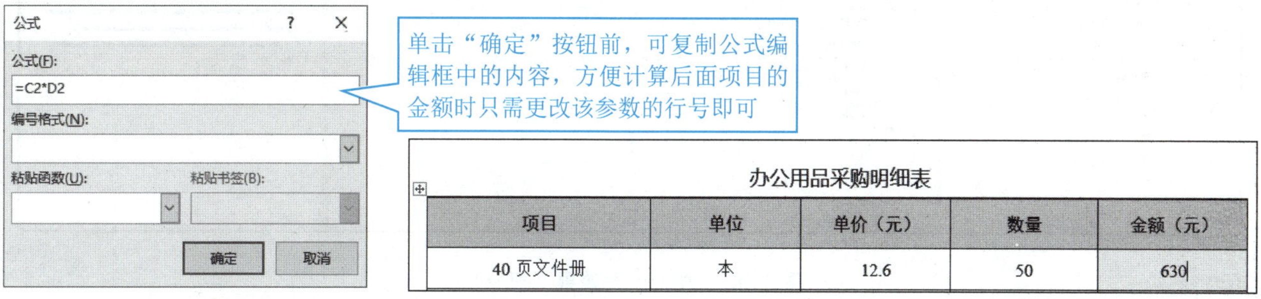

图 2-101 计算表格内容

小 提 示

在表格中，可以通过输入带有加、减、乘、除（+、−、×、÷）等运算符的公式进行数据计算，也可以使用 Word 附带的函数进行较为复杂的计算。表格中的计算操作都是以单元格或区域为单位进行的，为了方便在单元格之间进行运算，Word 用英文字母“A、B、C…”从左至右表示列，用正整数“1、2、3…”自上而下表示行，每一个单元格的名字则由它所在的行和列的编号组合而成，如“A1”表示位于第 1 列、第 1 行的单元格。

任务五 使用 Word 2016 编排长文档

任务解读

实际应用中，长文档也是常用文档类型之一，如报纸、杂志、论文、图书等。在编排长文档时，经常使用样式以提高工作效率。此外，还可以根据需要为长文档分页和分节、设置页眉和页脚，以及提取目录等，以方便读者阅读和查找文档内容。

在本任务中，我们将学习编排长文档的方法。

体验探究——编排毕业论文

毕业论文是指高等院校毕业生毕业前在教师的指导和帮助下，运用所学知识，有针对性地进行学术研究，并独立完成的带有综合性、专业性、考核性的初级学术论文。下面编排一篇毕业论文，效果如图 2-102 所示。

扫一扫

编排毕业论文

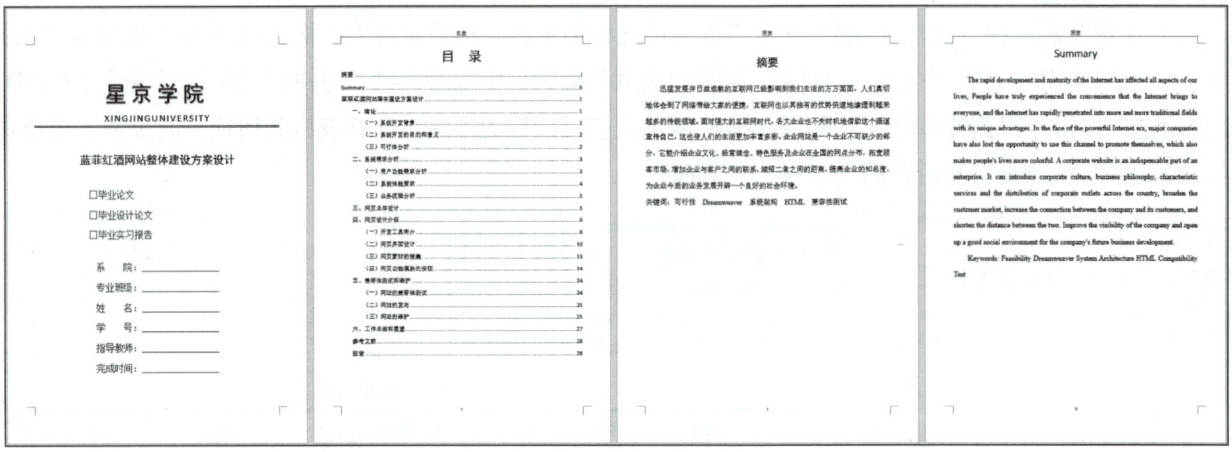

图 2-102　毕业论文效果（部分）

一、设置分节和分页

步骤 1▶ 打开本书配套素材“项目二”/“任务五”/“毕业论文.docx”文档。

步骤 2▶ 单击“布局”选项卡“页面设置”组中的“页边距”按钮，在展开的下拉列表中选择“自定义页边距”选项，打开“页面设置”对话框并自动切换到“页边距”选项卡。在“页边距”设置区的“上”“下”“左”“右”编辑框中输入数值，或单击编辑框右侧的微调按钮进行微调，指定文档内容区与页面边界之间的距离（见图 2-103），然后单击“确定”按钮。

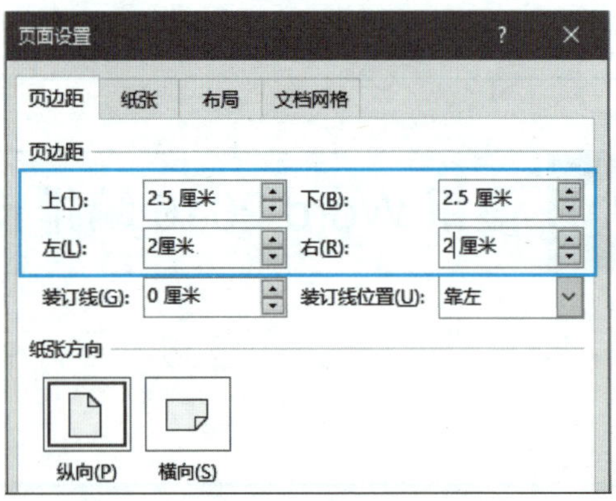

图 2-103　自定义毕业论文的页边距

步骤 3▶ 插入分节符。将插入点置于“摘要”文本的左侧，然后单击“布局”选项卡“页面设置”组中的“分隔符”按钮，在展开的下拉列表选择“下一页”选项，此时在插入点处插入一个分节符，并将分节符后的内容显示在下一页中，如图 2-104 所示。

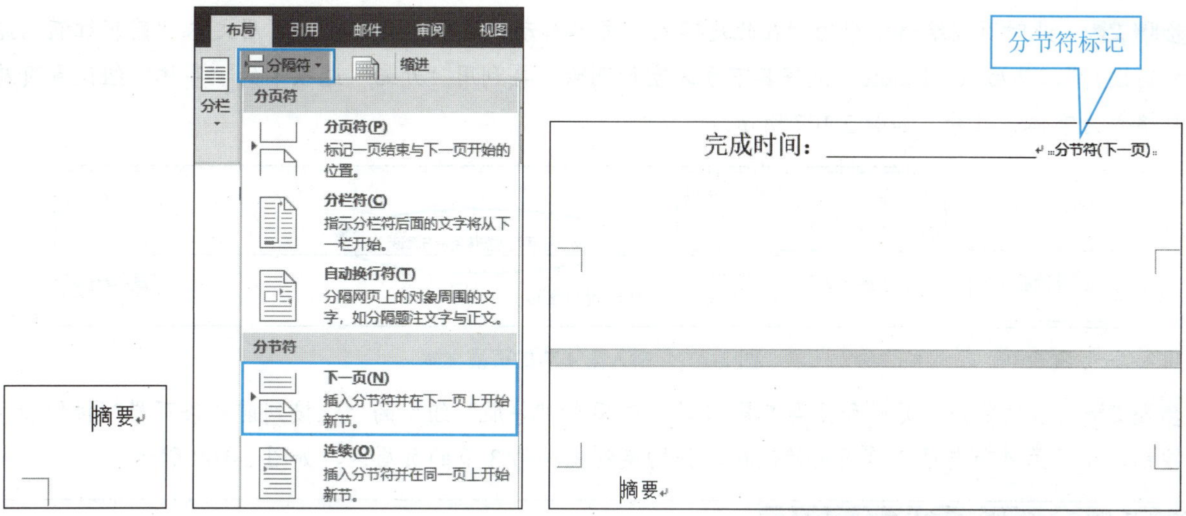

图 2-104　插入分节符

步骤 4▶　保持插入点位置不变，再次插入一个“下一页”分节符（后面会在插入的空白页中放置目录）。

步骤 5▶　使用同样的方法，在“蓝菲红酒网站整体建设方案设计”文本的左侧插入一个“下一页”分节符。这样，就将文档分成 4 节：封面、目录、摘要和正文。

步骤 6▶　插入分页符。将插入点置于英文摘要“Summary”文本的左侧，然后在“分隔符”下拉列表中选择“分页符”选项，此时在插入点处插入一个分页符，并将分页符后的内容显示在下一页中，如图 2-105 所示。

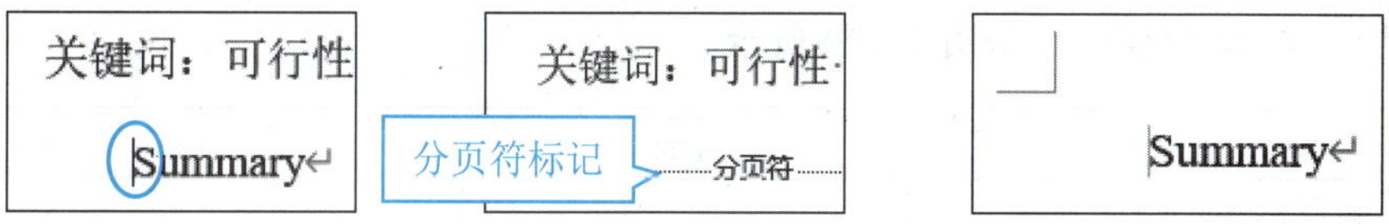

图 2-105　插入分页符

二、设置页眉和页脚

步骤 1▶　在文档的第 4 节中单击，然后单击“插入”选项卡“页眉和页脚”组中的“页眉”按钮，在展开的下拉列表中选择系统提供的页眉样式“空白”选项（见图 2-106），进入页眉和页脚的编辑状态，功能区会自动显示“页眉和页脚工具/设计”选项卡。

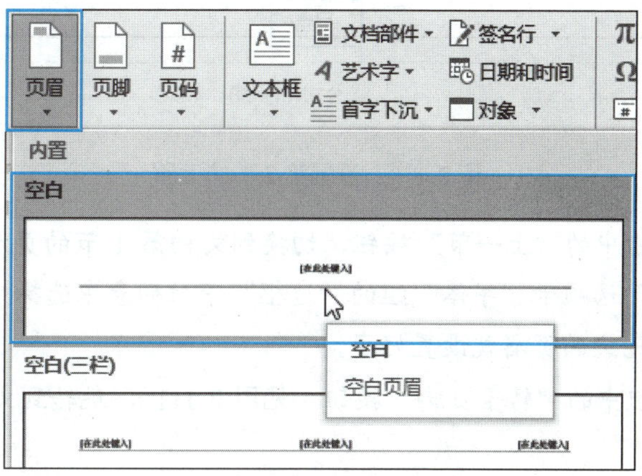

图 2-106　选择“空白”选项

步骤 2▶ 此时页眉编辑框中的“在此处键入”文本自动被选中，直接输入页眉文本“蓝菲红酒网站整体建设方案设计”，然后按“Delete”键将其下方的空行删除，再利用“开始”选项卡的“字体”组设置页眉文本的字符格式为宋体、五号，如图 2-107 所示。

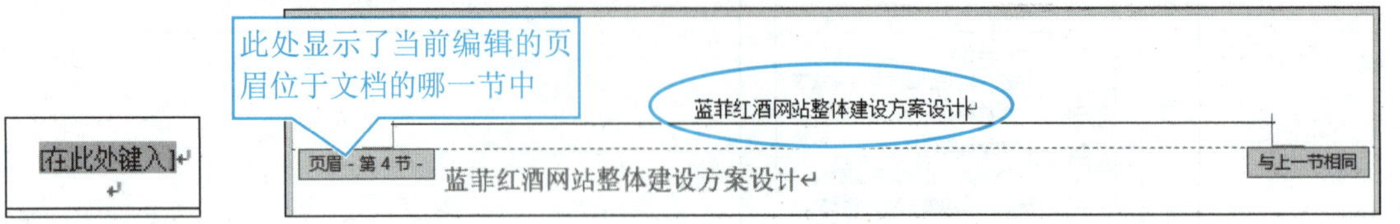

图 2-107　输入第 4 节的页眉文本

步骤 3▶ 依次单击“页眉和页脚工具/设计”选项卡“导航”组中的“链接到前一条页眉”按钮和“上一节”按钮，断开第 4 节与第 3 节页眉的链接，并切换到文档第 3 节的页眉区，如图 2-108 所示。

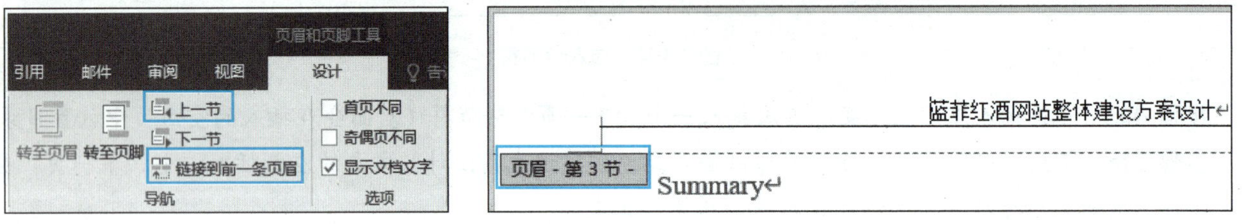

图 2-108　切换到第 3 节的页眉区

步骤 4▶ 单击“导航”组中的“链接到前一条页眉”按钮，断开第 3 节与第 2 节页眉的链接，然后在第 3 节的页眉区中输入文本“摘要”，如图 2-109 所示。

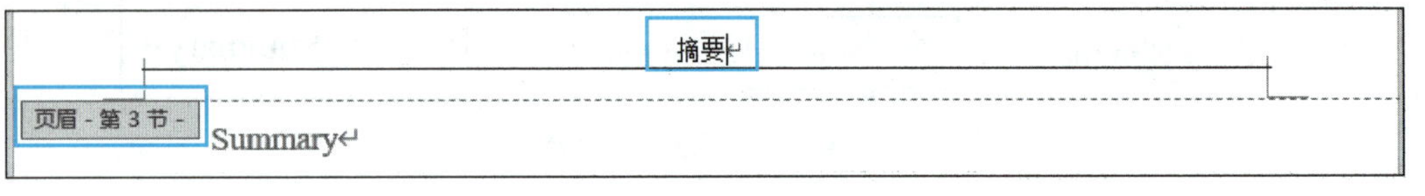

图 2-109　设置第 3 节的页眉

步骤 5▶ 单击“导航”组中的“上一节”按钮，切换到文档第 2 节的页眉区，然后单击“导航”组中的“链接到前一条页眉”按钮，断开第 2 节与第 1 节页眉的链接，再在第 2 节的页眉区中输入文本“目录”，如图 2-110 所示。

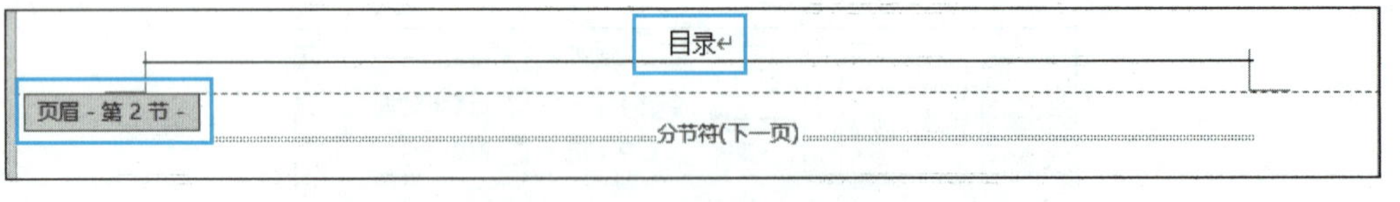

图 2-110　设置第 2 节的页眉

步骤 6▶ 单击“导航”组中的“上一节”按钮，切换到文档第 1 节的页眉区，删除页眉文本，然后选中页眉区的段落标记，在“开始”选项卡“字体”组的“边框”下拉列表中选择“无框线”选项，将第 1 节页眉区中的横线删除。这样，毕业论文的页眉就设置好了。

步骤 7▶ 单击“导航”组中的“转至页脚”按钮（见图 2-111），跳转到文档第 1 节的页脚区。

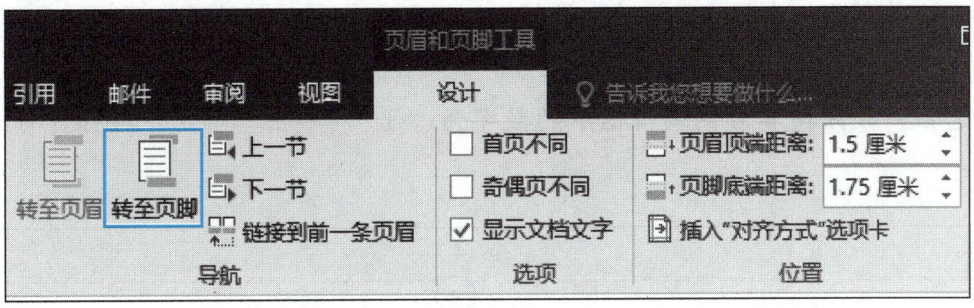

图 2-111　单击“转至页脚”按钮

步骤 8▶ 单击多次“导航”组中的“下一节”按钮，切换到文档第 4 节的页脚区，然后单击“页眉和页脚”组中的“页码”按钮，在展开的下拉列表中选择页码的放置位置“页面底端”选项，再选择页码类型“普通数字 2”选项，即可在文档第 4 节的页脚区插入所选的页码，并可看到当前页的页码为“5”，如图 2-112 所示。

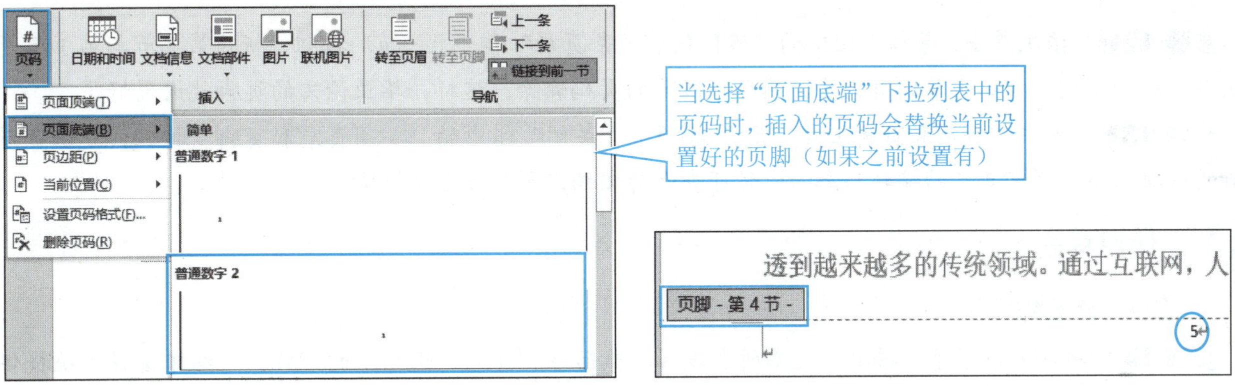

图 2-112　设置第 4 节的页码

步骤 9▶ 单击“导航”组中的“链接到前一条页眉”按钮，断开第 4 节与第 3 节页脚的链接，然后在“页码”下拉列表中选择“设置页码格式”选项，打开“页码格式”对话框，在“页码编号”设置区选中“起始页码”单选钮，并保持其右侧编辑框中的数字为“1”，单击“确定”按钮，可看到第 4 节的页码从“1”开始编号，如图 2-113 所示。

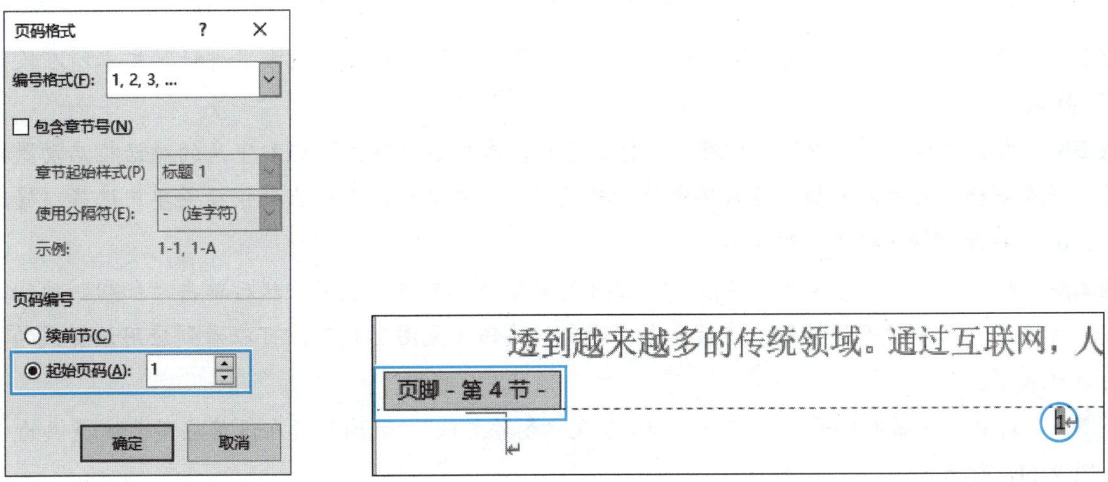

图 2-113　设置第 4 节页码的起始编号

步骤 10▶ 单击“导航”组中的“上一节”按钮，切换到文档第 3 节的页脚区，使用同样的方法打开“页码格式”对话框，然后在“编号格式”下拉列表中选择“Ⅰ,Ⅱ,Ⅲ,…”编号样式；在“页码编号”设置区中选中“起始页码”单选钮，并保持其右侧编辑框中的数字为“Ⅰ”，单击“确定”按钮，可看到设置效果，如图 2-114 所示。

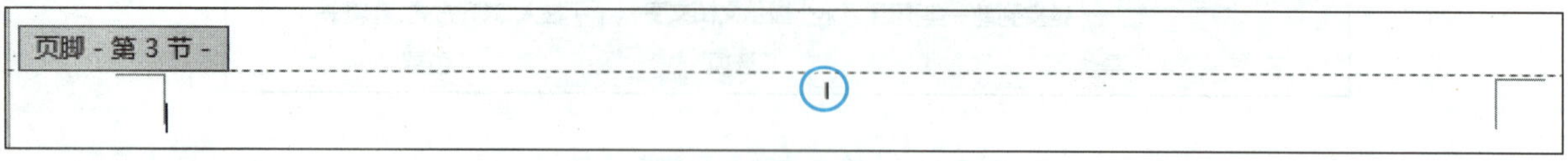

图 2-114 设置第 3 节页码的格式

步骤 11▶ 依次单击“导航”组中的“链接到前一条页眉”和“上一节”按钮，断开第 3 节与第 2 节页脚的链接，并切换到文档第 2 节的页脚区。使用同样的方法设置该节页码的编号样式与第 3 节的相同，起始页码为“Ⅰ”。

步骤 12▶ 依次单击“导航”组中的“链接到前一条页眉”和“上一节”按钮，断开第 2 节与第 1 节页脚的链接，并切换到文档第 1 节的页脚区，然后将该节的页码删除。这样，毕业论文的页脚就设置好了。

步骤 13▶ 单击“页眉和页脚工具/设计”选项卡“关闭”组中的“关闭页眉和页脚”按钮，退出页眉和页脚的编辑状态，返回正文的编辑状态。此时可查看为文档设置的页眉和页脚。

三、使用样式

1. 应用并修改样式

步骤 1▶ 将插入点置于“摘要”文本所在段落，然后在“开始”选项卡的“样式”组中选择系统提供的“标题 1”样式，如图 2-115 所示。

图 2-115 对标题段落应用系统提供的“标题 1”样式

步骤 2▶ 使用同样的方法，对“Summary”和“蓝菲红酒网站整体建设方案设计”文本所在段落也应用“标题 1”样式。

步骤 3▶ 右击“样式”组中的“标题 1”样式名称，或单击“样式”组右下角的对话框启动器按钮，打开“样式”任务窗格，然后右击该任务窗格中的“标题 1”样式名称，在弹出的快捷菜单中选择“修改”选项（见图 2-116），打开“修改样式”对话框。

步骤 4▶ 在“格式”设置区的“字体”下拉列表中选择“黑体”选项，然后单击“加粗”按钮，取消其加粗格式，再单击“居中对齐”按钮，最后单击“确定”按钮（见图 2-117），可以看到应用该样式的段落都自动更新为新样式了。

步骤 5▶ 对文档中带有编号“一、”～“六、”及“参考文献”“致谢”所在段落应用系统提供的“标题 2”样式，如图 2-118 所示。

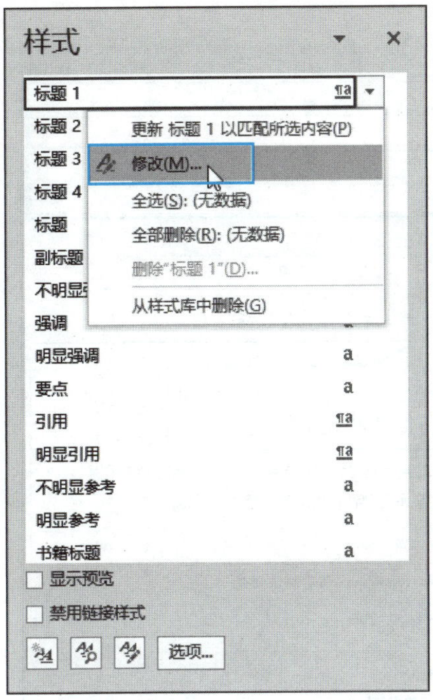

图 2-116 选择“修改”选项

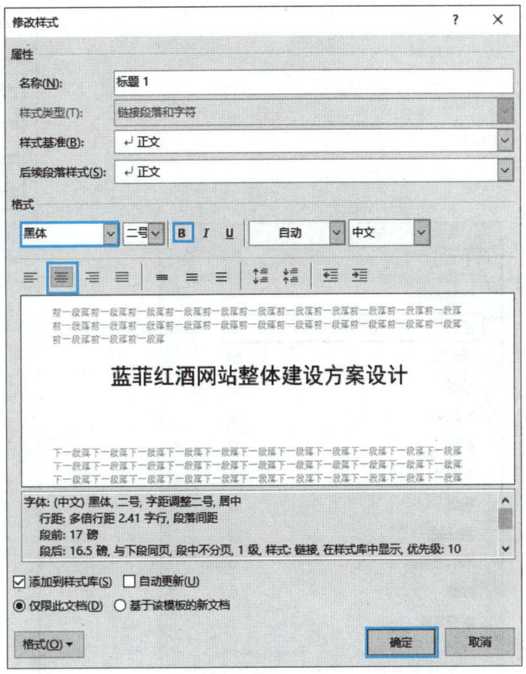

图 2-117 修改“标题 1”样式

图 2-118 对小标题段落应用系统提供的“标题 2”样式

步骤 6▶ 修改“标题 2”样式的格式为微软雅黑、四号、无加粗、段前间距和段后间距均为 12 磅、1.5 倍行距（设置段落间距和行距时，需单击“格式”按钮，在展开的下拉列表中选择“段落”选项，在打开的对话框中进行设置）。

步骤 7▶ 对文档中带有编号“(一)”～“(四)”的段落应用系统提供的“标题 3”样式，然后修改“标题 3”样式的格式为黑体、小四号、无加粗、段前间距与段后间距均为 6 磅、1.5 倍行距。

2. 新建样式

步骤 1▶ 新建“图片”样式。将插入点置于要应用该样式的任意图片所在段落中，如“图 1 网页结构图”所在段落的上一行中，然后单击“样式”任务窗格左下角的“新建样式”按钮（见图 2-119），打开“根据格式设置创建新样式”对话框。

步骤 2▶ 在“名称”编辑框中输入新样式的名称“图片”；在“样式类型”下拉列表中选择样式的类型为“段落”；在“样式基准”下拉列表中选择样式基准为“正文”（表示新样式中未定义的段落格式与字符格式均与其相同）；在“后续段落样式”下拉列表中设置应用该样式的段落后面新建段落的缺省样式为“正文”，设置样式的对齐方式为居中对齐，如图 2-120 所示。

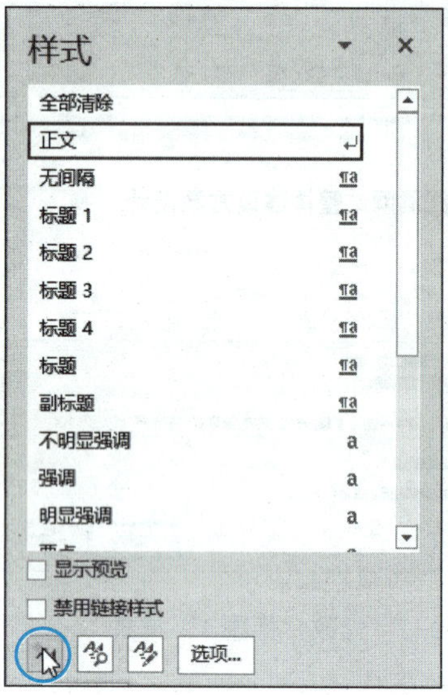

图 2-119　单击“新建样式”按钮

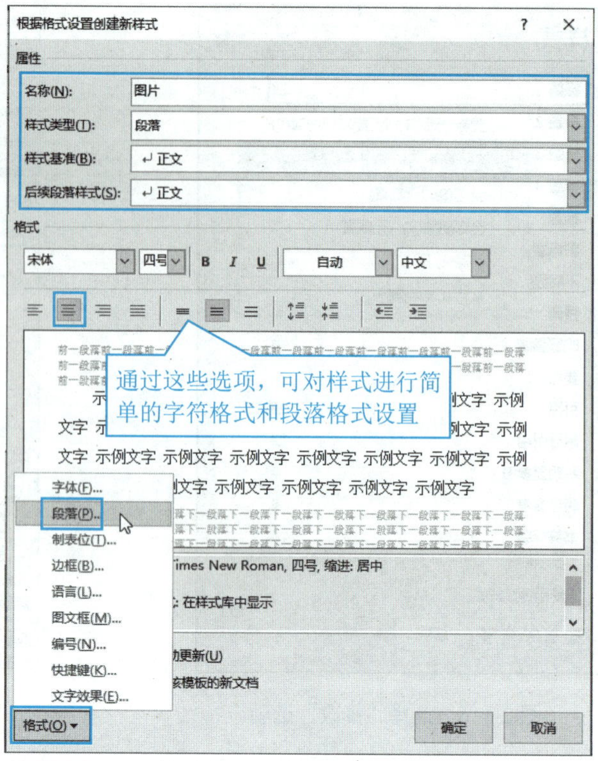

图 2-120　“根据格式设置创建新样式”对话框

步骤 3▶　单击“根据格式设置创建新样式”对话框左下角的“格式”按钮，在展开的列表中选择“段落”选项，打开“段落”对话框。在其中设置样式的段落格式为无缩进、段前间距为 0.5 行、单倍行距，如图 2-121 所示。

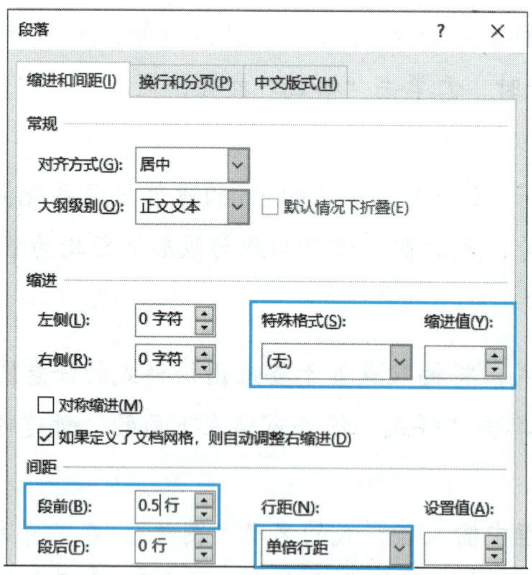

图 2-121　设置“图片”样式的段落格式

步骤 4▶　单击“确定”按钮，返回“根据格式设置创建新样式”对话框，在该对话框的预览框中可以看到“图片”样式的效果，其下方列出了该样式所包含的格式。

步骤 5▶　单击“确定”按钮关闭“根据格式设置创建新样式”对话框。此时在“样式”任务窗格和“样式”组中都将显示新创建的样式“图片”。参照应用系统样式的方法，将其应用到毕业论文中图片所在的段落，效果如图 2-122 所示。

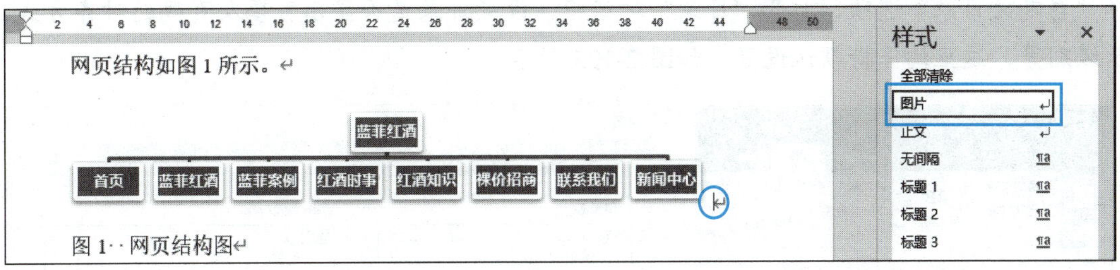

图 2-122　应用自定义的“图片”样式（部分）

步骤 6▶ 新建“图注”样式。将插入点置于“图 1　网页结构图”文本所在段落，然后使用与新建“图片”样式相同的方法新建“图注”样式：小五号、居中对齐、段前间距和段后间距均为 0.5 行、无缩进、单倍行距，如图 2-123 所示。将该样式应用到文档中图片下方的注释文本所在段落。

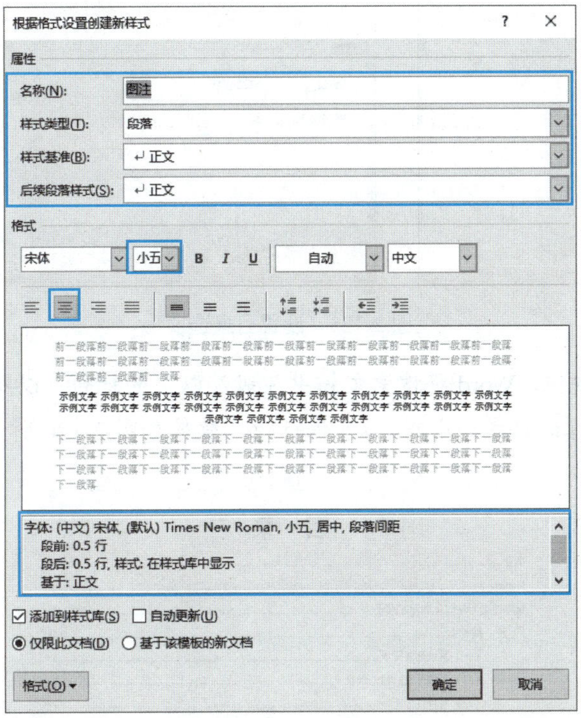

图 2-123　新建“图注”样式

四、提取目录

步骤 1▶ 在文档第 2 节的空白页中单击，然后在插入点处输入文本“目录”，并设置其格式为黑体、一号、居中、无缩进，文本之间用两个空格分隔。再在“目录”文本的下方插入一个无格式的空行，如图 2-124 所示。

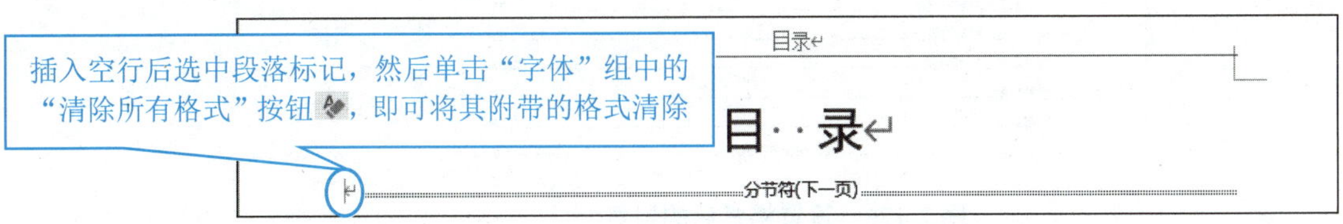

图 2-124　设置“目录”文本格式后插入空行

步骤 2▶ 保持插入点在空行中，然后单击“引用”选项卡“目录”组中的“目录”按钮，在展开的下拉列表中选择“自定义目录”选项，打开“目录”对话框，设置目录是否显示页码及页码的对齐方式，制表符前导符和显示级别等，这里均保持默认设置，如图 2-125 所示。

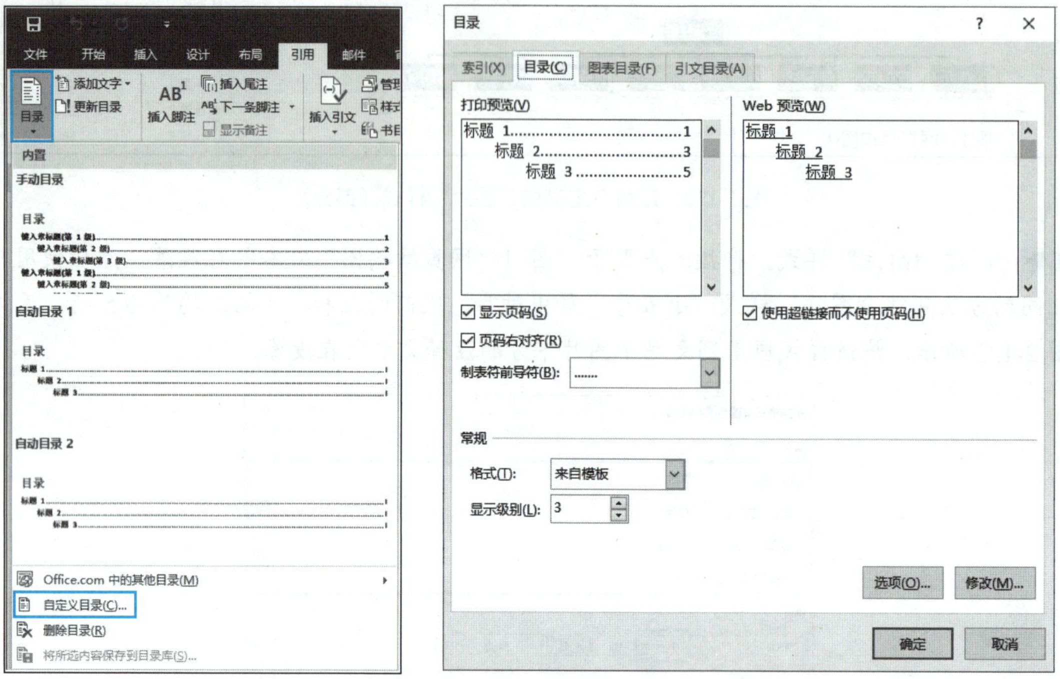

图 2-125　设置目录选项

步骤 3▶ 单击“确定”按钮，Word 将搜索文档中 3 级及以上的标题，以及标题所在的页码，并把它们编制成为目录，然后设置目录内容的格式为小四、1.5 倍行距，效果如图 2-126 所示。

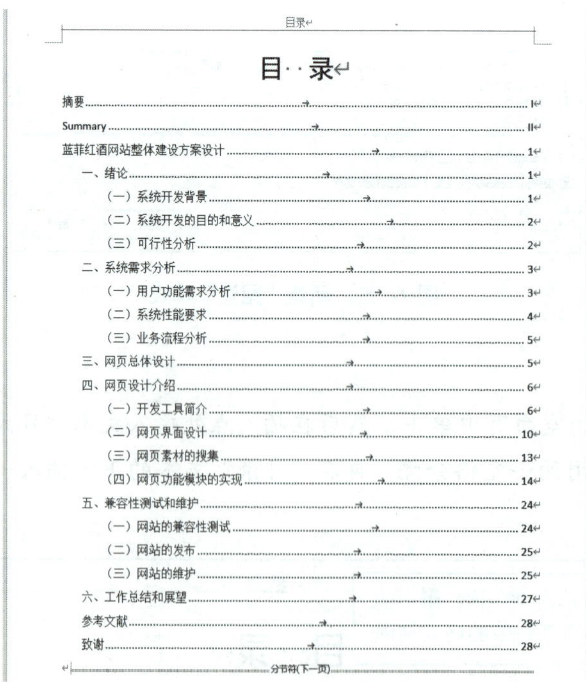
目录

目 · 录

分节符(下一页)

图 2-126　设置格式后的目录

必备知识

一、文档分页、分节和分栏

1. 设置分页和分节

通常情况下，用户在编辑文档时，系统会自动分页。如果要对文档进行强制分页，可通过插入分页符实现。要插入分页符，可将插入点定位到需要分页的位置，然后在“布局”选项卡“页面设置”组中单击“分隔符”按钮，在展开的下拉列表（见图 2-127）中选择“分页符”类别中的“分页符”选项。

通过为文档插入分节符，可将文档分为多节。节是文档格式化的最大单位，只有在不同的节中，才可以对同一文档中的不同部分进行不同的页面设置，如设置不同的页眉、页脚、页边距、文字方向等。要插入分节符，可将插入点定位到需要分节的位置，然后在“分隔符”下拉列表中选择“分节符”类别中的相应选项。

2. 设置分栏

默认情况下，文档只有一栏。为使文档更加美观，可对文档进行多栏排版。例如，报纸、杂志的内页通常采用多栏排版。选择要分栏的文本，单击“布局”选项卡“页面设置”组中的“分栏”按钮，在展开的下拉列表中选择分栏类型，如“三栏”，即可设置分栏，如图 2-128 所示。

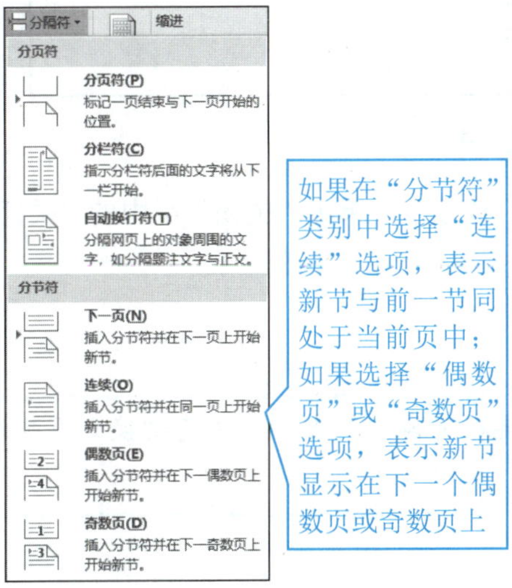

图 2-127 “分隔符”下拉列表

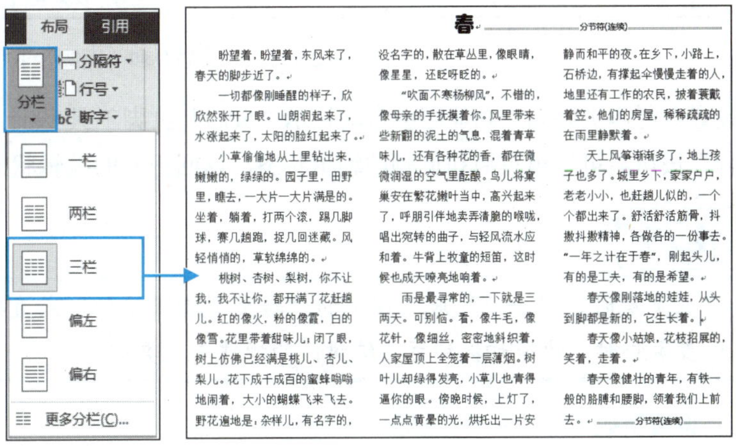

图 2-128 设置分栏

小 提 示

在“分栏”下拉列表中选择“更多分栏”选项，可打开“分栏”对话框，用户可在其中对分栏选项进行更多设置，如设置栏宽、分隔线、栏间距等。

二、设置页眉、页脚和页码

1. 设置页眉和页脚

页眉和页脚分别位于页面的顶部和底部，常用来插入文档名称、公司徽标、页码、作者姓名等内容。在 Word 2016 中，用户可以统一为文档设置相同的页眉和页脚，也可分别为首页、偶数页、奇数页或不同的节设置不同的页眉和页脚。

要设置页眉或页脚，可单击“插入”选项卡“页眉和页脚”组中的“页眉”按钮或“页脚”按钮，在展开的下拉列表（见图 2-129）中选择一种页眉或页脚样式，进入页眉和页脚的编辑状态，再在页眉或页脚编辑区中单击并输入页眉或页脚文本。

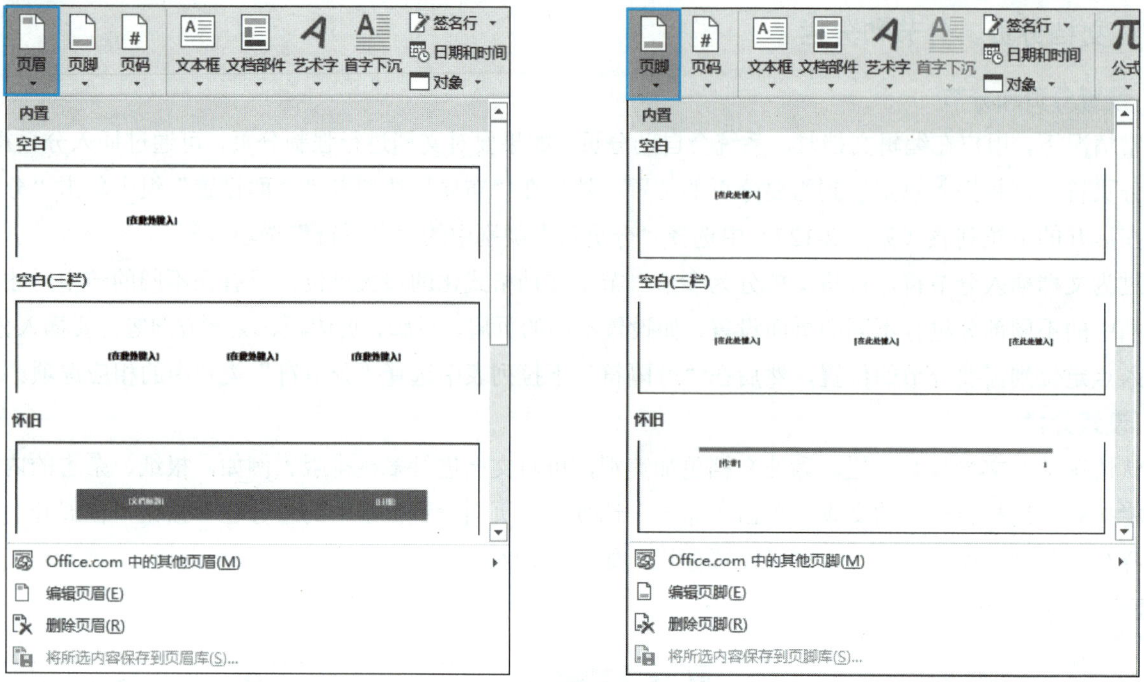

图 2-129　“页眉”和“页脚”下拉列表

设置页眉和页脚时，功能区会自动显示“页眉和页脚工具/设计”选项卡，单击“关闭”组中的“关闭页眉和页脚”按钮，可退出页眉和页脚的编辑状态，返回正文的编辑状态。

小技巧

设置页眉时，单击“导航”组中的“转至页脚”按钮，或直接在页脚区单击，可快速切换到页脚编辑区。设置页脚时，快速切换到页眉编辑区的操作与之类似。

2. 设置页码

插入系统内置的页脚后，一般会自动插入页码，该页码从第 1 页开始自动进行编号。如果要设置页码的格式，可单击“页眉和页脚工具/设计”选项卡“页眉和页脚”组中的“页码”按钮，在展开的下拉列表中选择“设置页码格式”选项，打开“页码格式”对话框，在其中即可对页码的格式进行设置，如图 2-130 所示。

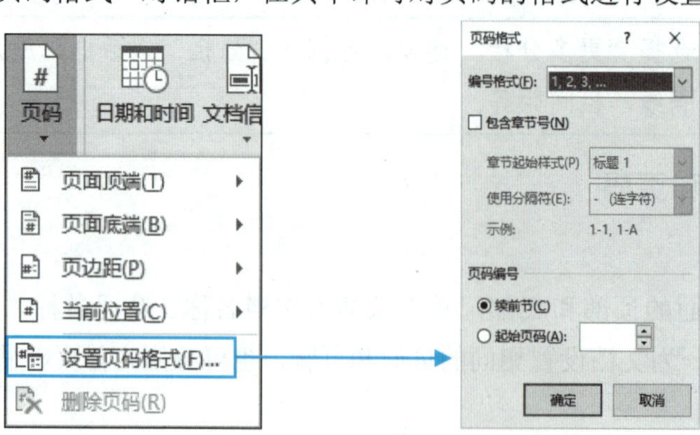

图 2-130　设置页码格式

三、使用样式

1. 应用样式

样式是一系列格式的集合，使用它可以快速统一或更新文档的格式。例如，一旦修改了某个样式，所有应用该样式的内容的格式就会自动更新。Word 2016 中使用较多的样式有如下两类。

（1）字符样式：只包含字符格式，如字体、字号、字形等，用来控制字符的外观。

（2）段落样式：既包含字符格式，又包含段落格式，用来控制段落的外观。

要应用系统内置样式，可先选择要应用样式的文本或段落，然后在“开始”选项卡的“样式”组中单击希望应用的样式即可。

小技巧

段落样式可以应用于一个或多个段落。当需要对一个段落应用段落样式时，只需将插入点定位到该段落中即可。

2. 创建样式

要创建样式，可将插入点定位到要应用所创建样式的任意段落中，然后单击“样式”组右下角的对话框启动器按钮，打开“样式”任务窗格（见图 2-131），再单击任务窗格左下角的“新建样式”按钮，此时会打开“根据格式设置创建新样式”对话框，如图 2-132 所示。首先设置新样式的名称、样式类型、样式基准（如果对基准样式进行修改，基于该样式创建的样式也将被修改）、后续段落样式，然后单击“格式”按钮，在展开的列表中选择要为样式设置的格式，如字体、段落、边框等。设置好格式后，单击“确定”按钮，即可在“样式”任务窗格和“样式”组中看到新创建的样式。

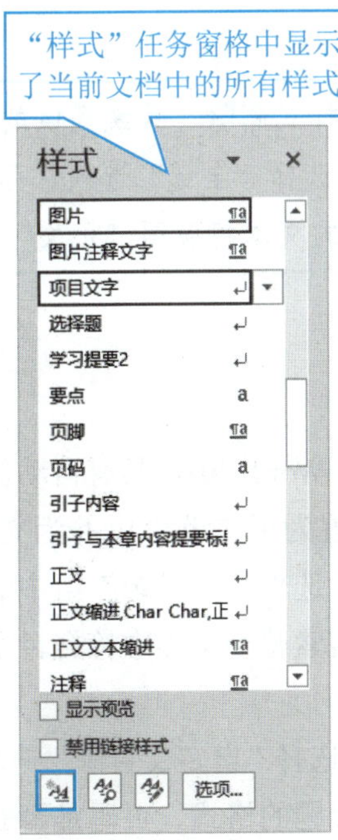

图 2-131 “样式”任务窗格

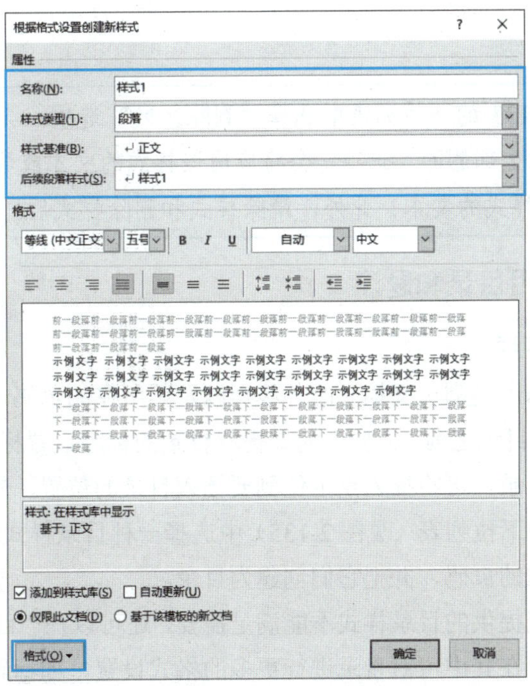

图 2-132 “根据格式设置创建新样式”对话框

3. 修改样式

要修改样式，可将鼠标指针移到“样式”任务窗格中要修改的样式名称上方，然后单击该样式右侧的下拉按钮▾，在展开的下拉列表中选择“修改”选项（见图 2-133），再在打开的“修改样式”对话框中对该样式进行相应修改，最后单击“确定”按钮，如图 2-134 所示。此时，应用该样式的所有段落的格式均会自动更新。

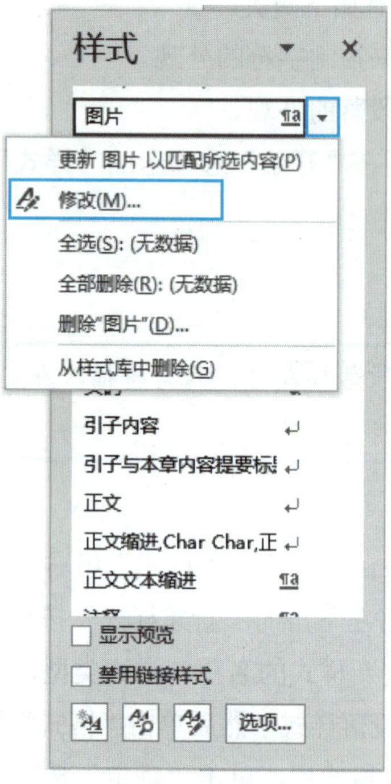

图 2-133　选择“修改”选项

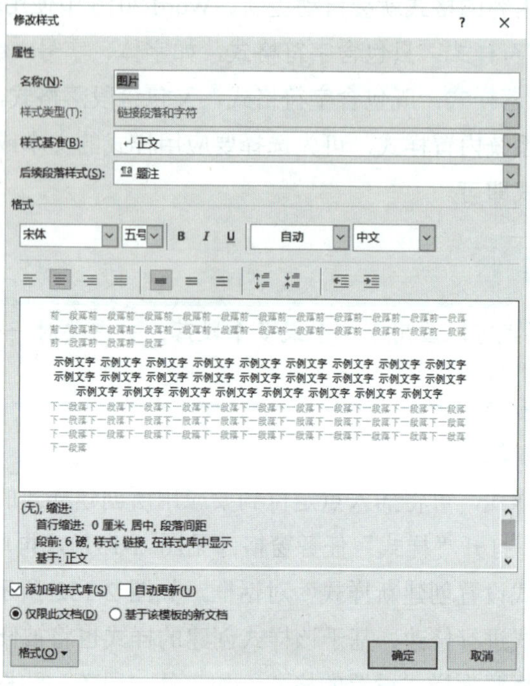

图 2-134　“修改样式”对话框

小提示

在图 2-133 的下拉列表中选择“删除××”选项，会将所选的自定义样式删除（系统提供的样式不能删除）；选择“全部删除”选项，会将应用该样式的文本或段落的格式清除；选择“全选”选项，可选中文档中所有应用该样式的文本。此外，清除样式和删除样式后，所有应用该样式的文本将应用“正文”样式。

四、使用目录和题注

1. 使用目录

目录的作用是列出文档中的各级标题及其所在的页码，方便读者查阅。Word 2016 具有自动创建目录的功能，但在创建目录之前，需要先为要提取目录的标题设置标题级别（不能设置为正文级别），并为文档添加页码。

要创建目录，可将插入点定位到要插入目录的位置，然后单击“引用”选项卡“目录”组中的“目录”按钮，在展开的下拉列表（见图 2-135）中选择一种目录样式，Word 2016 将搜索整个文档中符合目录样式要求的标题及其所在的页码，并把它们创建为目录。

如果系统提供的目录样式不能满足需要，还可以在“目录”下拉列表中选择“自定义目录”选项，打开“目录”对话框，在其中可对目录进行更多的格式设置，如标题的显示级别、标题的格式、页码是否右对齐等，如图 2-136 所示。

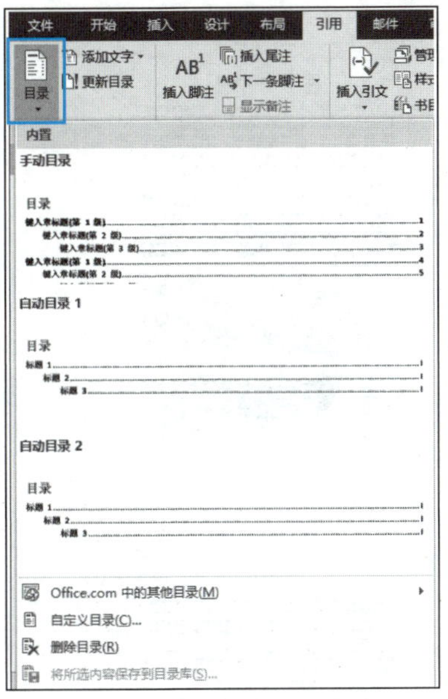

图 2-135 “目录”下拉列表

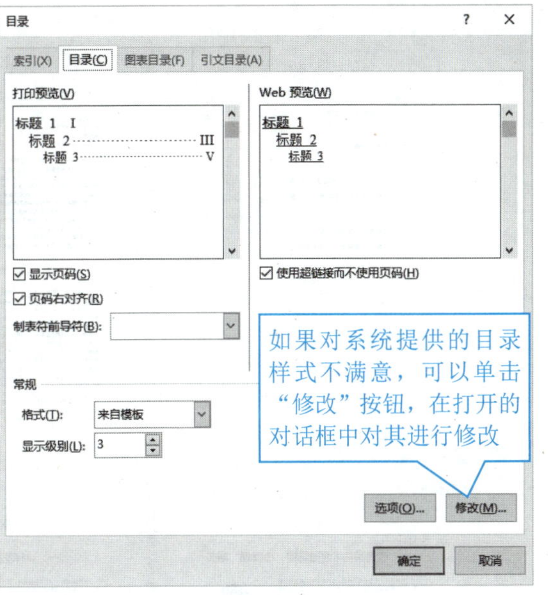

图 2-136 “目录”对话框

创建目录后，当标题内容、标题级别或页码发生变化时，都需要及时更新目录，以保证目录与文档的内容一致。如果要更新目录，可单击目录的任意位置，然后单击“引用”选项卡“目录”组中的“更新目录”按钮，或在右键快捷菜单中选择“更新域”选项，弹出“更新目录”对话框（见图 2-137），选择要执行的操作，然后单击“确定”按钮。

2. 使用题注

题注是对插入文档中的图片、形状、公式、表格及其他对象进行标识的编号及说明，其格式一般为

标签+题注自动编号+题注说明

为文档中的对象添加题注后，当对象的数量有变或先后顺序有调整时，Word 2016 会自动更改其编号，以保证按文档中出现的先后顺序进行排列且不断号。

选择要插入题注的对象，在“引用”选项卡的“题注”组中单击“插入题注”按钮，打开“题注”对话框（见图 2-138），对题注的说明、标签名、相对于对象所在的位置等参数进行设置后，单击“确定”按钮即可。

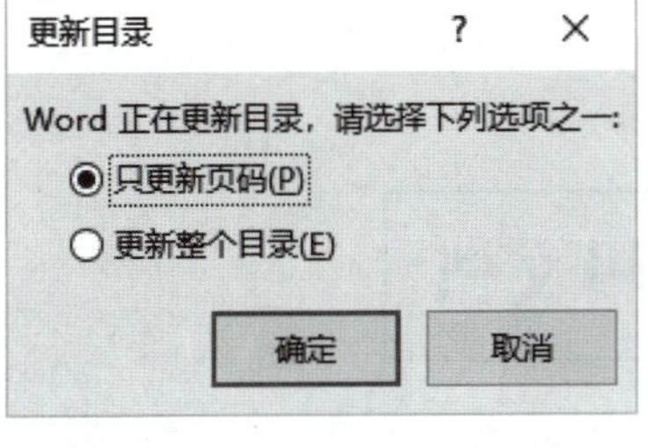

图 2-137 “更新目录”对话框

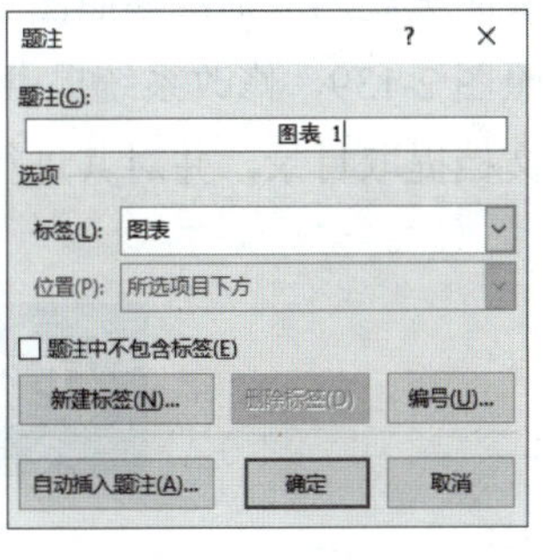

图 2-138 “题注”对话框

实践探索——编排杂志内页

杂志（magazine）是期刊的一种，它是指有固定刊名，以期、卷、号或年、月为序，定期或不定期连续出版的印刷读物。它根据一定的编辑方针，将众多作者的作品汇集成册出版。杂志内页的排版通常比较灵活、版面美观，给人以美的享受。请根据所学知识，对杂志内页进行编排，效果如图 2-139 所示。

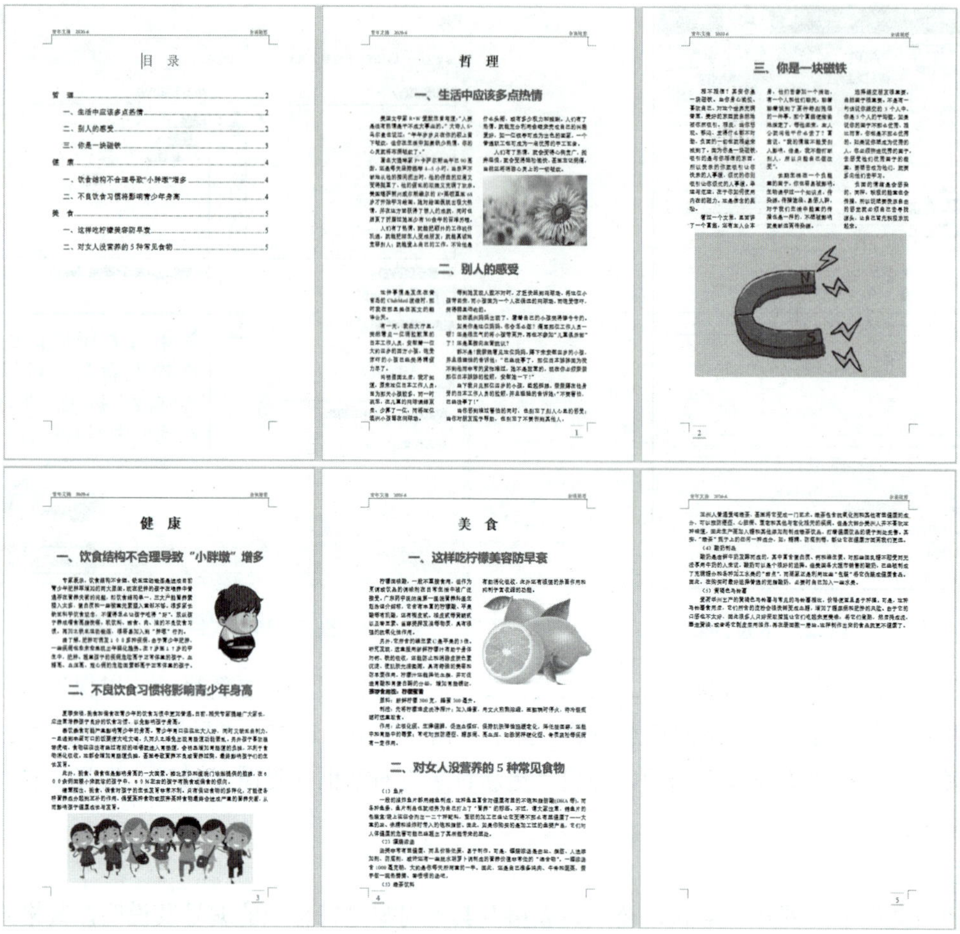

图 2-139　杂志内页效果

（1）打开本书配套素材“项目二”/“任务五”/“杂志内页.docx”文档。

（2）将文档分为目录、哲理、健康和美食 4 节。

（3）为文档添加页眉和奇偶页不同的页码，并删除目录页的页码。

（4）以版面美观为原则，参照图 2-139 为文档分栏。

（5）参照图 2-139，修改系统提供的标题样式并为模块标题和文章标题应用样式。

（6）为文档提取目录，并对其进行美化。

任务六　多人协同编辑文档

任务解读

在实际工作中，由于地域、场地等束缚，经常需要利用协作编辑工具实现多人同时在线对某一文档进行编辑或修改，或利用 Word 2016 的插入功能将多人编写的文档快速合并到一个文档中。

在本任务中，我们来学习多人协同编辑文档的方法。

体验探究——协同编辑营销策划书

营销策划书是企业根据市场变化和企业自身实力，对企业的产品、资源及产品所指向的市场进行整体规划的计划性书面材料。下面利用“腾讯文档”在线编辑工具协同编辑一份营销策划书，效果如图 2-140 所示。

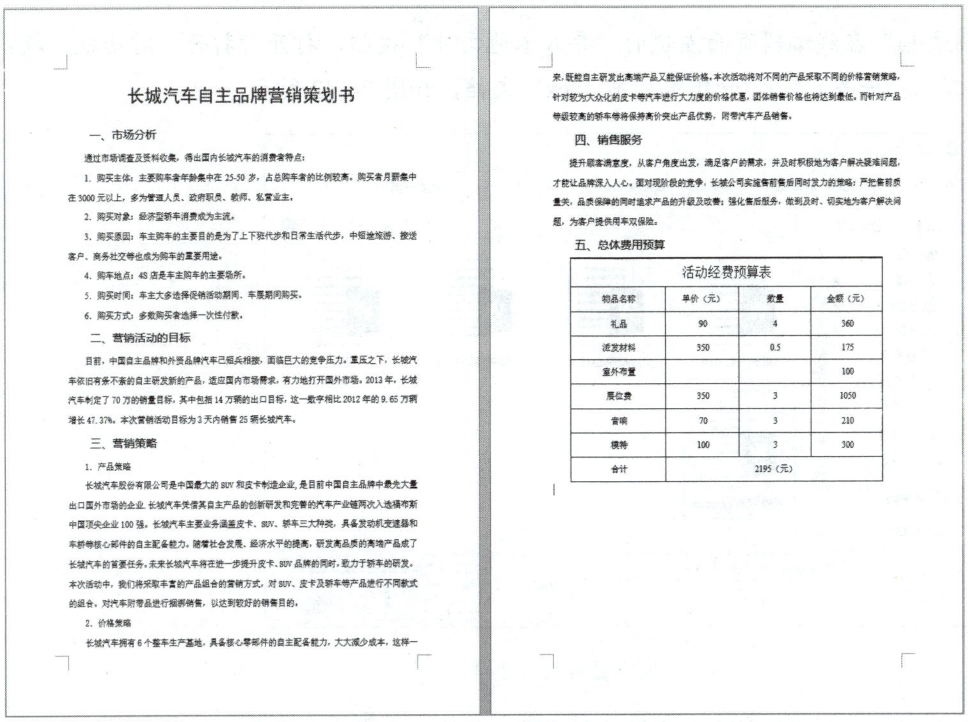

长城汽车自主品牌营销策划书

一、市场分析

通过市场调查及资料收集，得出国内长城汽车的消费者特点：

1. 购买主体：主要购车者年龄集中在 25-50 岁，占总购车者的比例较高。购买者月薪集中在 3000 元以上，多为管理人员、政府职员、教师、私营业主。

2. 购买对象：经济型轿车消费成为主流。

3. 购买原因：车主购车的主要目的是为了上下班代步和日常生活代步，中短途旅游、接送客户、商务社交等也成为购车的重要用途。

4. 购车地点：4S 店是车主购车的主要场所。

5. 购买时间：车主大多选择促销活动期间、车展期间购买。

6. 购买方式：多数购买者选择一次性付款。

二、营销活动的目标

目前，中国自主品牌和外资品牌汽车已短兵相接，面临巨大的竞争压力。重压之下，长城汽车依旧有条不紊的自主研发新的产品，适应国内市场需求，有力地打开国外市场。2013 年，长城汽车制定了 70 万的销量目标，其中包括 14 万辆的出口目标，这一数字相比 2012 年的 9.65 万辆增长 47.37%。本次营销活动目标为 3 天内销售 25 辆长城汽车。

三、营销策略

1. 产品策略

长城汽车股份有限公司是中国最大的 SUV 和皮卡制造企业，是目前中国自主品牌中最先大量出口国外市场的企业。长城汽车凭借其自主产品的创新研发和完善的汽车产业链两次入选福布斯中国顶尖企业 100 强。长城汽车主要业务涵盖皮卡、SUV、轿车三大种类，具备发动机变速器和车桥等核心部件的自主配备能力。随着社会发展、经济水平的提高，研发高品质的高端产品成了长城汽车的首要任务。未来长城汽车将在进一步提升皮卡、SUV 品牌的同时，致力于轿车的研发。本次活动中，我们将采取丰富的产品组合的营销方式，对 SUV、皮卡及轿车等产品进行不同款式的组合。对汽车附带品进行捆绑销售，以达到较好的销售目的。

2. 价格策略

长城汽车拥有 6 个整车生产基地，具备核心零部件的自主配备能力，大大减少成本，这样一来，既能自主研发出高端产品又能保证价格，本次活动将对不同的产品采取不同的价格营销策略，针对较为大众化的皮卡等汽车进行大力度的价格优惠，团体销售价格也将达到最低。而针对产品等级较高的轿车等将保持高价突出产品优势，附带汽车产品销售。

四、销售服务

提升顾客满意度，从客户角度出发，满足客户的需求，并及时积极地为客户解决疑难问题，才能让品牌深入人心。面对现阶段的竞争，长城公司实施售前售后同时发力的策略：严把售前质量关，品质保障的同时追求产品的升级及改善；强化售后服务，做到及时、切实地为客户解决问题，为客户提供用车双保险。

五、总体费用预算

活动经费预算表

物品名称	单价（元）	数量	金额（元）
礼品	90	4	360
派发材料	350	0.5	175
室外布置			100
展位费	350	3	1050
音响	70	3	210
模特	100	3	300
合计	2195（元）		

图 2-140 营销策划书编辑效果

扫一扫

协同编辑营销策划书

一、导入文档并邀请协作人员

步骤 1▶ 启动并登录 PC 端腾讯 QQ，然后单击 QQ 主界面下方的“腾讯文档”按钮，打开“腾讯文档”在线编辑页面，如图 2-141 所示。

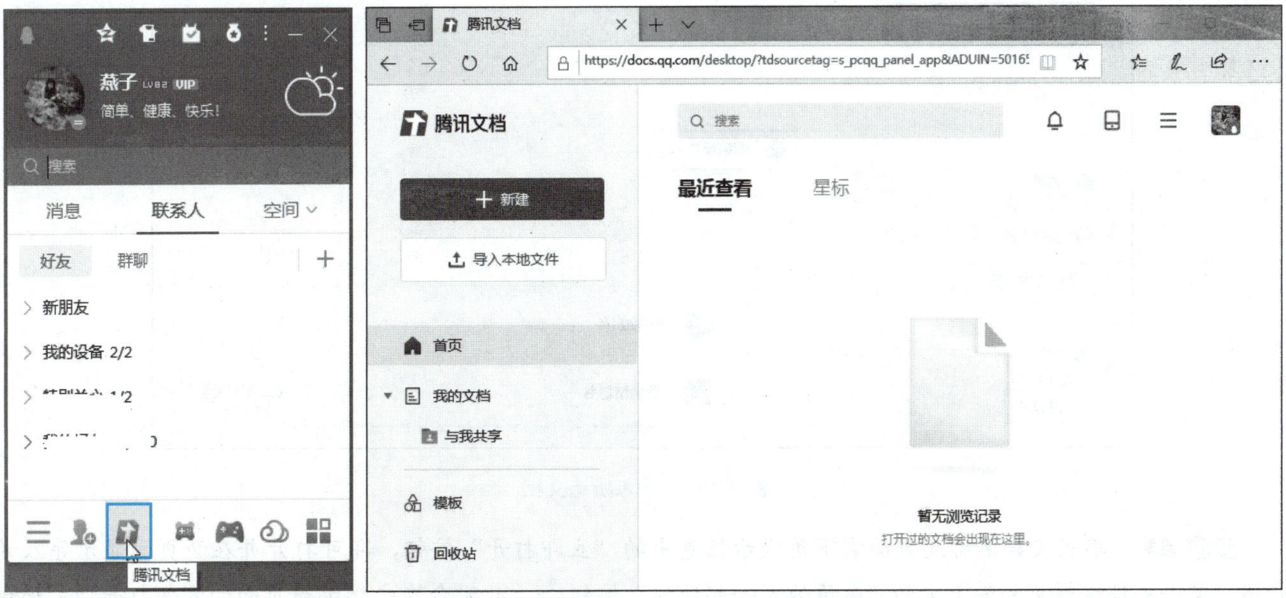

图 2-141 打开“腾讯文档”在线编辑页面

小 提 示

启动 IE 浏览器，然后在地址栏中输入网址“https://docs.qq.com”，按“Enter”键确认，登录 QQ 账号后同样可以进入“腾讯文档”在线编辑页面。

步骤 2▶ 单击“腾讯文档”在线编辑页面左侧的“导入本地文件”按钮，打开“打开”对话框，找到并选择本书配套素材“项目二”/“任务六”/“营销策划书.docx”文档，如图 2-142 所示。

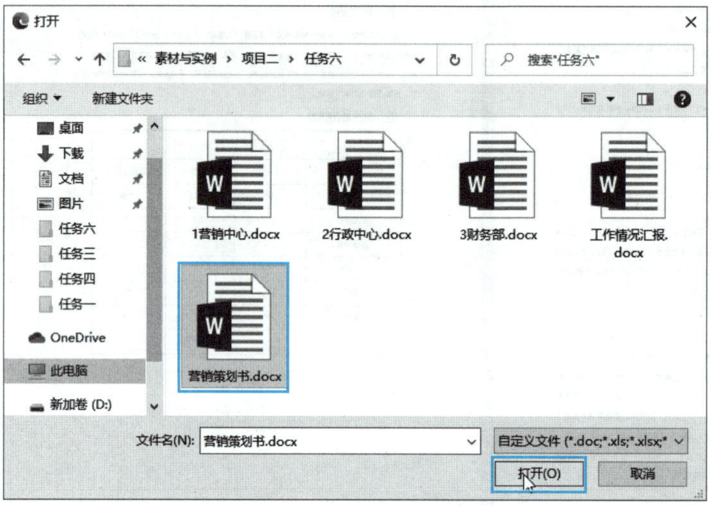

图 2-142　选择要导入的文档

步骤 3▶ 单击“打开”按钮，即可将所选文档导入到“腾讯文档”在线编辑页面，如图 2-143 所示。

图 2-143　导入所选文档

步骤 4▶ 单击文档名称或页面右下角提示信息中的“立即打开”按钮，即可打开并在新页面显示导入的文档。单击文档编辑页面右上方的“邀请他人一起协作”按钮，此时会在文档编辑页面的右侧打开“文档权限”任务窗格，单击任务窗格中的“邀请好友一起协作”按钮，如图 2-144 所示。

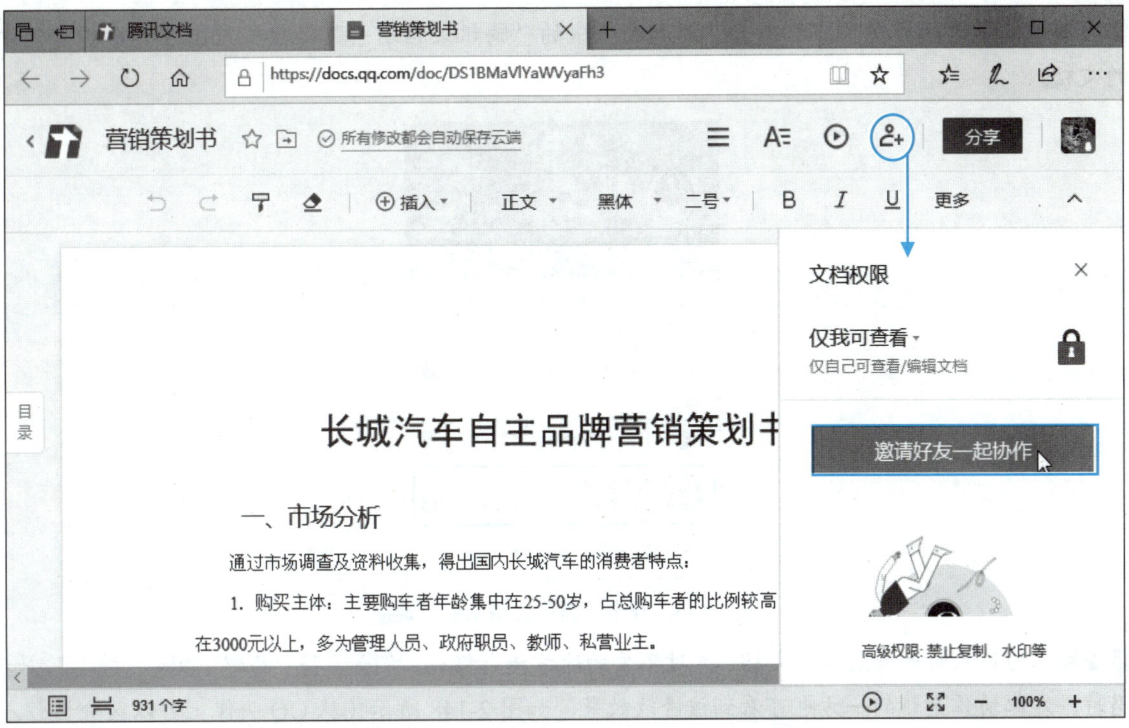

图 2-144　单击“邀请好友一起协作”按钮

步骤 5▶　打开“选择协作人”对话框，从中选择要协作的 QQ/TIM 好友（也可以是微信好友，均可同时选择多个），并保持“同时发送文档给对方”复选框的选中状态，单击“确定”按钮，即可在“文档权限”任务窗格中看到选择协作的好友，如图 2-145 所示。

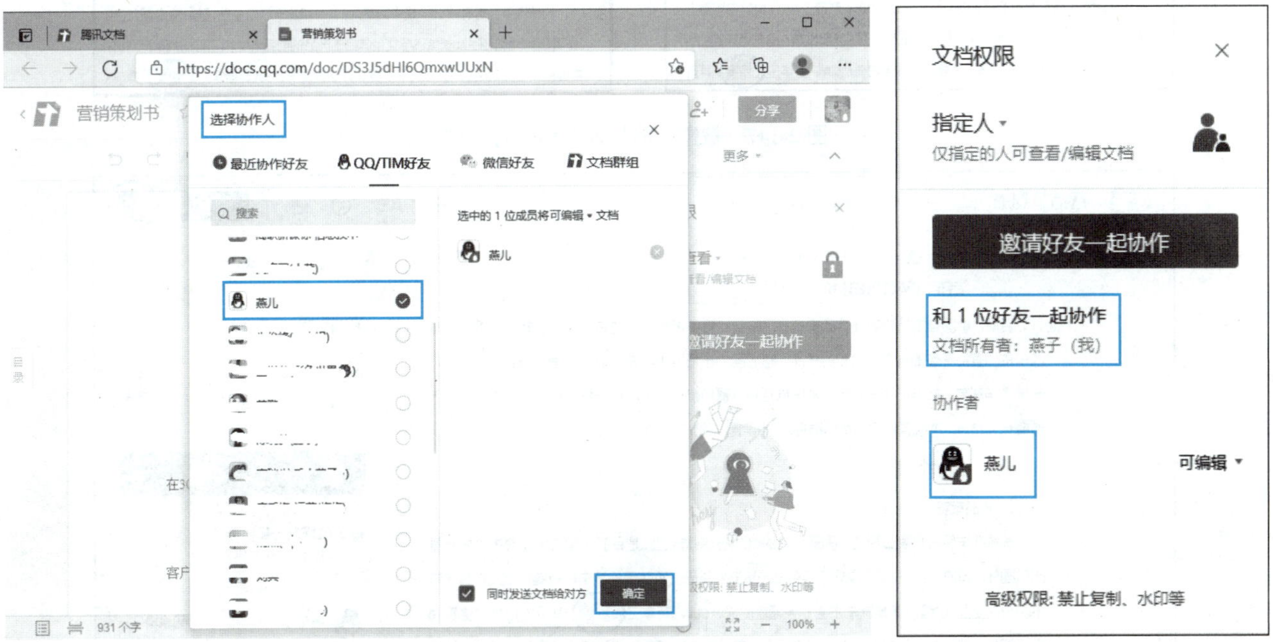

图 2-145　选择协作人

二、协同编辑文档

步骤 1▶ 被邀请的好友只需双击 QQ 消息面板中的“腾讯文档助手”链接（见图 2-146），即可打开要协同编辑的文档。

图 2-146　双击“腾讯文档助手”链接

步骤 2▶ 协作人员开始阅读该文档，并对不妥的地方进行修改。例如，将“品牌”改为“种类”，如图 2-147 所示。同时，发起协作邀请的一方也可看到该修改效果，如图 2-148 所示（从 QQ 头像上可以区分协作人员）。

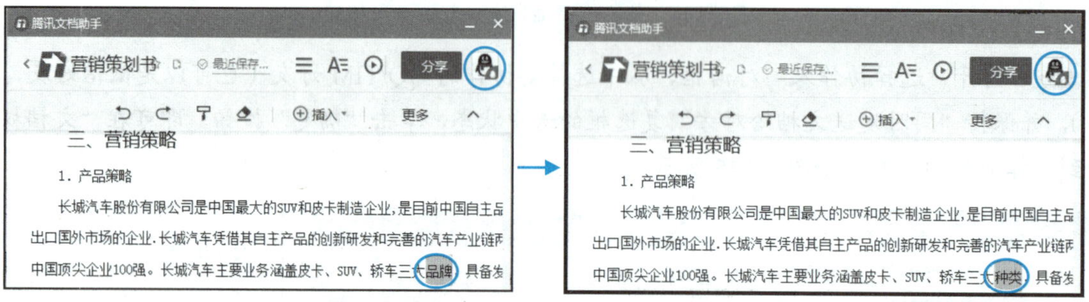

图 2-147　被邀请的好友在线修订文档

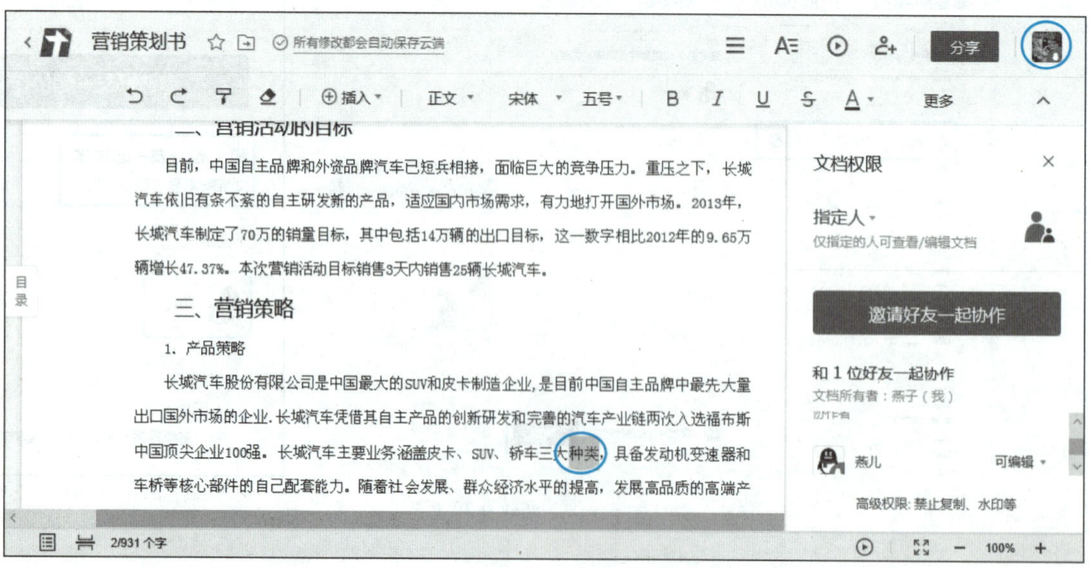

图 2-148　在协作人员文档页面查看修改效果

步骤 3▶ 协作人员继续阅读文档，并对文档进行相应修改，直到完成。

步骤 4▶ 在“腾讯文档”在线编辑工具中编辑文档时，所有修改都会自动保存到云端。在文档编辑页面的左上方可看到文档的最近保存时间，如图 2-149 所示。

图 2-149　查看文档的最近保存时间

步骤 5▶ 单击文档编辑页面右上方的“文档操作”按钮☰，在展开的下拉列表中选择文档的保存格式，如选择“导出为”/“本地 Word 文档(.docx)”选项，此时在窗口的下方会出现提示对话框（见图 2-150），根据提示保存文档即可。

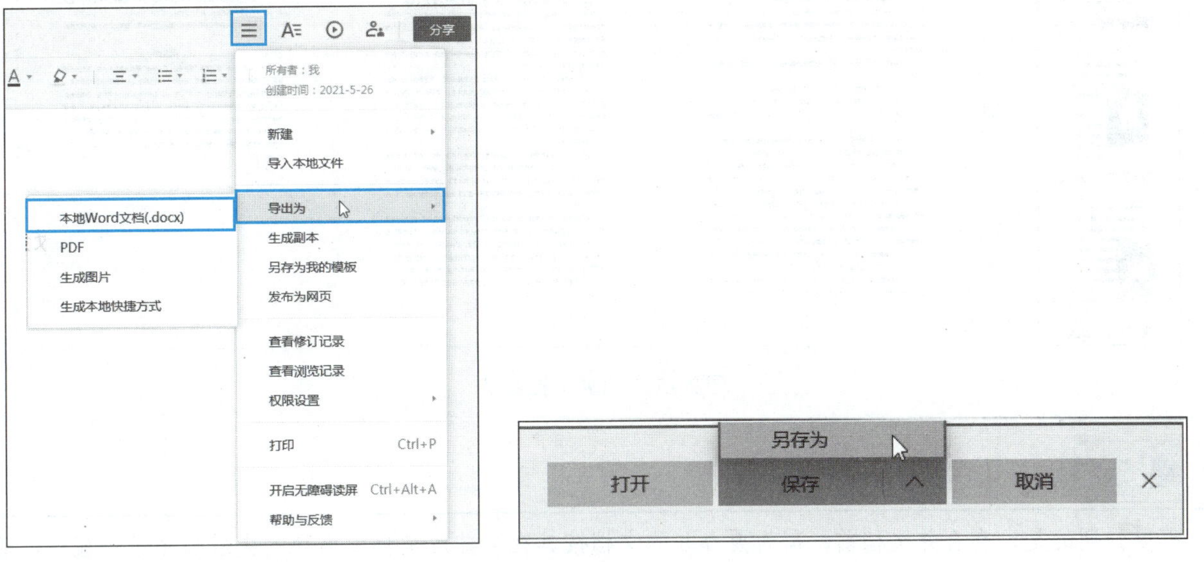

图 2-150　导出协同编辑的文档

必备知识

目前，常用的文档协同编辑工具有腾讯文档、石墨文档等。

腾讯文档是一款可供多人实时在线编辑的文档编辑工具，支持 Word、Excel 和 PPT 类型的文档格式，打开网页就能新建、查看和编辑文档，无须下载安装，支持 PC、Mac、iPad、iOS 和 Android 多种系统，可实现云端实时保存，文档权限可自由控制。

石墨文档是一款可多人协作的国产云端办公软件，支持多人同时在线、多平台编辑和讨论同一个文档或表格，其同步响应速度可达毫秒级。

课堂互动

使用百度查询一下，看看还有哪些文档协同编辑工具，并使用它们和好友在线协同编辑一篇文档。

实践探索——合并工作情况汇报文档

汇报是下级机关向上级机关报告工作、反映情况、提出意见或者建议，答复上级机关的询问时使用的公文。下面在 Word 2016 中将公司 3 个部门的工作情况汇报文档快速合并到一个文档中，效果如图 2-151 所示。

（1）新建“工作情况汇报”文档。

（2）单击“插入”选项卡“文本”组中的“对象”下拉按钮，在展开的下拉列表中选择“文件中的文字”选项，打开“插入文件”对话框，找到并选择本书配套素材“项目二”/“任务六”文件夹中以“1……”“2……”“3……”命名的 3 个文档，然后单击“插入”按钮。

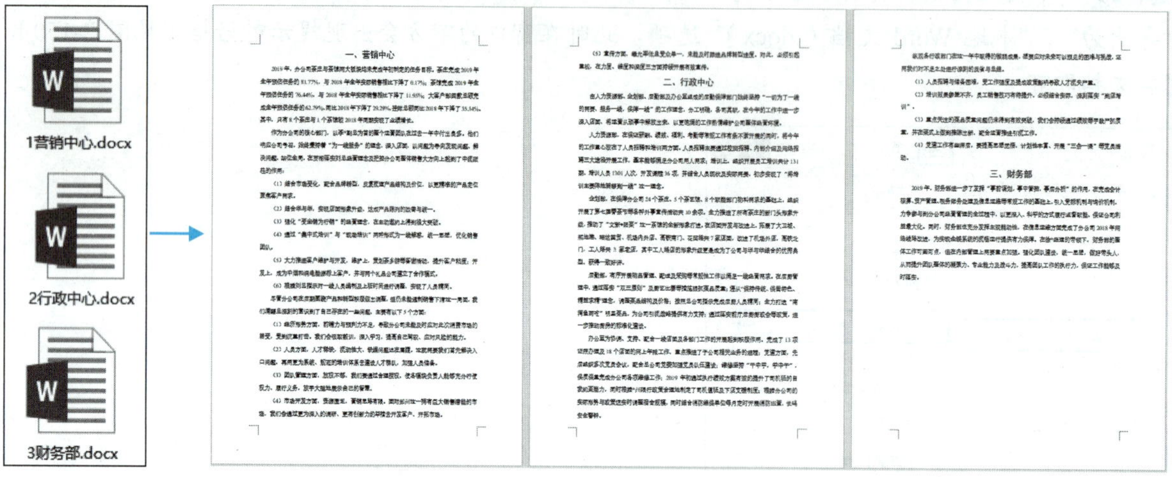

图 2-151　合并文档效果

小提示

需要强调的是，在合并文档前，需为要合并的文档按其在合并后文档中出现的先后顺序进行编号，否则合并后的文档需要手动调整相关内容的顺序。

项目总结

Word 2016 是一款优秀的文字处理软件，它能够满足用户的各种图文编辑要求，如输入、编辑文本，设置文档格式，制作表格、图文混排文档，以及编排长文档等，从而帮助用户制作出专业、美观的文档。

编辑文档是 Word 2016 的基本操作，也是用户进行图文编辑时普遍要首先进行的操作，包括输入、复制、移动、查找、替换文本等。此外，用户还可以对文档进行修订、批注、转换和保护等，满足用户不同场景下的图文编辑需求。

为文档设置字符格式、段落格式和页面格式，可以使文档看起来更加美观，还能帮助读者更轻松地阅读和理解文档内容。

在文档中使用图片、形状、文本框、艺术字、SmartArt 图形等多种对象，可以极大地丰富文档内容和版面，使文档更具表现力和艺术性。

表格也是文档中经常使用的对象，使用它可以将复杂的信息简单明了地表达出来。Word 2016 提供了多种创建、编辑和美化表格的方法，不但可以丰富文档版面，还可以增加文档可读性。

在编排长文档（如报纸、杂志、论文、图书）时，使用样式可以提高编排工作效率；为文档分页和分节、设置页眉和页脚，以及提取目录等，都可以方便读者阅读和查找文档内容。

使用协同编辑工具可以实现多人实时在线编辑文档，从而提高工作效率；利用 Word 的插入对象功能，可以将多人编辑的文档快速合并到一个文档中。

项目三

电子表格处理

项目导读

当今社会，人们生活在数据的世界里，时常应用着数据并享受着数据带来的便利。随着数据处理方式与工具的变革，人们对数据的认识越来越深刻，对数据的使用也越来越广泛，数据体现出了前所未有的价值。

熟练掌握数据处理软件 Excel 2016，可以帮助我们有效提高数据处理能力，快速制作出各种美观、实用的表格，以及对表格中的数据进行计算、统计、分析和预测等，为做出更好的决策提供支撑。

知识目标

熟悉 Excel 2016 的工作界面，了解 Excel 2016 的各项功能及其操作方法，如工作表和工作薄的基本操作、公式和函数的使用、图表分析展示数据，以及数据加工处理等。

能力目标

能够熟练使用 Excel 2016 制作和处理各种电子表格，具备运用 Excel 2016 界定问题、抽象特征、建立模型、组织数据并最终解决生活、学习和工作中实际问题的能力。

思政目标

自觉将运用信息技术工具解决问题的思维方式迁移运用到职业岗位与生活情境的相关问题解决过程中，能以多种数字化方式对信息、知识进行简单的展示交流，提高自身信息化办公能力，形成个人可持续发展能力。

任务一 使用 Excel 2016 制作电子表格

任务解读

Excel 2016 是微软公司研发的办公自动化组件之一，它集成了快速制表、数据分析、数据管理和数据图表化等功能，是目前功能最强大、应用最广泛的数据处理软件之一。

在本任务中，我们先来认识一下 Excel 2016，并掌握它的基本操作。

体验探究——制作薪资管理表

扫一扫

制作薪资管理表

薪资管理是企业财务管理的重要组成部分，其表格数据涉及诸多方面，如员工的基本资料、基本工资、全勤奖、职称工资、个人社保、专项附加扣除、个人所得税等。下面根据相关知识，制作一张简单的 1 月份职工工资基础数据表，效果如图 3-1 所示。

职工工资表

编号	姓名	性别	部门	职称	基本工资	全勤奖	职称工资	应发工资	个人社保	专项附加扣除	应纳税所得额	个人所得税	实发工资
QE001	王悦	男	人事处	初级	5000	200				1100			
QE002	王芳	女	财务科	初级	5340	200				1000			
QE003	刘佳姝	女	财务科	初级	5340	0				1100			
QE004	李亮海	男	车间	初级	5870	200				0			
QE005	尹祥	男	车间	初级	5870	200				1100			
QE006	张洁	女	车间	初级	5750	0				0			
QE007	蔡孟庭	男	办公室	中级	6570	200				1000			
QE008	袁玉琳	男	办公室	中级	6570	200				2000			
QE009	蔡天慧	女	财务科	中级	6580	200				1000			
QE010	玉容	男	车间	中级	6150	200				0			
QE011	邓东生	男	车间	中级	6450	0				1100			
QE012	刘思瑶	女	保卫科	中级	6320	200				1100			
QE013	刘虹翎	女	办公室	中级	6420	200				2000			
QE014	黄际南	男	保卫科	中级	6480	0				1000			
QE015	江兰	女	办公室	中级	6410	200				1000			
QE016	曾青	女	保卫科	中级	6410	0				1000			
QE017	毛秀凤	男	人事处	副高	6750	200				2000			
QE018	龙丹	女	人事处	高级	6850	200				2000			
QE019	罗平	男	保卫科	高级	6860	200				1000			

1月份工资

图 3-1 1 月份职工工资基础数据表效果

一、新建工作簿并重命名工作表

步骤 1▶ 启动 Excel 2016，在打开的界面中选择“空白工作簿”选项（见图 3-2），新建一个空白工作簿。

步骤 2▶ 选择“文件”/“保存”选项，打开“另存为”界面。单击“浏览”按钮，打开“另存为”对话框，在其中选择工作簿的保存位置，如本书配套素材“项目三”/“任务一”文件夹，然后在“文件名”编辑框中输入工作簿的名称“薪资管理”，最后单击“保存”按钮，如图 3-3 所示。

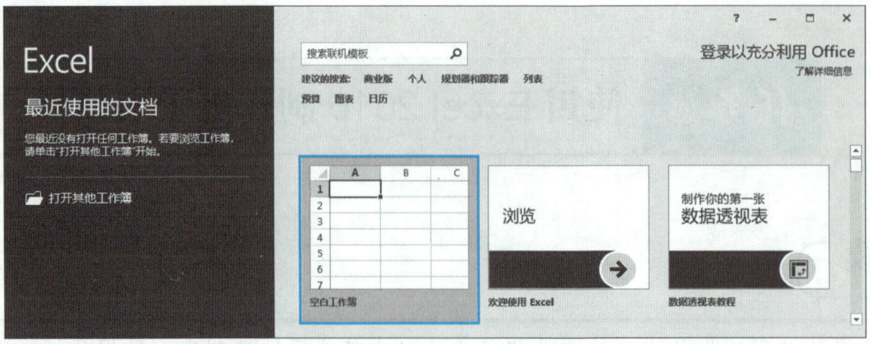

图 3-2　选择“空白工作簿”选项

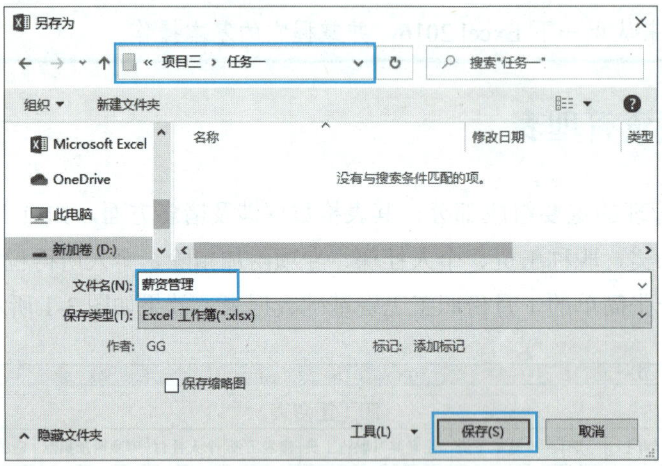

图 3-3　保存工作簿

步骤 3▶　右击“Sheet1”工作表标签，在弹出的快捷菜单中选择“重命名”选项，此时工作表名称变成可编辑状态。输入新的工作表名称“1 月份工资”，按“Enter”键确认，如图 3-4 所示。

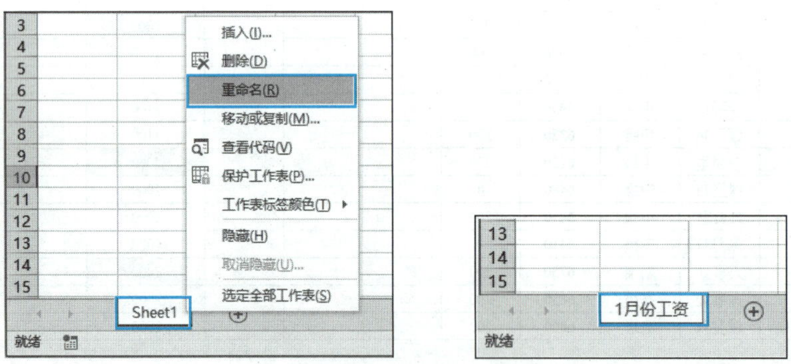

图 3-4　重命名工作表

二、输入数据

步骤 1▶　手动输入数据。单击“1 月份工资”工作表的 A1 单元格，输入表格标题“职工工资表”，然后按“Enter”键确认，此时插入点会移到 A2 单元格中。

步骤 2▶　在 A2 单元格中输入“编号”，然后按键盘上的方向键“→”，参照图 3-1 依次在 B2 至 N2 单元格中输入其他列的标题，最后在“姓名”列和“基本工资”列中输入数据，效果如图 3-5 所示。

图 3-5　输入“姓名”“基本工资”列数据

小提示

在输入数据的过程中如果出现错误，可以按“Backspace”键将输错的数据删除；单击编辑栏左侧的“取消”按钮×或按“Esc”键，可取消本次输入。

步骤 3▶ 使用填充柄输入有规律的数据。在 A3 单元格中输入文本“QE001”，然后将鼠标指针移到 A3 单元格右下角的填充柄上，待鼠标指针变成+形状后按住鼠标左键并向下拖动，到 A21 单元格后释放鼠标，系统会根据输入的示例数据以序列方式填充该列数据，如图 3-6 所示。

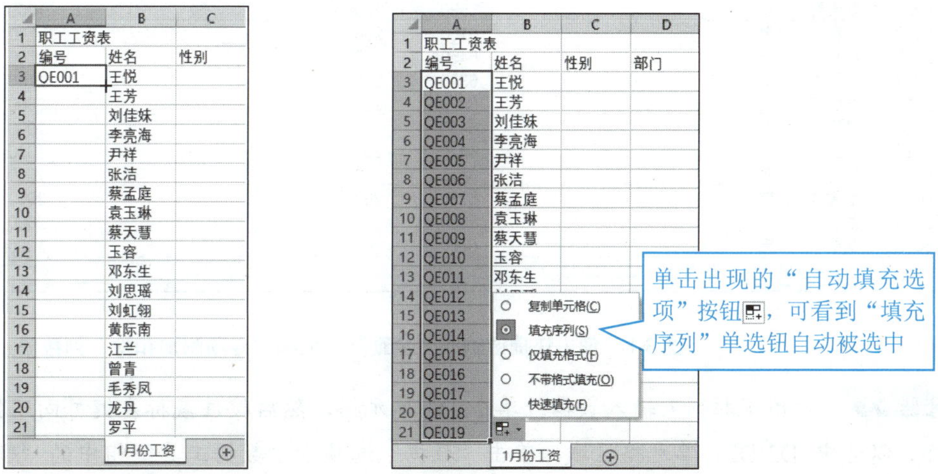

图 3-6　利用填充柄填充“编号”列数据

步骤 4▶ 使用快捷键输入相同的数据。单击 C4 单元格，然后参照图 3-1 按住“Ctrl”键的同时在“性别”列中选中其他要输入相同性别数据的单元格，输入文本“女”，然后按“Ctrl+Enter”组合键确认。可看到，在选中的单元格中输入了相同的文本，如图 3-7 所示。

步骤 5▶ 配合“Ctrl”键选中“性别”列中的其他单元格，输入文本“男”后按组合键“Ctrl+Enter”确认，即可填充该列其他单元格数据。

步骤 6▶ 使用同样的方法，输入“全勤奖”列和“专项附加扣除”列数据，效果如图 3-8 所示。

	A	B	C
1	职工工资表		
2	编号	姓名	性别
3	QE001	王悦	
4	QE002	王芳	
5	QE003	刘佳姝	
6	QE004	李亮海	
7	QE005	尹祥	
8	QE006	张洁	
9	QE007	蔡孟庭	
10	QE008	袁玉琳	
11	QE009	蔡天慧	
12	QE010	玉容	
13	QE011	邓东生	
14	QE012	刘思瑶	
15	QE013	刘虹翎	
16	QE014	黄际南	
17	QE015	江兰	
18	QE016	曾青	
19	QE017	毛秀凤	
20	QE018	龙丹	
21	QE019	罗平	

1月份工资

就绪

→

	A	B	C
1	职工工资表		
2	编号	姓名	性别
3	QE001	王悦	
4	QE002	王芳	
5	QE003	刘佳姝	
6	QE004	李亮海	
7	QE005	尹祥	
8	QE006	张洁	
9	QE007	蔡孟庭	
10	QE008	袁玉琳	
11	QE009	蔡天慧	
12	QE010	玉容	
13	QE011	邓东生	
14	QE012	刘思瑶	
15	QE013	刘虹翎	
16	QE014	黄际南	
17	QE015	江兰	
18	QE016	曾青	
19	QE017	毛秀凤	
20	QE018	龙丹	女
21	QE019	罗平	

1月份工资

→

	A	B	C
1	职工工资表		
2	编号	姓名	性别
3	QE001	王悦	
4	QE002	王芳	女
5	QE003	刘佳姝	女
6	QE004	李亮海	
7	QE005	尹祥	
8	QE006	张洁	女
9	QE007	蔡孟庭	
10	QE008	袁玉琳	
11	QE009	蔡天慧	女
12	QE010	玉容	
13	QE011	邓东生	
14	QE012	刘思瑶	女
15	QE013	刘虹翎	女
16	QE014	黄际南	
17	QE015	江兰	女
18	QE016	曾青	女
19	QE017	毛秀凤	
20	QE018	龙丹	女
21	QE019	罗平	

1月份工资

图 3-7　使用快捷键输入“性别”列数据

	A	B	C	D	E	F	G	H	I	J	K	L	M	N
1	职工工资表													
2	编号	姓名	性别	部门	职称	基本工资	全勤奖	职称工资	应发工资	个人社保	专项附加扌	应纳税所彳	个人所得利	实发工资
3	QE001	王悦	男			5000	200				1100			
4	QE002	王芳	女			5340	200				1000			
5	QE003	刘佳姝	女			5340	0				1100			
6	QE004	李亮海	男			5870	200				0			
7	QE005	尹祥	男			5870	200				1100			
8	QE006	张洁	女			5750	0				0			
9	QE007	蔡孟庭	男			6570	200				1000			
10	QE008	袁玉琳	男			6570	200				2000			
11	QE009	蔡天慧	女			6580	200				1000			
12	QE010	玉容	男			6150	200				0			
13	QE011	邓东生	男			6450	0				1100			
14	QE012	刘思瑶	女			6320	200				1100			
15	QE013	刘虹翎	女			6420	200				2000			
16	QE014	黄际南	男			6480	0				1000			
17	QE015	江兰	女			6410	200				1000			
18	QE016	曾青	女			6410	0				1000			
19	QE017	毛秀凤	男			6750	200				2000			
20	QE018	龙丹	女			6850	200				2000			
21	QE019	罗平	男			6860	200				1000			

1月份工资

图 3-8　使用快捷键输入“全勤奖”列和“专项附加扣除”列数据

步骤 7▶ 使用下拉列表输入数据。单击 D3 单元格，然后按住鼠标左键并向下拖动，到 D21 单元格后释放鼠标，以选中 D3:D21 单元格区域，单击“数据”选项卡“数据工具”组中的“数据验证”按钮，如图 3-9 所示。

步骤 8▶ 打开“数据验证”对话框并自动切换到“设置”选项卡，在“允许”下拉列表中选择“序列”选项，然后在“来源”编辑框中输入“人事处,账务科,车间,办公室,保卫科”（序列之间必须用英文逗号隔开），如图 3-10 所示。

步骤 9▶ 单击“确定”按钮，可看到在选中的单元格的右侧会出现下拉按钮▾，单击该下拉按钮，在展开的下拉列表中选择相应选项，即可输入相应数据，如图 3-11 所示。

步骤 10▶ 使用相同的方法，利用下拉列表输入“职称”（初级,中级,副高,高级）列数据。

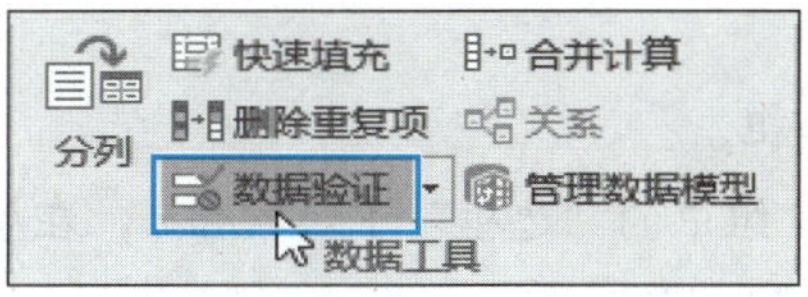

图 3-9 单击“数据验证”按钮

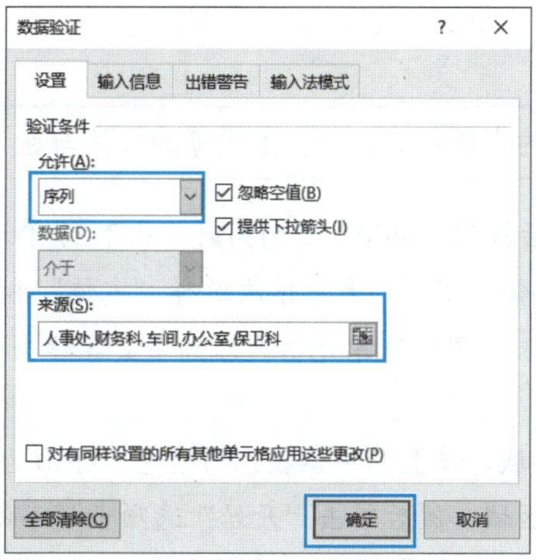

图 3-10 设置下拉列表数据的来源

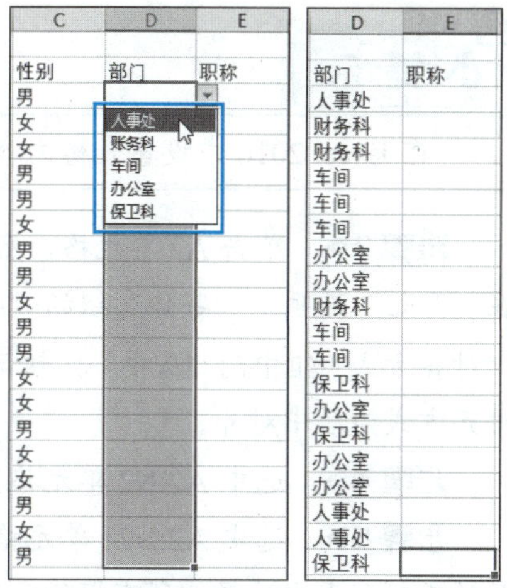

图 3-11 利用下拉列表输入“部门”列数据

三、合并单元格

单击 A1 单元格，然后按住鼠标左键并向右拖动，到 N1 单元格后释放鼠标，以选中 A1:N1 单元格区域，再单击“开始”选项卡“对齐方式”组中的“合并后居中”按钮，将所选的单元格区域合并，如图 3-12 所示。

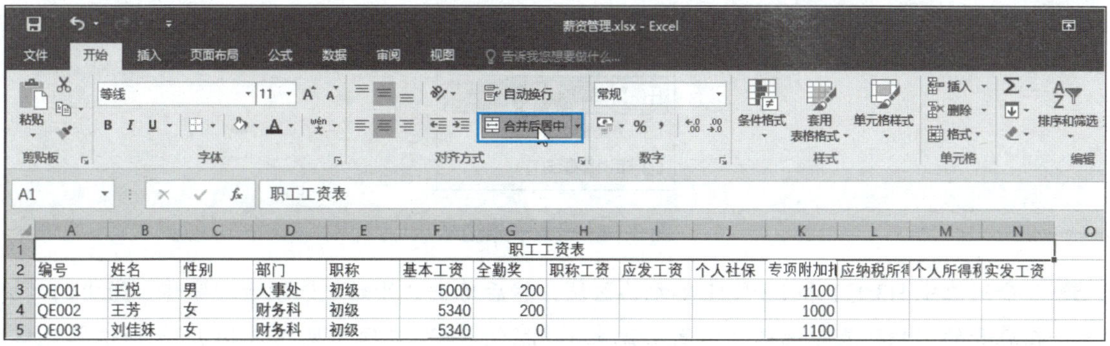

图 3-12 合并单元格

四、设置单元格格式

步骤 1▶ 选中 A1 单元格，然后在“开始”选项卡的“字体”组中设置其字符格式为微软雅黑、16 磅、蓝色。

步骤 2▶ 保持 A1 单元格的选中状态，然后单击“开始”选项卡“对齐方式”组中的“底端对齐”按钮，将表格标题靠底端居中对齐，如图 3-13 所示。

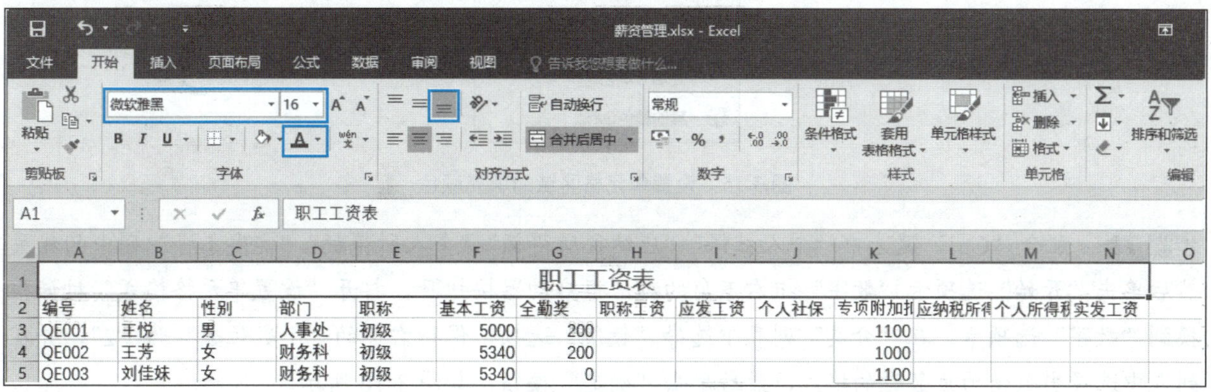

图 3-13 设置表格标题的格式

小提示

在 Excel 2016 中设置表格内容的字符格式、对齐方式等的方法与在 Word 2016 中相同。

步骤 3▶ 单击 A2 单元格，然后按住“Shift”键的同时单击 N21 单元格，以选中 A2:N21 单元格区域，再在“开始”选项卡“字体”组的“字体”下拉列表中依次选择“宋体”和“Times New Roman”选项，并单击“对齐方式”组中的“居中”按钮，设置所选单元格内容的中文字体为宋体，西文字体为 Times New Roman，对齐方式为居中对齐。

步骤 4▶ 选中 A2:N2 单元格区域，设置其字体颜色为蓝色，字形为加粗。

步骤 5▶ 选中 A2:N21 单元格区域，然后单击“开始”选项卡“字体”组中的“边框”下拉按钮，在展开的下拉列表中选择“所有框线”选项（见图 3-14），为所选单元格区域设置边框线。

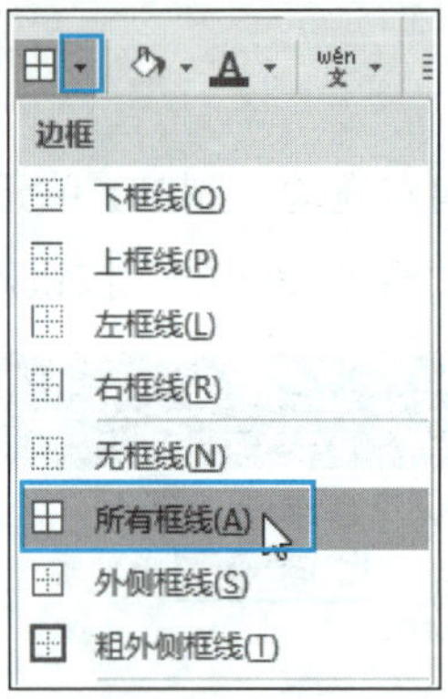

图 3-14　设置表格边框

步骤 6▶ 分别选中 H3:J21 和 L3:N21 单元格区域，然后单击“开始”选项卡“字体”组中的“填充颜色”下拉按钮，在展开的下拉列表中选择“白色，背景 1，深色 5%”选项（见图 3-15），为所选单元格区域填充底纹（该单元格区域内的数据需要通过公式和函数计算得到）。

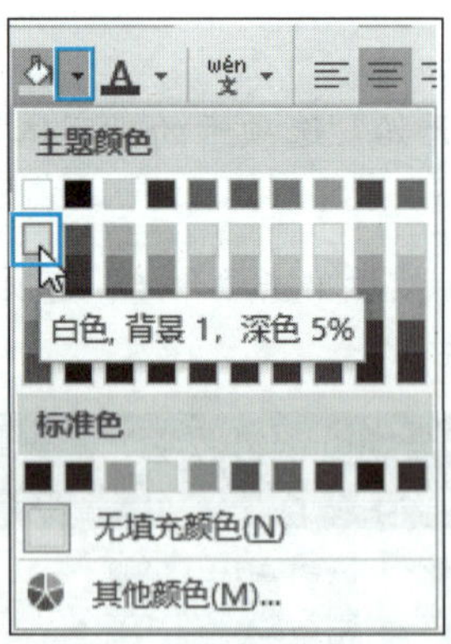

图 3-15　设置单元格区域的填充颜色

步骤 7▶ 配合“Ctrl”键选中“个人社保”“应纳税所得额”“个人所得税”“实发工资”列中的相关单元格，然后单击“开始”选项卡“数字”组右下角的对话框启动器按钮，打开“设置单元格格式”对话框并自动切换到“数字”选项卡。在“分类”列表中选择“数值”选项，保持右侧的“小数位数”为“2”，并在“负数”列表中选择当数值为负数时的格式，最后单击“确定”按钮，如图 3-16 所示。

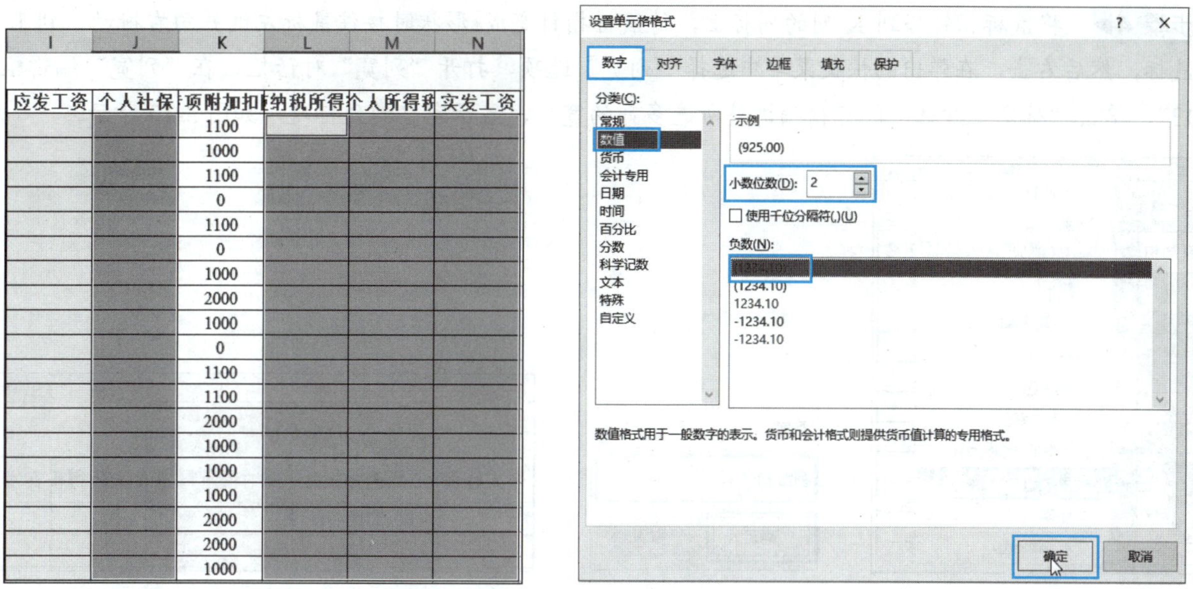

图 3-16 设置单元格区域的数字格式

五、调整行高和列宽

步骤 1▶ 将鼠标指针移到第 1 行行号的下边线上，待鼠标指针变成✛形状时按住鼠标左键并向下拖动，待显示“高度：30.00（40 像素）”字样时停止拖动并释放鼠标，即可调整第 1 行的高度为 40 像素，如图 3-17 所示。

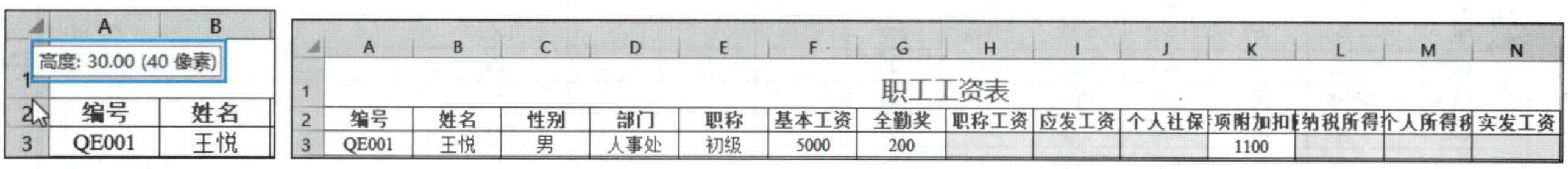

图 3-17 调整第 1 行的高度

步骤 2▶ 右击第 2 行的行号，在弹出的快捷菜单中选择“行高”选项，打开“行高”对话框，在“行高”编辑框中输入“25”，然后单击“确定”按钮，即可精确调整第 2 行的高度，如图 3-18 所示。

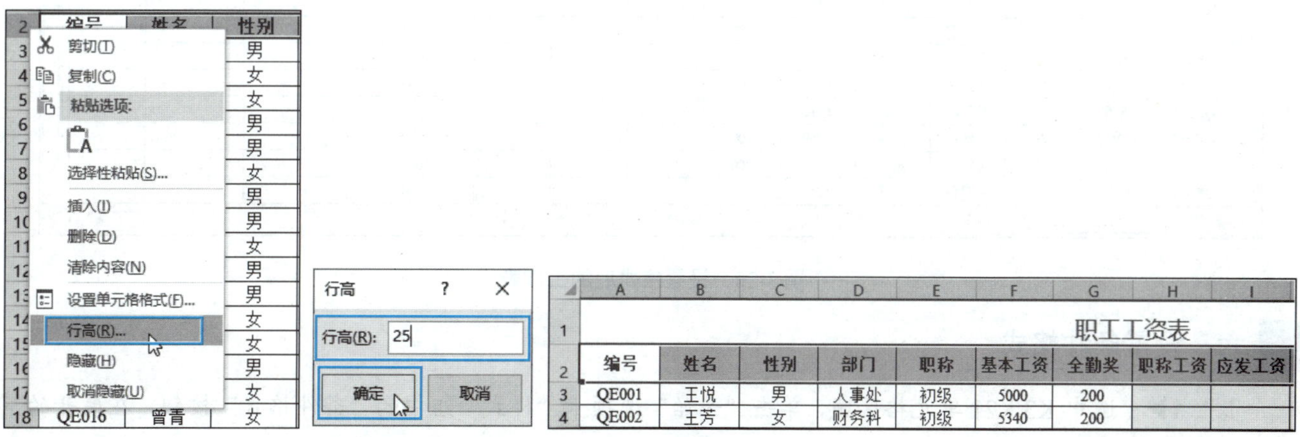

图 3-18 精确调整第 2 行的高度

步骤 3▶ 将鼠标指针移到第 3 行的行号上，待鼠标指针变成➡形状时，按住鼠标左键并向下拖动，至第 21 行后释放鼠标，以选中需要调整行高的多行，然后右击，在弹出的快捷菜单中选择“行高”选项，在打开的“行高”对话框中设置行高为 18，最后单击“确定”按钮，即可精确调整所选多行的高度。

步骤 4▶ 将鼠标指针移到 K 列的列标上，待鼠标指针变成⬇形状时按住鼠标左键并向右拖动，到 L 列后释放鼠标，然后右击，在弹出的快捷菜单中选择“列宽”选项，打开“列宽”对话框，在“列宽”编辑框中输入“13”，单击“确定”按钮，即可精确调整所选多列的宽度，显示完整的列标题，如图 3-19 所示。

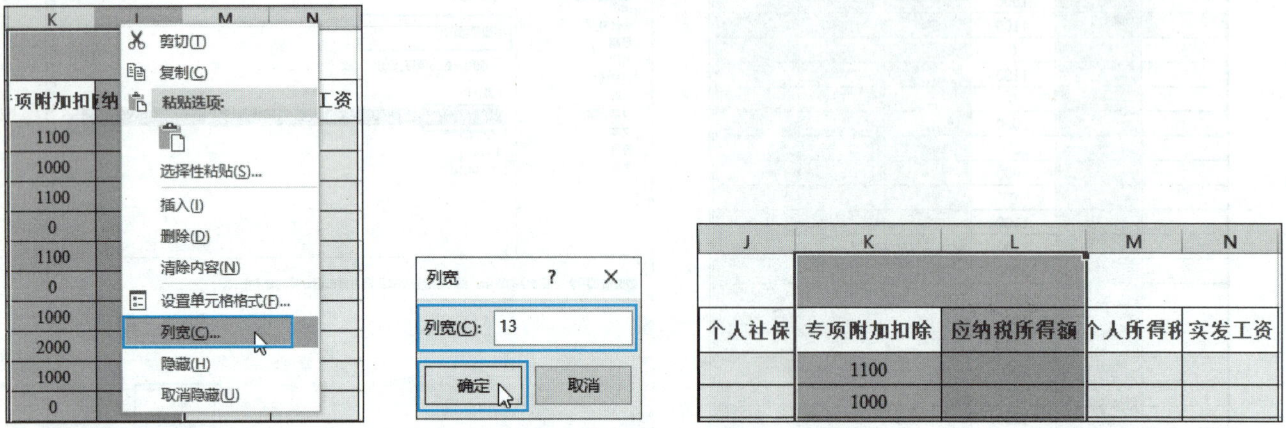

图 3-19 精确调整列宽

步骤 5▶ 将鼠标指针移到 M 列列标的右边线上，待鼠标指针变成✛形状时双击，将所选列的列宽调整为最合适。此时的工作表效果如图 3-20 所示。

	A	B	C	D	E	F	G	H	I	J	K	L	M	N
1	职工工资表													
2	编号	姓名	性别	部门	职称	基本工资	全勤奖	职称工资	应发工资	个人社保	专项附加扣除	应纳税所得额	个人所得税	实发工资
3	QE001	王悦	男	人事处	初级	5000	200				1100			
4	QE002	王芳	女	财务科	初级	5340	200				1000			
5	QE003	刘佳姝	女	财务科	初级	5340	0				1100			
6	QE004	李亮海	男	车间	初级	5870	200				0			
7	QE005	尹祥	男	车间	初级	5870	200				1100			
8	QE006	张洁	女	车间	初级	5750	0				0			
9	QE007	蔡孟庭	男	办公室	中级	6570	200				1000			
10	QE008	袁玉琳	男	办公室	中级	6570	200				2000			
11	QE009	蔡天慧	女	财务科	中级	6580	200				1000			
12	QE010	王容	男	车间	中级	6150	200				0			
13	QE011	邓东生	男	车间	中级	6450	0				1100			
14	QE012	刘思瑶	女	保卫科	中级	6320	200				1100			
15	QE013	刘虹翎	女	办公室	中级	6420	200				2000			
16	QE014	黄际南	男	保卫科	中级	6480	0				1000			
17	QE015	江兰	女	办公室	中级	6410	200				1000			
18	QE016	曾青	女	保卫科	中级	6410	0				1000			
19	QE017	毛秀凤	男	人事处	副高	6750	200				2000			
20	QE018	龙丹	女	人事处	高级	6850	200				2000			
21	QE019	罗平	男	保卫科	高级	6860	200				1000			

1月份工资

图 3-20 设置格式后的工作表

六、设置条件格式

步骤 1▶ 选中 K3:K21 单元格区域，单击“开始”选项卡“样式”组中的“条件格式”按钮，在展开的下拉列表中选择“突出显示单元格规则”/“大于”选项，打开“大于”对话框，在左侧的编辑框中输入“1500”，在“设置为”下拉列表中选择“浅红填充色深红色文本”选项，如图 3-21 所示。

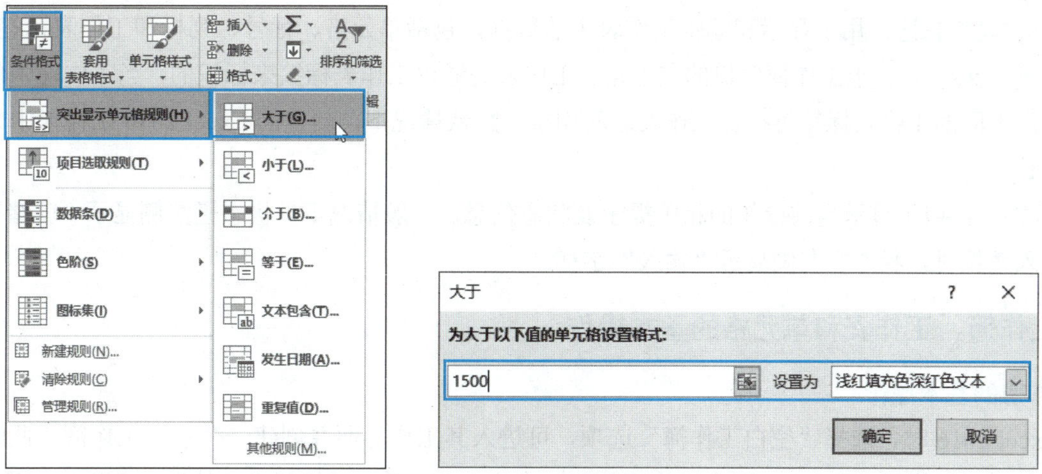

图 3-21　设置条件格式

步骤 2▶ 单击"确定"按钮返回工作表中，可看到"专项附加扣除"列中数值大于 1500 的单元格以浅红填充色深红色文本突出显示，如图 3-1 所示。至此，1 月份职工工资基础数据表制作完毕，再次保存工作簿。

必备知识

一、Excel 2016 的工作界面

启动 Excel 2016 并新建空白工作簿后，显示在用户面前的就是它的工作界面，其中包括快速访问工具栏、标题栏、功能区、名称框、编辑栏、工作表编辑区和状态栏等组成元素，如图 3-22 所示。Excel 2016 的工作界面与 Word 2016 相似，下面只介绍部分组成元素的含义。

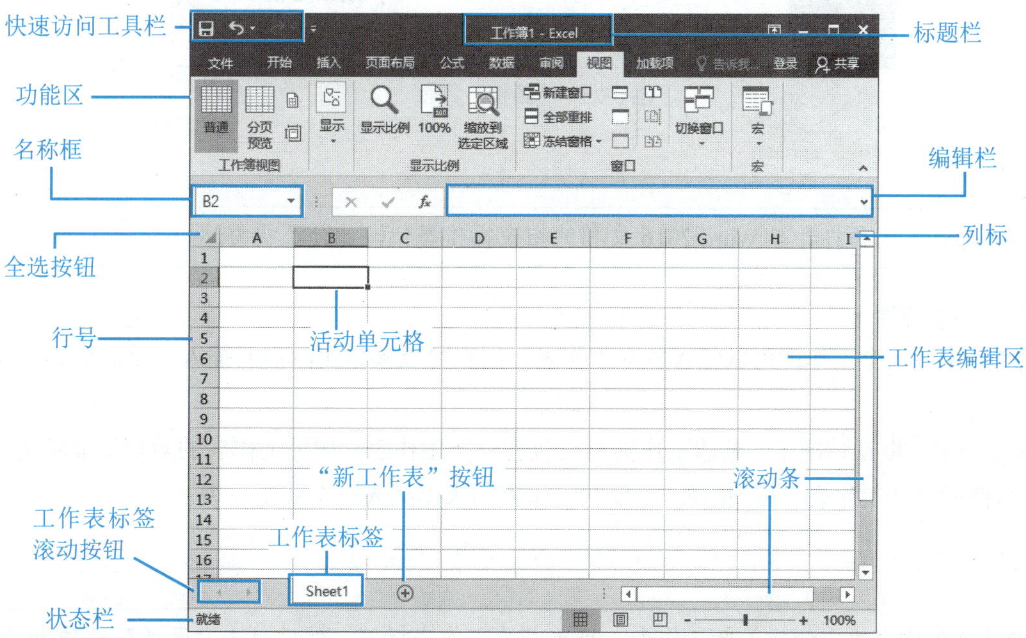

图 3-22　Excel 2016 的工作界面

（1）名称框：用于指示当前选择的单元格，也可用于选择单元格。

（2）编辑栏：主要用于输入和修改活动单元格中的内容。当在工作表的某个单元格中输入数据时，编辑栏会同步显示输入的内容。

（3）工作表编辑区：用于显示和编辑工作表中的数据，包括单元格、行号、列标和工作表标签等。

（4）工作表标签：位于工作簿窗口的左下角。工作表是通过工作表标签来标识的，当工作簿中包含多个工作表时，单击不同的工作表标签可在各工作表之间切换。默认情况下，新建的 Excel 2016 工作簿中只包含一个工作表 Sheet1。

（5）状态栏：用于显示当前操作的相关提示及状态信息。一般情况下，状态栏左侧显示“就绪”字样。在单元格中输入数据时，状态栏左侧显示“输入”字样。

二、工作簿、工作表和单元格的基本操作

1. 工作簿的基本操作

启动 Excel 2016 时，选择“空白工作簿”选项，可进入其工作界面并创建一个空白工作簿。此时如果要新建其他工作簿，可直接按“Ctrl+N”组合键快速创建一个空白工作簿，或选择“文件”/“新建”选项，进入“新建”界面（见图 3-23），在其中选择相应选项，然后在打开的界面中单击“创建”按钮，即可按所选模块创建工作簿。

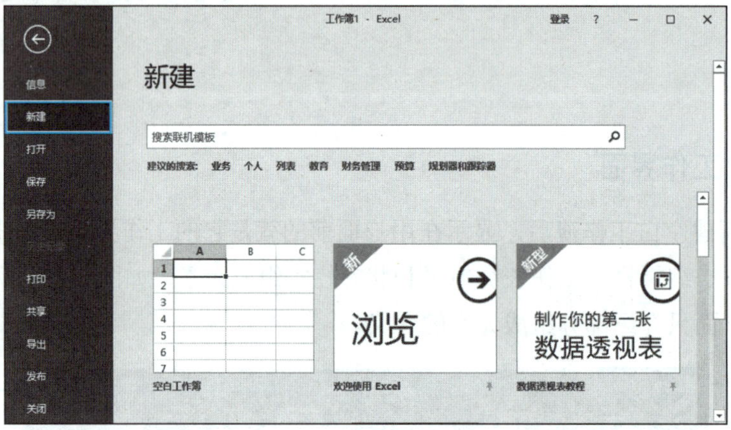

图 3-23 “新建”界面

小 提 示

工作簿的保存、关闭和打开与 Word 2016 文档的相应操作类似，此处不再赘述。

2. 工作表的基本操作

在 Excel 2016 中，一个工作簿可以包含多个工作表。用户可以根据实际需要插入、重命名、移动、复制和删除工作表。

（1）插入工作表。默认情况下，新建工作簿时只包含一个工作表。如果工作表的数量不能满足需要，可单击工作表标签右侧的“新工作表”按钮⊕，在现有工作表的末尾插入一个新工作表。

小 提 示

如果要在某个工作表的左侧插入新工作表，可单击该工作表标签，然后单击“开始”选项卡“单元格”组中的“插入”下拉按钮，在展开的下拉列表中选择“插入工作表”选项，如图 3-24 所示。

（2）选择工作表。要选择单个工作表，直接单击相应的工作表标签即可，选中的工作表标签呈白色显示；要选择相邻的多个工作表，可单击要选择的第 1 个工作表标签，然后按住“Shift”键的同时单击最后 1 个要选

择的工作表标签；要选择不相邻的多个工作表，可在按住“Ctrl”键的同时分别单击要选择的工作表标签。

（3）重命名工作表。默认情况下，新建工作簿或插入工作表时，工作表都是以 Sheet1、Sheet2、Sheet3…的方式命名，为方便管理，可以为工作表设置一个与其保存内容相关的名字。要重命名工作表，可双击工作表标签，进入编辑状态，输入新工作表名称后按“Enter”键或单击任意单元格确认。

（4）移动和复制工作表。在同一个工作簿中，直接拖动工作表标签至所需位置，即可实现工作表的移动。如果在拖动工作表标签的过程中按住“Ctrl”键，则为复制工作表操作。

如果要在不同的工作簿之间移动或复制工作表，可先打开要进行移动或复制工作表操作的源工作簿和目标工作簿，然后在源工作簿中单击要进行移动或复制操作的工作表标签，再单击“开始”选项卡“单元格”组中的“格式”按钮，在展开的下拉列表中选择“移动或复制工作表”选项，打开“移动或复制工作表”对话框，选择目标工作簿及工作表要移动到的位置后单击“确定”按钮，即可实现不同工作簿中工作表的移动，如图 3-25 所示。如果选中“建立副本”复选框，则表示复制工作表。

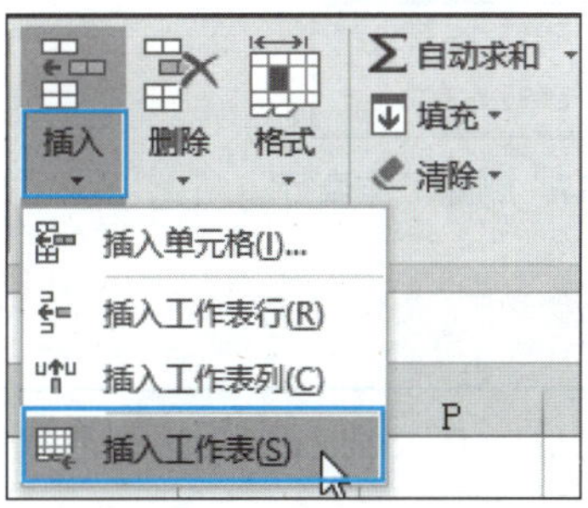

图 3-24　选择“插入工作表”选项

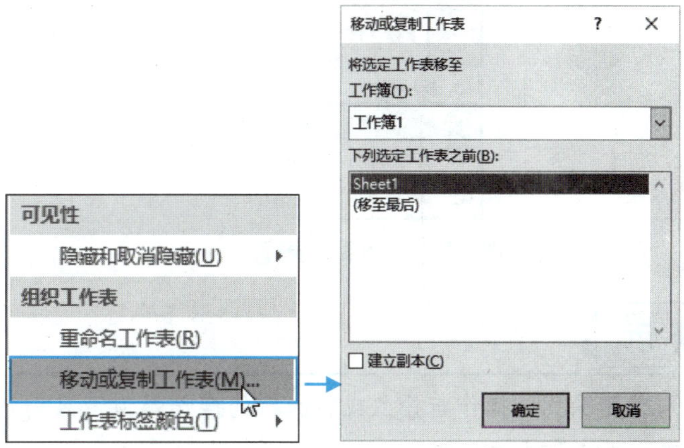

图 3-25　移动或复制工作表

（5）删除工作表。当不再需要工作簿中的某个工作表时，可将其删除。为此，可单击要删除的工作表标签，然后单击“开始”选项卡“单元格”组中的“删除”下拉按钮，在展开的下拉列表中选择“删除工作表”选项。

删除工作表时，如果工作表中有数据，将弹出一个提示对话框，单击“删除”按钮，可将所选工作表删除。删除工作表时一定要慎重，因为删除的工作表不能恢复。

小提示

对工作表进行的大部分操作，如插入、重命名、移动、复制和删除等，都可通过右击要操作的工作表标签，在弹出的快捷菜单中选择相应选项来实现。

3．单元格的基本操作

（1）选择单元格、单元格区域、行和列。

① 选择单元格。单击某个单元格，即可将其选中。

② 选择单元格区域。按住鼠标左键并拖过希望选择的单元格，然后释放鼠标即可；或单击要选择区域的第 1 个单元格，然后按住“Shift”键的同时单击要选择区域的最后 1 个单元格，即可选择它们之间的所有单元格。

③ 选择不相邻的多个单元格或单元格区域。可首先利用前面介绍的方法选择第 1 个单元格或单元格区域，然后按住“Ctrl”键的同时再选择其他的单元格或单元格区域。

④ 选择行或列。将鼠标指针移到该行左侧的行号上或该列顶端的列标上，当鼠标指针变成➡或⬇形状时单击。如果要选择相邻的多行或多列，可在行号或列标上按住鼠标左键并拖动；如果要选择不相邻的多行或多列，可配合“Ctrl”键进行选择。

⑤ 选择整个工作表。要选择整个工作表，只需按“Ctrl+A”组合键或单击工作表左上角行号与列标交叉处的“全选”按钮即可。

（2）插入或删除行、列和单元格。

① 插入行。选择与要插入的行数量相同的行，然后单击“开始”选项卡“单元格”组中的“插入”下拉按钮，在展开的下拉列表中选择“插入工作表行”选项，如图 3-26 所示。

② 删除行。选择要删除的行，然后单击“单元格”组中的“删除”下拉按钮，在展开的下拉列表中选择“删除工作表行”选项，如图 3-27 所示。

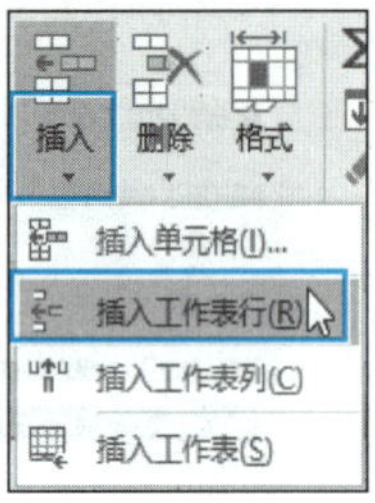

图 3-26　插入工作表行

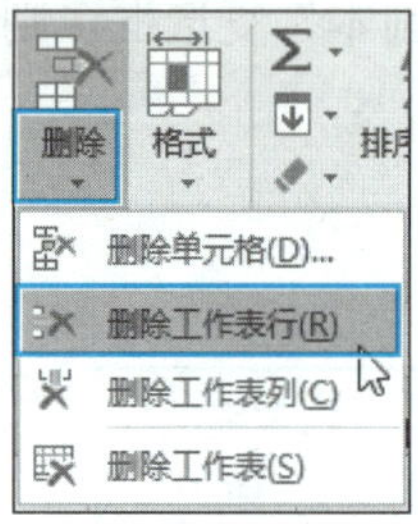

图 3-27　删除工作表行

小 提 示

插入或删除列的操作与插入或删除行的操作类似，只需选中相应列后，在“插入”下拉列表或“删除”下拉列表中选择相应选项即可。

③ 插入单元格。在要插入单元格的位置选中与要插入的单元格数量相等的单元格，然后在“插入”下拉列表中选择“插入单元格”选项，打开“插入”对话框（见图 3-28），在其中选择一种插入方式后单击“确定”按钮即可。

④ 删除单元格。选择要删除的单元格或单元格区域，然后在“删除”下拉列表中选择“删除单元格”选项，打开“删除”对话框（见图 3-29），在其中选择一种删除方式后单击“确定”按钮即可。

（3）合并与拆分单元格。

合并单元格是指将相邻的多个单元格合并为一个单元格。合并单元格后，将只保留所选单元格区域左上角单元格中的内容。要合并单元格，可首先选择要进行合并的单元格区域，然后单击“开始”选项卡“对齐方式”组中的“合并后居中”按钮或单击“合并后居中”下拉按钮，在展开的下拉列表中选择相应选项（见图 3-30），即可将所选单元格区域合并为一个单元格。

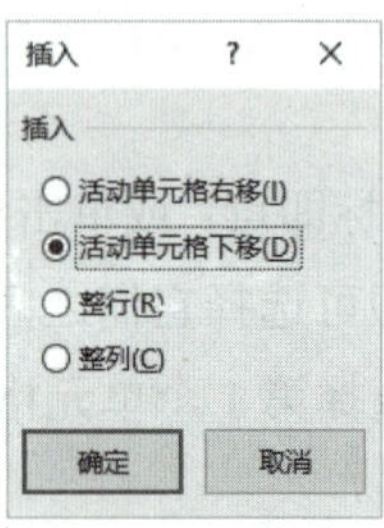

图 3-28　“插入”对话框

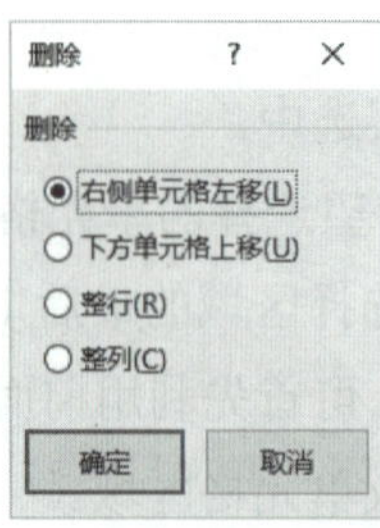

图 3-29　“删除”对话框

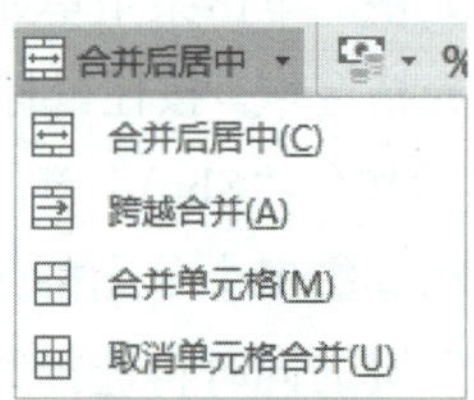

图 3-30　“合并后居中”下拉列表

如果希望将合并后的单元格拆分，只需选中该单元格，再次单击“合并后居中”按钮，或在“合并后居中”下拉列表中选择“取消单元格合并”选项即可。

三、数据输入与编辑

1. 数据输入

要在工作表中输入数据，可单击要输入数据的单元格，然后直接输入数据即可。

当要输入由数字构成的文本时，通常在该数字前添加“'”符号（英文单引号），或通过设置单元格的格式为“文本”后输入数字来实现，如邮政编码、身份证号等特殊信息。

在工作表活动单元格的右下角有一个小方块■，称为填充柄。将鼠标指针移到填充柄上，待鼠标指针变成+形状时按住鼠标左键并拖动，可自动在相邻的单元格中填充与活动单元格内容相关的数据，如序列数据（有规律变化的数据，如日期、等差数列）或相同数据。

小提示

利用填充柄填充数据后，在填充区域的右下角会出现“自动填充选项”按钮，单击该按钮，在展开的下拉列表中可选择需要的填充方式，如图 3-31 所示。例如，要填充序列数据，可选中“填充序列”单选钮；要填充相同的数据，可选中“复制单元格”单选钮。

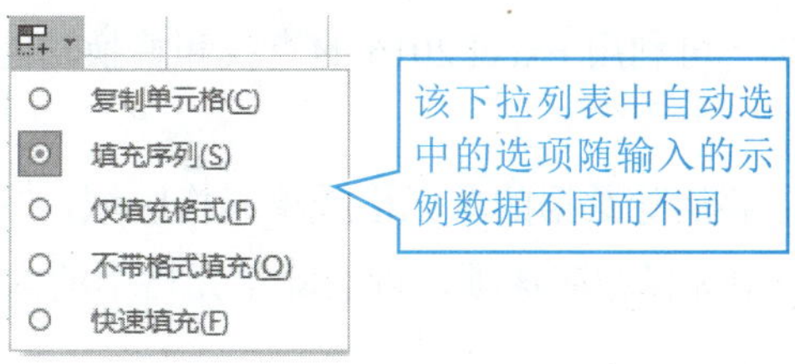

图 3-31 “自动填充选项”下拉列表

此外，在工作表中还可以使用快捷键输入相同数据。为此，可先选中要输入相同数据的多个单元格，然后输入数据，最后按“Ctrl+Enter”组合键确认。

在实际应用中，为了保证输入的数据都在其有效范围内，用户可以利用 Excel 2016 提供的数据验证功能为单元格设置条件，以便列出可选项或在数据出错时给出提醒，从而快速、准确地输入数据。例如，为“手机号码”列设置文本长度仅为 11 位的单元格条件，可以保证“手机号码”列中最终输入的数据均为 11 位，且当输入数据不是 11 位时会弹出提醒信息，并要求用户重新输入。

2. 数据编辑

输入数据后，用户可以像编辑 Word 文档中的文本一样，对输入的数据进行各种编辑操作，如移动、复制、查找、替换和清除等。

（1）移动数据。选中要移动数据的单元格或单元格区域，然后将鼠标指针移到所选单元格或单元格区域的边框线上，待鼠标指针变成形状时，按住鼠标左键并拖动，到目标位置后释放鼠标即可。

（2）复制数据。如果在移动数据的过程中按住“Ctrl”键，则为复制数据操作。

小提示

移动或复制单元格区域数据时，释放鼠标后在单元格区域的右下角会出现“快速分析”按钮，单击该按钮，在展开的下拉列表中选择相应选项，可快速对数据进行条件格式设置、将数据处理成图表和数据透视表、对数据进行汇总、创建迷你图等，如图 3-32 所示。

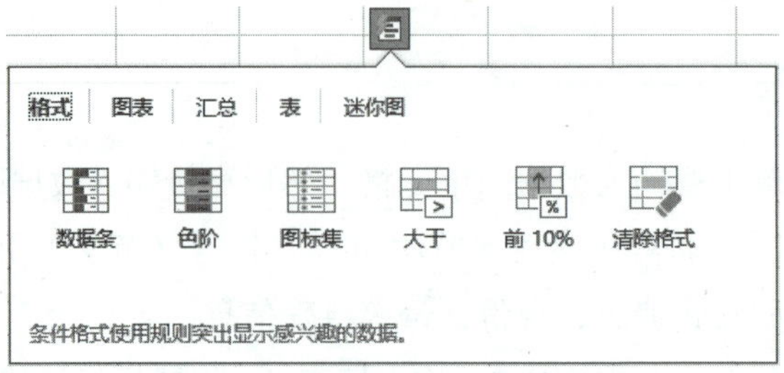

图 3-32 “快速分析”下拉列表

小技巧

选中单元格或单元格区域后，也可使用“开始”选项卡“剪贴板”组中的命令，或利用快捷键“Ctrl+C”“Ctrl+X”和“Ctrl+V”来复制、剪切和粘贴所选单元格或单元格区域中的内容，操作方法与在 Word 2016 中相似。与 Word 2016 中的粘贴操作不同的是，在 Excel 2016 中可以粘贴全部内容，也可以只粘贴公式、值等。

（3）查找与替换数据。可利用 Excel 2016 的查找和替换功能实现，操作方法与在 Word 2016 中查找和替换文档中的指定内容相同。

（4）清除数据。选中要清除数据的单元格或单元格区域，然后单击“开始”选项卡“编辑”组中的“清除”按钮，在展开的下拉列表中选择相应选项，可清除单元格中的内容、格式或批注等。

四、导入和引用外部数据

在实际应用中，用户往往需要使用 Excel 2016 对其他系统生成的数据进行加工。Excel 2016 支持的外部数据类型有很多，如 Access 数据库、网站数据、SQL Server 数据库、XML 文件等。

要在工作表中使用外部数据，首先需要将外部数据导入到 Excel 工作表中。为此，可在“数据”选项卡的“获取外部数据”组（见图 3-33）中单击相应按钮，打开相应的对话框，然后根据提示进行操作即可。

图 3-33 “获取外部数据”组

小提示

大多数情况下，外部数据都可以保存为文本文件（txt 文件）。在导入文本格式的数据之前，可以先用记事本打开并查看该数据源文件，以对数据源的结构有所了解，方便用户设置导入的数据在工作簿中的显示方式和放置位置。

五、数据类型的转换

Excel 2016 中经常使用的数据有文本型数据、数值型数据、日期和时间数据等。

（1）文本型数据。文本是指汉字、英文，或由汉字、英文、数字组成的字符串。默认情况下，输入的文本会沿单元格左侧对齐。

（2）数值型数据。在 Excel 2016 中，数值型数据是使用最多，也是最为复杂的数据类型。它由数字 0～9、正号“+”、负号“-”、小数点“.”、分数号“/”、百分号“%”、指数符号“E”或“e”、货币符号“¥”或“$”及千位分隔号“,”等组成。输入数值型数据时，Excel 自动将其沿单元格右侧对齐。

（3）日期和时间数据。这类数据实际属于数值型数据，用来表示一个日期或时间。在 Excel 中，可以使用“/”或“-”分隔日期中的年、月、日部分，使用冒号（:）分隔时间中的时、分、秒部分。

在 Excel 2016 中，绝大多数的数据类型之间是可以相互转换的。方法是：选中要转换数据类型的单元格或单元格区域，然后单击“开始”选项卡“数字”组右下角的对话框启动器按钮，打开“设置单元格格式”对话框，在“数字”选项卡的“分类”列表中选择一种数据类型，并在右侧设置相关格式，最后单击“确定”按钮，如图 3-34 所示。

小技巧

选中要转换数据类型的单元格或单元格区域后，也可直接单击“开始”选项卡“数字”组中的相应按钮，或单击“数字格式”编辑框 常规 右侧的下拉按钮，在展开的下拉列表中选择所需的数字格式，快速转换数据类型，如图 3-35 所示。

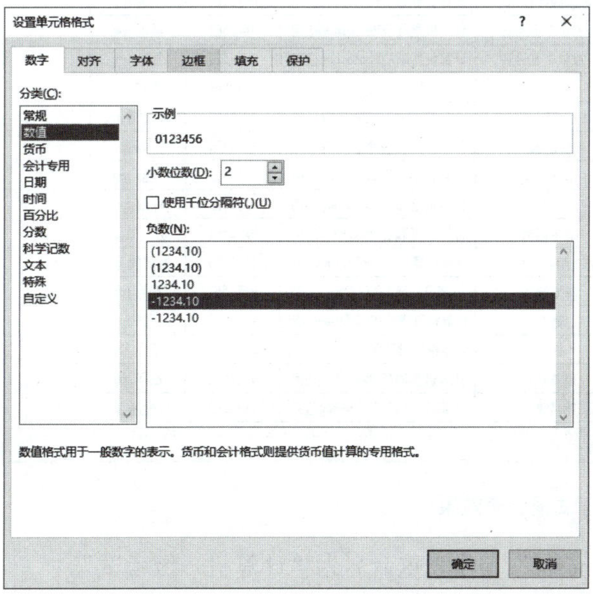

图 3-34　使用对话框转换数据类型

图 3-35　快速转换数据类型

六、设置工作表格式

要对工作表进行格式化处理，可先选中要设置格式的单元格或单元格区域，然后进行相关操作。

（1）设置单元格格式。主要包括设置单元格内容的字符格式和对齐方式，以及设置单元格的边框和底纹等，可利用“开始”选项卡的“字体”组和“对齐方式”组中的命令，或在“设置单元格格式”对话框中进行设置。

（2）调整行高和列宽。默认情况下，Excel 2016 中所有行的高度和所有列的宽度都是相同的。用户可以利用鼠标拖动方式或“开始”选项卡“单元格”组“格式”下拉列表中的相应选项调整行高和列宽。

（3）套用表格样式。Excel 2016 为用户提供了多种预定义的表格样式，套用这些样式，可以快速建立适合不同专业需求且外观精美的工作表。用户可利用“开始”选项卡的“样式”组设置条件格式或套用表格样式。

实践探索——制作等级考试报名表

全国计算机等级考试是一项考察应试人员对计算机和软件的实际运用能力的考试。考试分为四个等级，其中的一级主要考核微型计算机的基础知识和使用办公软件及因特网的基本技能。现在请根据报名要求，制作等级考试报名表，效果如图 3-36 所示。

计算机等级考试报名表

序号	考生学号	考生姓名	身份证号	系别	专业	考试科目	考试时间	照片名称
0001	2021050405	李艾	4301022004012*****	计算机技术系	计算机应用	计算机基础及MS Office应用	9月25日	李艾.jpg
0002	2021050406	杨丽娟	4302222004081*****	计算机技术系	计算机应用	计算机基础及MS Office应用	9月25日	杨丽娟.jpg
0003	2021050407	李凯	4303232004060*****	计算机技术系	计算机应用	计算机基础及WPS Office应用	9月25日	李凯.jpg
0004	2021050410	赵俊伟	4304242005060*****	计算机技术系	计算机应用	计算机基础及MS Office应用	9月25日	赵俊伟.jpg
0005	2021050413	刘俊凯	4305242004091*****	计算机技术系	计算机网络技术	计算机基础及MS Office应用	9月25日	刘俊凯.jpg
0006	2021050420	鹿鸣	4306242005082*****	计算机技术系	计算机网络技术	计算机基础及WPS Office应用	9月25日	鹿鸣.jpg
0007	2021050421	刘芳菲	4307032004040*****	计算机技术系	计算机网络技术	计算机基础及MS Office应用	9月25日	刘芳菲.jpg
0008	2021050422	刘婷	4308212004012*****	计算机技术系	计算机网络技术	计算机基础及WPS Office应用	9月25日	刘婷.jpg
0009	2021050423	王倩	4309032004122*****	计算机技术系	数字媒体技术	计算机基础及Photoshop应用	9月25日	王倩.jpg
0010	2021050427	鄢妮	4302262005080*****	计算机技术系	数字媒体技术	计算机基础及Photoshop应用	9月25日	鄢妮.jpg
0011	2021050435	王俊	4306022004012*****	计算机技术系	数字媒体技术	计算机基础及Photoshop应用	9月25日	王俊.jpg
0012	2021050436	吴含	4308242004082*****	计算机技术系	计算机平面设计	计算机基础及Photoshop应用	9月25日	吴含.jpg
0013	2021050439	周迅	4309242004072*****	计算机技术系	计算机平面设计	计算机基础及Photoshop应用	9月25日	周迅.jpg
0014	2021050440	曹方	4305242004091*****	财经商贸系	会计	网络安全素质教育	9月25日	曹方.jpg
0025	2021050449	陆晓明	4506222004081*****	财经商贸系	会计	网络安全素质教育	9月25日	陆晓明.jpg
0016	2021050450	王峰	4301022004052*****	财经商贸系	会计电算化	网络安全素质教育	9月25日	王峰.jpg
0017	2021050454	李毅	4309032004102*****	财经商贸系	市场营销	计算机基础及MS Office应用	9月25日	李毅.jpg
0018	2021050456	汪峰	4302262004020*****	财经商贸系	电子商务	计算机基础及Photoshop应用	9月25日	汪峰.jpg
0019	2021050459	赵少川	4306022004032*****	财经商贸系	电子商务	计算机基础及Photoshop应用	9月25日	赵少川.jpg
0020	2021050461	赵晓晨	4308242005012*****	财经商贸系	物流服务与管理	计算机基础及WPS Office应用	9月25日	赵晓晨.jpg
0021	2021050468	顾婷	4309242004052*****	艺术设计系	美术绘画	计算机基础及MS Office应用	9月25日	顾婷.jpg
0022	2021050476	王皓	4305242004061*****	艺术设计系	舞蹈	计算机基础及WPS Office应用	9月25日	王皓.jpg
0023	2021050477	李贞	4506222004071*****	艺术设计系	音乐	计算机基础及WPS Office应用	9月25日	李贞.jpg
0024	2021050478	吕萍	4301022005042*****	艺术设计系	服装展示	计算机基础及Photoshop应用	9月25日	吕萍.jpg
0025	2021050489	张爱媛	4309032005132*****	艺术设计系	服装展示	计算机基础及Photoshop应用	9月25日	张爱媛.jpg

计算机一级考试

图 3-36　等级考试报名表效果

（1）新建“等级考试报名表.xlsx”工作簿，将“Sheet1”工作表重命名为“计算机一级考试”。

（2）利用直接输入法输入“考生学号”“考生姓名”“身份证号”“照片名称”列数据。

（3）利用填充柄快速输入“序号”“考试时间”列数据。

（4）利用快捷键快速输入“系别”“专业”“考试科目”列数据。

（5）合并单元格，并设置单元格的字符格式和对齐方式。

（6）以美观为原则，调整行高和列宽，并为表格设置边框和底纹。

任务二 使用 Excel 2016 加工表格数据

任务解读

Excel 2016 提供了数量众多、类型丰富的实用函数，用户可以利用运算符和函数构建出各种公式以满足计算、统计和分析的需要。此外，用户还可以利用 Excel 2016 提供的排序、筛选和分类汇总功能对工作表中的数据进行分析和处理，以方便对其进行查看、比较和分析。

在本任务中，我们来了解 Excel 2016 的公式、函数，以及排序、筛选和分类汇总功能，掌握使用它们加工数据的方法。

体验探究——加工薪资管理表数据

工资表是指按单位或部门编制的用于核算职工工资的表格。假设 1 月份工资表中各工资项目的发放情况和有关规定如下：

（1）职称工资按职称发放：高级职称每人 2 000 元/月，副高职称每人 1 000 元/月，中级职称每人 800 元/月，初级职称每人 500 元/月。

（2）个人社保缴纳比例：按 8%缴纳养老保险，按 2%缴纳医疗保险，按 0.5%缴纳失业保险。

（3）公司代扣个人所得税：个税起征点为 5 000 元，税率如表 3-1 所示。

扫一扫

加工薪资管理表数据

表 3-1 个人所得税累进税率表

级数	全月应纳税所得额	税率（%）	新速算扣除数
1	不超过 3 000 元的	3	0
2	超过 3 000 元至 12 000 元的部分	10	210
3	超过 12 000 元至 25 000 元的部分	20	1 410
4	超过 25 000 元至 35 000 元的部分	25	2 660
5	超过 35 000 元至 55 000 元的部分	30	4 410
6	超过 55 000 元至 80 000 元的部分	35	7 160
7	超过 80 000 元的部分	45	15 160

下面对工资表中的数据进行加工。首先使用函数和公式计算职称工资、应发工资、个人所得税、个人社保、应纳税所得额、实发工资，然后对工资数据进行排序、筛选和分类汇总。

一、使用函数计算职称工资、应发工资和个人所得税

步骤 1▶ 打开本书配套素材“项目三”/“任务二”/“薪资管理.xlsx”工作簿。

步骤 2▶ 计算职称工资。根据职称工资发放规定，在 H3 单元格中输入公式“=IF(E3="高级",2000,IF(E3=

"副高",1000,IF(E3="中级",800,500)))"，按"Enter"键或单击编辑栏中的"输入"按钮✓，计算出第 1 名职工的职称工资，如图 3-37 所示。

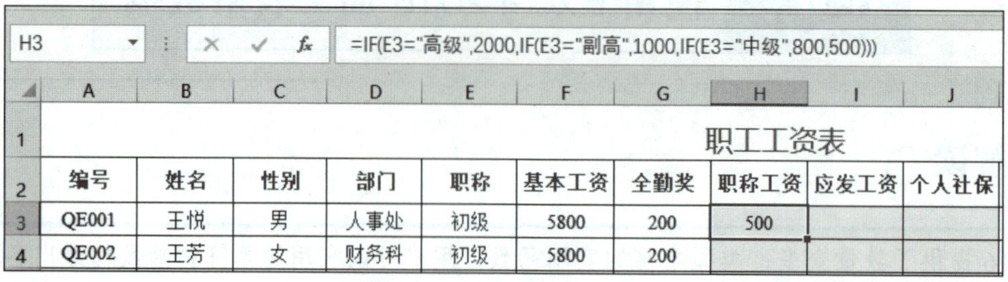

图 3-37　输入公式计算职称工资

小 提 示

IF 函数的作用是根据指定条件执行真假值判断，结果为真则返回某个值，结果为假则返回另一个值。其语法为：IF(logical_test, [value_if_true], [value_if_false])，其中：logical_test 为判断条件，即计算结果是 true 或 false 的任意值或表达式；value_if_true 为真值，即当 logical_test 条件为 true 时返回的结果（如果省略该参数，则结果默认为 true）；value_if_false 为假值，即当 logical_test 条件为 false 时返回的结果（如果省略该参数，则结果默认为 false）。

步骤 3▶ 向下拖动 H3 单元格的填充柄到 H21 单元格后释放鼠标，或双击 H3 单元格的填充柄，可计算出所有职工的职称工资。

步骤 4▶ 计算应发工资。单击 I3 单元格，然后单击"开始"选项卡"编辑"组中的"自动求和"按钮，此时编辑栏和 I3 单元格中自动显示要求和计算的单元格区域，如图 3-38 所示。

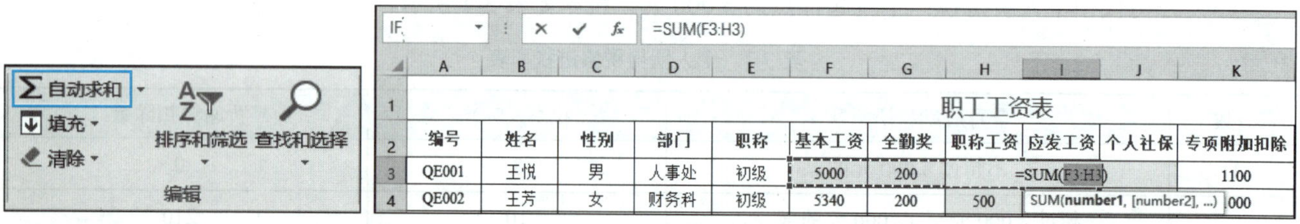

图 3-38　计算应发工资

步骤 5▶ 确认要进行求和计算的单元格区域，如果不正确，可以在工作表中拖动鼠标重新选择。这里直接按"Enter"键确认，然后双击 I3 单元格的填充柄，计算出所有职工的应发工资。

步骤 6▶ 计算个人所得税。根据"个人所得税=应纳税所得额×税率−速算扣除数"等式及表 3-1 中的规定，在 M3 单元格中输入公式"=IF(L3<=0,0,IF(L3<=3000,(L3*0.03),IF(L3<=12000,(L3*0.1-210),IF(L3<25000,(L3*0.2-1410)))))"，按"Enter"键确认，然后双击 M3 单元格的填充柄，计算出所有职工的应纳个人所得税（因为还没计算出应纳税所得额，所以这里的计算结果暂时为 0）。

小 提 示

在个人所得税的计算公式中，IF 函数的嵌套层数取决于应纳税所得额，即 L3 单元格中数值的大小。数值越大，嵌套层数越多，反之则越少。这里只使用了税率表的前 3 级。

二、使用公式计算个人社保、应纳税所得额和实发工资

步骤 1▶ 计算个人社保。按照个人社保缴纳比例的规定，在 J3 单元格中输入公式“=F3*0.105”，确定后可计算出第 1 名职工要缴纳的个人社保，如图 3-39 所示。

J3 =F3*0.105

	A	B	C	D	E	F	G	H	I	J	K	L	M	N
1	职工工资表													
2	编号	姓名	性别	部门	职称	基本工资	全勤奖	职称工资	应发工资	个人社保	专项附加扣除	应纳税所得额	个人所得税	实发工资
3	QE001	王悦	男	人事处	初级	5000	200	500	5700	525.00	1100		0.00	

图 3-39 计算个人社保

步骤 2▶ 双击 J3 单元格的填充柄，可计算出所有职工要缴纳的个人社保，并可看到前面设置的数字格式为两位小数位数的效果。

步骤 3▶ 计算应纳税所得额。按照“应纳税所得额=应发工资−个人社保−专项附加扣除−5 000（起征点）”等式，在 L3 单元格中输入公式“=I3-J3-K3-5000”，确定后可计算出第 1 名职工的应纳税所得额，如图 3-40 所示。

L3 =I3-J3-K3-5000

	A	B	C	D	E	F	G	H	I	J	K	L	M	N
1	职工工资表													
2	编号	姓名	性别	部门	职称	基本工资	全勤奖	职称工资	应发工资	个人社保	专项附加扣除	应纳税所得额	个人所得税	实发工资
3	QE001	王悦	男	人事处	初级	5000	200	500	5700	525.00	1100	(925.00)	0.00	

图 3-40 计算应纳税所得额

步骤 4▶ 双击 L3 单元格的填充柄，可计算出所有职工的应纳税所得额，并可看到前面设置的数值为负数时的显示格式，同时可看到“个人所得税”列数据自动更新。

步骤 5▶ 计算实发工资。按照“实发工资=应发工资−个人社保−个人所得税”等式，在 N3 单元格中输入公式“=I3-J3-M3”，确定后可计算出第 1 名职工的实发工资。

步骤 6▶ 双击 N3 单元格的填充柄，可计算出所有职工的实发工资，如图 3-41 所示。

N3 =I3-J3-M3

	A	B	C	D	E	F	G	H	I	J	K	L	M	N
1	职工工资表													
2	编号	姓名	性别	部门	职称	基本工资	全勤奖	职称工资	应发工资	个人社保	专项附加扣除	应纳税所得额	个人所得税	实发工资
3	QE001	王悦	男	人事处	初级	5000	200	500	5700	525.00	1100	(925.00)	0.00	5175.00
4	QE002	王芳	女	财务科	初级	5340	200	500	6040	560.70	1000	(520.70)	0.00	5479.30
5	QE003	刘佳姝	女	财务科	初级	5340	0	500	5840	560.70	1100	(820.70)	0.00	5279.30
6	QE004	李亮海	男	车间	初级	5870	200	500	6570	616.35	0	953.65	28.61	5925.04
7	QE005	尹祥	男	车间	初级	5870	200	500	6570	616.35	1100	(146.35)	0.00	5953.65
8	QE006	张洁	女	车间	初级	5750	0	500	6250	603.75	0	646.25	19.39	5626.86
9	QE007	蔡孟庭	男	办公室	中级	6570	200	800	7570	689.85	1000	880.15	26.40	6853.75
10	QE008	袁玉琳	男	办公室	中级	6570	200	800	7570	689.85	2000	(119.85)	0.00	6880.15
11	QE009	蔡天慧	女	财务科	中级	6580	200	800	7580	690.90	1000	889.10	26.67	6862.43
12	QE010	玉容	男	车间	中级	6150	200	800	7150	645.75	0	1504.25	45.13	6459.12
13	QE011	邓东生	男	车间	中级	6450	0	800	7250	677.25	1100	472.75	14.18	6558.57
14	QE012	刘思瑶	女	保卫科	中级	6320	200	800	7320	663.60	1100	556.40	16.69	6639.71
15	QE013	刘虹翎	女	办公室	中级	6420	200	800	7420	674.10	2000	(254.10)	0.00	6745.90
16	QE014	黄际南	男	保卫科	中级	6480	0	800	7280	680.40	1000	599.60	17.99	6581.61
17	QE015	江兰	女	办公室	中级	6410	200	800	7410	673.05	1000	736.95	22.11	6714.84
18	QE016	曾青	女	保卫科	中级	6410	0	800	7210	673.05	1000	536.95	16.11	6520.84
19	QE017	毛秀凤	男	人事处	副高	6750	200	1000	7950	708.75	2000	241.25	7.24	7234.01
20	QE018	龙丹	女	人事处	高级	6850	200	2000	9050	719.25	2000	1330.75	39.92	8290.83
21	QE019	罗平	男	保卫科	高级	6860	200	2000	9060	720.30	1000	2339.70	70.19	8269.51

1月份工资

图 3-41 计算实发工资后的工作表

三、排序数据

下面将工资表中的数据按实发工资从高到低排列。

步骤 1▶ 单击“1 月份工资”工作表标签，按住“Ctrl”键的同时向右拖动，复制一份“1 月份工资”工作表，并将复制的工作表重命名为“排序”。

小 提 示

需要注意的是，进行数据加工（排序、筛选、分类汇总）的工作表中必须有列标题。此外，数据表中最好不要包含合并单元格、多重列标题或不规则数据区域等。

步骤 2▶ 单击“排序”工作表“实发工资”列中的任意单元格，然后单击“数据”选项卡“排序和筛选”组中的“降序”按钮 Z↓A，即可将该列数据从高到低排列，如图 3-42 所示。

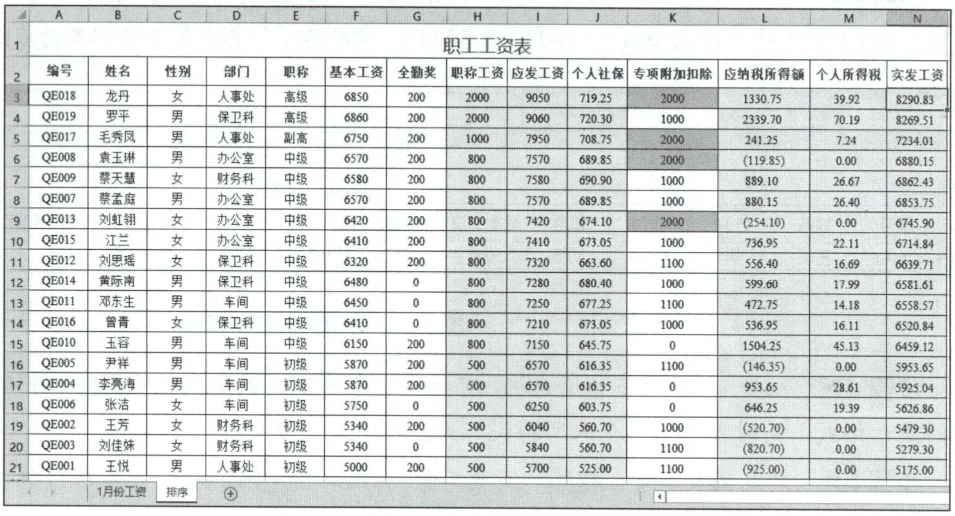

职工工资表

编号	姓名	性别	部门	职称	基本工资	全勤奖	职称工资	应发工资	个人社保	专项附加扣除	应纳税所得额	个人所得税	实发工资
QE018	龙丹	女	人事处	高级	6850	200	2000	9050	719.25	2000	1330.75	39.92	8290.83
QE019	罗平	男	保卫科	高级	6860	200	2000	9060	720.30	1000	2339.70	70.19	8269.51
QE017	毛秀凤	男	人事处	副高	6750	200	1000	7950	708.75	2000	241.25	7.24	7234.01
QE008	袁玉琳	男	办公室	中级	6570	200	800	7570	689.85	2000	(119.85)	0.00	6880.15
QE009	蔡天慧	女	财务科	中级	6580	200	800	7580	690.90	1000	889.10	26.67	6862.43
QE007	蔡孟庭	男	办公室	中级	6570	200	800	7570	689.85	1000	880.15	26.40	6853.75
QE013	刘虹翎	女	办公室	中级	6420	200	800	7420	674.10	2000	(254.10)	0.00	6745.90
QE015	江兰	女	办公室	中级	6410	200	800	7410	673.05	1000	736.95	22.11	6714.84
QE012	刘思瑶	女	保卫科	中级	6320	200	800	7320	663.60	1100	556.40	16.69	6639.71
QE014	黄际南	男	保卫科	中级	6480	0	800	7280	680.40	1000	599.60	17.99	6581.61
QE011	邓东生	男	车间	中级	6450	0	800	7250	677.25	1100	472.75	14.18	6558.57
QE016	曾青	女	保卫科	中级	6410	0	800	7210	673.05	1000	536.95	16.11	6520.84
QE010	玉容	男	车间	中级	6150	200	800	7150	645.75	0	1504.25	45.13	6459.12
QE005	尹祥	男	车间	初级	5870	200	500	6570	616.35	1100	(146.35)	0.00	5953.65
QE004	李亮海	男	车间	初级	5870	200	500	6570	616.35	0	953.65	28.61	5925.04
QE006	张洁	女	车间	初级	5750	0	500	6250	603.75	0	646.25	19.39	5626.86
QE002	王芳	女	财务科	初级	5340	200	500	6040	560.70	1000	(520.70)	0.00	5479.30
QE003	刘佳姝	女	财务科	初级	5340	0	500	5840	560.70	1100	(820.70)	0.00	5279.30
QE001	王悦	男	人事处	初级	5000	200	500	5700	525.00	1100	(925.00)	0.00	5175.00

1月份工资　排序

图 3-42　按实发工资排序数据

小 提 示

如果要对工作表中的数据按两个或两个以上的关键字进行排序，可单击“排序和筛选”组中的“排序”按钮，在打开的“排序”对话框中设置主要关键字和次要关键字并确定。

对多个关键字进行排序时，在主要关键字完全相同的情况下，会根据指定的次要关键字进行排序；在次要关键字完全相同的情况下，会根据指定的下一个次要关键字进行排序，依次类推。

四、筛选数据

1. 自动筛选

下面将工资表中实发工资大于 6 000 元的职工筛选出来。

步骤 1▶ 单击“1 月份工资”工作表标签，按住“Ctrl”键的同时向右拖动，到“排序”工作表的右侧后释放鼠标，复制一份“1 月份工资”工作表，并将复制的工作表重命名为“自动筛选”。

步骤 2▶ 单击“自动筛选”工作表中的任意单元格，或选中要参与数据筛选的单元格区域 A2:N21，然后单击“数据”选项卡“排序和筛选”组中的“筛选”按钮，此时列标题行单元格的右侧会出现筛选按钮▾，如

图 3-43 所示。

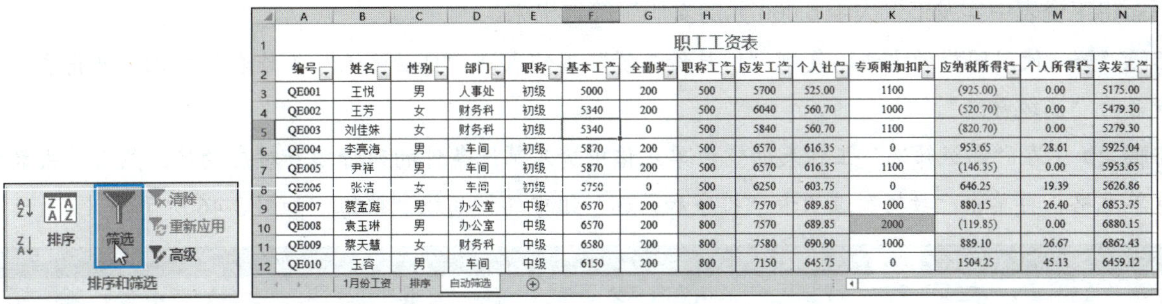

	职工工资表												
编号	姓名	性别	部门	职称	基本工	全勤奖	职称工	应发工	个人社	专项附加扣	应纳税所得	个人所得	实发工
QE001	王悦	男	人事处	初级	5000	200	500	5700	525.00	1100	(925.00)	0.00	5175.00
QE002	王芳	女	财务科	初级	5340	200	500	6040	560.70	1000	(520.70)	0.00	5479.30
QE003	刘佳姝	女	财务科	初级	5340	0	500	5840	560.70	1100	(820.70)	0.00	5279.30
QE004	李亮海	男	车间	初级	5870	200	500	6570	616.35	0	953.65	28.61	5925.04
QE005	尹祥	男	车间	初级	5870	200	500	6570	616.35	1100	(146.35)	0.00	5953.65
QE006	张洁	女	车间	初级	5750	0	500	6250	603.75	0	646.25	19.39	5626.86
QE007	蔡孟庭	男	办公室	中级	6570	200	800	7570	689.85	1000	880.15	26.40	6853.75
QE008	袁玉琳	男	办公室	中级	6570	200	800	7570	689.85	2000	(119.85)	0.00	6880.15
QE009	蔡天慧	女	财务科	中级	6580	200	800	7580	690.90	1000	889.10	26.67	6862.43
QE010	玉容	男	车间	中级	6150	200	800	7150	645.75	0	1504.25	45.13	6459.12

图 3-43 启用自动筛选

步骤 3▶ 单击“实发工资”列标题右侧的筛选按钮▾，在展开的下拉列表中选择“数字筛选”/“大于”选项，打开“自定义自动筛选方式”对话框，在“显示行”设置区“大于”选项右侧的编辑框中输入“6000”，如图 3-44 所示。

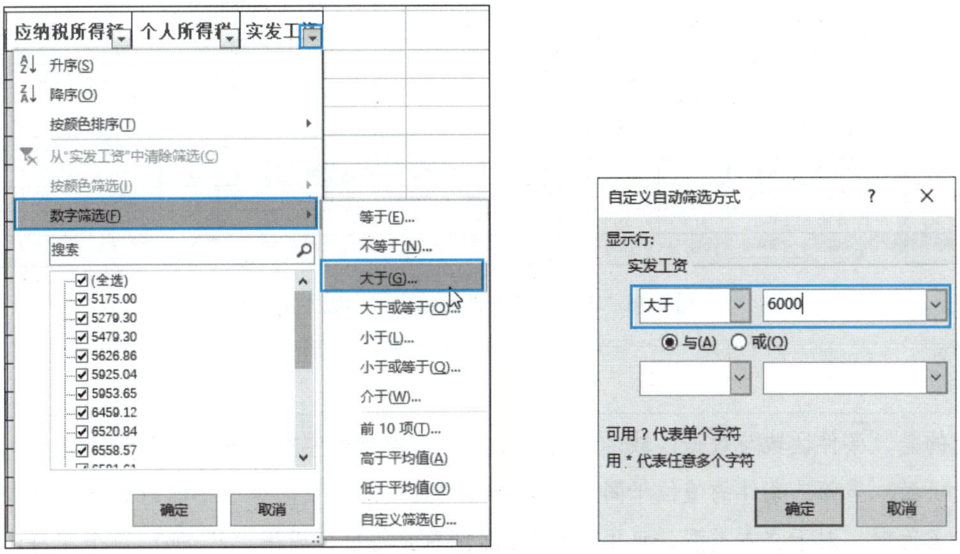

图 3-44 设置自动筛选方式

步骤 4▶ 单击“确定”按钮，此时实发工资小于等于 6 000 元的记录会被隐藏，效果如图 3-45 所示。

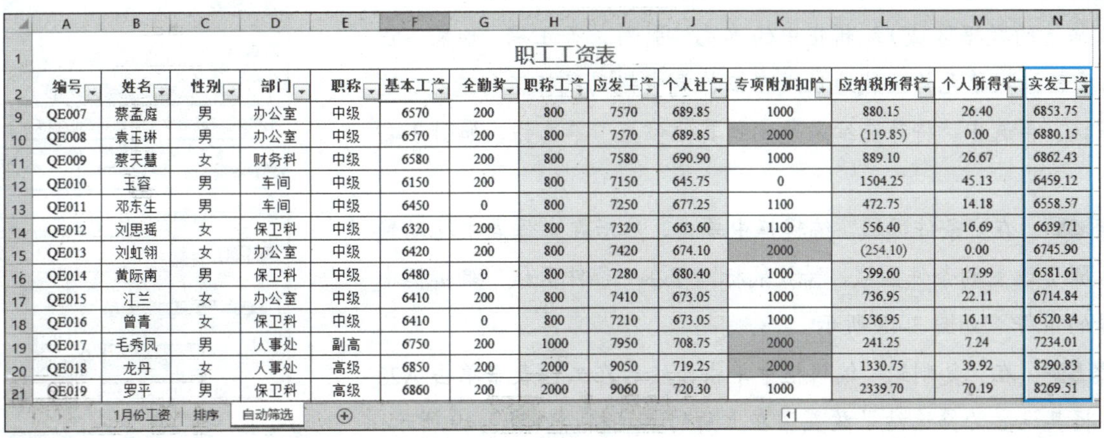

	职工工资表												
编号	姓名	性别	部门	职称	基本工	全勤奖	职称工	应发工	个人社	专项附加扣	应纳税所得	个人所得	实发工
QE007	蔡孟庭	男	办公室	中级	6570	200	800	7570	689.85	1000	880.15	26.40	6853.75
QE008	袁玉琳	男	办公室	中级	6570	200	800	7570	689.85	2000	(119.85)	0.00	6880.15
QE009	蔡天慧	女	财务科	中级	6580	200	800	7580	690.90	1000	889.10	26.67	6862.43
QE010	玉容	男	车间	中级	6150	200	800	7150	645.75	0	1504.25	45.13	6459.12
QE011	邓东生	男	车间	中级	6450	0	800	7250	677.25	1100	472.75	14.18	6558.57
QE012	刘思瑶	女	保卫科	中级	6320	200	800	7320	663.60	1100	556.40	16.69	6639.71
QE013	刘虹翎	女	办公室	中级	6420	200	800	7420	674.10	2000	(254.10)	0.00	6745.90
QE014	黄际南	男	保卫科	中级	6480	0	800	7280	680.40	1000	599.60	17.99	6581.61
QE015	江兰	女	办公室	中级	6410	200	800	7410	673.05	1000	736.95	22.11	6714.84
QE016	曾青	女	保卫科	中级	6410	0	800	7210	673.05	1000	536.95	16.11	6520.84
QE017	毛秀凤	男	人事处	副高	6750	200	1000	7950	708.75	2000	241.25	7.24	7234.01
QE018	龙丹	女	人事处	高级	6850	200	2000	9050	719.25	2000	1330.75	39.92	8290.83
QE019	罗平	男	保卫科	高级	6860	200	2000	9060	720.30	1000	2339.70	70.19	8269.51

图 3-45 自动筛选结果

2. 高级筛选

下面将工资表中实发工资大于 6 000 元的女职工筛选出来。

步骤 1▶ 使用同样的方法，复制“1 月份工资”工作表到“自动筛选”工作表的右侧，并将复制的工作表重命名为“高级筛选”。

步骤 2▶ 在“高级筛选”工作表的空白单元格中输入筛选条件的列标题和对应的值，然后单击数据区域的任意单元格，再单击“数据”选项卡“排序和筛选”组中的“高级”按钮，如图 3-46 所示。

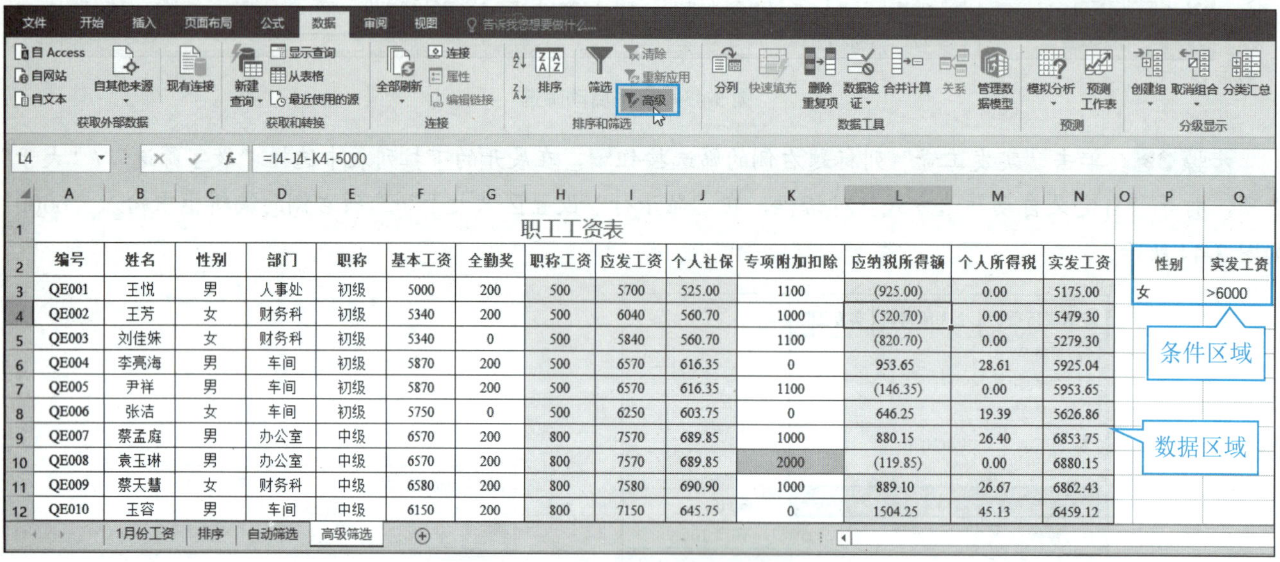

图 3-46　输入筛选条件后单击“高级”按钮

小 提 示

需要注意的是，条件区域与数据区域之间至少要有一个空列或空行。此外，筛选条件的列标题要与数据表中的列标题一致；当筛选条件的值位于同一行时表示“且”的关系，位于不同行时表示“或”的关系。

设置筛选条件时，对于文本类型，可用“*”匹配任意字符串，或用“?”匹配单个字符；对于数字，可直接在单元格中输入表达式。

步骤 3▶ 在打开的“高级筛选”对话框中确认“列表区域”(即参与高级筛选的数据区域)编辑框中的单元格引用是否正确。如果不正确，可以重新输入单元格区域地址或在工作表中拖动鼠标进行选择，这里保持默认。再选中“将筛选结果复制到其他位置”单选钮，如图 3-47 所示。

步骤 4▶ 在“条件区域”编辑框中单击，然后在工作表中拖动鼠标选择步骤 2 设置的条件区域，释放鼠标，可在“条件区域”编辑框中看到选择的条件，如图 3-48 所示。

步骤 5▶ 在“复制到”编辑框中单击，然后在工作表中单击 A23 单元格，将其设置为筛选结果放置区左上角的单元格，如图 3-49 所示。

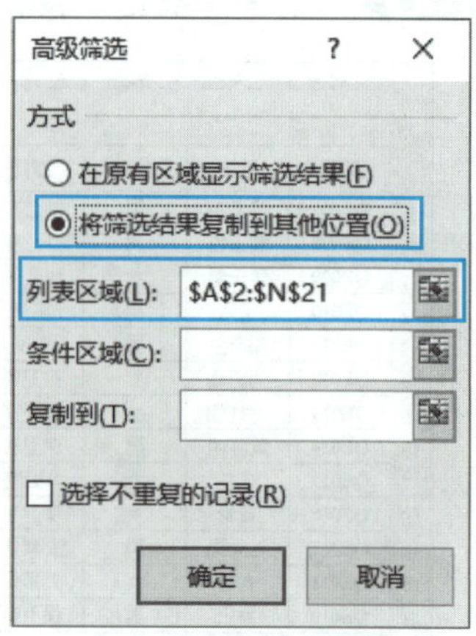

图 3-47　设置筛选方式和列表区域

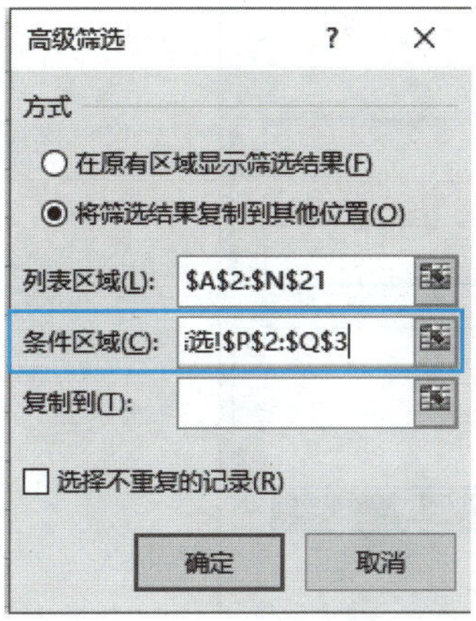

图 3-48 设置条件区域

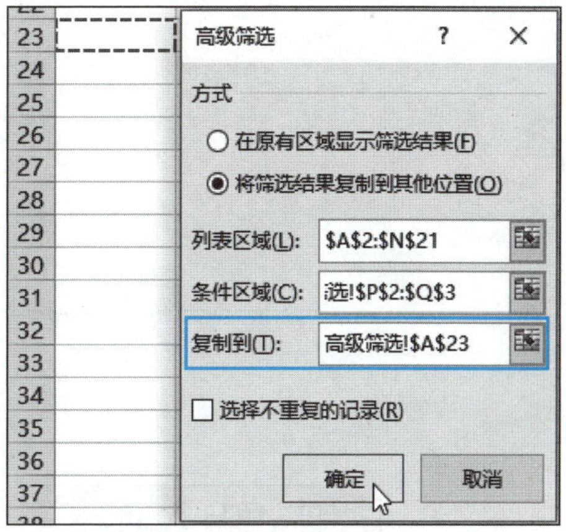

图 3-49 设置筛选结果放置位置

步骤 6▶ 单击“确定”按钮，系统将根据筛选条件对工作表数据进行筛选，并将筛选结果放置到指定区域，如图 3-50 所示。

编号	姓名	性别	部门	职称	基本工资	全勤奖	职称工资	应发工资	个人社保	专项附加扣除	应纳税所得额	个人所得税	实发工资
QE009	蔡天慧	女	财务科	中级	6580	200	800	7580	690.90	1000	889.10	26.67	6862.43
QE012	刘思瑶	女	保卫科	中级	6320	200	800	7320	663.60	1100	556.40	16.69	6639.71
QE013	刘虹翎	女	办公室	中级	6420	200	800	7420	674.10	2000	(254.10)	0.00	6745.90
QE015	江兰	女	办公室	中级	6410	200	800	7410	673.05	1000	736.95	22.11	6714.84
QE016	曾青	女	保卫科	中级	6410	0	800	7210	673.05	1000	536.95	16.11	6520.84
QE018	龙丹	女	人事处	高级	6850	200	2000	9050	719.25	2000	1330.75	39.92	8290.83

1月份工资 | 排序 | 自动筛选 | 高级筛选

图 3-50 高级筛选结果

五、分类汇总数据

下面将工资数据按“部门”汇总“实发工资”的平均值。

步骤 1▶ 使用同样的方法，复制“1 月份工资”工作表到“高级筛选”工作表的右侧，并将复制的工作表重命名为“分类汇总”。

步骤 2▶ 在“分类汇总”工作表中单击“部门”列的任意单元格，然后单击“数据”选项卡“排序和筛选”组中的“升序”按钮 A↓Z，对“部门”列数据进行升序排列。

小提示

> 在进行分类汇总前，必须要对作为分类字段的列进行排序。

步骤 3▶ 单击数据区域的任意单元格，然后单击“数据”选项卡“分级显示”组中的“分类汇总”按钮，打开“分类汇总”对话框。在“分类字段”下拉列表中选择要分类的字段“部门”；在“汇总方式”下拉列表中选择汇总方式“平均值”；在“选定汇总项”列表框中选择要汇总的项目“实发工资”，如图 3-51 所示。

步骤 4▶ 单击“确定”按钮，即可将实发工资数据按部门汇总平均值，效果如图 3-52 所示。

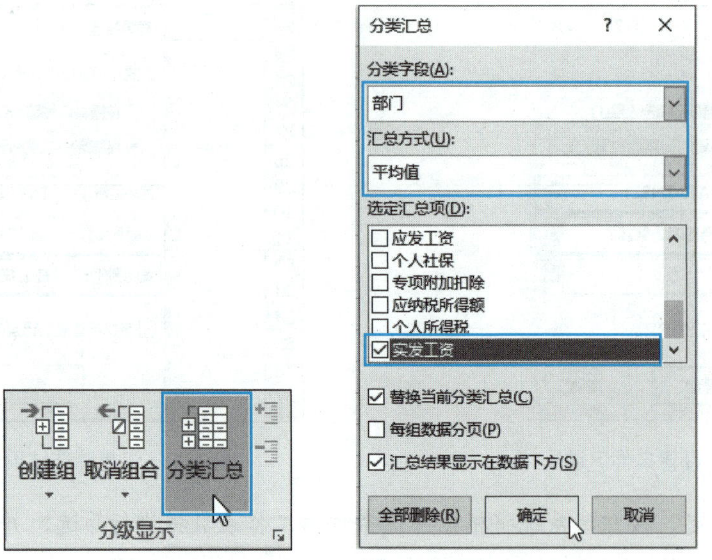

图 3-51　设置分类汇总参数

职工工资表

编号	姓名	性别	部门	职称	基本工资	全勤奖	职称工资	应发工资	个人社保	专项附加扣除	应纳税所得额	个人所得税	实发工资
QE007	蔡孟庭	男	办公室	中级	6570	200	800	7570	689.85	1000	880.15	26.40	6853.75
QE008	袁玉琳	男	办公室	中级	6570	200	800	7570	689.85	2000	(119.85)	0.00	6880.15
QE013	刘虹翎	女	办公室	中级	6420	200	800	7420	674.10	2000	(254.10)	0.00	6745.90
QE015	江兰	女	办公室	中级	6410	200	800	7410	673.05	1000	736.95	22.11	6714.84
			办公室 平均值										6798.66
QE012	刘思瑶	女	保卫科	中级	6320	200	800	7320	663.60	1100	556.40	16.69	6639.71
QE014	黄际南	男	保卫科	中级	6480	0	800	7280	680.40	1000	599.60	17.99	6581.61
QE016	曾青	女	保卫科	中级	6410	0	800	7210	673.05	1000	536.95	16.11	6520.84
QE019	罗平	男	保卫科	高级	6860	200	2000	9060	720.30	1000	2339.70	70.19	8269.51
			保卫科 平均值										7002.92
QE002	王芳	女	财务科	初级	5340	200	500	6040	560.70	1000	(520.70)	0.00	5479.30
QE003	刘佳妹	女	财务科	初级	5340	0	500	5840	560.70	1100	(820.70)	0.00	5279.30
QE009	蔡天慧	女	财务科	中级	6580	200	800	7580	690.90	1000	889.10	26.67	6862.43
			财务科 平均值										5873.68
QE004	李高海	男	车间	初级	5870	200	500	6570	616.35	0	953.65	28.61	5925.04
QE005	尹祥	男	车间	初级	5870	200	500	6570	616.35	1100	(146.35)	0.00	5953.65
QE006	张洁	女	车间	初级	5750	0	500	6250	603.75	0	646.25	19.39	5626.86
QE010	玉容	男	车间	中级	6150	200	800	7150	645.75	0	1504.25	45.13	6459.12
QE011	邓东生	男	车间	中级	6450	0	800	7250	677.25	1100	472.75	14.18	6558.57
			车间 平均值										6104.65
QE001	王悦	男	人事处	初级	5000	200	500	5700	525.00	1100	(925.00)	0.00	5175.00
QE017	毛秀凤	男	人事处	副高	6750	200	1000	7950	708.75	2000	241.25	7.24	7234.01
QE018	龙丹	女	人事处	高级	6850	200	2000	9050	719.25	2000	1330.75	39.92	8290.83
			人事处 平均值										6899.95
			总计平均值										6528.97

1月份工资　排序　自动筛选　高级筛选　分类汇总

图 3-52　按部门对实发工资进行平均值汇总效果

小技巧

如果希望对该数据表继续以“部门”作为分类字段，选择其他汇总方式和汇总项进行分类汇总，可再次打开“分类汇总”对话框，在“汇总方式”下拉列表中选择其他汇总方式，在“选定汇总项”列表框中选择其他汇总项，然后取消选中“替换当前分类汇总”复选框，最后单击“确定”按钮。该方式也称为多重分类汇总。

步骤 5▶ 对工作表中的数据进行分类汇总后，在工作表的左上方将显示分级显示符号[1][2][3]，数字越大，级别越低。单击分级显示符号[2]，将显示 2 级数据，较低级别的明细数据将隐藏起来，如图 3-53 所示。

职工工资表

行	编号	姓名	性别	部门	职称	基本工资	全勤奖	职称工资	应发工资	个人社保	专项附加扣除	应纳税所得额	个人所得税	实发工资
7			办公室 平均值											6798.66
12			保卫科 平均值											7002.92
16			财务科 平均值											5873.68
22			车间 平均值											6104.65
26			人事处 平均值											6899.95
27			总计平均值											6528.97

1月份工资 | 排序 | 自动筛选 | 高级筛选 | 分类汇总

图 3-53　分级显示数据

小 提 示

除分级显示符号外，在工作表的左侧还会显示折叠按钮[-]。单击该按钮[-]，可以隐藏对应组中的明细数据。此时按钮变成展开按钮[+]，单击该按钮可重新显示组中的明细数据，如图 3-54 所示。

职工工资表

行	编号	姓名	性别	部门	职称	基本工资	全勤奖	职称工资	应发工资	个人社保	专项附加扣除	应纳税所得额	个人所得税	实发工资
7			办公室 平均值											6798.66
12			保卫科 平均值											7002.92
13	QE002	王芳	女	财务科	初级	5340	200	500	6040	560.70	1000	(520.70)	0.00	5479.30
14	QE003	刘佳妹	女	财务科	初级	5340	0	500	5840	560.70	1100	(820.70)	0.00	5279.30
15	QE009	禁天慧	女	财务科	中级	6580	200	800	7580	690.90	1000	889.10	26.67	6862.43
16			财务科 平均值											5873.68
17	QE004	李亮海	男	车间	初级	5870	200	500	6570	616.35	0	953.65	28.61	5925.04
18	QE005	尹祥	男	车间	初级	5870	200	500	6570	616.35	1100	(146.35)	0.00	5953.65
19	QE006	张洁	女	车间	初级	5750	0	500	6250	603.75	0	646.25	19.39	5626.86
20	QE010	玉容	男	车间	中级	6150	200	800	7150	645.75	0	1504.25	45.13	6459.12
21	QE011	邓东生	男	车间	中级	6450	0	800	7250	677.25	1100	472.75	14.18	6558.57
22			车间 平均值											6104.65
23	QE001	王悦	男	人事处	初级	5000	200	500	5700	525.00	1100	(925.00)	0.00	5175.00
24	QE017	毛秀凤	男	人事处	副高	6750	200	1000	7950	708.75	2000	241.25	7.24	7234.01
25	QE018	龙丹	女	人事处	高级	6850	200	2000	9050	719.25	2000	1330.75	39.92	8290.83
26			人事处 平均值											6899.95
27			总计平均值											6528.97

1月份工资 | 排序 | 自动筛选 | 高级筛选 | 分类汇总

图 3-54　展开/折叠汇总项的原始数据

必备知识

一、使用公式和函数

1. 公式和函数

在 Excel 2016 中，公式是对工作表中的数据进行计算的表达式。利用公式可以对同一个工作表中各单元格的数据，同一个工作簿不同工作表中单元格的数据，以及不同工作簿的工作表中单元格的数据进行加、减、乘、除、乘方等运算。

要输入公式，必须先输入“=”，然后再在其后输入表达式，否则 Excel 2016 会将输入的内容作为文本型数据进行处理。表达式由运算符和参与运算的操作数组成：运算符可以是文本运算符、算术运算符、比较运算符和引用运算符；操作数可以是常量、单元格引用和函数等。图 3-55 分别是未使用函数和使用函数的公式。

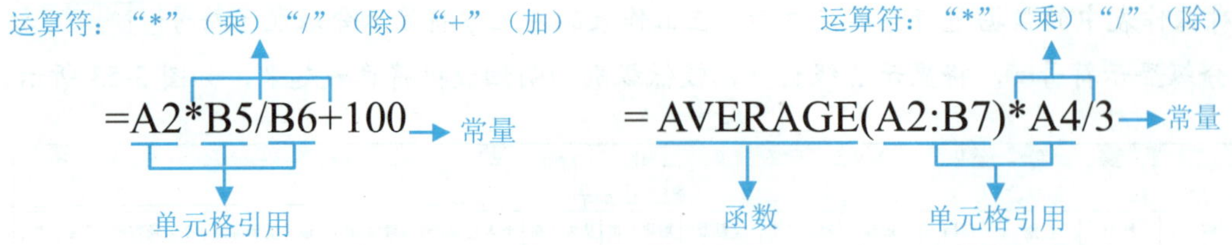

图 3-55 公式的组成元素

图 3-55 中未使用函数的公式的含义是：求 A2 单元格中的值乘 B5 单元格中的值再除以 B6 单元格中的值，然后加 100 的值；使用函数的公式的含义是：使用函数 AVERAGE 求 A2:B7 单元格区域的平均值，并将求出的平均值乘 A4 单元格中的值再除以 3。

函数是预先定义好的表达式，它必须包含在公式中。每个函数都由函数名和参数组成，函数名表示将执行的操作（如求平均值函数 AVERAGE），参数表示函数将使用的值的单元格地址，通常是一个单元格区域，也可以是更为复杂的内容。在公式中合理地使用函数，可以完成诸如求和、求平均值、逻辑判断等数据处理操作。

2. 公式中的运算符

运算符是用来对公式中的元素进行运算而规定的特殊符号。Excel 2016 包含 4 种类型的运算符：文本运算符、算术运算符、比较运算符和引用运算符。

（1）文本运算符。使用文本运算符"&"（与号）可将两个或多个文本值串起来，产生一个连续的文本值。

（2）算术运算符。算术运算符有 6 个，如表 3-2 所示。它们的作用是完成基本的数学运算并产生计算结果。

表 3-2 算术运算符及其含义

算术运算符	含 义	实 例
+（加号）	加法运算	A1+A2
−（减号）	减法运算、负号	A1−A2
*（星号）	乘法运算	A1*2
/（正斜杠）	除法运算	A1/3
%（百分号）	百分比	50%
^（脱字号）	乘方运算	2^3

（3）比较运算符。比较运算符有 6 个，如表 3-3 所示。它们的作用是比较两个值并得出一个逻辑值，即"TRUE"（真）或"FALSE"（假）。

表 3-3 比较运算符及其含义

比较运算符	含 义	比较运算符	含 义
>（大于号）	大于	>=（大于等于号）	大于等于
<（小于号）	小于	<=（小于等于号）	小于等于
=（等号）	等于	<>（不等号）	不等于

（4）引用运算符。引用运算符有 3 个，如表 3-4 所示。它们的作用是对单元格区域中的数据进行合并计算。

表 3-4 引用运算符及其含义

引用运算符	含 义	实 例
:（冒号）	区域运算符，用于引用连续的单元格区域	B5:D15
,（逗号）	联合运算符，用于引用多个单元格区域	B5:D15,F5:I15
（空格）	交叉运算符（单个空格），用于引用不连续的两个单元格区域的重叠部分	B7:D7 C6:C8

3. 单元格引用

单元格引用用于指明公式中所使用的数据的位置。通过单元格引用，可以在一个公式中使用当前工作表中不同单元格的数据，或在多个公式中使用同一个单元格的数据。此外，还可以引用同一个工作簿中不同工作表中的单元格，或其他工作簿中的单元格。当公式中引用的单元格的数据发生变化时，公式会自动更新其所在单元格的内容，也就是自动更新计算结果。

（1）相同或不同工作簿、工作表间的引用。

① 对于同一个工作表中的单元格引用，直接输入单元格或单元格区域地址即可。

② 在当前工作表中引用同一个工作簿、不同工作表中的单元格或单元格区域地址的表示方法为

工作表名称！单元格或单元格区域地址

例如，Sheet2!F8:F16，表示引用 Sheet2 工作表 F8:F16 单元格区域中的数据。

③ 在当前工作表中引用不同工作簿中的单元格或单元格区域地址的表示方法为

[工作簿名称.xlsx]工作表名称！单元格或单元格区域地址

（2）相对引用、绝对引用和混合引用。

Excel 公式中的引用分为相对引用、绝对引用和混合引用 3 种。

① 相对引用。相对引用是 Excel 默认的单元格引用方式。它直接用单元格的列标和行号表示单元格，如 B5；或用引用运算符表示单元格区域，如 B5:D15。默认情况下，在公式中对单元格的引用都是相对引用，如果公式所在单元格的位置改变，那么引用也会随之改变。

② 绝对引用。绝对引用指的是当复制公式到其他单元格时，Excel 保持公式所引用的单元格绝对位置不变。也就是说，它与包含公式的单元格的位置无关。其引用形式为在列标和行号的前面都加上“$”符号。例如，在公式中引用$B$5 单元格，则不论将公式复制或移动到什么位置，引用的单元格地址的行和列都不会改变。

③ 混合引用。混合引用指的是引用中既包含绝对引用又包含相对引用，如$A1 或 A$1 等，用于表示行变列不变或列变行不变的引用。如果公式所在单元格的位置改变，则相对引用改变，绝对引用不变。

二、排序、筛选和分类汇总

除了可以利用公式和函数对工作表数据进行计算和处理外，还可以利用 Excel 2016 提供的排序、筛选、分类汇总等功能来管理和分析工作表中的数据。

（1）排序。排序是对工作表中的数据进行重新组织安排的一种方式。在 Excel 2016 中，可以对一列或多列数据按文本、数字及日期和时间进行排序，还可以按自定义序列、格式（如单元格颜色、字体颜色等）进行排序。大多数排序操作都是按列排序，有时也可根据需要按行排序。

对多列数据进行排序时，需要在“排序”对话框中设置主要关键字条件和次要关键字条件。在主要关键字完全相同的情况下，会根据指定的次要关键字进行排序；在次要关键字完全相同的情况下，会根据指定的下一个次要关键字进行排序，依次类推。

（2）筛选。利用筛选功能可使数据表中仅显示满足条件的行，不满足条件的行将被隐藏。Excel 2016 提供了两种筛选方式——自动筛选和高级筛选。无论使用哪种筛选方式，要进行筛选操作，数据表中必须有列标题。

（3）分类汇总。利用分类汇总功能可以将数据表中的数据分门别类地统计处理，不需要建立公式，Excel 2016 会自动对各类别的数据进行求和、求平均值等多种计算。分类汇总有简单分类汇总、多重分类汇总和嵌套分类汇总之分。无论使用哪种汇总方式，进行分类汇总的数据表必须有列标题，而且在分类汇总前必须对作为分类字段的列进行排序。

小 提 示

在“分类字段”下拉列表中选择字段时，该字段必须是已经排序过的字段，如果选择没有排序的字段作为分类字段，最后的分类结果是错误的。

此外，在“分类汇总”对话框中设置选项时，在“选定汇总项”列表中选择的汇总项要与“汇总方式”下拉列表中选择的汇总方式相符合。例如，文本是不能进行求平均值计算的。

实践探索——加工学生成绩表数据

学生成绩是学生阶段性学习效果的直观体现，对成绩数据进行加工处理，可以更好地了解学生的学习情况。下面打开本书配套素材“项目三”/“任务二”/“学生成绩表.xlsx”工作簿，然后对成绩数据进行加工。

（1）使用函数计算总分，使用公式计算平均分，效果如图 3-56 所示。

	A	B	C	D	E	F	G	H	I	J	K
1	学号	班级	姓名	职业道德与就业指导	计算机应用	电子商务实务	商务会计	商务英语	市场营销	总分	平均分
2	20200401001	1	黄志新	76	68	88	97	85	90	504	84.00
3	20200401002	1	赵青芳	83	88	65	95	91	84	506	84.33
4	20200401003	1	张华	68	95	88	83	99	92	525	87.50
5	20200401004	1	李丽华	88	63	69	94	84	94	492	82.00
6	20200401005	1	黎娟娟	95	56	63	86	99	82	481	80.17
7	20200401006	1	江一鸣	63	84	88	84	96	76	491	81.83
8	20200401007	1	王秀芳	56	85	85	95	67	96	484	80.67
9	20200401008	1	刘曙光	84	85	94	92	63	88	506	84.33
10	20200401009	1	林立	85	80	88	97	83	83	516	86.00
11	20200401010	1	唐风林	85	57	66	91	68	68	435	72.50
12	20200401011	2	田中辉	80	88	85	78	66	88	485	80.83
13	20200401012	2	朱自强	57	77	85	83	54	95	451	75.17
14	20200401013	2	张军	88	81	80	99	65	63	476	79.33
15	20200401014	2	刘娇娇	77	83	79	81	88	56	464	77.33
16	20200401015	2	姜鹏飞	95	67	96	88	75	84	505	84.17
17	20200401016	2	石小龙	92	63	88	65	65	85	458	76.33
18	20200401017	2	王梦迪	97	83	83	68	62	85	478	79.67
19	20200401018	2	孙丽芳	91	68	68	65	88	80	460	76.67
20	20200401019	2	宋泽军	78	66	88	59	85	57	433	72.17
21	20200401020	2	蒋一一	83	54	95	88	94	88	502	83.67
22	20200401021	3	何勇强	99	65	63	69	88	77	461	76.83
23	20200401022	3	李婷	81	88	56	63	66	81	435	72.50
24	20200401023	3	马伟明	88	75	84	89	96	78	510	85.00
25	20200401024	3	曾明平	65	65	85	93	98	93	499	83.17
26	20200401025	3	刘薇	88	90	56	96	69	87	486	81.00
27	20200401026	3	王雪	69	84	84	58	63	86	444	74.00
28	20200401027	3	杨萍萍	63	92	85	65	89	84	478	79.67
29	20200401028	3	梁美玲	89	94	85	63	93	38	462	77.00
30	20200401029	3	赵力明	93	82	80	95	96	78	524	87.33
31	20200401030	3	熊小新	96	76	57	88	54	60	431	71.83

成绩数据 数据排序 数据筛选 高级筛选 分类汇总

图 3-56　计算总分和平均分

（2）将成绩数据按总分降序排列，如果总分相同，则按“电子商务实务”科目成绩降序排列，并将排序结果保存在“数据排序”工作表中，效果如图 3-57 所示。

	学号	班级	姓名	职业道德与就业指导	计算机应用	电子商务实务	商务会计	商务英语	市场营销	总分	平均分
2	20200401003	1	张华	68	95	88	83	99	92	525	87.50
3	20200401029	3	赵力明	93	82	80	95	96	78	524	87.33
4	20200401009	1	林立	85	80	88	97	83	83	516	86.00
5	20200401023	3	马伟明	88	75	84	89	96	78	510	85.00
6	20200401008	1	刘曙光	84	85	94	92	63	88	506	84.33
7	20200401002	1	赵青芳	83	88	65	95	91	84	506	84.33
8	20200401015	2	姜鹏飞	95	67	96	88	75	84	505	84.17
9	20200401001	1	黄志新	76	68	88	97	85	90	504	84.00
10	20200401020	2	蒋一一	83	54	95	88	94	88	502	83.67
11	20200401024	3	曾明平	65	65	85	93	98	93	499	83.17
12	20200401004	1	李丽华	88	63	69	94	84	94	492	82.00
13	20200401006	1	江一鸣	63	84	88	84	96	76	491	81.83
14	20200401025	3	刘薇	88	90	56	96	69	87	486	81.00
15	20200401011	2	田中辉	80	88	85	78	66	88	485	80.83
16	20200401007	1	王秀芳	56	85	85	95	67	96	484	80.67
17	20200401005	1	黎娟娟	95	56	63	86	99	82	481	80.17
18	20200401027	3	杨萍萍	63	92	85	65	89	84	478	79.67
19	20200401017	2	王梦迪	97	83	83	68	62	85	478	79.67
20	20200401013	2	张军	88	81	80	99	65	63	476	79.33
21	20200401014	2	刘娇娇	77	83	79	81	88	56	464	77.33
22	20200401028	3	梁美玲	89	94	85	63	93	38	462	77.00
23	20200401021	3	何勇强	99	65	63	69	88	77	461	76.83
24	20200401018	2	孙丽芳	91	68	68	65	88	80	460	76.67
25	20200401016	2	石小龙	92	63	88	65	65	85	458	76.33
26	20200401012	2	朱自强	57	77	85	83	54	95	451	75.17
27	20200401026	3	王雪	69	84	84	58	63	86	444	74.00
28	20200401010	1	唐风林	85	57	66	91	68	68	435	72.50
29	20200401022	3	李婷	81	88	56	63	66	81	435	72.50
30	20200401019	2	宋泽军	78	66	88	59	85	57	433	72.17
31	20200401030	3	熊小新	96	76	57	88	54	60	431	71.83

成绩数据 数据排序 数据筛选 高级筛选 分类汇总

图 3-57 排序数据

（3）将“职业道德与就业指导”科目成绩大于 80 的学生筛选出来，并将筛选结果保存在“数据筛选”工作表中，效果如图 3-58 所示。

	学号	班级	姓名	职业道德与就业指导	计算机应用	电子商务实务	商务会计	商务英语	市场营销	总分	平均分
3	20200401002	1	赵青芳	83	88	65	95	91	84	506	84.33
5	20200401004	1	李丽华	88	63	69	94	84	94	492	82.00
6	20200401005	1	黎娟娟	95	56	63	86	99	82	481	80.17
9	20200401008	1	刘曙光	84	85	94	92	63	88	506	84.33
10	20200401009	1	林立	85	80	88	97	83	83	516	86.00
11	20200401010	1	唐风林	85	57	66	91	68	68	435	72.50
14	20200401013	2	张军	88	81	80	99	65	63	476	79.33
16	20200401015	2	姜鹏飞	95	67	96	88	75	84	505	84.17
17	20200401016	2	石小龙	92	63	88	65	65	85	458	76.33
18	20200401017	2	王梦迪	97	83	83	68	62	85	478	79.67
19	20200401018	2	孙丽芳	91	68	68	65	88	80	460	76.67
21	20200401020	2	蒋一一	83	54	95	88	94	88	502	83.67
22	20200401021	3	何勇强	99	65	63	69	88	77	461	76.83
23	20200401022	3	李婷	81	88	56	63	66	81	435	72.50
24	20200401023	3	马伟明	88	75	84	89	96	78	510	85.00
26	20200401025	3	刘薇	88	90	56	96	69	87	486	81.00
29	20200401028	3	梁美玲	89	94	85	63	93	38	462	77.00
30	20200401029	3	赵力明	93	82	80	95	96	78	524	87.33
31	20200401030	3	熊小新	96	76	57	88	54	60	431	71.83

成绩数据 数据排序 数据筛选 高级筛选 分类汇总

图 3-58 自动筛选数据

（4）将“电子商务实务”“商务会计”“商务英语”“市场营销”各科目成绩均大于 80 的学生筛选出来，并将筛选结果保存在“高级筛选”工作表中，效果如图 3-59 所示。

	A	B	C	D	E	F	G	H	I	J	K
19	20200401018	2	孙丽芳	91	68	68	65	88	80	460	76.67
20	20200401019	2	宋泽军	78	66	88	59	85	57	433	72.17
21	20200401020	2	蒋一一	83	54	95	88	94	88	502	83.67
22	20200401021	3	何勇强	99	65	63	69	88	77	461	76.83
23	20200401022	3	李婷	81	88	56	63	66	81	435	72.50
24	20200401023	3	马伟明	88	75	84	89	96	78	510	85.00
25	20200401024	3	曾明平	65	65	85	93	98	93	499	83.17
26	20200401025	3	刘薇	88	90	56	96	69	87	486	81.00
27	20200401026	3	王雪	69	84	84	58	63	86	444	74.00
28	20200401027	3	杨萍萍	63	92	85	65	89	84	478	79.67
29	20200401028	3	梁美玲	89	94	85	63	93	38	462	77.00
30	20200401029	3	赵力明	93	82	80	95	96	78	524	87.33
31	20200401030	3	熊小新	96	76	57	88	54	60	431	71.83
32											
33	学号	班级	姓名	职业道德与就业指导	计算机应用	电子商务实务	商务会计	商务英语	市场营销	总分	平均分
34	20200401001	1	黄志新	76	68	88	97	85	90	504	84.00
35	20200401003	1	张华	68	95	88	83	99	92	525	87.50
36	20200401009	1	林立	85	80	88	97	83	83	516	86.00
37	20200401020	2	蒋一一	83	54	95	88	94	88	502	83.67
38	20200401024	3	曾明平	65	65	85	93	98	93	499	83.17
39											

成绩数据 数据排序 数据筛选 高级筛选 分类汇总

图 3-59　高级筛选数据

（5）将成绩数据以“班级”作为分类字段，对各科目成绩求平均值汇总，并将汇总结果保存在“分类汇总”工作表中，效果如图 3-60 所示。

	A	B	C	D	E	F	G	H	I
1	学号	班级	姓名	职业道德与就业指导	计算机应用	电子商务实务	商务会计	商务英语	市场营销
2	20200401001	1	黄志新	76	68	88	97	85	90
3	20200401002	1	赵青芳	83	88	65	95	91	84
4	20200401003	1	张华	68	95	88	83	99	92
5	20200401004	1	李丽华	88	63	69	94	84	94
6	20200401005	1	黎娟娟	95	56	63	86	99	82
7	20200401006	1	江一鸣	63	84	88	84	96	76
8	20200401007	1	王秀芳	56	85	85	95	67	96
9	20200401008	1	刘曙光	84	85	94	92	63	88
10	20200401009	1	林立	85	80	88	97	83	83
11	20200401010	1	唐风林	85	57	66	91	68	68
12		**1 平均值**		78.3	76.1	79.4	91.4	83.5	85.3
23		**2 平均值**		83.8	73	84.7	77.4	74.2	78.1
34		**3 平均值**		83.1	81.1	73.5	77.9	81.2	76.2
35		**总计平均值**		81.73333333	76.73333333	79.2	82.2333333	79.6333333	79.8666667

成绩数据 数据排序 数据筛选 高级筛选 分类汇总

图 3-60　分类汇总数据

任务三　使用 Excel 2016 分析表格数据

任务解读

Excel 2016 中的图表可以用图形来描述工作表中数据的特性，方便用户对数据进行比较和预测；而数据透视表可以从不同的角度帮助分析数据。数据透视图的作用与数据透视表相似，但它可以将数据以图形方式表示出来。

在本任务中，我们来学习使用图表、数据透视表和数据透视图对数据进行分析的方法。

体验探究——分析薪资管理表数据

饼图用于显示一个数据系列中各项的大小占总和的比例，其中的数据点显示为整个饼图的百分比；柱形图用于显示一段时间内的数据变化或显示各项之间的比较情况，通常沿水平轴组织类别，沿垂直轴组织数值。下面对“薪资管理.xlsx”工作簿中的数据进行分析，如制作职工实发工资分布统计图，按职称、姓名查看职工基本工资和实发工资的数据透视表和数据透视图，效果如图 3-61 和图 3-62 所示。

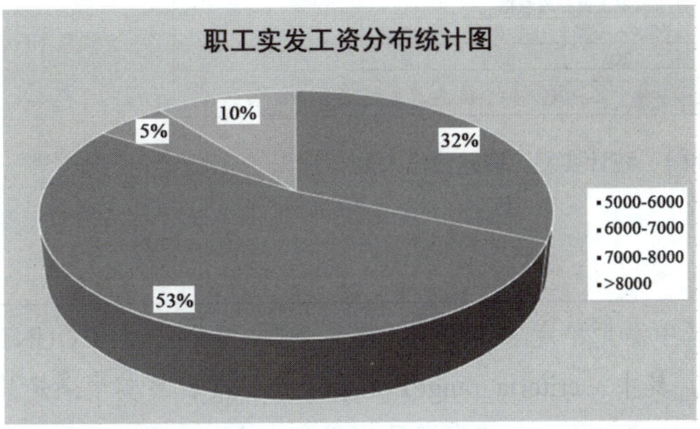

图 3-61　职工实发工资分布统计图

扫一扫

分析薪资管理表数据

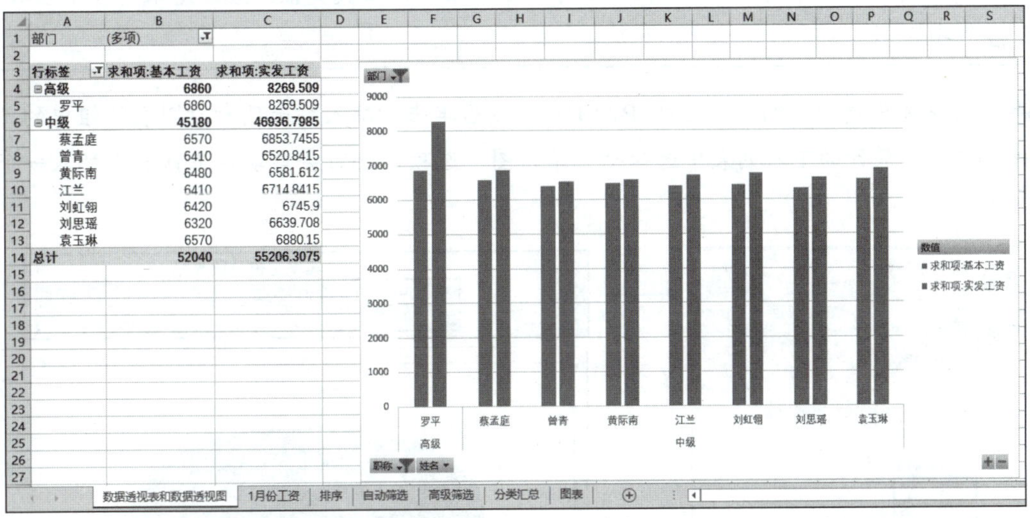

行标签	求和项:基本工资	求和项:实发工资
⊟高级	6860	8269.509
罗平	6860	8269.509
⊟中级	45180	46936.7985
蔡孟庭	6570	6853.7455
曾青	6410	6520.8415
黄际南	6480	6581.612
江兰	6410	6714.8415
刘虹翎	6420	6745.9
刘思瑶	6320	6639.708
袁玉琳	6570	6880.15
总计	52040	55206.3075

图 3-62　按职称、姓名查看职工基本工资和实发工资的数据透视表和数据透视图

一、制作职工实发工资分布统计图

步骤 1▶ 打开本书配套素材“项目三”/“任务三”/“薪资管理.xlsx”工作簿，将“1 月份工资”工作表复制一份，放在“分类汇总”工作表的右侧，并将复制的工作表重命名为“图表”。

步骤 2▶ 在“图表”工作表数据源的下方制作一个实发工资分段表格并对其进行简单的格式化，效果如图 3-63 所示。

实发工资分段表格			
5000-6000	6000-7000	7000-8000	>8000

图 3-63　制作统计表格

步骤 3▶ 在 B25 单元格中输入公式“=COUNTIFS($N$3:$N$21,">=5000",$N$3:$N$21,"<6000")”，确认后计算出实发工资在 5 000 元至 6 000 元的人数。

步骤 4▶ 向右拖动 B25 单元格的填充柄到 E25 单元格后释放鼠标，然后依次修改 C25、D25 和 E25 单元格中公式的条件，即修改第 2 个参数和第 4 个参数为其对应的分段数值，计算出各实发工资段的人数，如图 3-64 所示。

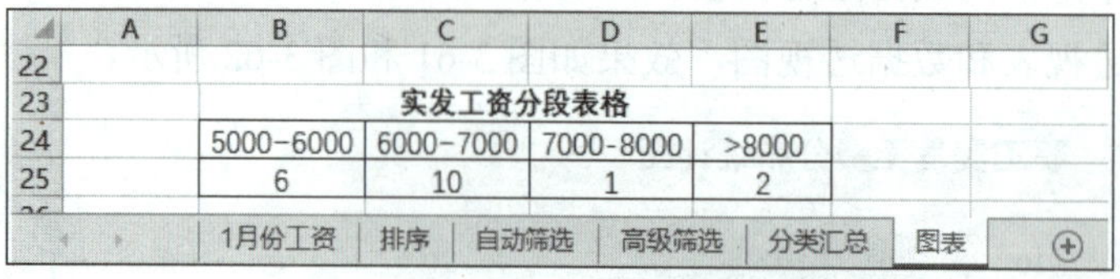

图 3-64　统计实发工资的分段人数

小 提 示

COUNTIFS 函数的作用是统计多个区域中满足给定条件的单元格的个数。其语法为：COUNTIFS(criteria_range1,criteria1,[criteria_range2,criteria2],…)。其中，criteria_range1 为第 1 个需要计算其中满足某个条件的单元格个数的单元格区域；criteria1 为第 1 个区域中的单元格需满足的条件，其形式可以为数字、表达式或文本；criteria_range2 为第 2 个条件区域，criteria2 为第 2 个条件，依次类推。最终结果为多个区域中满足所有条件的单元格个数。

步骤 5▶ 选中要创建图表的数据区域 B24:E25，然后单击“插入”选项卡“图表”组中的“插入饼图或圆环图”按钮，在展开的下拉列表中选择“三维饼图”选项，此时会自动在工作表中插入一个三维饼图，如图 3-65 所示。

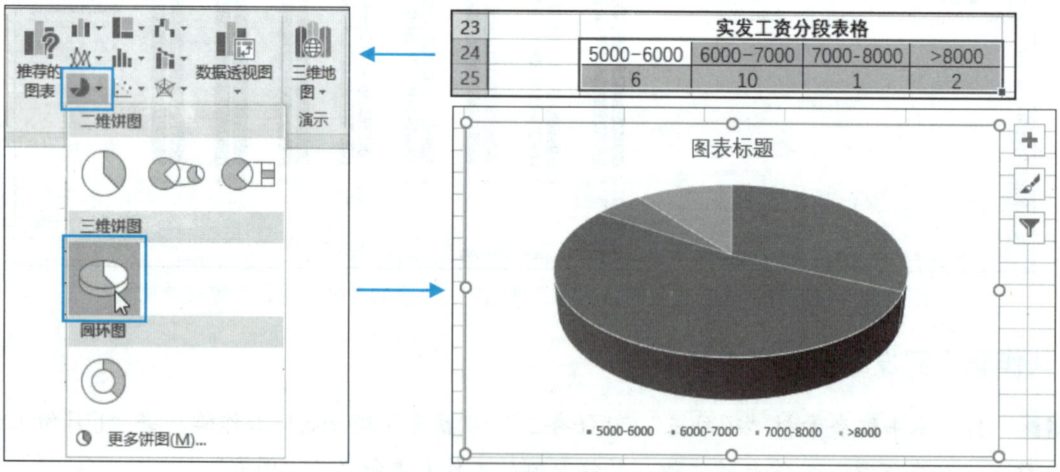

图 3-65　选择图表类型并插入图表

步骤 6▶ 单击图表右上角的“图表元素”按钮，展开下拉列表，将鼠标指针移到下拉列表中的“数据标签”选项上，然后单击其右侧的按钮，在展开的子列表中依次选择“数据标签内”选项和“更多选项”选项，打开“设置数据标签格式”任务窗格并显示“标签选项”选项卡，在“标签选项”设置区中取消“值”复选框的选中，然后选中“百分比”复选框，在三维饼图中显示百分比，如图 3-66 所示。

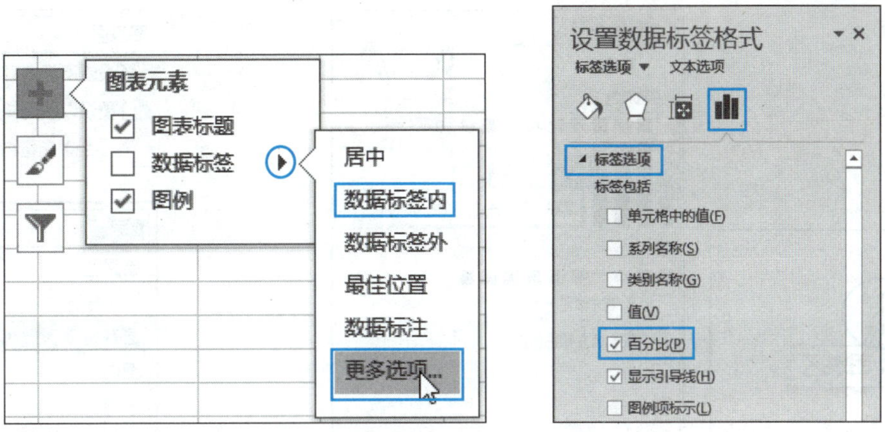

图 3-66　设置显示百分比数据标签

步骤 7▶ 再次单击“图表元素”按钮，然后将鼠标指针移到“图例”选项上，并单击其右侧的按钮，在展开的子列表中选择“右”选项，将图例置于图表的右侧，如图 3-67 所示。

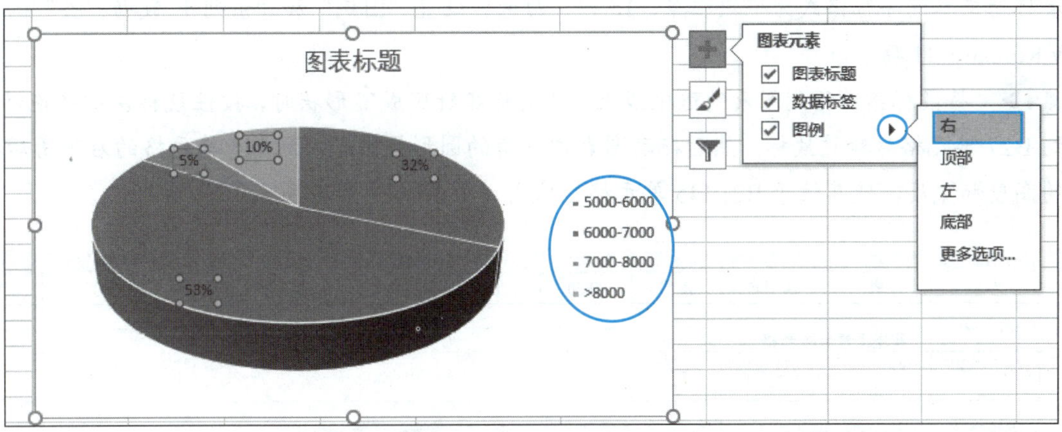

图 3-67　更改图例的位置

步骤 8▶ 将鼠标指针移到图表的空白处，待显示“图表区”字样时单击，以选中图表区，然后切换到“图表工具/格式”选项卡，单击“形状样式”组中的“形状填充”下拉按钮，在展开的下拉列表中选择“蓝色，个性色 1，淡色 60%”选项，如图 3-68 所示。

小 提 示

> 用户也可单击“图表工具/格式”选项卡“当前所选内容”组中“图表元素”编辑框 图表区 右侧的下拉按钮，在展开的下拉列表（见图 3-69）中选择图表的组成元素（选择不同的图表类型，该下拉列表中的选项也有所不同）。
>
> 在对图表的各组成元素进行设置时，都需要先选中要设置的元素，用户可参考选择图表区的方法来选择图表的其他组成元素。

步骤 9▶ 使用同样的方法，分别选中图表的组成元素“图例”选项和“系列 1 数据标签”选项，设置其形状填充均为“白色，背景 1”。

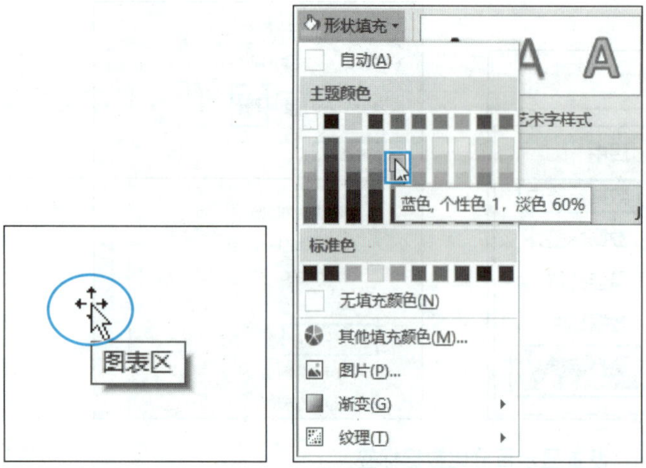

图 3-68　设置图表区的形状填充

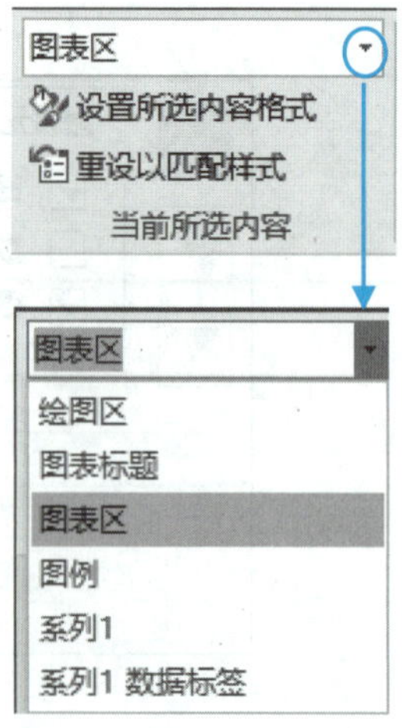

图 3-69　“图表元素”下拉列表

步骤 10▶ 将三维饼图中的示意文本“图表标题”改为“职工实发工资分布统计图”，并利用“开始”选项卡设置图表标题文本的字符格式为微软雅黑、18 磅、白色；设置“图例”和“系列 1 数据标签”的字符格式为 Times New Roman、11 磅。

步骤 11▶ 将鼠标指针移到图表的边框线上，待鼠标指针变成✥形状时，按住鼠标左键并拖动，将图表的左上角拖到 B27 单元格后释放鼠标，然后拖动图表右下角的圆形控制点，到 I45 单元格的右下角后释放鼠标，调整图表的高度和宽度，使其位于 B27:I45 单元格区域内，效果如图 3-70 所示。

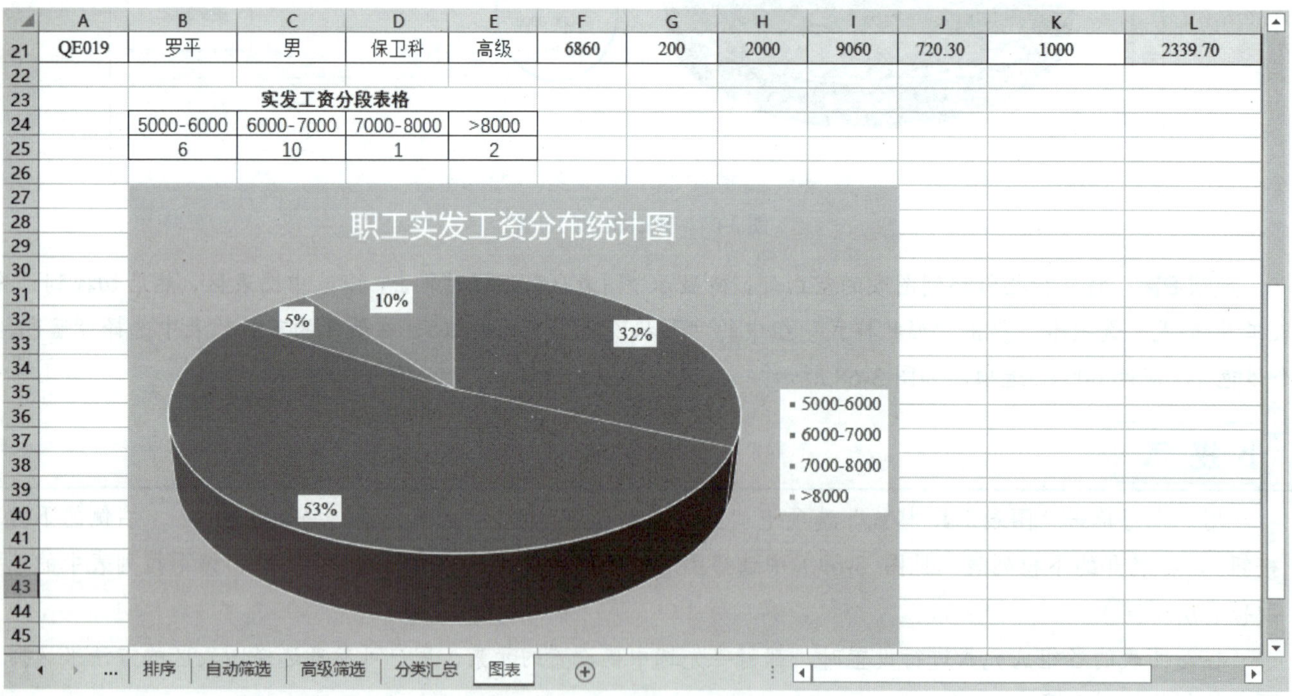

图 3-70　美化并移动位置后的图表

二、制作数据透视表

步骤 1▶ 继续在打开的工作簿中操作。切换到“1 月份工资”工作表，单击数据区域的任意单元格，然后单击“插入”选项卡“表格”组中的“数据透视表”按钮，打开“创建数据透视表”对话框，在“表/区域”

编辑框中自动显示了数据源区域，确认其无误后保持“新工作表”单选钮的选中状态，如图 3-71 所示。

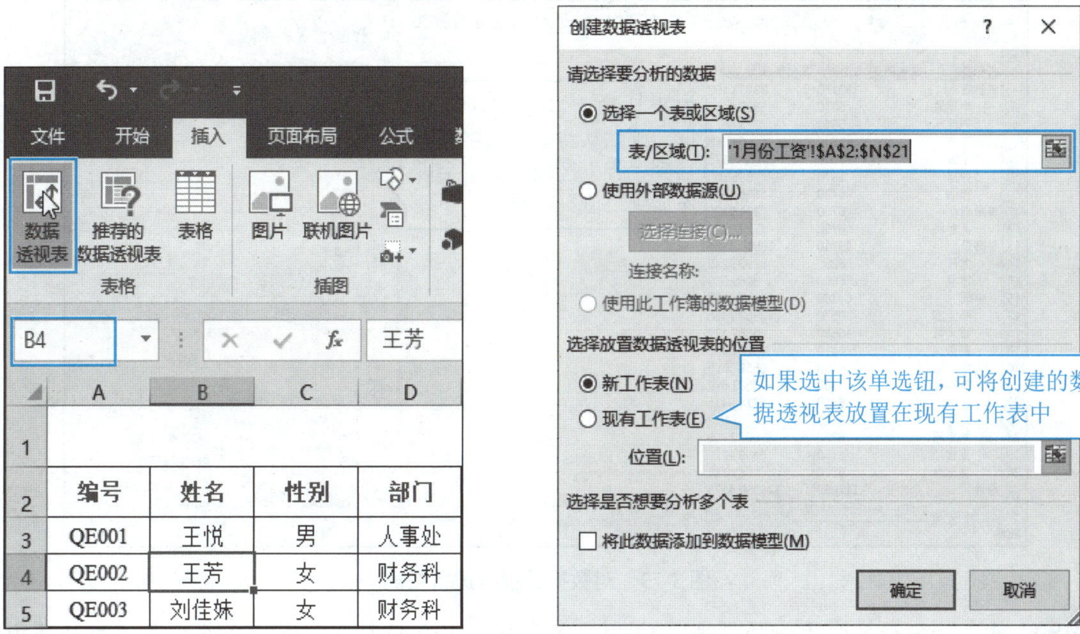

图 3-71　创建数据透视表

步骤 2▶　单击“确定”按钮，一个空的数据透视表会添加到新建的工作表中，“数据透视表工具”选项卡自动显示，工作表窗口右侧显示“数据透视表字段”任务窗格，以便用户添加、删除、移动字段，创建布局，对数据透视表中的字段进行排序和筛选等。将该工作表重命名为“数据透视表和数据透视图”，如图 3-72 所示。

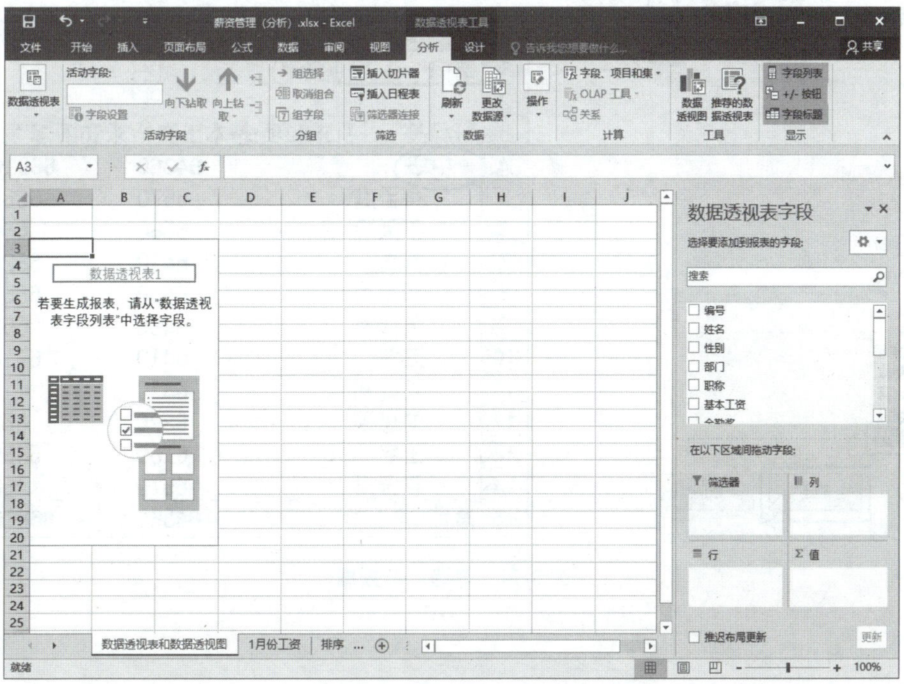

图 3-72　数据透视表框架

步骤 3▶　在“数据透视表字段”任务窗格中，将“部门”字段拖到“筛选器”区域，将“职称”和“姓名”字段拖到“行”区域，将“基本工资”和“实发工资”字段拖到“值”区域，即可汇总出所有部门各职称职工的基本工资和实发工资合计，如图 3-73 所示。

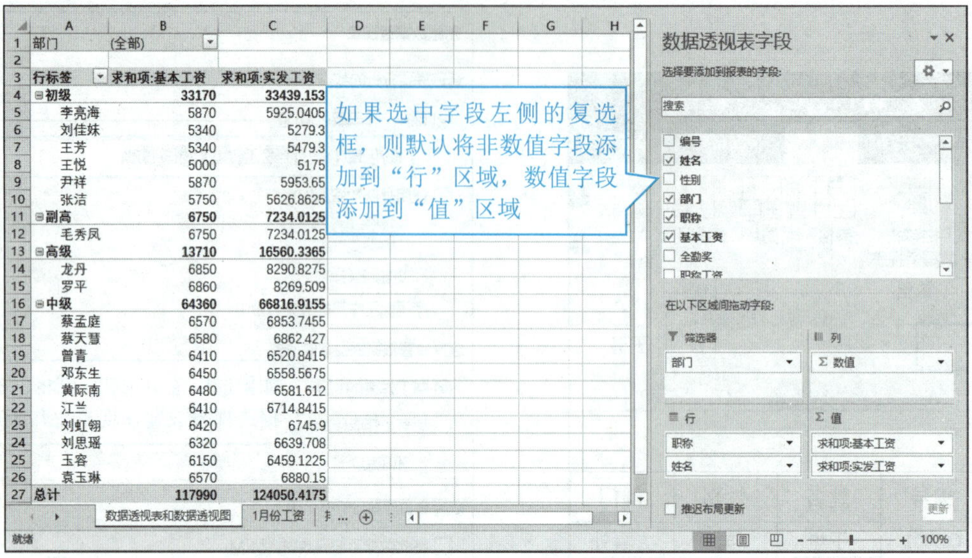

图 3-73　对数据透视表进行布局

步骤 4▶　单击“行标签”右侧的筛选按钮，在展开的下拉列表中取消“全选”复选框的选中状态，然后选择要查看的职称复选框，如“中级”，单击“确定”按钮，即可查看所有部门指定职称职工的基本工资和实发工资汇总情况，如图 3-74 所示。

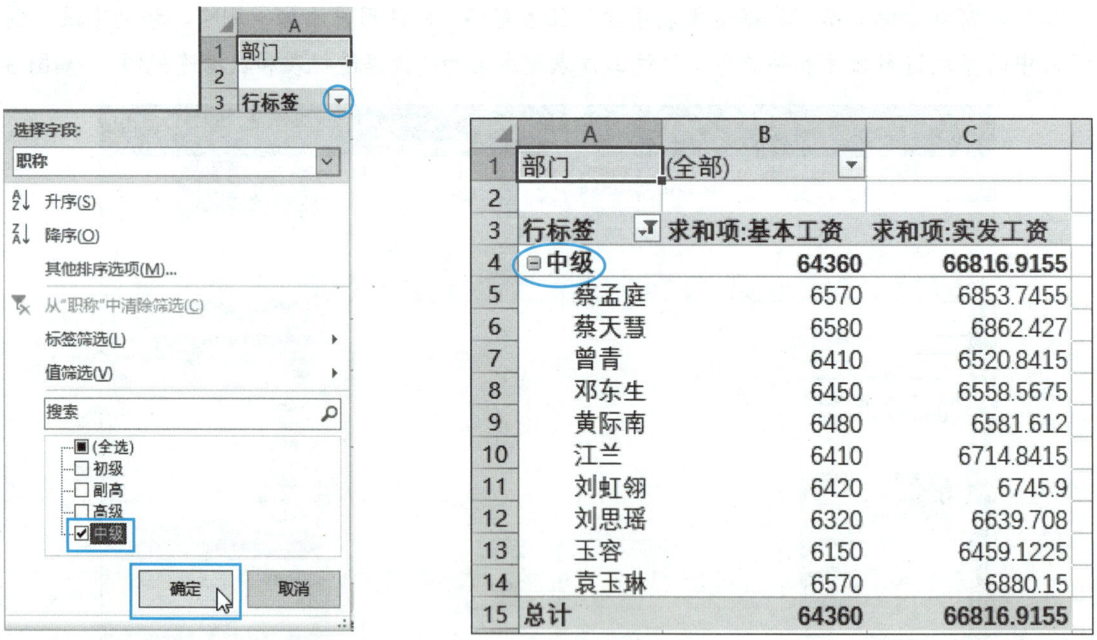

图 3-74　筛选汇总数据

小 提 示

用户可以随时调整字段布局区域的字段或计算类型来对工作表中的数据进行更多分析。例如，在字段布局区中将“值”区域中的“基本工资”字段拖出布局区以将其删除，然后将其他字段拖到该区域，可分析其他项目的汇总情况。

课堂互动

利用“部门”筛选按钮，分别查看“保卫科”和“财务科”职工的汇总情况。

三、制作数据透视图

步骤 1▶ 删除所有筛选条件后单击数据透视表区域的任意单元格，然后单击“数据透视表工具/分析”选项卡“工具”组中的“数据透视图”按钮，打开“插入图表”对话框，选择“柱形图”/“簇状柱形图”选项，如图 3-75 所示。

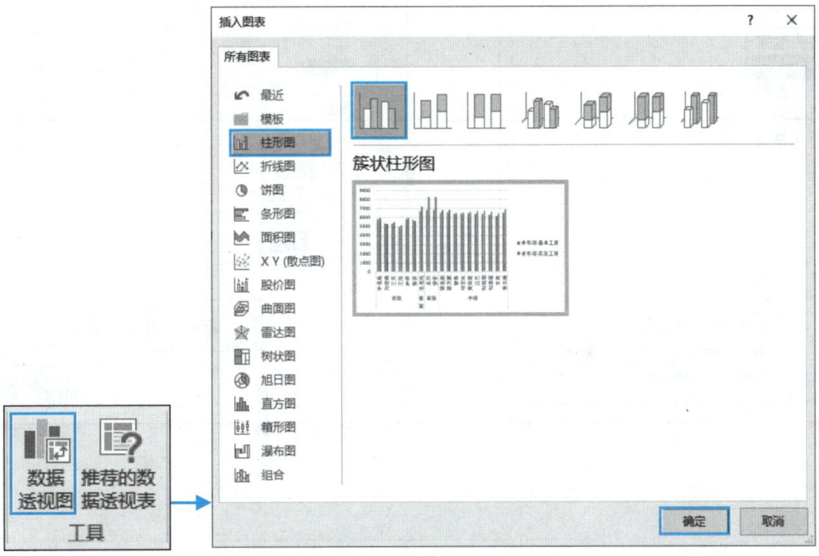

图 3-75 选择“簇状柱形图”选项

步骤 2▶ 单击“确定”按钮，即可在当前工作表中创建数据透视图。此时，功能区会自动显示“数据透视图工具”选项卡，如图 3-76 所示。

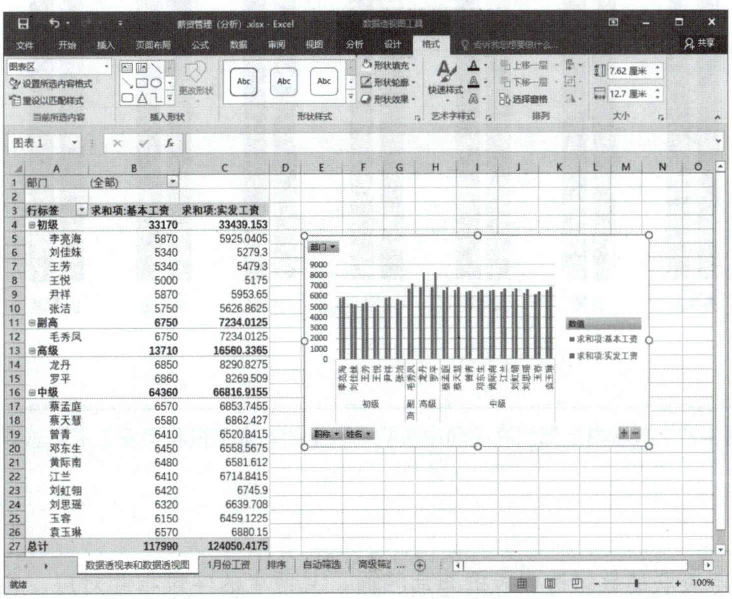

图 3-76 创建的数据透视图

步骤 3▶ 调整数据透视图的大小和位置，使其位于 E3:S27 单元格区域内。

步骤 4▶ 单击“部门”按钮，在展开的下拉列表中选中“选择多项”复选框，然后只保留“办公室”和“保卫科”复选框的选中状态，单击“确定”按钮；单击“职称”按钮，在展开的列表中取消“全选”复选框的选中状态，然后选中“高级”和“中级”复选框，单击“确定”按钮，即可查看这两个部门高级和中级职称职工的基本工资和实发工资的汇总情况，如图 3-77 所示。

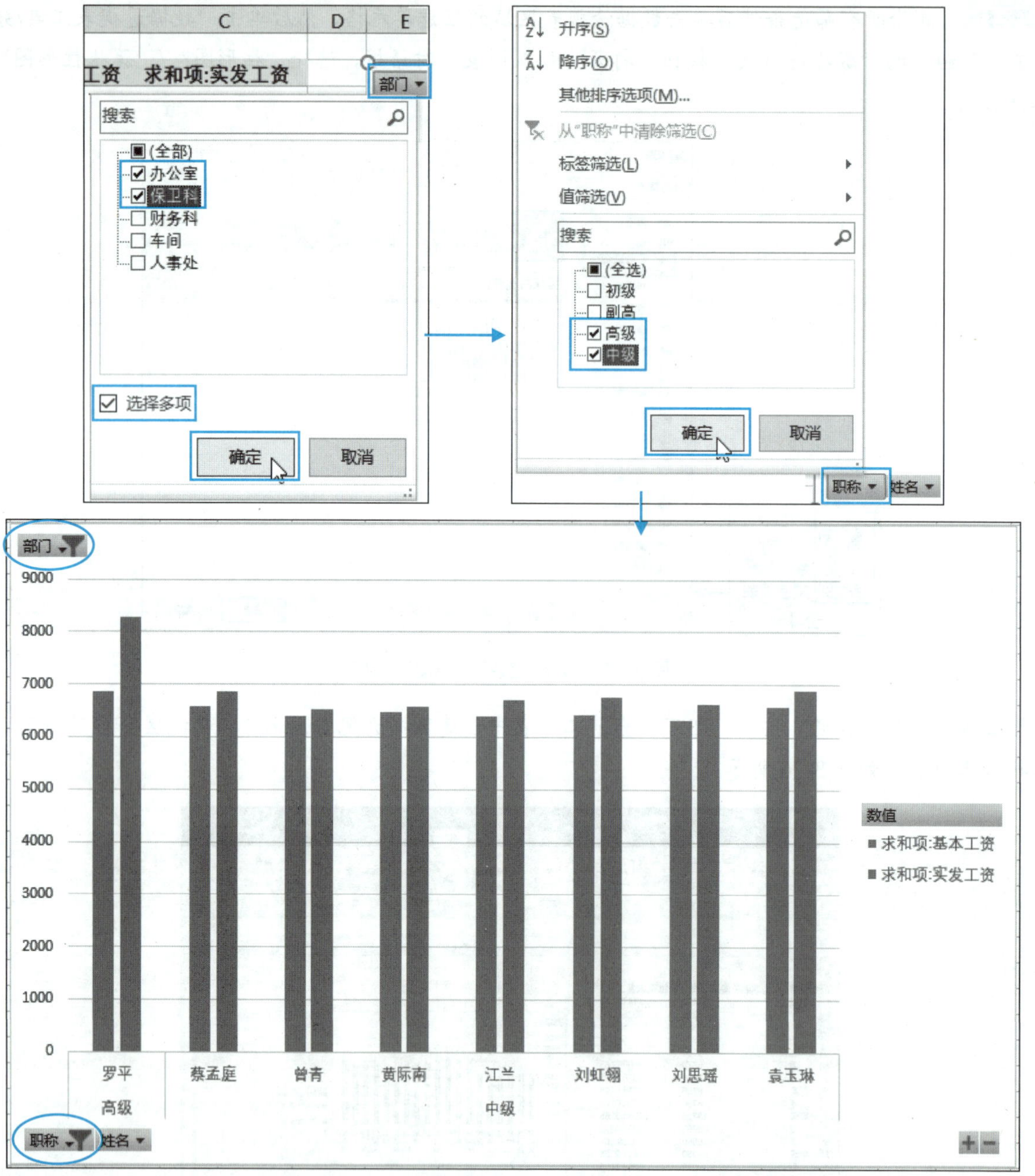

图 3-77 查看指定部门高级和中级职称职工的基本工资和实发工资汇总情况

小 提 示

数据透视图的布局与关联的数据透视表的布局相同，且两者的字段相互对应。在数据透视表中筛选汇总数据，也可实时在数据透视图上更新。

课堂互动

美化数据透视图相关组成元素的方法与美化图表类似，赶快去美化创建的数据透视图吧！

必备知识

一、图表

利用 Excel 2016 提供的图表可以直观地反映工作表中的数据，方便用户进行数据的比较和预测。

要创建和编辑图表，首先需要认识图表的组成元素（又称图表项），这里以柱形图为例，它主要由图表标题、图表区、绘图区、坐标轴、网格线、图例、数据系列等组成，如图 3-78 所示。

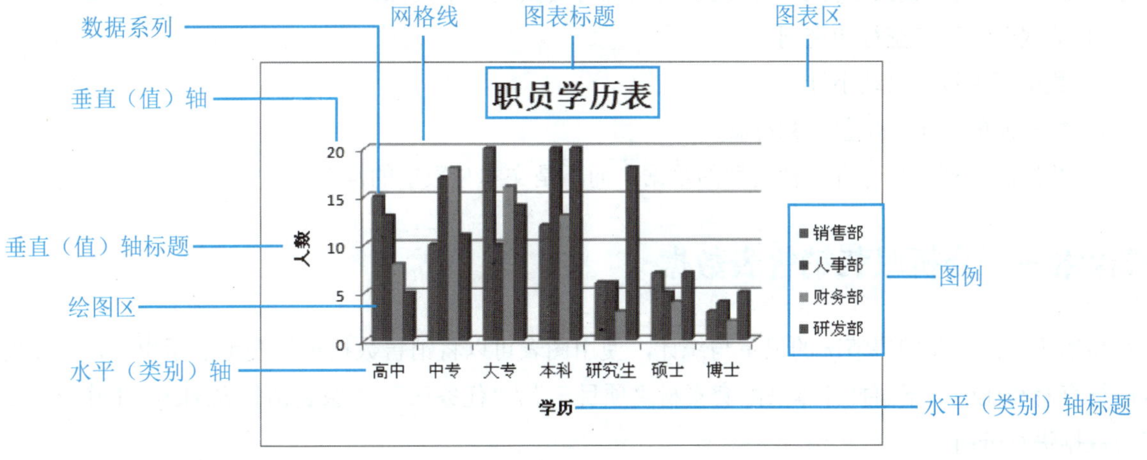

图 3-78 图表组成元素

Excel 2016 支持创建各种类型的图表，如柱形图、折线图、饼图、条形图、面积图、散点图、瀑布图、股价图、组合图等。单击“插入”选项卡“图表”组中的图表类型按钮，在展开的下拉列表中可看到该图表类型包含的图表。如果单击该组右下角的对话框启动器按钮，在打开的“插入图表”对话框中可看到 Excel 2016 提供的所有图表类型，如图 3-79 所示。

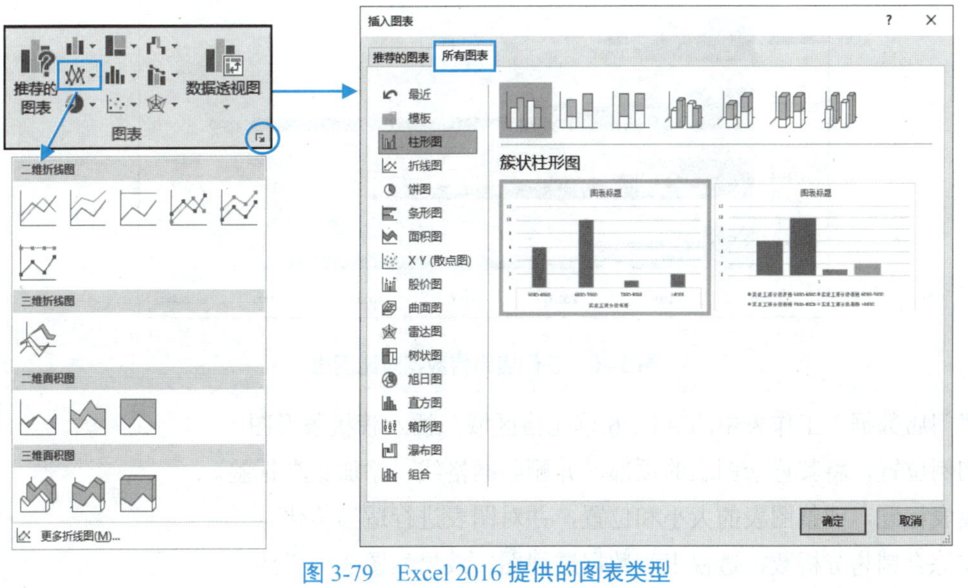

图 3-79 Excel 2016 提供的图表类型

利用“推荐的图表”功能，系统会自动为用户选中的数据区域提供不同形式的图表，用户只需要从中选择一种合适的图表类型即可。

在 Excel 2016 中，选择要创建图表的数据区域，然后选择一种图表类型，即可创建图表。创建图表后，可利用“图表工具/设计”选项卡和“图表工具/格式”选项卡对图表进行编辑和美化操作。

二、数据透视表和数据透视图

数据透视表是一种能够对大量数据进行快速分类汇总的交互式表格，用户可以通过调整其行或列的位置来查看对数据源的不同汇总，还可以利用筛选器或通过显示不同的行、列标签来筛选数据。

数据透视图的作用与数据透视表相似，不同的是它可以将数据以图形的方式表示出来。数据透视图通常有一个使用相同布局的相关联的数据透视表，两个图表中的字段相互对应。

为确保数据可用于数据透视表，在创建数据源时要做到以下几点：

（1）数据源中没有空行和空列。

（2）数据源中没有自动小计。

（3）数据源的第 1 行中包含列标签。

（4）数据源每列中只包含一种类型的数据，而不是文本与数字的混合。

实践探索——分析服装销售表数据

产品销售表是产品销售情况的记录与统计，使用图表可以将销售数据更直观地展示出来，方便用户从不同角度进行查看和比较。下面打开本书配套素材“项目三”/“任务三”/“服装销售表.xlsx”工作簿，按如下要求对销售数据进行分析。

（1）制作各门店销售数据对比图表，效果如图 3-80 所示。

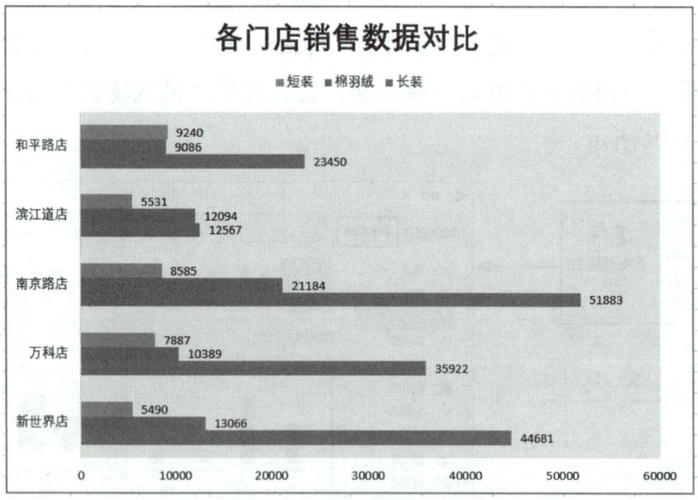

图 3-80　各门店销售数据对比图表

① 选中“门店数据”工作表中的 A1:D6 单元格区域，插入簇状条形图。

② 更改图例位置，将其置于图表的顶部，并删除网格线、添加数据标签。

③ 更改图表标题，调整图表的大小和位置，并对图表进行适当美化。

（2）制作综合销售分析数据透视表和数据透视图，效果如图 3-81 所示。

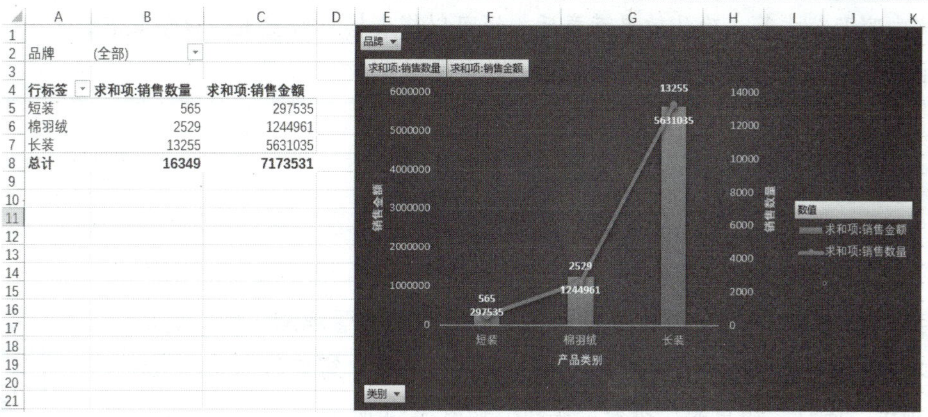

图 3-81　综合销售分析数据透视表和数据透视图

① 单击“销售数据”工作表中数据区域的任意单元格，插入数据透视表，并将其放置在新工作表中，然后对数据透视表进行布局，如图 3-82 所示。

② 插入数据透视图，此处选择组合图，即打开“插入图表”对话框，选择“组合”选项，将“求和项：销售数量”用折线图表示，“求和项：销售金额”用簇状柱形图表示，然后选中“求和项：销售数量”右侧的“次坐标轴”复选框，如图 3-83 所示。

③ 为数据透视图添加数据标签，调整其大小和位置，并对其进行适当美化。

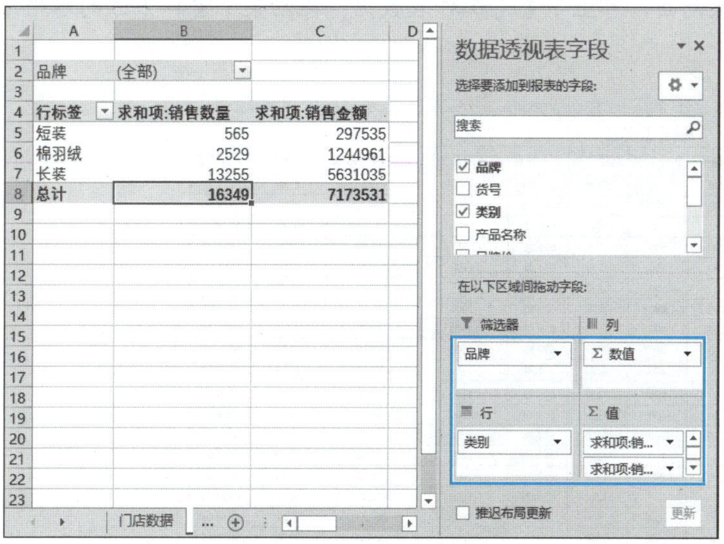

图 3-82　布局字段

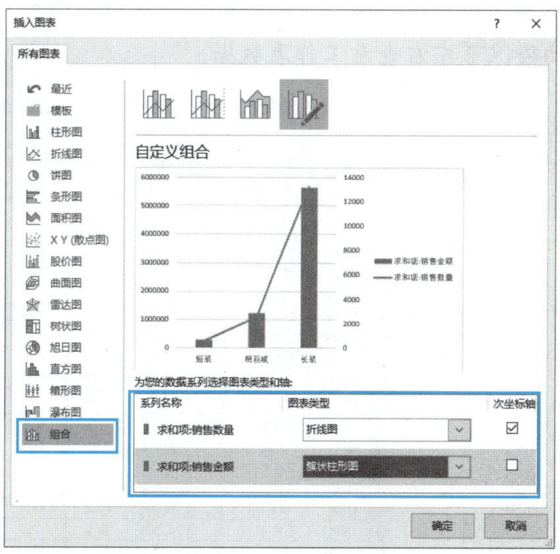

图 3-83　设置组合图表选项

任务四　使用 Excel 2016 查看、保护和打印表格

任务解读

工作表制作好后，可以使用 Excel 的拆分和冻结功能查看行、列数较多的表格；为了防止重要数据被他人查看、修改或删除，可以利用 Excel 提供的保护功能，对工作簿、工作表或单元格设置保护措施，或隐藏

工作表、单元格内容及公式等。确认效果满意后，还可以将表格打印出来，以便查看。

在本任务中，我们来学习查看、保护和打印表格的方法。

体验探究——查看、保护并打印薪资管理表

一、拆分、冻结窗格

步骤 1▶ 打开本书配套素材“项目三”/“任务四”/“薪资管理.xlsx”工作簿。切换到“1 月份工资”工作表中，单击 F13 单元格，确定需要拆分窗口的位置，然后单击“视图”选项卡“窗口”组中的“拆分”按钮，如图 3-84 所示。

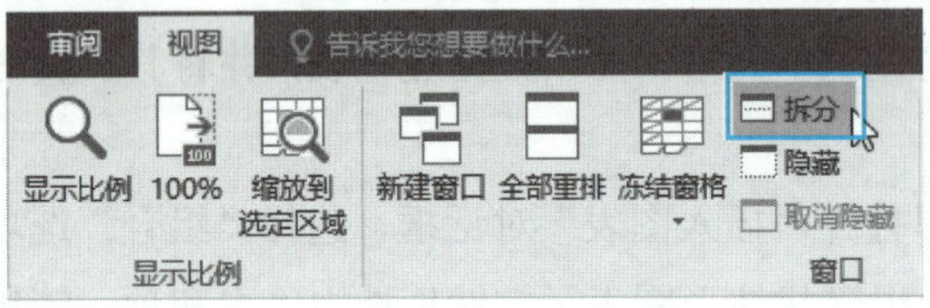

图 3-84　单击“拆分”按钮

扫一扫

查看、保护并打印薪资管理表

步骤 2▶ 此时，在选中单元格的上方和左侧出现拆分条，并且工作表被拆分成上、下、左、右 4 个独立的窗口（见图 3-85）。拖动某个窗口右侧的垂直滚动条，可上下查看工作表数据；拖动某个窗口下方的水平滚动条，可左右查看工作表数据。

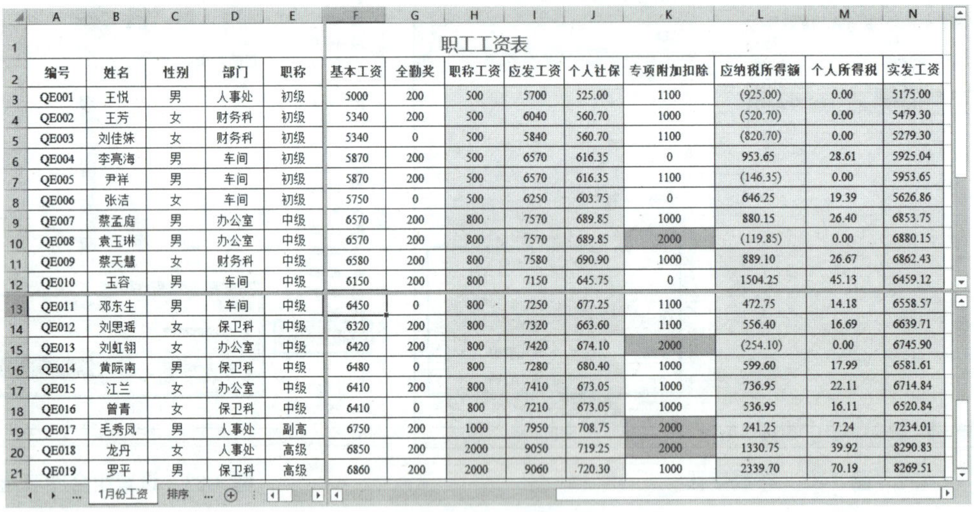

	A	B	C	D	E	F	G	H	I	J	K	L	M	N
1						职工工资表								
2	编号	姓名	性别	部门	职称	基本工资	全勤奖	职称工资	应发工资	个人社保	专项附加扣除	应纳税所得额	个人所得税	实发工资
3	QE001	王悦	男	人事处	初级	5000	200	500	5700	525.00	1100	(925.00)	0.00	5175.00
4	QE002	王芳	女	财务科	初级	5340	200	500	6040	560.70	1000	(520.70)	0.00	5479.30
5	QE003	刘佳妹	女	财务科	初级	5340	0	500	5840	560.70	1100	(820.70)	0.00	5279.30
6	QE004	李亮海	男	车间	初级	5870	200	500	6570	616.35	0	953.65	28.61	5925.04
7	QE005	尹祥	男	车间	初级	5870	200	500	6570	616.35	1100	(146.35)	0.00	5953.65
8	QE006	张洁	女	车间	初级	5750	0	500	6250	603.75	0	646.25	19.39	5626.86
9	QE007	蔡孟庭	男	办公室	中级	6570	200	800	7570	689.85	1000	880.15	26.40	6853.75
10	QE008	袁玉琳	男	办公室	中级	6570	200	800	7570	689.85	2000	(119.85)	0.00	6880.15
11	QE009	蔡天慧	女	财务科	中级	6580	200	800	7580	690.90	1000	889.10	26.67	6862.43
12	QE010	玉容	男	车间	中级	6150	200	800	7150	645.75	0	1504.25	45.13	6459.12
13	QE011	邓东生	男	车间	中级	6450	0	800	7250	677.25	1100	472.75	14.18	6558.57
14	QE012	刘思瑶	女	保卫科	中级	6320	200	800	7320	663.60	1100	556.40	16.69	6639.71
15	QE013	刘虹翎	女	办公室	中级	6420	200	800	7420	674.10	2000	(254.10)	0.00	6745.90
16	QE014	黄际南	男	保卫科	中级	6480	0	800	7280	680.40	1000	599.60	17.99	6581.61
17	QE015	江兰	女	办公室	中级	6410	200	800	7410	673.05	1000	736.95	22.11	6714.84
18	QE016	曾青	女	保卫科	中级	6410	0	800	7210	673.05	1000	536.95	16.11	6520.84
19	QE017	毛秀凤	男	人事处	副高	6750	200	1000	7950	708.75	2000	241.25	7.24	7234.01
20	QE018	龙丹	女	人事处	高级	6850	200	2000	9050	719.25	2000	1330.75	39.92	8290.83
21	QE019	罗平	男	保卫科	高级	6860	200	2000	9060	720.30	1000	2339.70	70.19	8269.51

1月份工资　排序

图 3-85　拆分窗口效果

步骤 3▶ 双击拆分条或再次单击“拆分”按钮，取消窗口的拆分状态。

步骤 4▶ 选中表格的第 3 行，然后单击“视图”选项卡“窗口”组中的“冻结拆分窗格”按钮，在展开的下拉列表中选择“冻结拆分窗格”选项，如图 3-86 所示。

小提示

步骤 4 中冻结拆分窗格前，需要先取消窗口的拆分状态，否则会在拆分窗口处冻结窗格，而不是在第 3 行的上方。

步骤 5▶ 可看到，被冻结的窗格部分以黑线（第 2 行的下边线）区分，向下拖动垂直滚动条查看数据，选中行上方的行始终可见，如图 3-87 所示。

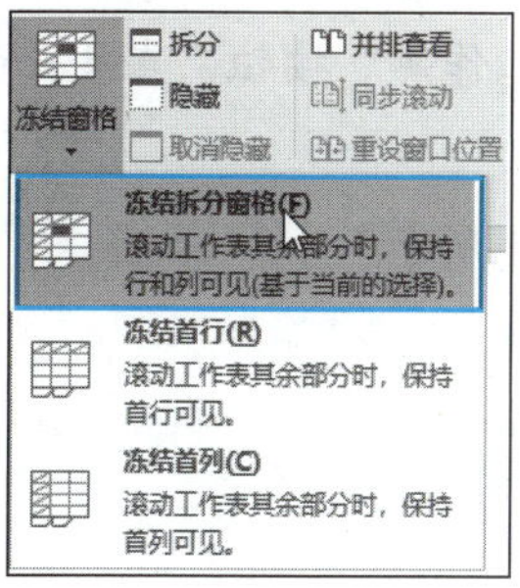

图 3-86 选择“冻结拆分窗格”选项

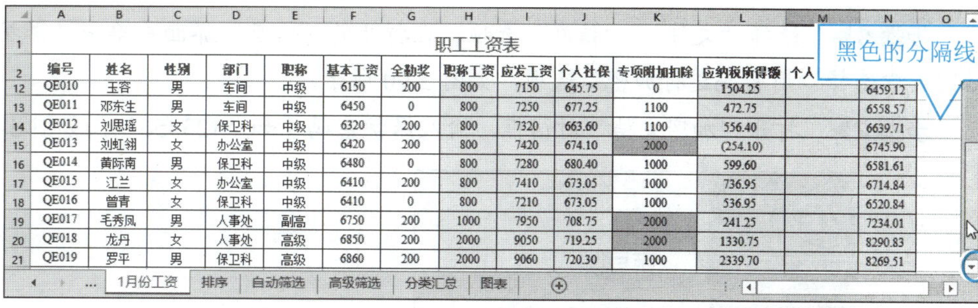

图 3-87 冻结拆分窗格效果

课堂互动

如果选择“冻结窗格”下拉列表中的“冻结首行”选项或“冻结首列”选项，可看到被冻结的窗格部分也以黑线区分，向下拖动垂直滚动条或向右拖动水平滚动条查看数据，首行或首列始终可见。快去试试吧！

二、隐藏和显示单元格内容

步骤 1▶ 在“1 月份工资”工作表中选中要隐藏内容的单元格区域 L3:L21。

步骤 2▶ 单击“开始”选项卡“数字”组右下角的对话框启动器按钮，打开“设置单元格格式”对话框，在“数字”选项卡的“分类”列表中选择“自定义”选项，然后在右侧的“类型”编辑框中输入 3 个半角分号“;;;”，如图 3-88 所示。

步骤 3▶ 单击“确定”按钮，可看到，选中单元格区域的内容被隐藏，如图 3-89 所示。此时，单击某个单元格后，可以在编辑栏中查看其内容。

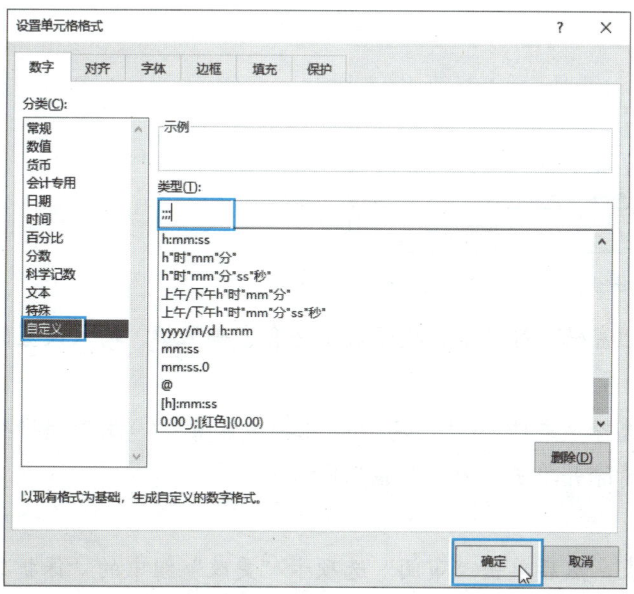

图 3-88 输入 3 个半角分号

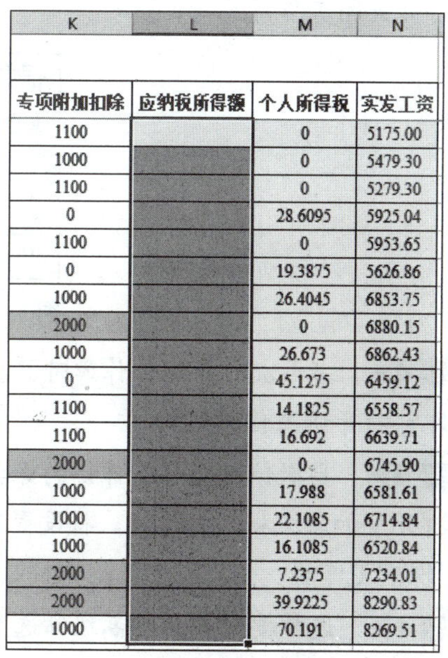

图 3-89 单元格内容被隐藏

要恢复显示隐藏的单元格内容，可选中相应的单元格区域，然后打开“设置单元格格式”对话框，将 3 个半角分号改成原来的数字格式类型并单击“确定”按钮即可。

三、保护工作簿和工作表

1. 保护工作簿

步骤 1▶ 选择“文件”/“信息”选项，在打开的“信息”界面中单击“保护工作簿”按钮，在展开的下拉列表中选择“用密码进行加密”选项，如图 3-90 所示。

步骤 2▶ 打开“加密文档”对话框，输入保护密码（如“123456”），如图 3-91 所示。

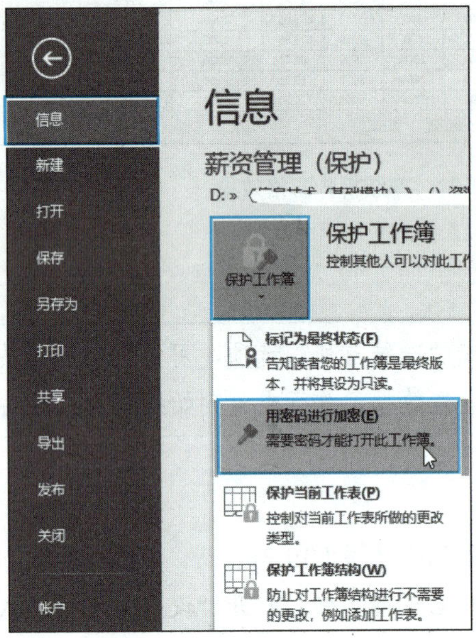

图 3-90　选择“用密码进行加密”选项

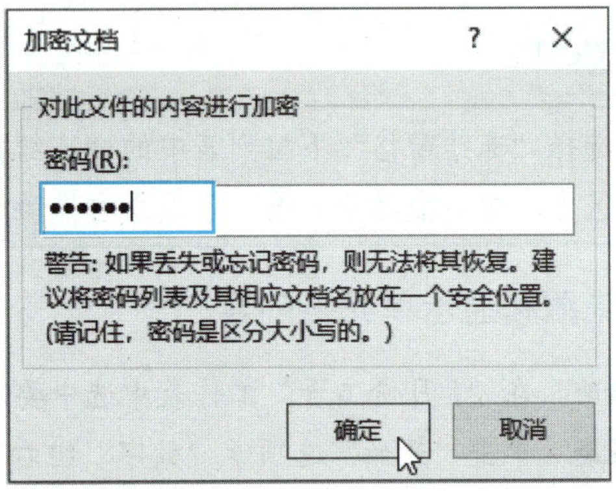

图 3-91　输入保护密码

步骤 3▶ 单击“确定”按钮，在打开的“确认密码”对话框中输入同样的密码并确定，返回“信息”界面，此时可看到“保护工作簿”选项突出显示，并显示“需要密码才能打开此工作簿”字样，如图 3-92 所示。最后保存并关闭工作簿。

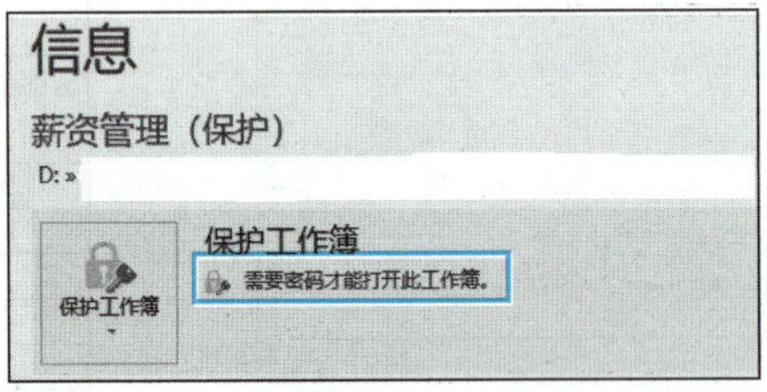

图 3-92　设置保护措施后的突出显示标识

步骤 4▶ 当再次打开该工作簿时，会弹出“密码”对话框，提示该文件有密码保护。输入设置的密码并确定，即可打开该工作簿。

步骤 5▶ 要撤销对整个工作簿的保护，可选择“文件”/“信息”/“保护工作簿”/“用密码进行加密”选项，打开“加密文档”对话框，将设置的密码清除并单击“确定”按钮即可。

2. 保护工作表

步骤 1▶ 选择要保护的“高级筛选”工作表，然后单击“审阅”选项卡“更改”组中的“保护工作表”按钮，打开“保护工作表”对话框，如图 3-93 所示。

步骤 2▶ 在“取消工作表保护时使用的密码”编辑框中输入密码；在“允许此工作表的所有用户进行”列表中选中允许的操作选项（它们决定了当前工作表进入保护状态后，用户除了无法编辑锁定的单元格内容之外，还可以进行哪些操作），这里保持默认。

步骤 3▶ 单击“确定”按钮，并在随后打开的“确认密码”对话框中输入同样的密码，单击“确定”按钮，最后保存工作簿。

步骤 4▶ 此时，工作表中的所有单元格都会被保护起来，不能进行未在“保护工作表”对话框中选中的操作。如果试图进行这些操作，系统会弹出如图 3-94 所示的提示对话框，提示用户该工作表是受保护的。

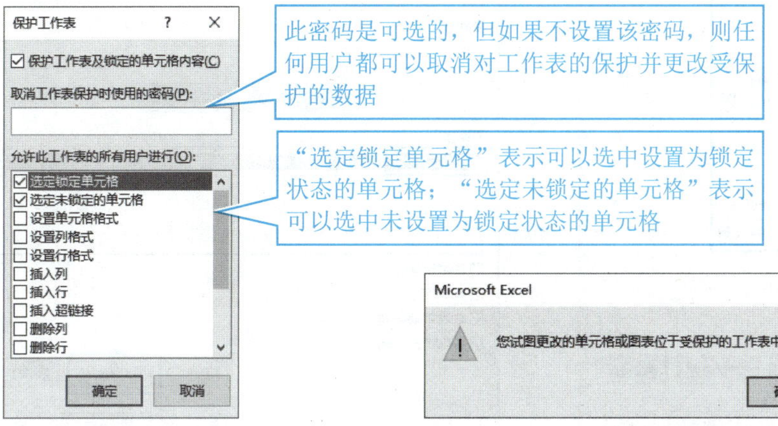

图 3-93 “保护工作表”对话框

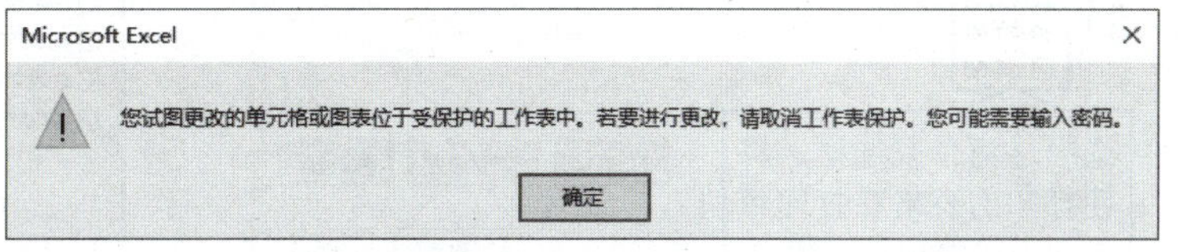

图 3-94 提示对话框

步骤 5▶ 要撤销对工作表的保护，只需单击“审阅”选项卡“更改”组中的“撤销工作表保护”按钮。如果设置了密码保护，此时会打开“撤销工作表保护”对话框，输入密码并单击“确定”按钮即可。

四、打印工作表

步骤 1▶ 切换到“图表”工作表，单击“页面布局”选项卡“页面设置”组中的“纸张大小”按钮，展开其下拉列表，保持“A4”选项的选中状态，如图 3-95 所示。

步骤 2▶ 单击“页面设置”组中的“纸张方向”按钮，在展开的下拉列表中选择“横向”选项，如图 3-96 所示。

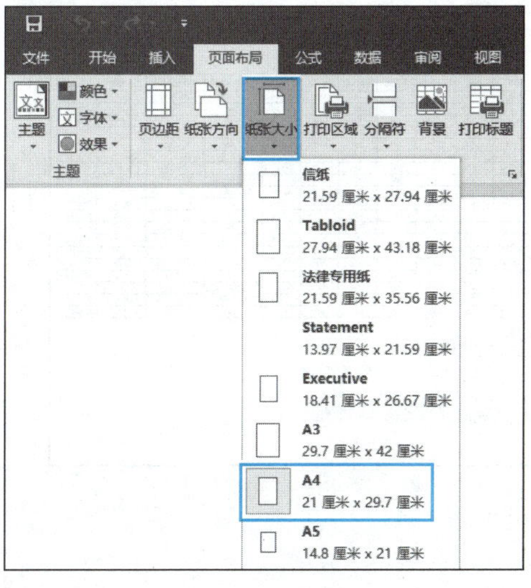

图 3-95 设置纸张大小

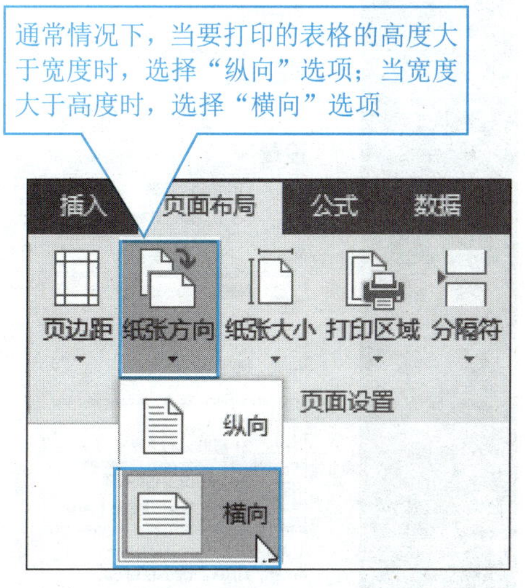

图 3-96 设置纸张方向

步骤 3▶ 单击“页面设置”组中的“页边距”按钮，在展开的下拉列表中选择“自定义边距”选项，打开“页面设置”对话框并自动切换到“页边距”选项卡，在其中按图 3-97 设置页边距和居中方式。

步骤 4▶ 切换到“页眉/页脚”选项卡，在“页脚”下拉列表中选择“第 1 页，共?页”选项，然后单击“打印预览”按钮，如图 3-98 所示。

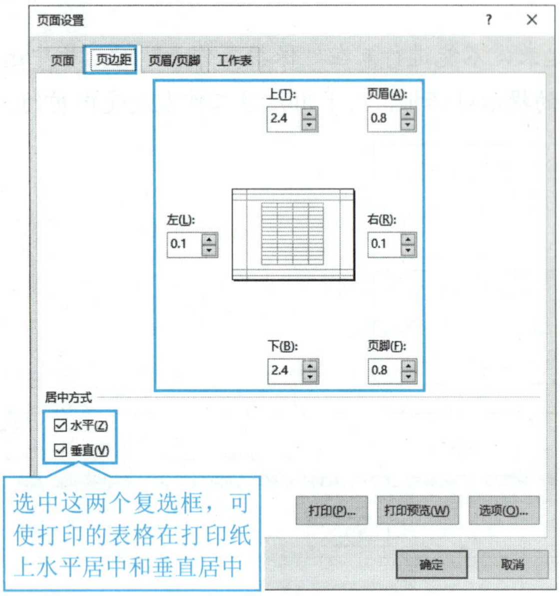

图 3-97　设置页边距

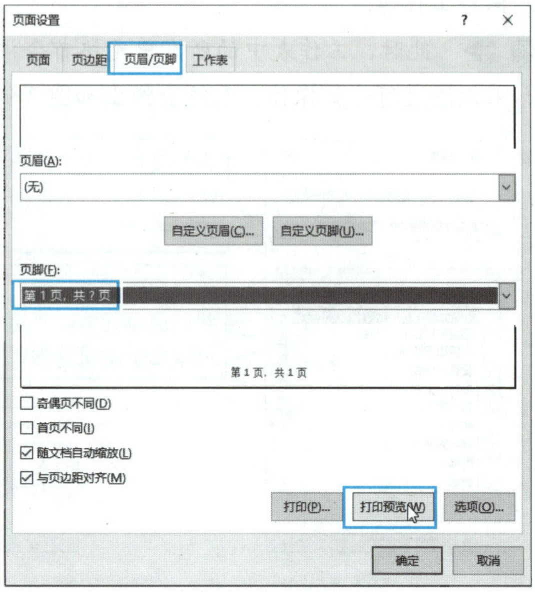

图 3-98　设置页脚

步骤 5▶ 进入工作表的打印预览界面（见图 3-99），可看到设置的页脚，并可看到图表的数据源及图表标题显示在第 1 页中。因此，需要将其调整到第 2 页中。

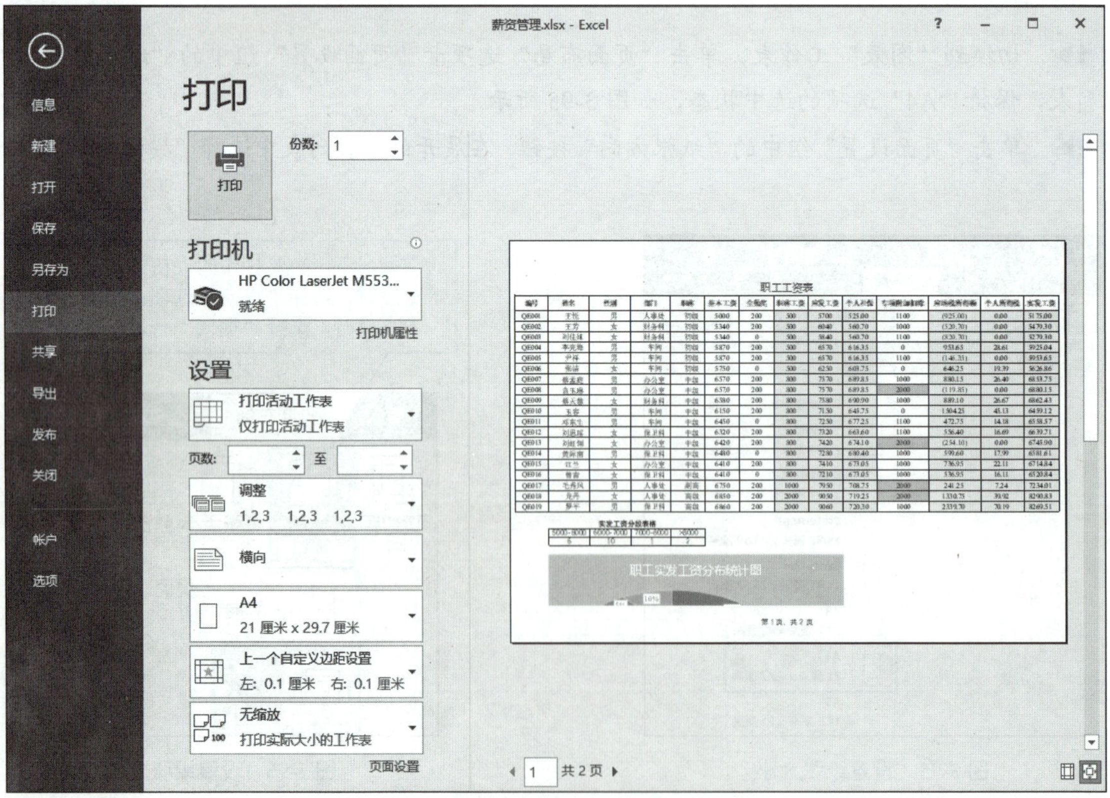

图 3-99　预览工作表的打印效果

步骤 6▶ 单击打印预览界面左侧的⊖，返回工作表的正常编辑状态。单击工作界面右下角的“分页预览”按钮▥，此时工作表从普通视图切换到分页预览视图。从中可看到，系统自动插入的分页符以蓝色虚线显示，灰色区域为不打印的区域，如图 3-100 所示。

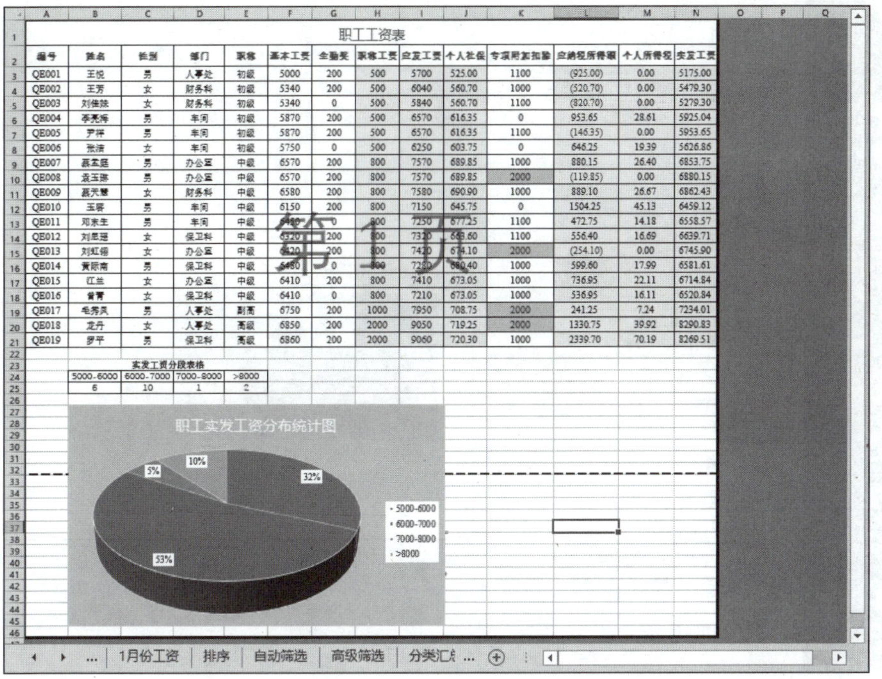

图 3-100　进入工作表的分页预览视图

步骤 7▶ 将鼠标指针移到蓝色的水平虚线分页符上，待鼠标指针变成✛形状时，按住鼠标左键并向上拖动，到第 22 行后释放鼠标，调整水平分页符的位置，可看到要打印的区域基本均匀分布在 2 张 A4 纸上，如图 3-101 所示。

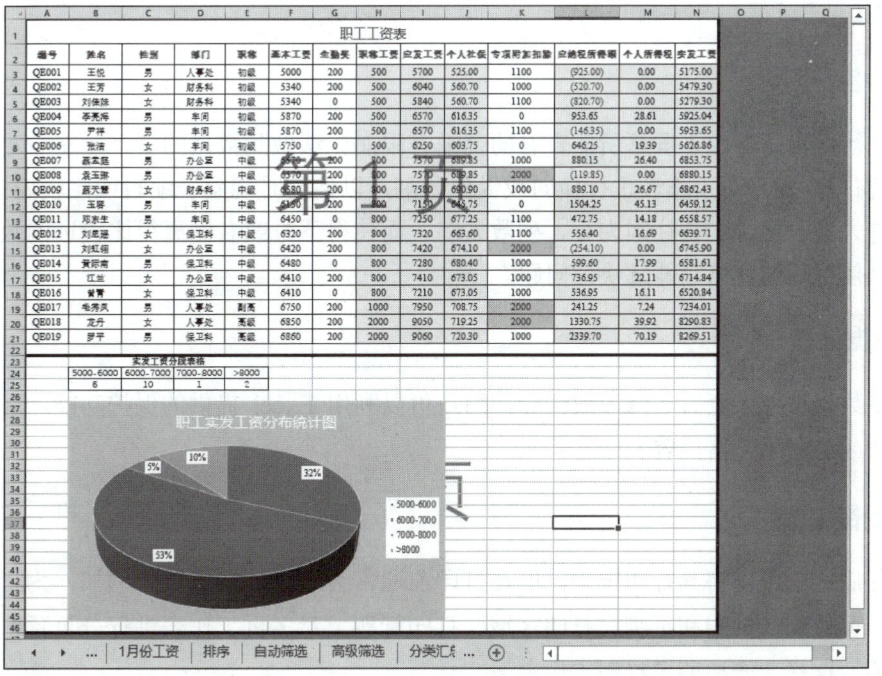

图 3-101　调整水平分页符的位置

步骤 8▶ 选择“文件”/“打印”选项，进入工作表的打印预览界面，单击界面右侧区域左下方的“下一页”按钮▶，可预览工作表第 2 页的效果，如图 3-102 所示。

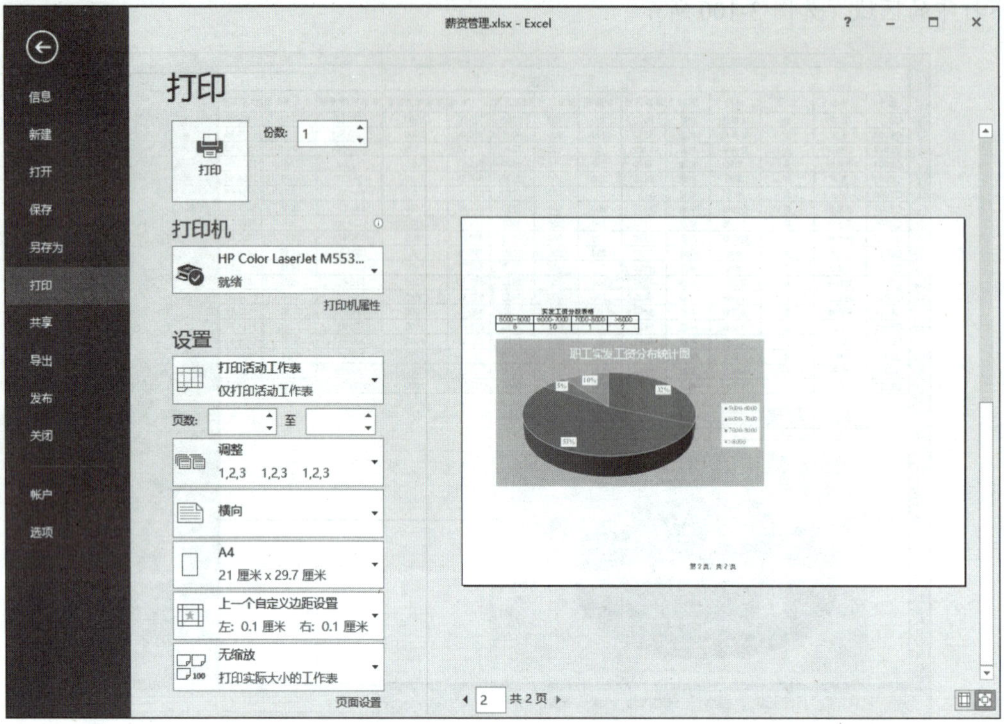

图 3-102 预览调整水平分页符后的效果

步骤 9▶ 如果预览效果满意，在打印预览界面中间区域的“份数”编辑框中输入要打印的份数；在“打印机”下拉列表中选择要使用的打印机，单击“打印”按钮，即可按要求打印该工作表。

必备知识

一、查看表格

对大型表格进行编辑时，由于屏幕所能查看的范围有限而无法做到数据的上下、左右对照，此时可以利用 Excel 提供的拆分窗口功能，对工作表进行横向或纵向分割，以便同时观察、编辑或比较表格的不同部分。

另外，在查看大型表格时，往往因为行、列数太多，而使得下方或右侧离得比较远的数据与行或列标题无法对照，此时可以使用冻结窗格功能解决此问题。

二、保护数据

为了防止重要数据被他人查看、修改或删除，用户可以利用 Excel 提供的保护功能，对工作簿、工作表设置密码进行保护，或隐藏单元格内容。

三、打印表格

工作表制作好后，就可以将其打印出来，但在打印前通常会进行一些设置。例如，为工作表设置打印纸张大小、纸张方向、页边距、页眉和页脚、打印区域、打印标题，对多页工作表进行分页预览并设置分页符，以及进行打印预览等，这样才能按要求打印工作表。

为此，可利用“页面布局”选项卡“页面设置”组中的命令，对这些选项进行设置，然后进入其打印预览界面。效果满意，就可以将其打印出来。

设置打印选项时，“设置”下拉列表中各选项的含义如下。

（1）打印活动工作表：打印当前工作表或选择的多个工作表。

（2）打印整个工作簿：打印当前工作簿中的所有工作表。

（3）打印选定区域：打印当前选中的单元格区域。

（4）忽略打印区域：表示本次打印会忽略在工作表中设置的打印区域。

当工作表有多页时，在“页数”编辑框中输入打印范围，可只打印工作表的部分页。

实践探索——保护并打印销售明细表

打开本书配套素材“项目三”/“任务四”/“销售明细表.xlsx”工作簿，然后对“数据源”工作表进行页面设置并保护，使其正好打印在 5 张 A4 纸上，效果如图 3-103 所示。

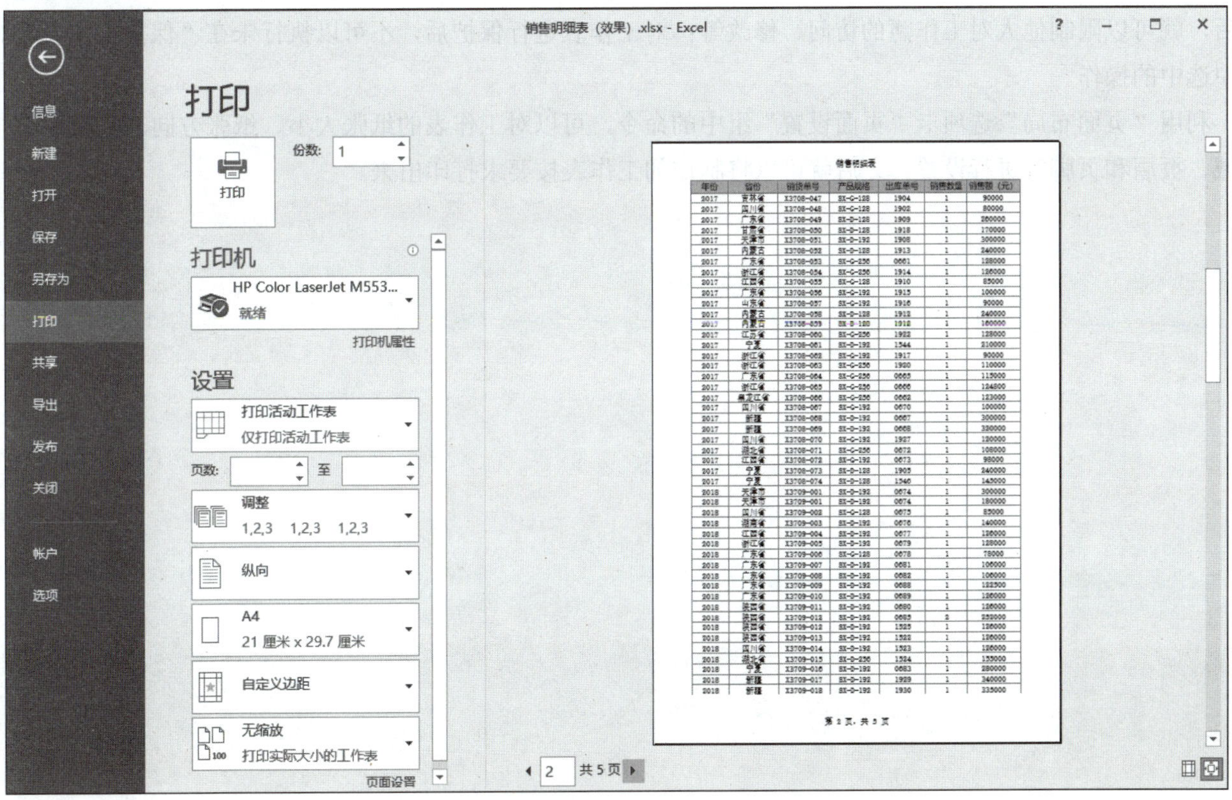

图 3-103 “销售明细表”打印预览效果

（1）打开“页面设置”对话框，在“页边距”选项卡中设置工作表的左、右页边距均为 0.8，并选中“水平”复选框。

（2）设置工作表的页眉为“销售明细表”，页脚为“第 1 页，共?页”。

（3）设置工作表的打印标题为第 1 行。

（4）为工作表设置密码保护。

项目总结

Excel 2016 是微软公司研发的办公自动化组件之一，它集成了快速制表、数据分析、数据管理和数据图表化等功能，是目前功能最强大、应用最广泛的数据处理软件之一。

Excel 2016 提供了数量众多、类型丰富的实用函数，用户可以利用运算符和函数构建出各种公式以满足计算、统计和分析的需要。此外，用户还可以利用 Excel 2016 提供的排序、筛选和分类汇总功能对工作表中的数据进行分析和处理，以方便对其进行查看、比较和分析。

Excel 2016 中的图表可以将工作表中的数据以图形化的方式表示出来。它具有较好的视觉效果，可以使平面的数据立体化，方便用户比较数据和预测趋势。

利用数据透视表可以对大量数据进行快速分类汇总，数据透视图的作用与数据透视表相似，不同的是它可以将数据以图形的方式表示出来。

利用 Excel 2016 提供的保护数据功能，可以对工作簿和工作表进行密码保护。其中，对整个工作簿进行保护后，就可以限制他人对工作簿的访问、修改等；对工作表进行保护后，不可以执行未在“保护工作表”对话框中选中的操作。

利用“页面布局”选项卡“页面设置”组中的命令，可以对工作表的纸张大小、纸张方向、页边距、打印区域、页眉和页脚等进行设置，之后就可以将制作的工作表按要求打印出来。

项目四 演示文稿制作

项目导读

从央视的《东方时空》到各大地方卫视的新闻栏目，从各种大型展会到广场的电子显示屏，以及公司简介、政府党建、产品发布、教育培训、工作汇报、科普宣传、年会颁奖等场景，随处都能看到演示文稿的应用。可以说，演示文稿已成为我们工作和生活中的重要工具。因此，熟练掌握掌握演示文稿的制作方法，能够有效帮助我们提升展示效果，提高工作效率。

知识目标

熟悉 PowerPoint 2016 的工作界面，了解 PowerPoint 2016 的各项功能及其操作方法，如演示文稿制作、动画设计、母版应用、演示文稿的放映和导出等。

能力目标

能够熟练使用 PowerPoint 2016 快速制作出图文并茂、富有感染力的演示文稿，并可通过图片、视频和动画等多媒体形式展现复杂的内容，从而使表达的内容更易于理解。

思政目标

主动适应数字化的学习环境，具备充分利用数字化学习系统、资源、工具等提升职业技能和职业素养的意识，培养符合时代要求的信息化办公能力和信息素养。

任务一 使用 PowerPoint 2016 制作演示文稿

任务解读

PowerPoint 2016 是微软公司研发的办公自动化组件之一，它是一款专业的演示文稿制作工具，可以用来制作各种用途的演示文稿，如教学课件、工作总结、公司宣传、产品介绍等。

在本任务中，我们将认识 PowerPoint 2016，并掌握演示文稿的制作方法。

体验探究——制作工作总结演示文稿

工作总结是团体或个人对前一阶段的工作进行回顾、分析和反思，从而整理出成绩，分析出问题，从中得到经验与教训，并用其指导今后工作而形成的一种应用文书。下面制作人事行政部的工作总结演示文稿，效果如图 4-1 所示。

扫一扫

制作工作总结演示文稿

图 4-1　工作总结演示文稿效果（部分）

一、新建演示文稿并设置幻灯片母版

1. 设置幻灯片母版

步骤 1▶ 启动 PowerPoint 2016，在打开的界面中选择“空白演示文稿”选项（见图 4-2），新建一个空白演示文稿，并将其以“工作总结”为名进行保存（保存方法与在 Word 2016 中保存文档相同）。

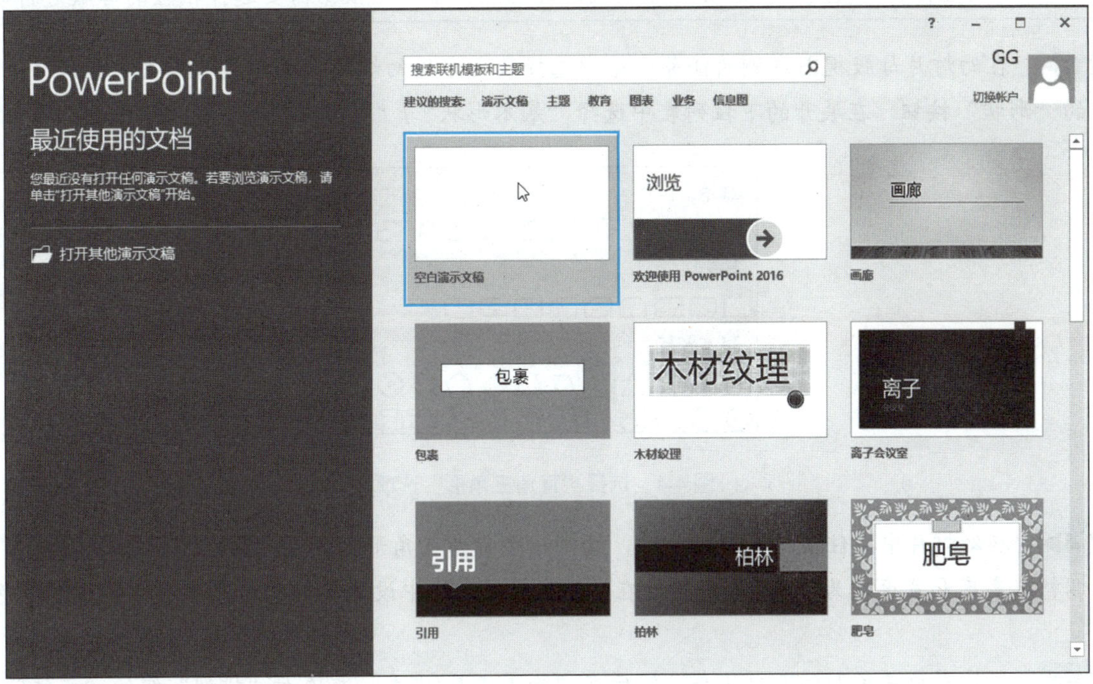

图 4-2 选择“空白演示文稿”选项

步骤 2▶ 单击“视图”选项卡“母版视图”组中的“幻灯片母版”按钮，进入母版视图，此时系统会自动显示“幻灯片母版”选项卡，如图 4-3 所示。

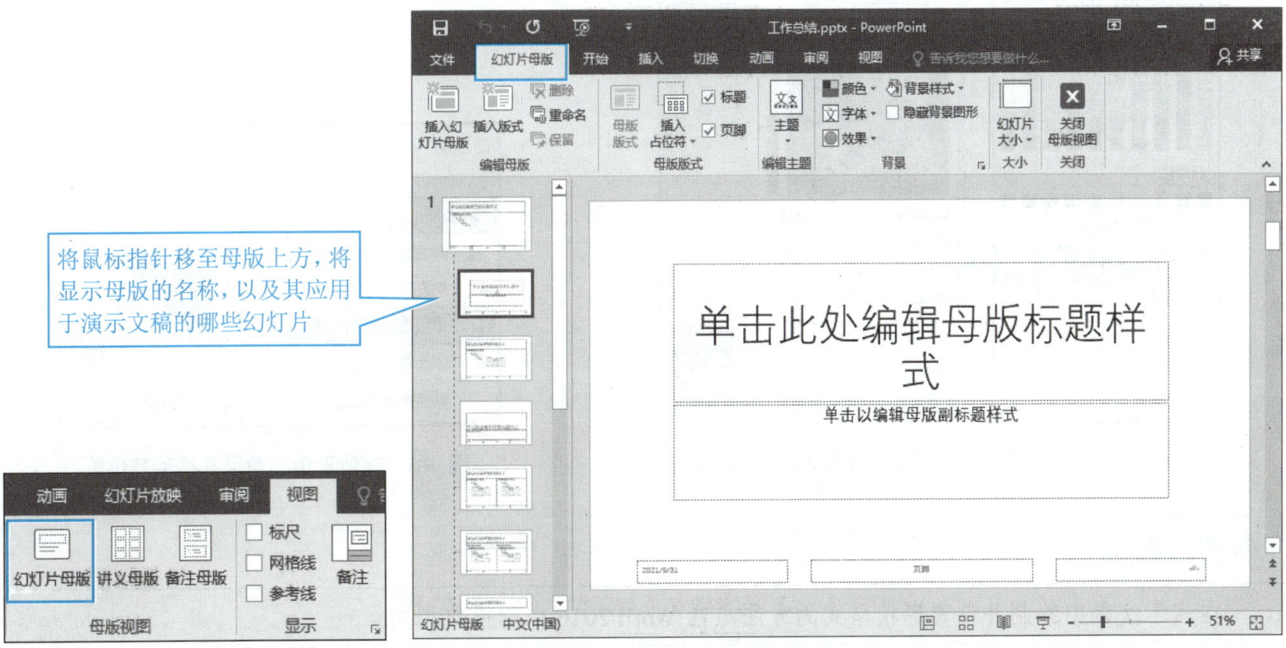

图 4-3 进入幻灯片母版视图

小 提 示

默认情况下，在幻灯片母版视图左侧任务窗格中的第 1 个母版（比其他母版稍大）称为“幻灯片母版”，其中设置的内容和格式将影响当前演示文稿中的所有幻灯片；其下方的多个母版称为“版式母版”，在某个版式母版中进行的设置将影响使用了对应幻灯片版式的幻灯片。用户可根据需要选择相应的母版进行设置。

步骤 3▶ 在幻灯片母版视图左侧的任务窗格中选择最上方的幻灯片母版，然后单击“插入”选项卡“插图”组中的“形状”按钮，在展开的下拉列表中选择“基本形状”/“直角三角形”选项，如图 4-4 所示。

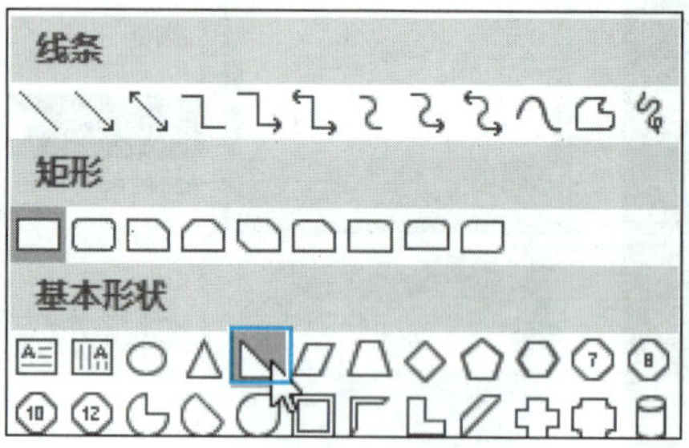

图 4-4 选择“直角三角形”选项

步骤 4▶ 在幻灯片中按住鼠标左键并拖动，绘制一个直角三角形，并在“绘图工具/格式”选项卡的“大小”组中调整其高度和宽度均为 2.4 厘米，然后在“形状样式”组中设置其形状填充和形状轮廓的颜色如图 4-5 所示。

步骤 5▶ 保持直角三角形的选中状态，然后在“绘图工具/格式”选项卡“排列”组的“旋转”下拉列表中选择“垂直翻转”选项；在“对齐”下拉列表中依次选择“顶端对齐”选项和“左对齐”选项，将绘制的直角三角形垂直翻转后置于幻灯片的左上角，如图 4-6 所示。

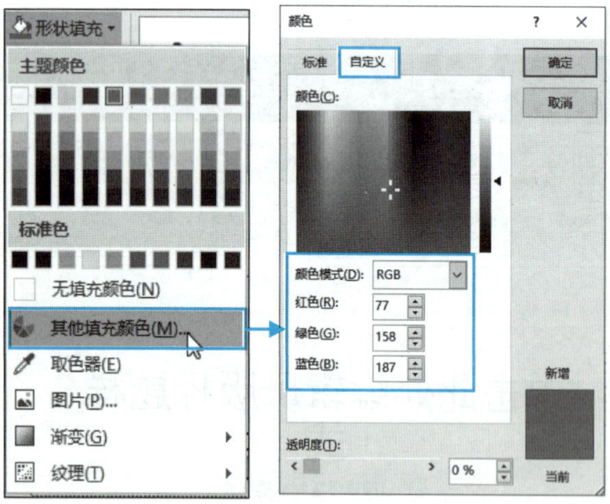

图 4-5 设置直角三角形的形状填充和形状轮廓颜色

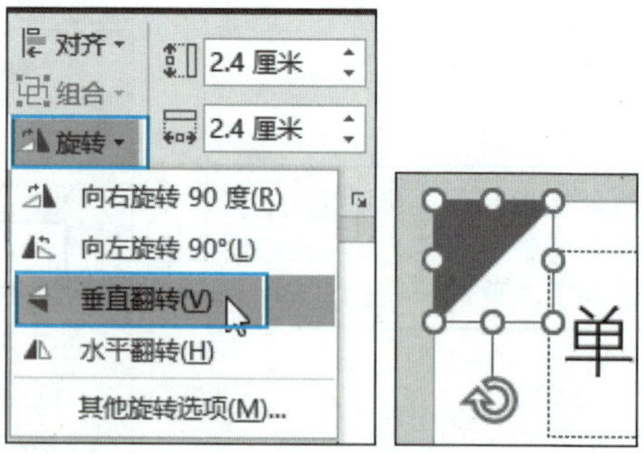

图 4-6 旋转直角三角形并移动其位置

小 提 示

在演示文稿中绘制并设置形状格式的方法与在 Word 2016 中的操作相同。

步骤 6▶ 为幻灯片母版的标题文本应用一种艺术字样式，并设置其字形为加粗，如图 4-7 所示。

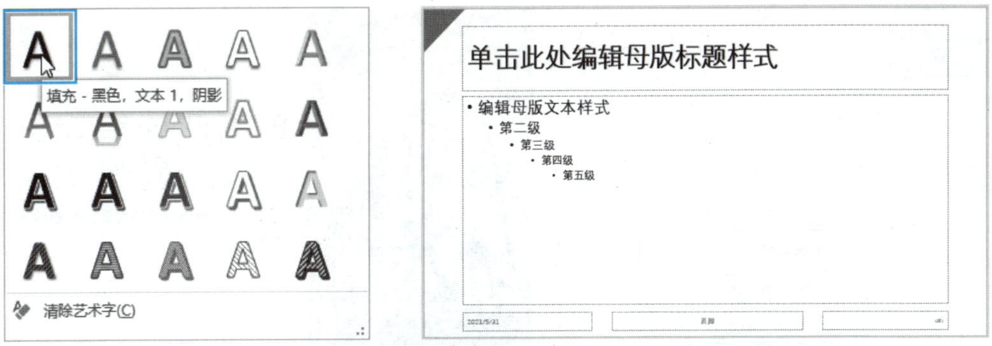

图 4-7　设置幻灯片母版标题文本的艺术字样式

小 提 示

设置幻灯片母版标题格式时，一定要先设置艺术字效果，后设置加粗效果，否则艺术字效果会覆盖加粗效果。

2. 设置版式母版

步骤 1▶ 设置“标题幻灯片 版式”母版。选择“标题幻灯片 版式”选项，然后单击“插入”选项卡“图像”组中的“图片”按钮，打开“插入图片”对话框，找到并选择本书配套素材“项目四”/“任务一”/“工作总结”/“总结 2.png”图片文件，单击“插入”按钮，如图 4-8 所示。

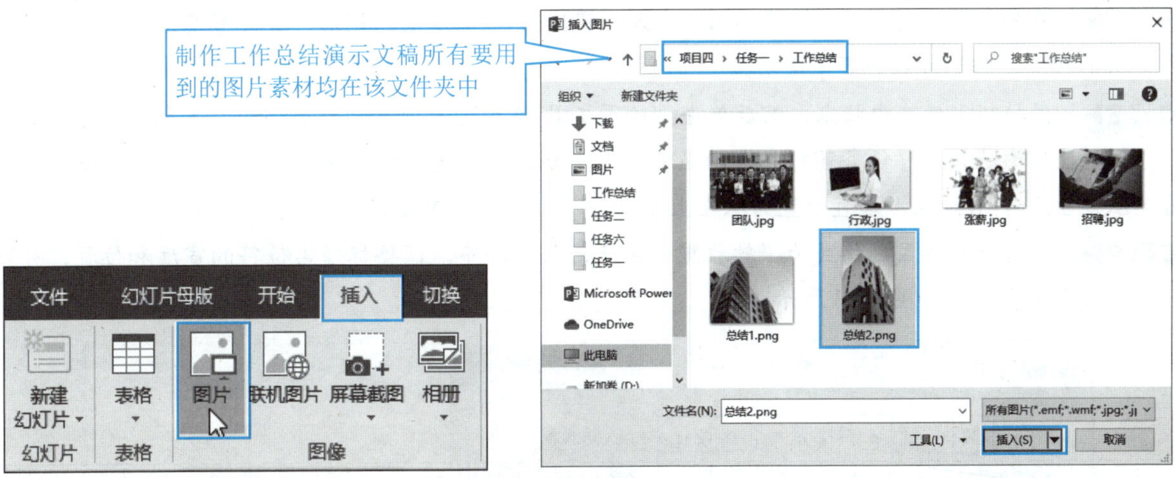

图 4-8　插入素材图片

步骤 2▶ 保持“总结 2.png”图片的选中状态，然后单击“图片工具/格式”选项卡“排列”组中的“对齐”按钮，在展开的下拉列表中选择“左对齐”选项，将插入的图片相对于幻灯片左对齐；再单击“下移一层”下拉按钮▾，在展开的下拉列表中选择“置于底层”选项（见图 4-9），将插入的图片置于底层。

步骤 3▶ 选中标题占位符和副标题占位符（选择方法与选择文本框相同），然后按键盘上的方向键“→”，水平向右拖动这两个占位符，到合适位置后停止拖动，然后将鼠标指针移到占位符的左边线中部的控制点上，按住鼠标左键并向右拖动，到图片的右侧边线附近释放鼠标，调整标题占位符和副标题占位符的大小和位置，使其效果大致如图 4-10 所示。

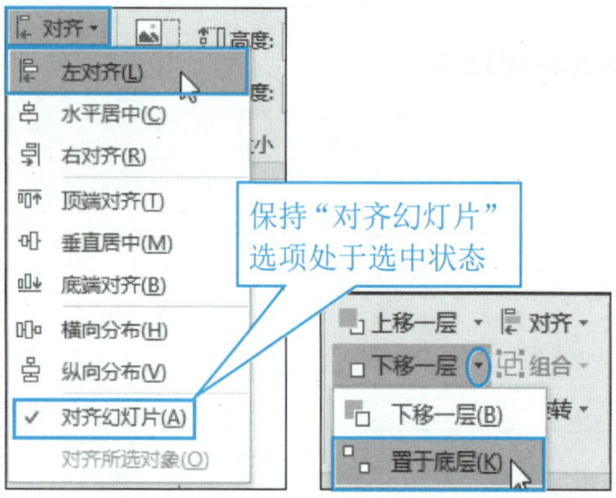

图 4-9 设置图片的对齐方式和层次

图 4-10 调整标题占位符和副标题占位符的大小和位置

步骤 4▶ 选中标题占位符，设置母版标题样式的格式为微软雅黑、右对齐，然后在“绘图工具/格式”选项卡的“艺术字样式”组中为其应用如图 4-11 所示的艺术字样式。

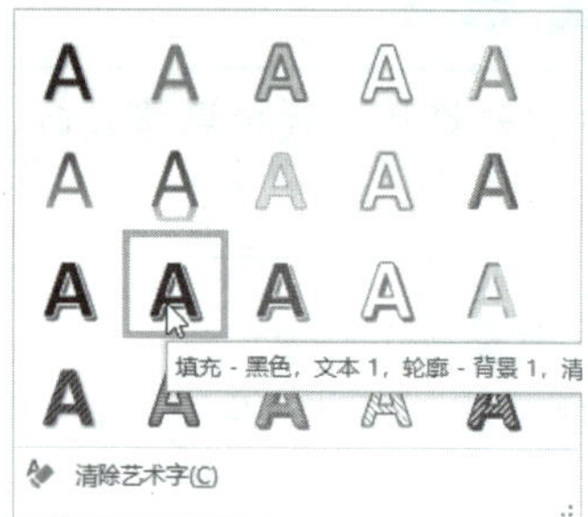

图 4-11 为标题文本应用艺术字样式

步骤 5▶ 选中副标题占位符，设置母版副标题样式的格式为微软雅黑、右对齐，并为其添加阴影效果。

步骤 6▶ 设置“节标题 版式”母版。选择“节标题 版式”母版，然后在其中插入素材图片“总结 2.png”，并设置图片的对齐方式为左对齐，排列方式为置于底层。

步骤 7▶ 在幻灯片中绘制一个高度为 6.6 厘米、宽度为 22.1 厘米的矩形，并设置其形状填充和形状轮廓与直角三角形相同，排列方式为置于底层。

步骤 8▶ 保持矩形的选中状态，然后单击“绘图工具/格式”选项卡“大小”组右下角的对话框启动器按钮，打开“设置形状格式”任务窗格并自动显示“大小与属性”选项卡，在“位置”设置区中设置矩形的水平位置为从左上角 11.8 厘米，垂直位置为从左上角“7.9 厘米”，如图 4-12 所示。

步骤 9▶ 设置标题样式的格式为微软雅黑、白色、居中对齐，调整标题占位符的宽度和位置，并删除文本占位符，使其效果大致如图 4-13 所示。

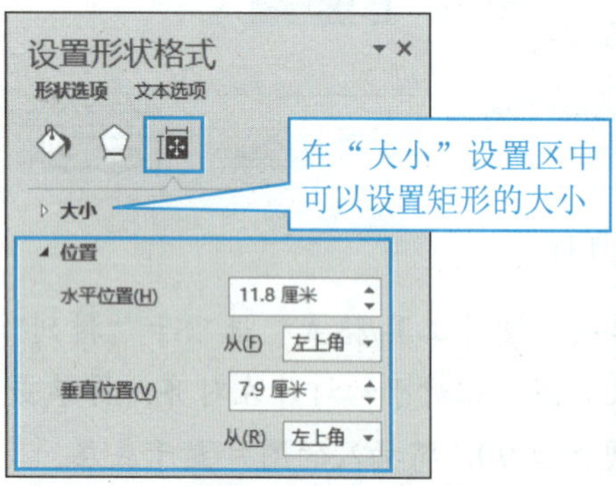

图 4-12 设置矩形的位置

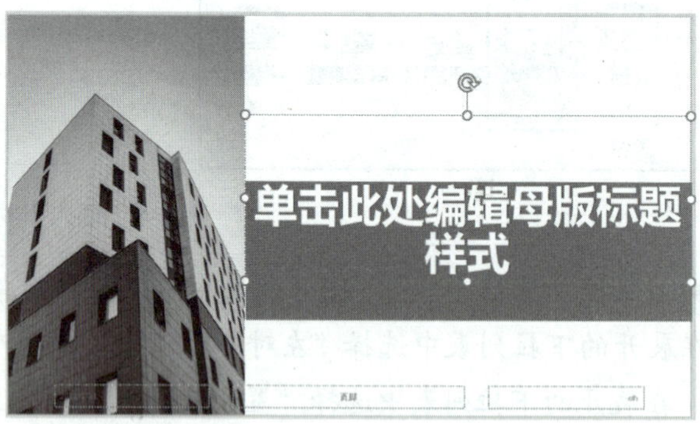

图 4-13 “节标题 版式”母版设置效果

步骤 10▶ 设置“仅标题 版式”母版。选择“仅标题 版式”母版，然后在其中绘制一个直径为 18.3 厘米的正圆。

步骤 11▶ 保持正圆的选中状态，然后在“绘图工具/格式”选项卡“形状样式”组的“形状填充”下拉列表中选择“图片”选项，在打开的对话框中选择“从文件”选项，在打开的“插入图片”对话框中找到并选择本书配套素材“项目四”/“任务一”/“工作总结”/“总结 1.png”图片（见图 4-14），单击“插入”按钮，使用素材图片填充正圆，然后设置正圆的形状轮廓为无轮廓。

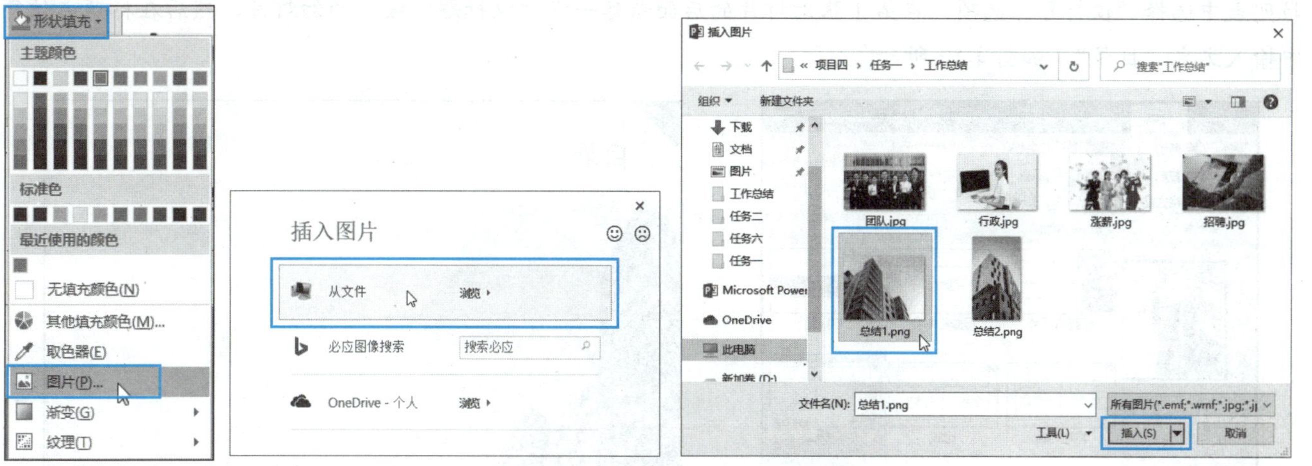

图 4-14 利用素材图片填充正圆

步骤 12▶ 保持正圆的选中状态，然后打开“设置图片格式”任务窗格，在“大小与属性”选项卡的“位置”设置区中设置正圆的位置，参数和效果如图 4-15 所示。

步骤 13▶ 单击“幻灯片母版”选项卡“关闭”组中的“关闭母版视图”按钮，退出幻灯片母版的编辑状态。

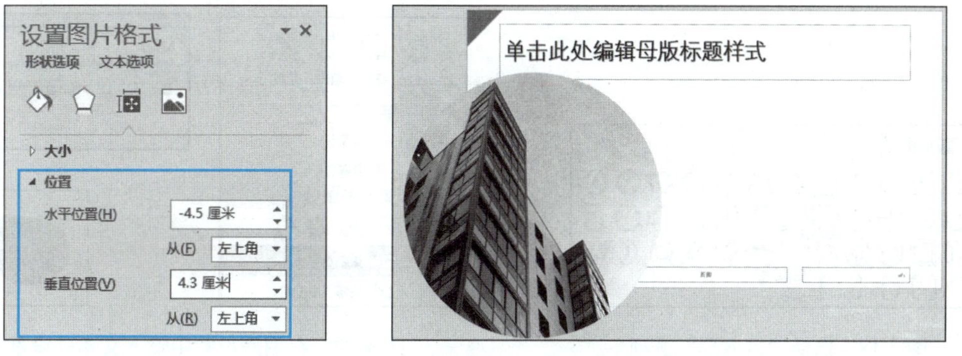

图 4-15 “仅标题 版式”母版设置效果

二、制作演示文稿的封面和目录页

步骤 1▶ 制作封面。在第 1 张幻灯片的标题占位符中单击，输入两段标题文本“2020 年”“人事行政部工作总结”；在副标题占位符中输入文本“汇报人：小曾”，然后适当向下移动副标题占位符的位置。

步骤 2▶ 在第 1 张幻灯片中绘制一个高度为 7.2 厘米、宽度为 1.5 厘米的矩形和一个高度为 5.3 厘米、宽度为 4.4 厘米的直角三角形，它们的形状填充和形状轮廓的 RGB 值均为 77、158、187，排列方式为置于顶层。将绘制的形状移到合适位置，使其效果如图 4-16 所示。至此，演示文

图 4-16 演示文稿封面效果

稿的封面制作完毕。

步骤 3▶ 制作目录页。单击“开始”选项卡“幻灯片”组中的“新建幻灯片”下拉按钮，在展开的下拉列表中选择“仅标题”选项，在第 1 张幻灯片的后面新建一张“仅标题”版式的幻灯片，然后在标题占位符中输入文本“目录”，如图 4-17 所示。

图 4-17　新建“仅标题”版式的幻灯片并在其中输入标题文本

步骤 4▶ 在“形状”下拉列表中选择“基本形状”/“泪滴形”选项（见图 4-18），在幻灯片中绘制一个高度为 2 厘米、宽度为 2.4 厘米的泪滴形，设置其形状填充和形状轮廓与第 1 张幻灯片中的矩形相同。

步骤 5▶ 右击泪滴形状，在弹出的快捷菜单中选择“编辑文字”选项，然后在形状中输入数字“1”，并设置其字符格式为 Arial、20 磅，如图 4-19 所示。

图 4-18　选择“泪滴形”选项

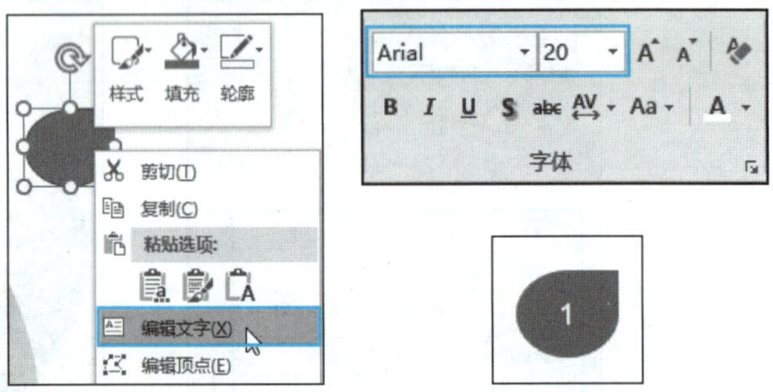

图 4-19　在泪滴形状中输入文本并设置其格式

步骤 6▶ 在泪滴形状的右侧利用文本框输入第 1 条目录文本，并设置其格式为微软雅黑、32 磅、左对齐，如图 4-20 所示。

图 4-20　利用文本框输入文本

步骤 7▶ 同时选中泪滴形状和文本框，在其右键快捷菜单中选择“组合”/“组合”选项，将它们组合成一个形状。

步骤 8▶ 选中组合后的形状，在按住“Shift+Ctrl”组合键的同时向下拖动，将组合图形垂直向下复制 3 份，然后依次修改泪滴形状中的数字编号和文本框中的文本，并利用“对齐”下拉列表中的选项，将多个组合图形进行对齐和分布，使其效果如图 4-21 所示。至此，演示文稿的目录页制作完毕。

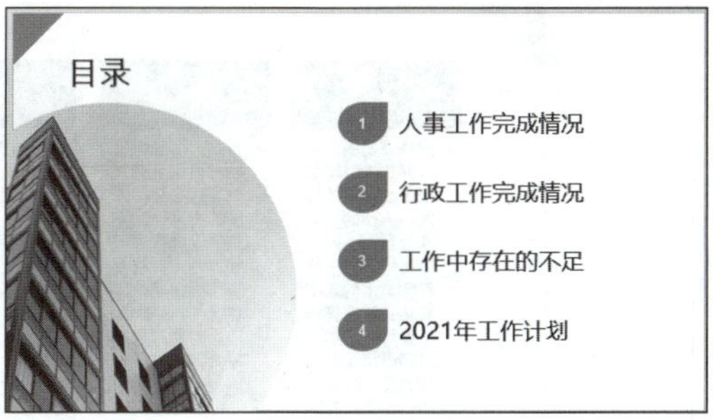

图 4-21 演示文稿的目录页效果

三、制作演示文稿的内容页

步骤 1▶ 单击“开始”选项卡“幻灯片”组中的“新建幻灯片”下拉按钮，在展开的下拉列表中选择“节标题”选项，在第 2 张幻灯片的后面新建一张“节标题”版式的幻灯片，然后在标题占位符中输入文本“人事工作完成情况”，如图 4-22 所示。至此，演示文稿的第 3 张幻灯片制作完毕。

图 4-22 第 3 张幻灯片效果

步骤 2▶ 在第 3 张幻灯片的后面新建一张“空白”版式的幻灯片，然后单击“插入”选项卡“插图”组中的“SmartArt”按钮，在打开的对话框中选择“列表”/“水平项目符号列表”选项，确定后分别单击 SmartArt 图形中的各个形状，在其中输入相应文本，如图 4-23 所示。

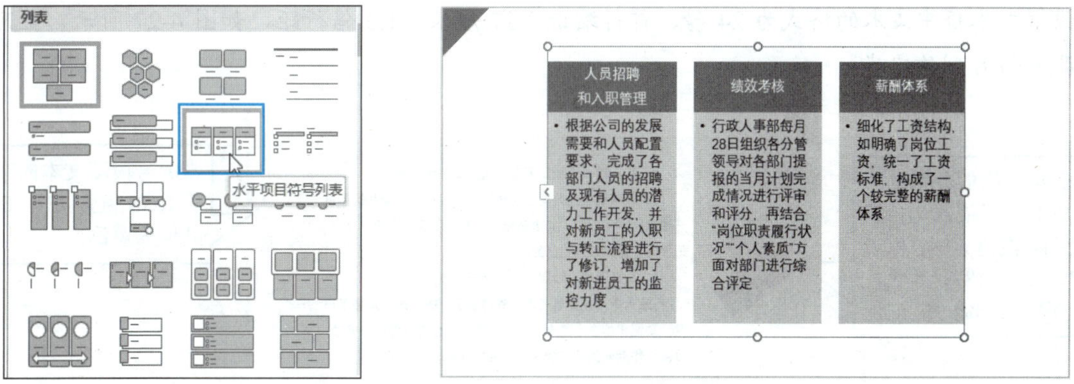

图 4-23 插入 SmartArt 图形并在形状中输入文本

步骤 3▶ 选中整个 SmartArt 图形，然后单击“SmartArt 工具/设计”选项卡“创建图形”组中的“添加形状”下拉按钮，在展开的下拉列表中选择“在后面添加形状”选项（见图 4-24），在现有形状的后面添加一个形状，然后输入相关内容，并设置 SmartArt 图形中文本的字号为 20 磅，最后调整整个 SmartArt 图形的大小，使其效果如图 4-25 所示。至此，演示文稿的第 4 张幻灯片制作完毕。

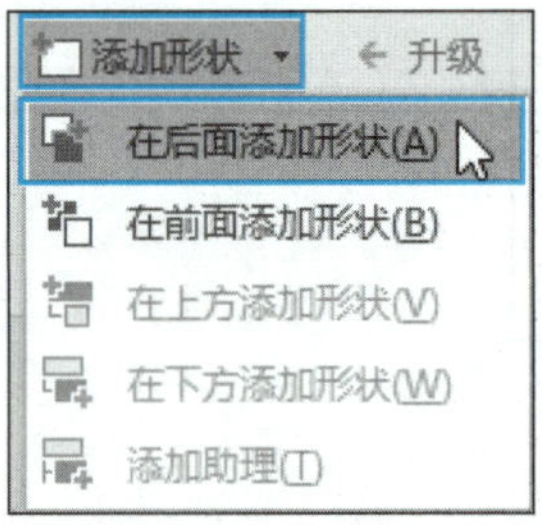

图 4-24　选择“在后面添加形状”选项

图 4-25　第 4 张幻灯片效果

步骤 4▶　右击幻灯片窗格中的第 3 张幻灯片，在弹出的快捷菜单中选择“复制”选项，然后在第 4 张幻灯片的下方右击，在弹出的快捷菜单中选择“使用目标主题”选项，将复制的幻灯片粘贴到第 4 张幻灯片的后面，即作为第 5 张幻灯片，然后修改标题文本，如图 4-26 所示。至此，演示文稿的第 5 张幻灯片制作完毕。

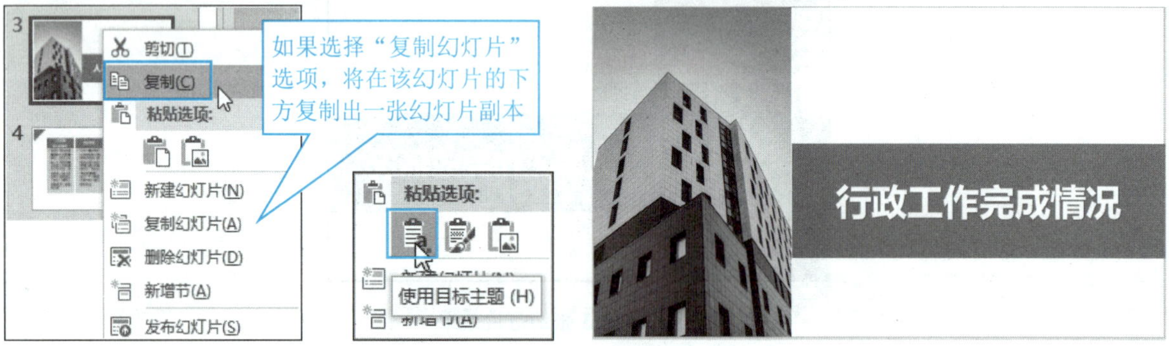

图 4-26　利用复制第 3 张幻灯片的方法制作第 5 张幻灯片

步骤 5▶　在第 5 张幻灯片的后面新建一张“空白”版式的幻灯片，然后在幻灯片的左侧绘制 3 个高度和宽度均为 2.3 厘米、形状填充各不相同的菱形，将它们适当摆放并组合，再利用文本框在组合图形的右侧输入文本，并设置文本框中文本的格式为 24 磅、首行缩进 1.27 厘米、1.5 倍行距，如图 4-27 所示。至此，演示文稿的第 6 张幻灯片制作完毕。

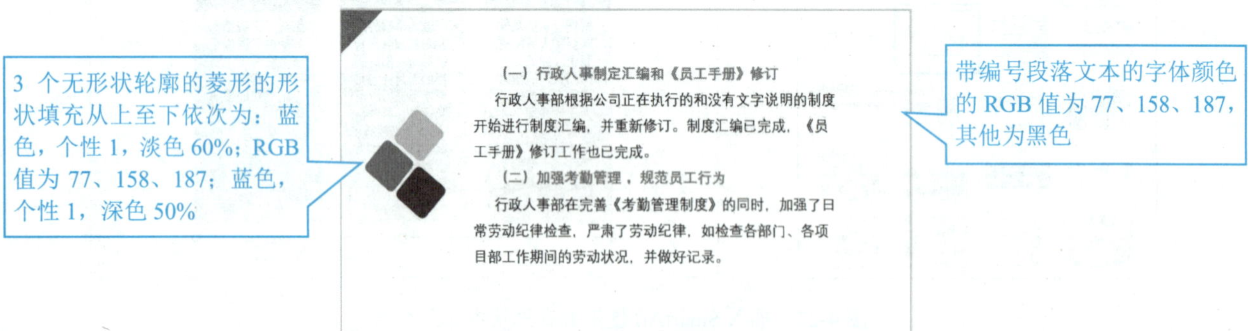

图 4-27　第 6 张幻灯片效果

步骤 6▶　右击第 6 张幻灯片，在弹出的快捷菜单中选择“复制幻灯片”选项，然后修改复制的幻灯片中的内容，以制作第 7 张幻灯片。使用同样的方法制作第 8 张幻灯片，效果如图 4-28 所示。

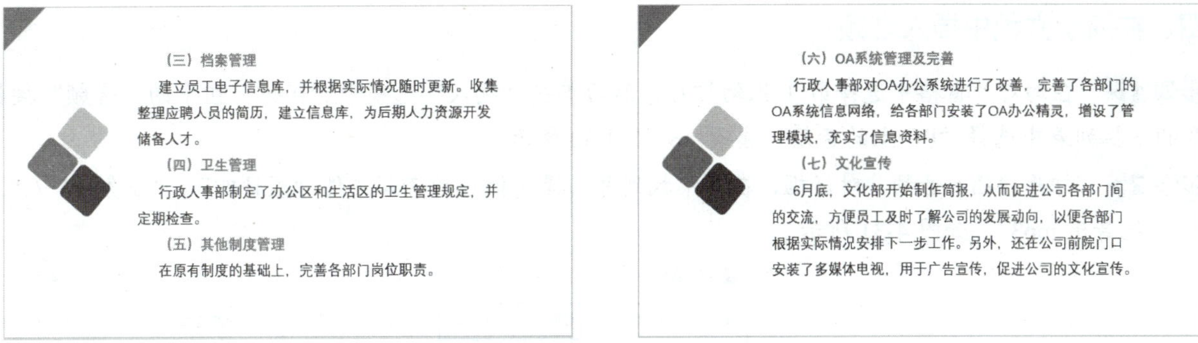

图 4-28 第 7 张和第 8 张幻灯片效果

步骤 7▶ 使用复制幻灯片并修改内容的方法，制作演示文稿的第 9 张至第 14 张幻灯片，参数设置和效果如图 4-29 所示。至此，演示文稿各幻灯片制作完毕。

第 9 张幻灯片

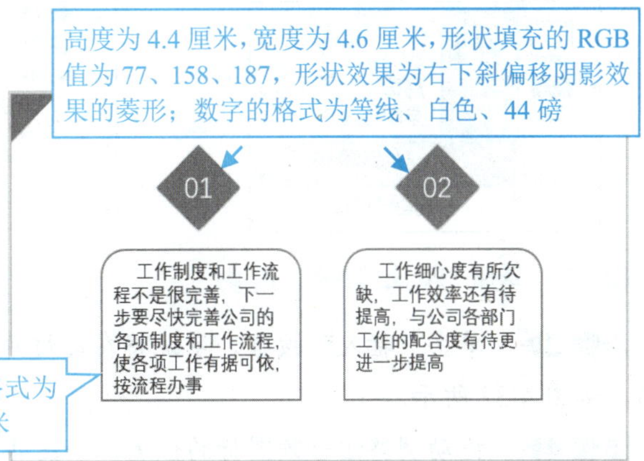

第 10 张幻灯片

第 11 张幻灯片

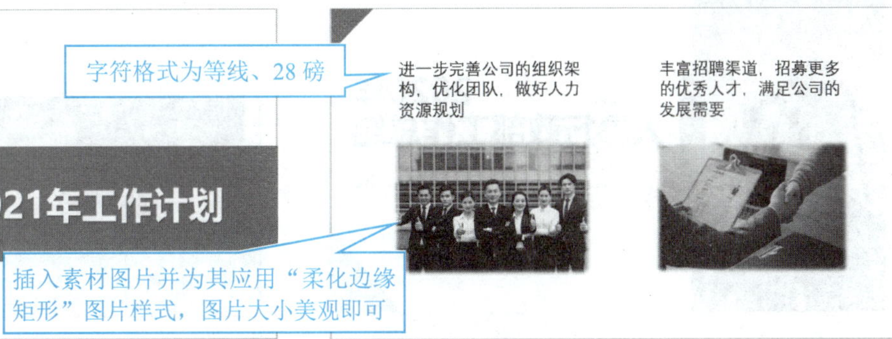

第 12 张幻灯片

第 13 张幻灯片

第 14 张幻灯片

图 4-29 演示文稿的第 9 张至第 14 张幻灯片效果

四、在演示文稿中插入音频

步骤 1▶ 在幻灯片窗格中选择第 1 张幻灯片，然后单击“插入”选项卡“媒体”组中的“音频”按钮，在展开的下拉列表中选择“PC 上的音频”选项，如图 4-30 所示。

步骤 2▶ 打开“插入音频”对话框，在其中找到并选择要插入的音频文件“项目四”/“任务一”/“工作总结”/“纯音乐.mp3”，如图 4-31 所示。

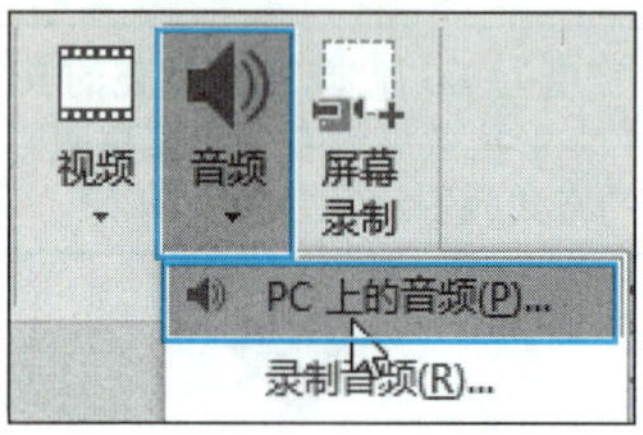

图 4-30　选择“PC 上的音频”选项

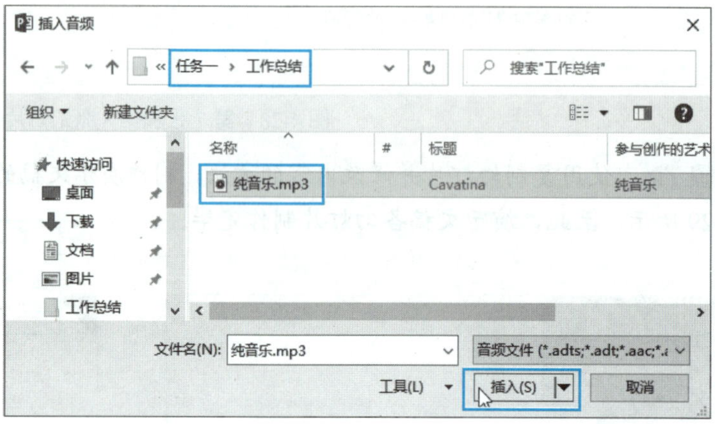

图 4-31　选择要插入的音频

步骤 3▶ 单击“插入”按钮，系统将在幻灯片的中部位置添加一个音频图标，其下方显示音频播放控制按钮，如图 4-32 所示。

步骤 4▶ 拖动调整该音频图标的位置，如图 4-33 所示。

图 4-32　插入音频

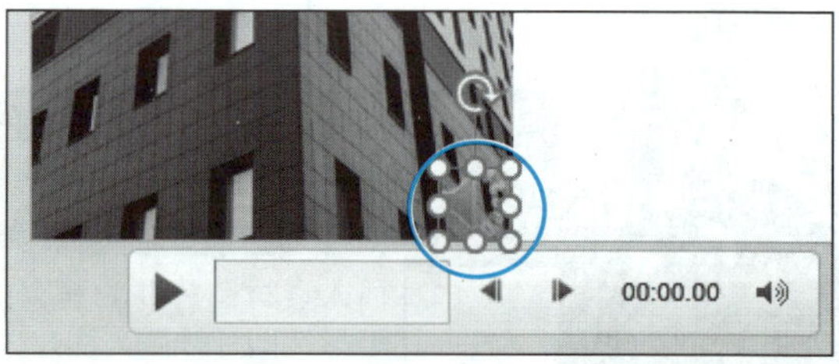

图 4-33　调整音频图标的位置

步骤 5▶ 保持音频图标的选中状态，单击自动出现的“音频工具/播放”选项卡“预览”组中的“播放”按钮，可以试听音频；在“音频选项”组中可以设置放映幻灯片时音频的开始方式、播放时的音量高低及是否循环播放声音等，这里在“音量”下拉列表中选择“中”选项；在“开始”下拉列表中选择“自动”选项，然后选中“跨幻灯片播放”复选框和“循环播放，直到停止”复选框，如图 4-34 所示。

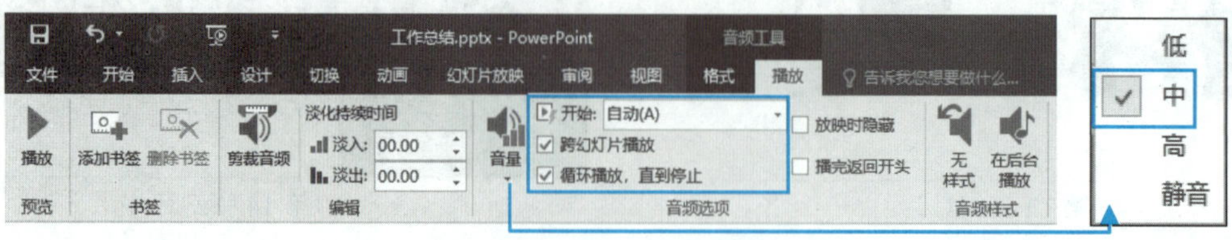

图 4-34　设置音频播放选项

必备知识

一、演示文稿的组成和设计原则

演示文稿由一张或多张幻灯片组成，每张幻灯片一般包括两部分内容：幻灯片标题（用来表明主题）、若干文本条目（用来论述主题）。此外，幻灯片中还可以包括图片、形状、图表、表格等其他对于论述主题有帮助的内容。

制作演示文稿的最终目的是给观众演示，能否给观众留下深刻的印象是评定演示文稿效果的主要标准。为此，在进行演示文稿设计时一般应遵循重点突出、简洁明了、形象直观的原则。

另外，在演示文稿中应尽量减少文本的使用，尽可能地使用其他更直观的表达方式，如图片、形状和图表等。条件允许的情况下，还可以插入音频、动画和视频等来加强演示文稿的表达效果。

二、PowerPoint 2016 的工作界面

启动 PowerPoint 2016 的方法与启动 Word 2016 和 Excel 2016 相同。默认情况下进入其开始界面，选择“空白演示文稿”选项后，PowerPoint 2016 会创建一个空白演示文稿，其中会有一张包含标题占位符和副标题占位符的空白幻灯片，如图 4-35 所示。

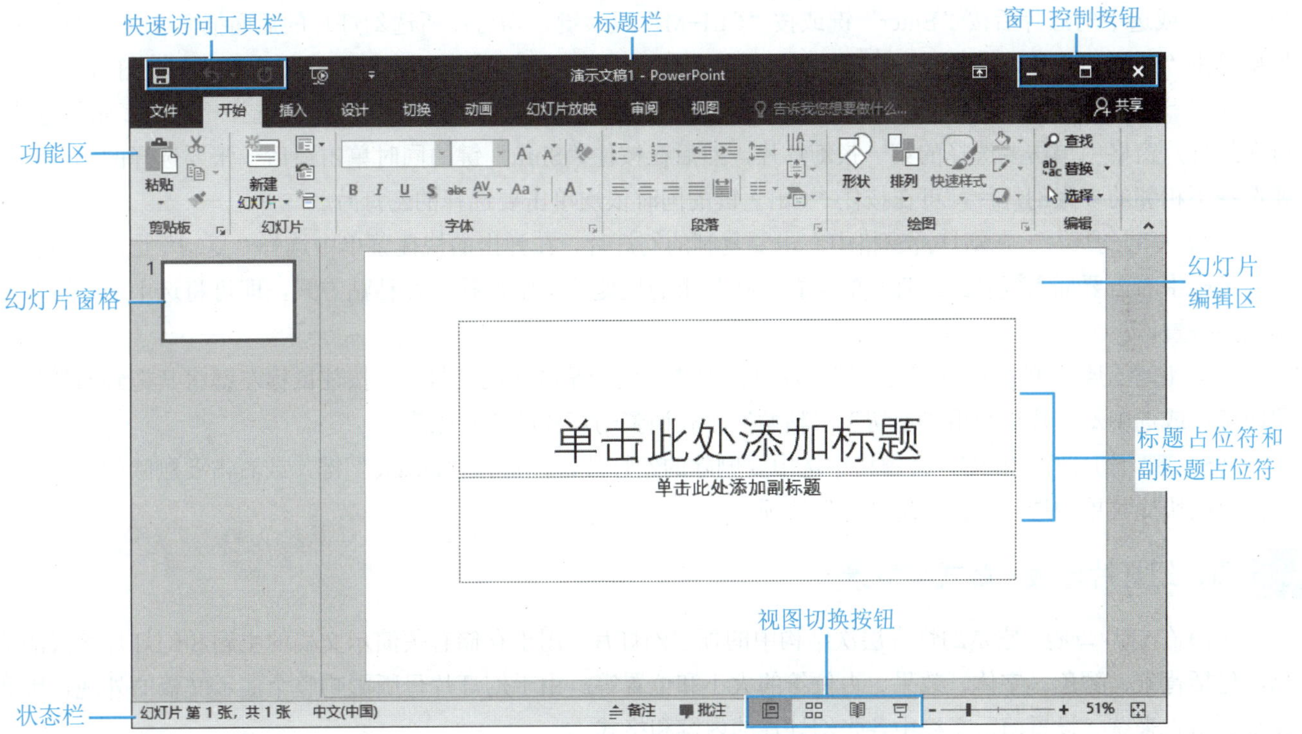

图 4-35 PowerPoint 2016 的工作界面

（1）幻灯片窗格：显示幻灯片的缩略图，单击某张幻灯片的缩略图可选中该幻灯片，此时即可在右侧的幻灯片编辑区中编辑该幻灯片内容。

（2）幻灯片编辑区：是编辑幻灯片的主要区域，在其中可以为当前幻灯片添加文本、图片、形状、音频和视频等，还可以为其中的对象添加超链接或动画效果。

知识链接

幻灯片编辑区中带有虚线边框的编辑框称为占位符，用于指示可在其中输入标题文本（标题占位符）、正文文本（文本占位符），或插入图表、表格和图片（内容占位符）等对象。幻灯片版式不同，占位符的类型和位置也不同。

（3）视图切换按钮：单击不同的按钮，可切换到不同的视图模式。

知识链接

PowerPoint 2016 提供了普通视图、大纲视图、幻灯片浏览视图、备注页视图和阅读视图 5 种视图模式（在“视图”选项卡的“演示文稿视图”组中可以看到这 5 种视图模式）。其中，普通视图是 PowerPoint 2016 默认的视图模式，主要用于制作演示文稿；在幻灯片浏览视图中，幻灯片以缩略图的形式显示，从而方便用户浏览所有幻灯片的整体效果；阅读视图以窗口的形式查看演示文稿的放映效果。

三、幻灯片的基本操作

（1）插入幻灯片。在幻灯片窗格中选中幻灯片，然后单击“开始”选项卡“幻灯片”组中的“新建幻灯片”按钮，或选中幻灯片后按“Enter”键或按“Ctrl+M”组合键，均可在所选幻灯片的后面插入一张新幻灯片。如果单击“新建幻灯片”下拉按钮新建幻灯片，在展开的下拉列表中选择相应选项，可创建相应版式的幻灯片。

（2）选择幻灯片。要选择单张幻灯片，可直接在幻灯片窗格中单击该幻灯片；要选择相邻的多张幻灯片，可在幻灯片窗格中单击要选择的第一张幻灯片，然后在按住“Shift”键的同时单击最后一张要选择的幻灯片；要选择不相邻的多张幻灯片，可在按住“Ctrl”键的同时依次单击要选择的幻灯片。

（3）复制幻灯片。在幻灯片窗格中右击要复制的幻灯片，在弹出的快捷菜单中选择“复制”选项，再在幻灯片窗格中右击要插入复制的幻灯片的位置，在弹出的快捷菜单中选择一种粘贴方式，即可将选中的幻灯片复制到该位置。

（4）调整幻灯片的排列顺序。在幻灯片窗格中选中要调整顺序的幻灯片，按住鼠标左键将其拖到需要的位置即可，或选中幻灯片后利用“剪切”“粘贴”方式调整幻灯片的排列顺序。

（5）删除幻灯片。在幻灯片窗格中选中要删除的幻灯片，然后按“Delete”键，或右击要删除的幻灯片，在弹出的快捷菜单中选择“删除幻灯片”选项。

四、幻灯片母版、版式与背景

（1）幻灯片母版。它是幻灯片层次结构中的顶层幻灯片，用于存储有关演示文稿的主题和幻灯片版式的信息，包括背景、颜色、字体、效果、占位符的大小和位置等。由于幻灯片母版影响整个演示文稿的外观，因此经常利用它来统一设置演示文稿中各张幻灯片的内容和格式。

（2）幻灯片版式。它是 PowerPoint 的一项非常实用的功能，通过占位符的方式为用户规划好了幻灯片中内容的布局，用户只需选择一个符合要求的版式，然后在其规划好的占位符中输入或插入内容，便可快速制作出符合要求的幻灯片。默认情况下，添加的幻灯片为“标题和内容”版式，用户可以根据需要改变其版式。为此，可选中幻灯片后单击“开始”选项卡“幻灯片”组中的“版式”按钮，在展开的下拉列表中选择合适的版式，如图 4-36 所示。此外，用户也可在新建幻灯片时选择某个版式。

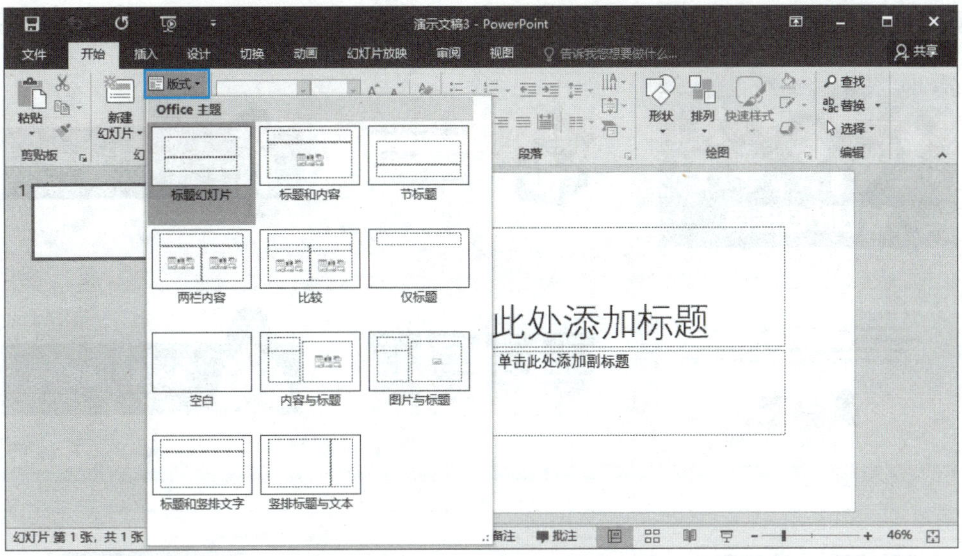

图 4-36　设置幻灯片版式

（3）幻灯片背景。默认情况下，演示文稿中的幻灯片使用主题规定的背景，用户也可以重新为幻灯片设置纯色、渐变色、图案、纹理或图片等背景，使制作的演示文稿更加美观。为此，可单击“设计”选项卡“自定义”组中的“设置背景格式”按钮，打开“设置背景格式”任务窗格，然后在其中进行设置，如图 4-37 所示。

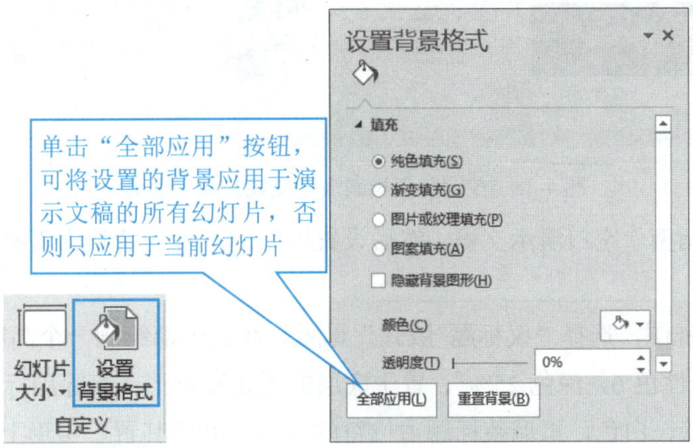

图 4-37　设置演示文稿背景

五、在幻灯片中插入对象

制作幻灯片时，为了丰富演示文稿内容，用户可以根据需要在幻灯片中插入和编辑图片、形状、艺术字、文本框、视频和音频等对象。其中，在幻灯片中插入和编辑图片、形状、艺术字、文本框等对象的方法与在 Word 2016 中的操作相同。

此外，在幻灯片中插入音频和视频后，还可以利用出现的“音频工具”选项卡和“视频工具”选项卡对它们进行编辑，如剪裁音频或视频、设置音量大小、设置播放方式等。

实践探索——制作校园防疫指南演示文稿

指南通常是指为人们提供指导性意见或建议的文件。请根据本书配套素材“项目四”/“任务一”/“校园防疫指南”文件夹中的文字素材和图片素材，制作一份校园防疫指南演示文稿，效果如图 4-38 所示。

图 4-38　校园防疫指南演示文稿效果（部分）

（1）新建“校园防疫指南”空白演示文稿，然后设置所有幻灯片的背景为素材图片“背景图.jpg”，并设置该图片的透明度为 60%。

（2）进入幻灯片母版视图，选择“仅标题 版式”母版，在其中部绘制一个高度为 8 厘米、宽度为 33.9 厘米、形状填充为“绿色，个性色 6，深色 25%”、置于底层的无轮廓矩形；删除副标题占位符，然后设置标题样式的格式为微软雅黑、54 磅、白色，再调整标题占位符的大小，并将其置于矩形上，效果大致如图 4-39 所示。

图 4-39　设置“仅标题 版式”母版

（3）参照效果文件制作演示文稿的封面。首先删除标题占位符和副标题占位符，然后插入素材图片，最后绘制矩形并在其中输入文本，设置文本的格式为微软雅黑、88 磅、白色、加粗。

（4）制作其他幻灯片。除第 3 张、第 6 张和第 13 张幻灯片的版式为“仅标题”版式外，其他幻灯片的版式均为“空白”版式。参照效果文件，在各幻灯片中利用文本框或 SmartArt 图形输入文本（或复制素材文档“校园防疫指南”中的文本）并插入相应的素材图片。其中，所有文本的字体均为微软雅黑，字号分别为 24 磅和 18 磅，个别文本加粗显示，首行缩进 1.27 厘米，1.5 倍行距，并为小标题文本应用如图 4-40 所示的艺术字样式。为美观起见，可以根据需要对 SmartArt 图形更改颜色、应用样式。

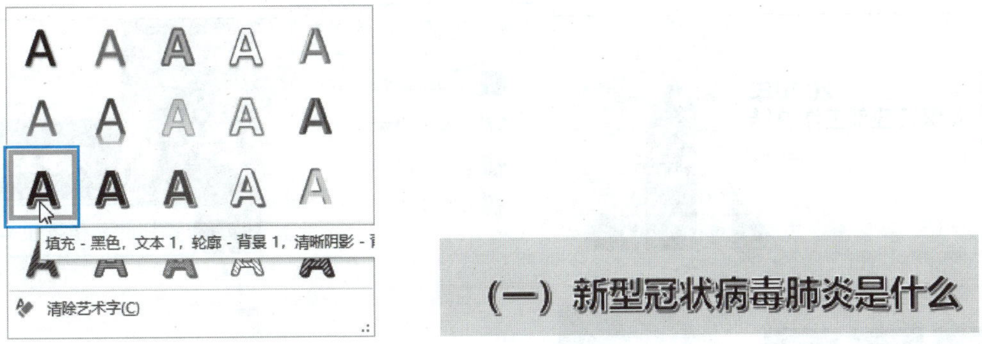

图 4-40　应用艺术字样式

（5）插入包含有白色背景的图片时，需要将其白色背景删除。为此，可选中图片后单击“图片工具/格式”选项卡“调整”组中的“颜色”按钮，在展开的下拉列表中选择“设置透明色”选项，然后在图片的白色区域单击，如图 4-41 所示。

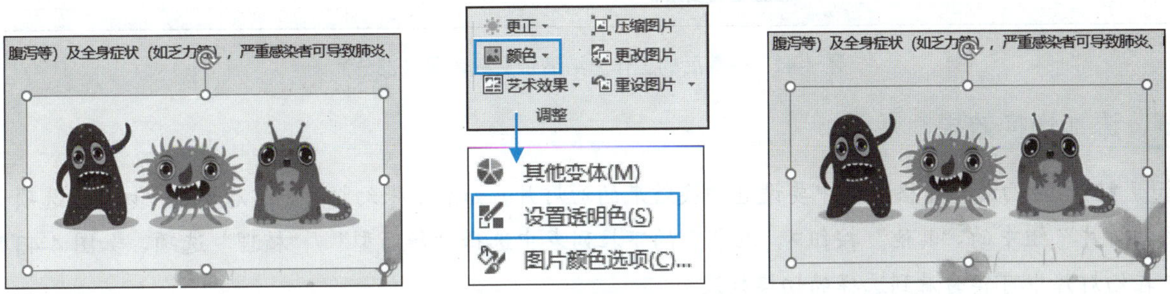

图 4-41　删除图片的背景

（6）利用复制幻灯片并修改内容的方法制作内容相似的幻灯片。相似幻灯片中的图片、文本框的大小及位置尽量保持美观、一致。

（7）在幻灯片中插入视频“正确洗手.mp4”后，可利用“视频工具/格式”选项卡设置视频的外观效果。

任务二　使用 PowerPoint 2016 设置演示文稿效果

任务解读

为幻灯片和幻灯片中的对象设置切换效果和动画效果，可以丰富演示文稿的放映效果；在幻灯片中绘制动作按钮，或为其中的对象设置超链接，在放映演示文稿时单击它们，可以快速跳转到链接的对象。

在本任务中，我们学习为演示文稿添加切换效果、动画效果、超链接和动作按钮，以及放映和打包演示文稿的方法。

体验探究——完善工作总结演示文稿

扫一扫
完善工作总结演示文稿

下面来完善工作总结演示文稿，如为幻灯片间添加切换效果，为幻灯片中的对象添加动画效果，为目录页文本添加超链接，在相关幻灯片中绘制动作按钮等，效果如图 4-42 所示。

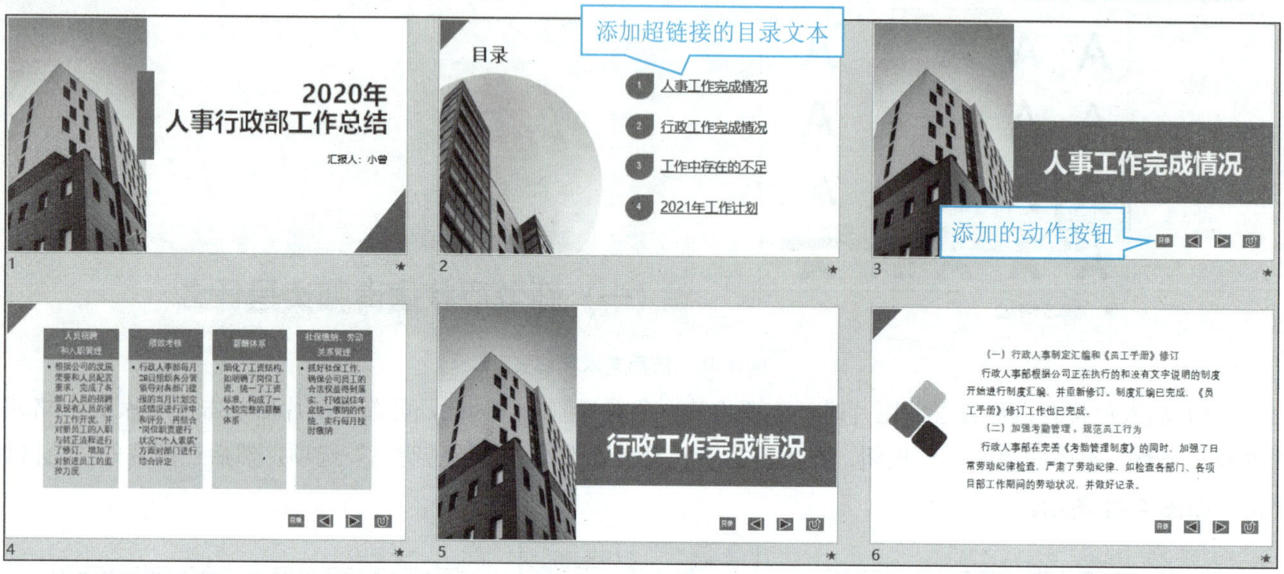

图 4-42　完善后的工作总结演示文稿效果（部分）

一、添加切换效果

步骤 1▶ 在幻灯片窗格中选中要设置切换效果的幻灯片，如第 1 张幻灯片，然后单击“切换”选项卡“切换到此幻灯片”组中的“其他”按钮▾，在展开的下拉列表中选择“华丽型”/“梳理”选项，如图 4-43 所示。此时，在幻灯片中可实时看到选择的切换效果。

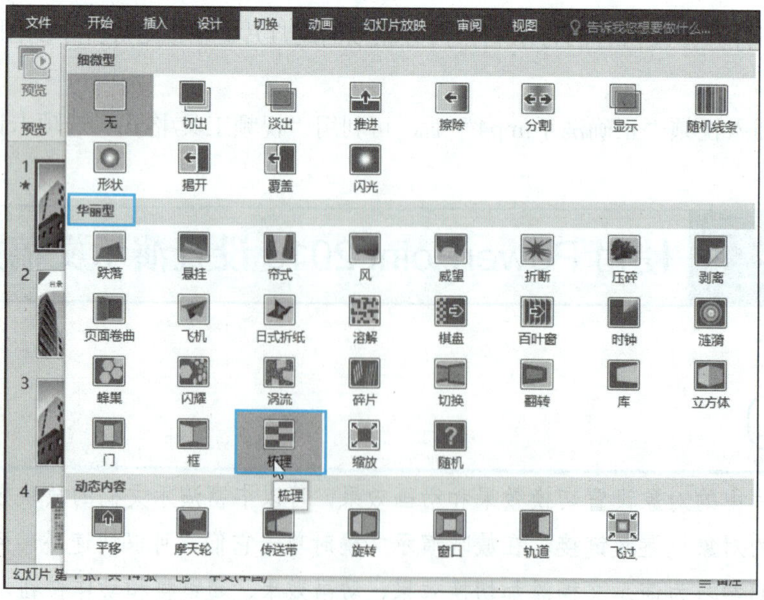

图 4-43　选择幻灯片的切换方式

步骤 2▶ 在“计时”组的“声音”下拉列表中可选择切换幻灯片时的声音效果；在“持续时间”编辑框中可以设置幻灯片的切换速度；在“换片方式”设置区中可设置幻灯片的换片方式，这里保持默认“单击鼠标时”复选框的选中状态；在“效果选项”下拉列表中可以选择切换方向，这里保持“水平”选项的选中状态，如图 4-44 所示。

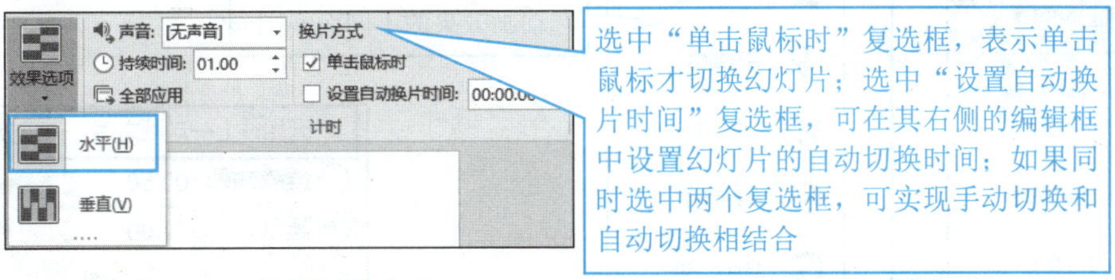

图 4-44 设置切换选项

步骤 3▶ 单击“计时”组中的“全部应用”按钮，将设置的幻灯片切换效果应用于演示文稿中的所有幻灯片。否则，当前设置将只应用于当前所选的幻灯片。

课堂互动

在“切换到此幻灯片”组的切换效果下拉列表中选择其他切换方式，并设置其效果选项、切换声音和持续时间，观察不同的切换效果。

二、添加动画效果

步骤 1▶ 在幻灯片中选中要添加动画效果的对象，如第 1 张幻灯片中的标题占位符和副标题占位符，然后单击“动画”选项卡“动画”组中的“其他”按钮▼，在展开的下拉列表中选择“进入”/“飞入”选项，为对象添加进入动画效果，如图 4-45 所示。

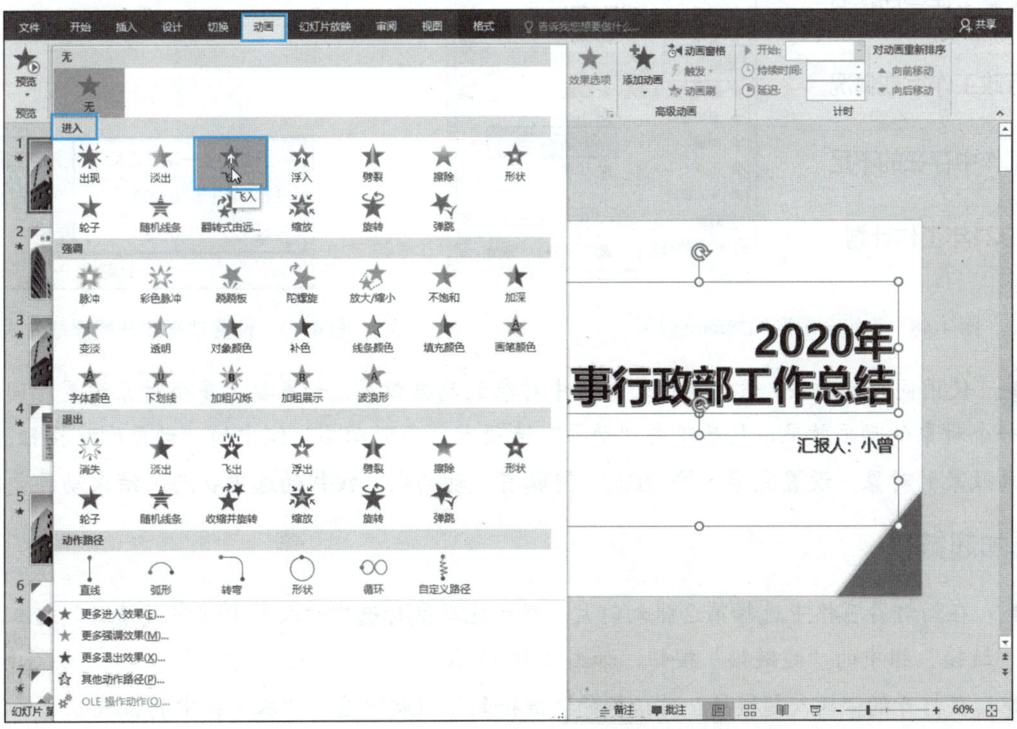

图 4-45 选择动画效果

步骤 2▶ 在“动画”组的“效果选项”下拉列表（见图 4-46）中设置动画的运动方向，如设置标题占位符“自右上部”飞入，副标题占位符“自右下部”飞入；在“计时”组中设置动画的开始播放方式和动画的播放速度，这里设置动画的开始播放方式均为“上一动画之后”，如图 4-47 所示。

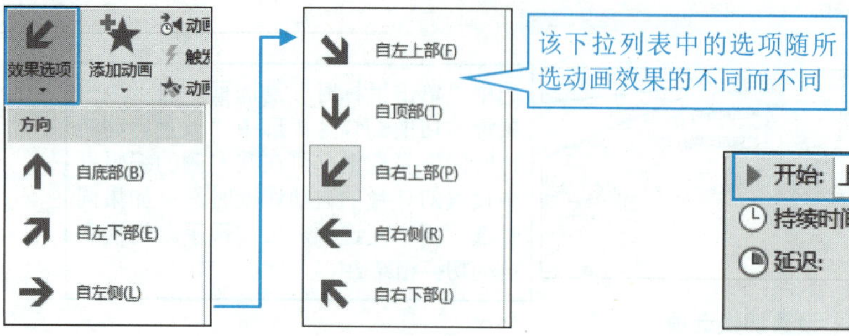

图 4-46 “效果选项”下拉列表

图 4-47 设置动画的开始播放方式

步骤 3▶ 同时选中第 2 张幻灯片中的 4 个组合图形，然后在“动画”下拉列表中选择“更多进入效果”选项，打开“更改进入效果”对话框，在其中选择“温和型”/“升起”选项（见图 4-48），单击“确定”按钮后在“计时”组中设置动画的开始播放方式为“上一动画之后”、“延迟”为“00.25”，其他保持不变，如图 4-49 所示。

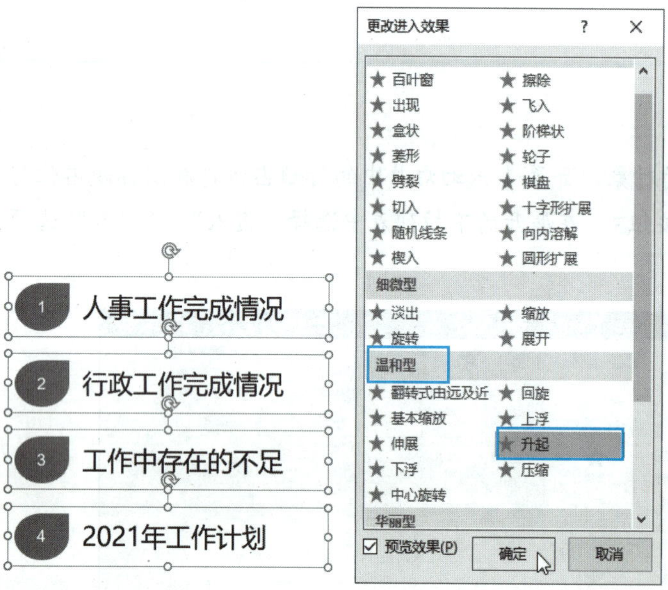

图 4-48 为组合图形添加动画效果

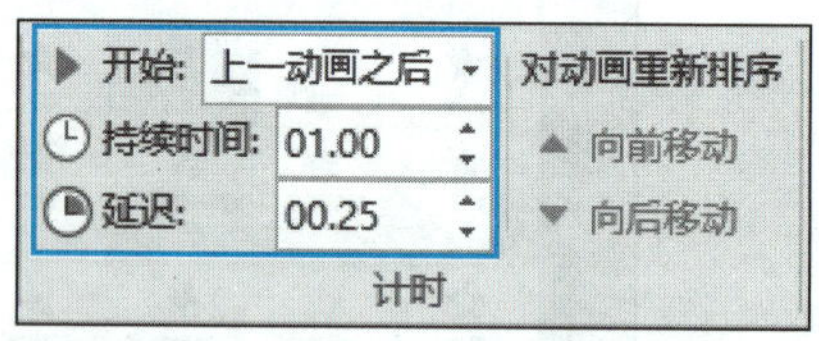

图 4-49 设置动画的开始播放方式和延迟时间

步骤 4▶ 使用同样的方法，设置其他幻灯片中对象的动画效果。如果要为多个对象设置相同的动画效果，可先设置好一个对象的动画效果，然后双击“动画”选项卡“高级动画”组中的“动画刷”按钮，再依次单击要应用该动画效果的对象。设置完毕，按“Esc”键取消“动画刷”按钮的选中状态，结束动画复制操作。

三、添加超链接

步骤 1▶ 在幻灯片窗格中选择第 2 张幻灯片，然后拖动鼠标选中“人事工作完成情况”文本，再单击“插入”选项卡“链接”组中的“超链接”按钮，如图 4-50 所示。

步骤 2▶ 在打开的“插入超链接”对话框的“链接到”列表中选择“本文档中的位置”选项，然后在“请选择文档中的位置”列表中选择第 3 张幻灯片，单击“确定”按钮，为选中的文本添加超链接，如图 4-51 所示。

放映演示文稿时，单击该超链接文本，将切换到第 3 张幻灯片。

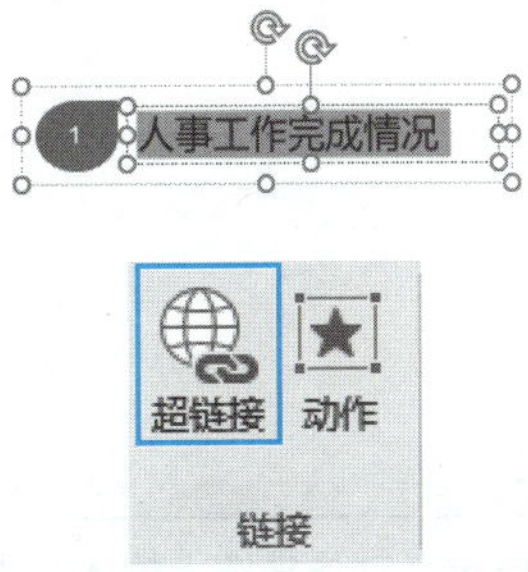

图 4-50 选择文本后单击“超链接”按钮

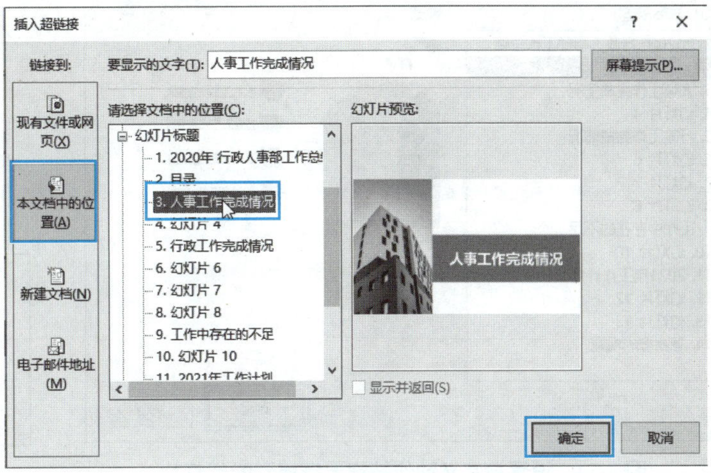

图 4-51 设置链接选项

步骤 3▶ 参考前面的操作，将第 2 张幻灯片中的其他文本链接到本文档中相应标题所在幻灯片。

四、添加动作按钮

步骤 1▶ 切换到第 3 张幻灯片，然后单击“插入”选项卡“插图”组中的“形状”按钮，在展开的下拉列表中选择“动作按钮”分类中的“动作按钮：自定义”选项，如图 4-52 所示。

步骤 2▶ 在幻灯片的右下方拖动鼠标绘制动作按钮，释放鼠标，自动打开“操作设置”对话框并显示“单击鼠标”选项卡，选中“超链接到”单选钮，然后在其下方的下拉列表中选择“幻灯片”选项，如图 4-53 所示。

图 4-52 选择动作按钮类型

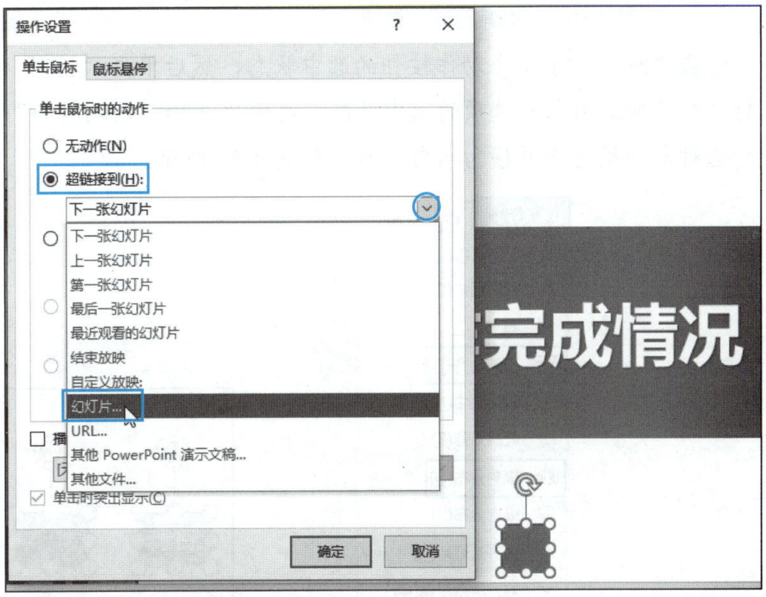

图 4-53 选择链接选项

步骤 3▶ 打开“超链接到幻灯片”对话框，在“幻灯片标题”列表中选择“2. 目录”选项，如图 4-54 所示。单击“确定”按钮，返回“操作设置”对话框，单击“确定”按钮，完成自定义动作按钮的设置。

步骤 4▶ 保持自定义动作按钮的选中状态，然后输入文本“目录”，并设置文本的格式为微软雅黑、12 磅，如图 4-55 所示。

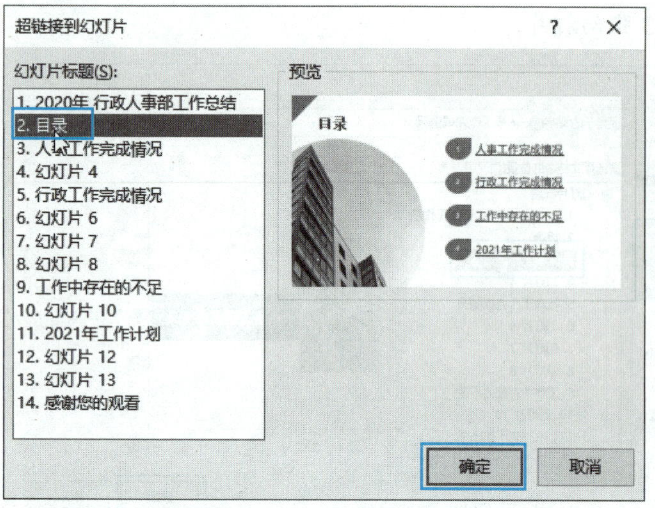

图 4-54　设置自定义动作按钮要链接到的幻灯片

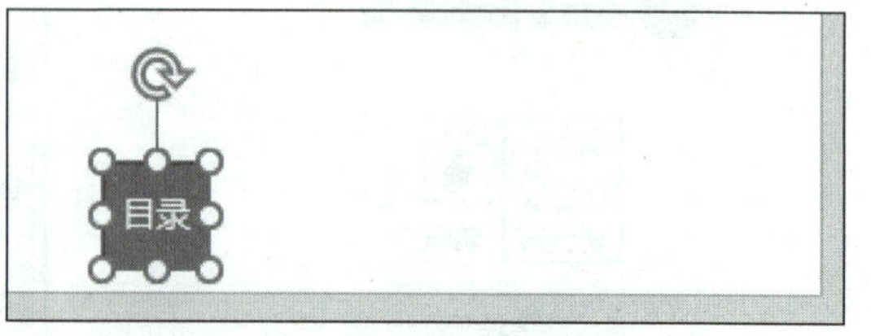

图 4-55　在自定义动作按钮上输入文本

步骤 5▶ 依次在现有按钮的右侧绘制“动作按钮：后退或前一项”◁、“动作按钮：前进或下一项”▷和“动作按钮：上一张”，这 3 个按钮在“操作设置”对话框中的参数都保持默认，如图 4-56 所示。

步骤 6▶ 按住“Ctrl”键的同时依次单击绘制的 4 个动作按钮，将它们选中，然后在“绘图工具/格式”选项卡的“大小”组中设置按钮的高度为 1.1 厘米，宽度为 1.5 厘米，如图 4-57 所示。

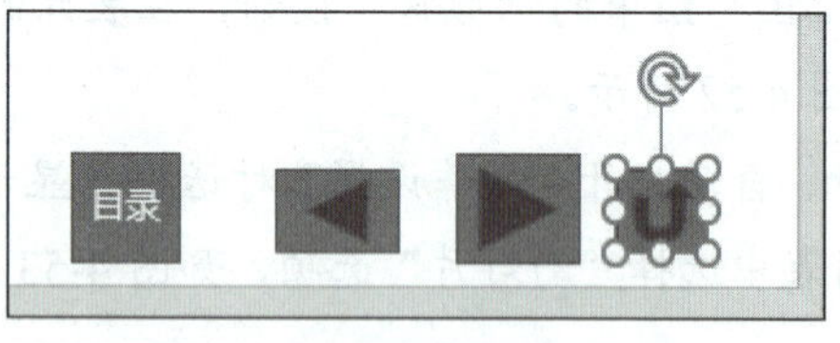

图 4-56　绘制其他动作按钮

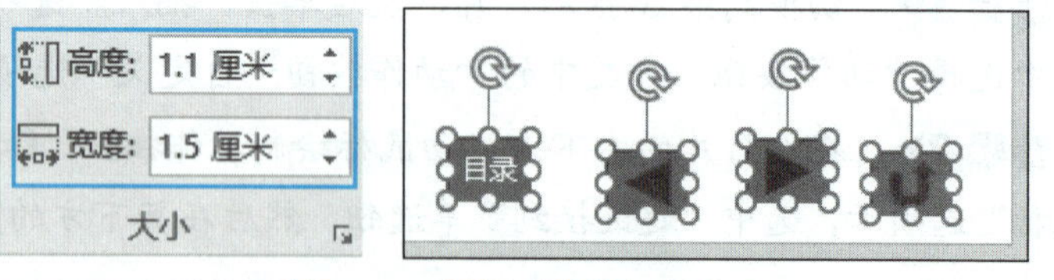

图 4-57　设置动作按钮的大小

步骤 7▶ 保持 4 个动作按钮的选中状态，然后单击“排列”组中的“对齐”按钮，在展开的下拉列表中保持“对齐所选对象”选项的选中状态，再依次选择“顶端对齐”选项和“横向分布”选项，将 4 个按钮相对于所选对象顶端对齐并横向均匀分布，如图 4-58 所示。

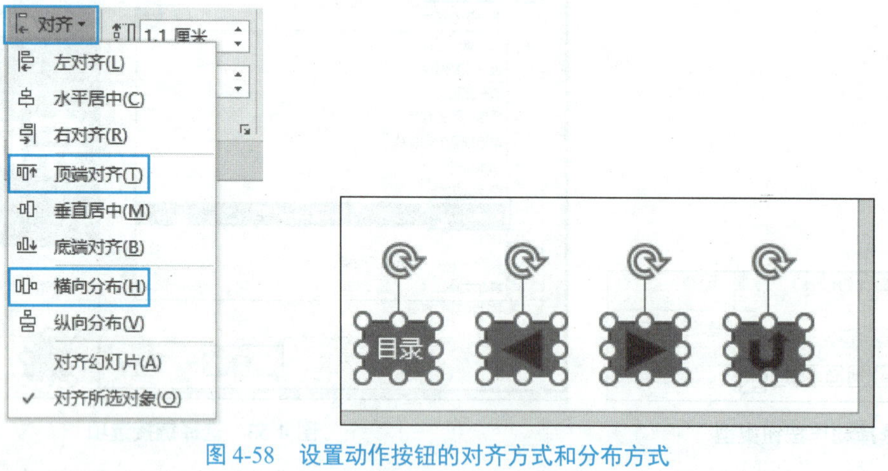

图 4-58　设置动作按钮的对齐方式和分布方式

步骤 8▶ 保持 4 个动作按钮的选中状态，然后单击“排列”组中的“组合”按钮，在展开的下拉列表中选择“组合”选项，组合所选按钮，如图 4-59 所示。

步骤 9▶ 保持组合按钮的选中状态，然后单击“形状样式”组中的“其他”按钮，在展开的下拉列表中选择如图 4-60 所示的选项，为组合按钮应用系统提供的样式，最后将按钮移到幻灯片右下方的合适位置。

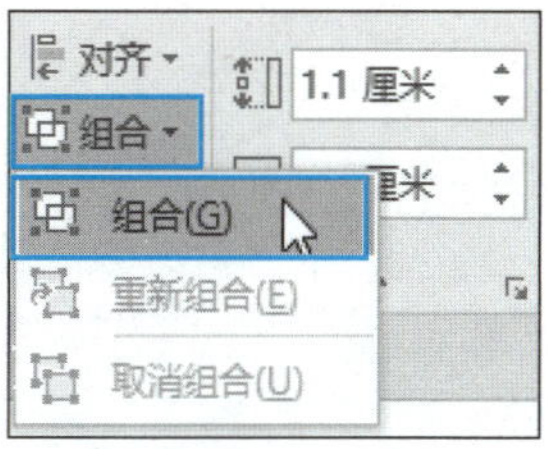

图 4-59　组合按钮

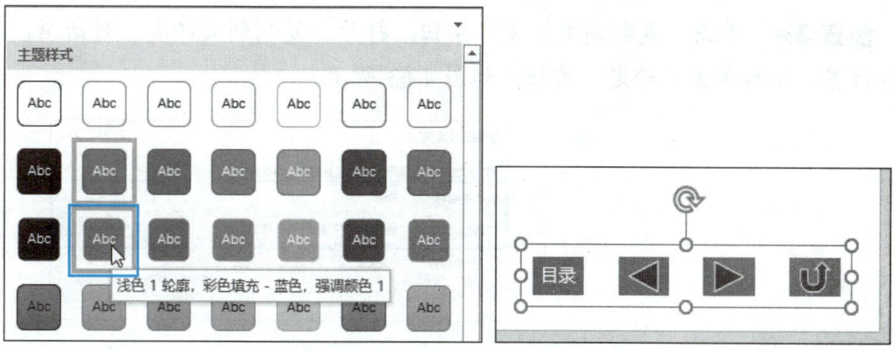

图 4-60　为组合按钮应用形状样式

步骤 10▶　保持组合按钮的选中状态，按“Ctrl+C”组合键，然后切换到第 4 张幻灯片，按“Ctrl+V”组合键，将组合按钮复制到第 4 张幻灯片中。使用相同的方法，将组合按钮复制到后面的所有幻灯片中。

五、放映并打包演示文稿

步骤 1▶　单击“幻灯片放映”选项卡“开始放映幻灯片”组中的“从头开始”按钮（见图 4-61），以全屏方式从第 1 张幻灯片开始放映演示文稿。

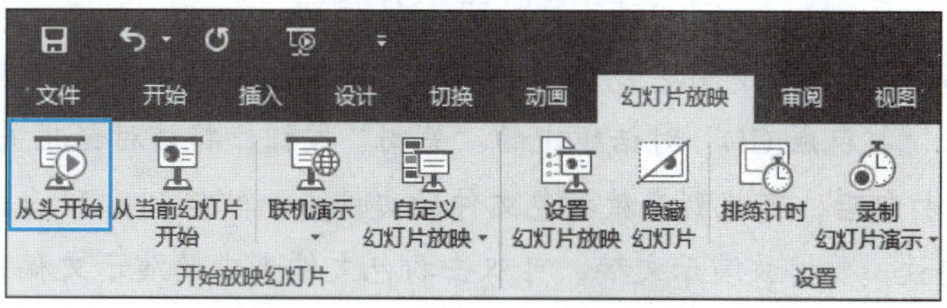

图 4-61　“开始放映幻灯片”组

知识链接

在放映的过程中，根据制作演示文稿时的设置可以切换幻灯片或显示幻灯片内容。例如，通过单击切换幻灯片和显示动画，通过单击超链接或动作按钮跳转到指定的幻灯片。

步骤 2▶　放映效果满足要求后，可以将演示文稿打包。选择“文件”/“导出”/“将演示文稿打包成 CD”/“打包成 CD”选项，打开“打包成 CD”对话框，如图 4-62 所示。

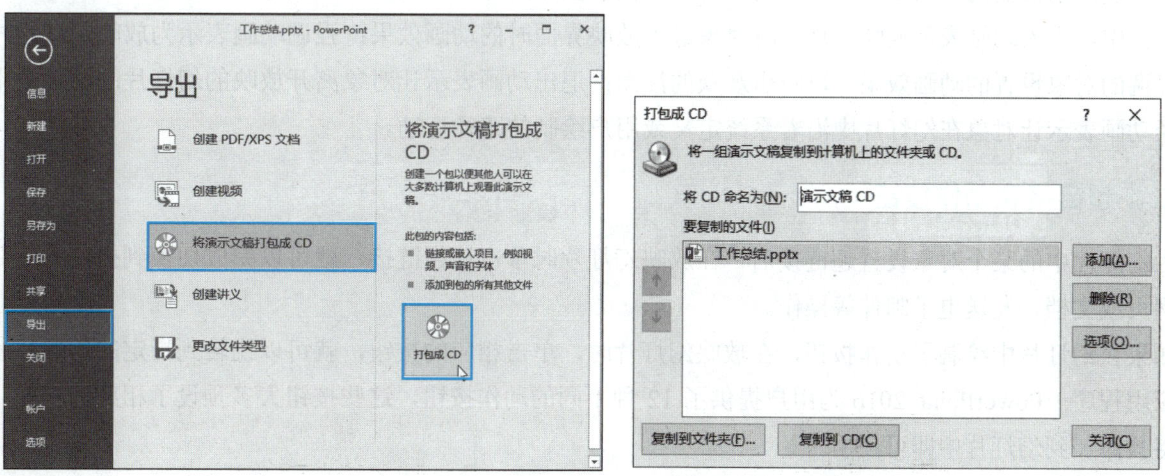

图 4-62　打开“打包成 CD”对话框

步骤 3▶ 单击“复制到文件夹”按钮，打开“复制到文件夹”对话框，在其中设置打包的文件夹名称及保存位置，然后单击“确定”按钮，如图 4-63 所示。

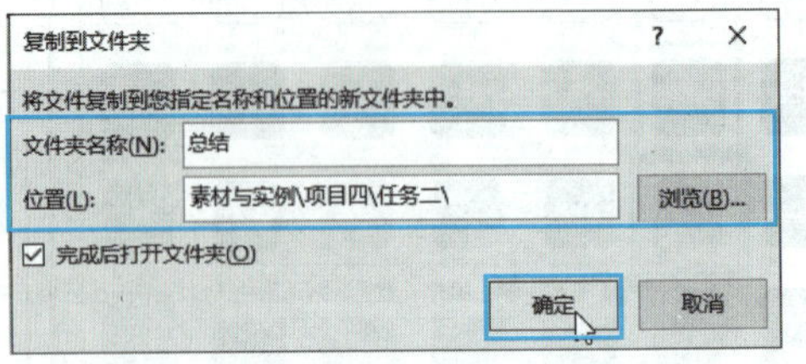

图 4-63 “复制到文件夹”对话框

步骤 4▶ 打开如图 4-64 所示的提示对话框，询问是否打包链接文件，单击“是”按钮。

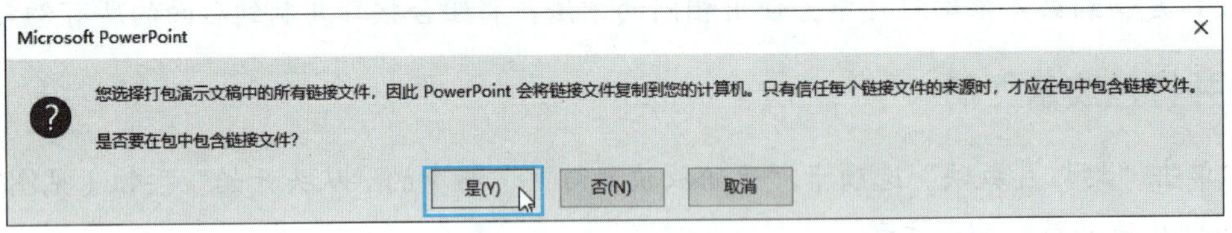

图 4-64 提示对话框

步骤 5▶ 等待一会儿(视文件大小而定)，即可将演示文稿打包到指定的文件夹中，并自动打开该文件夹，显示其中的内容。最后单击“打包成 CD”对话框中的“关闭”按钮，将该对话框关闭。

步骤 6▶ 将演示文稿打包后，可找到存放打包文件的文件夹，然后利用 U 盘或网络等方式，将其复制或传输到别的计算机中进行播放。要播放演示文稿，可双击打包文件夹中的演示文稿文件。

必备知识

一、切换效果和动画效果

幻灯片的切换效果是指放映演示文稿时从一张幻灯片过渡到下一张幻灯片时的动画效果。默认情况下，各幻灯片之间的切换没有任何效果。通过设置，可以为每张幻灯片添加具有动感的切换效果以丰富其放映过程，还可以控制每张幻灯片切换的速度，以及添加切换声音等。

为了使演示文稿的播放更加精彩，用户可以根据需要为幻灯片中的文本、图片和形状等对象设置各种动画效果。其中，进入动画表示放映幻灯片时对象进入放映界面时的动画效果；强调动画表示为放映幻灯片时需要重点强调的对象设置的动画效果，以吸引观众的注意；退出动画表示让对象离开放映的幻灯片的动画效果；动作路径动画表示让对象在幻灯片中沿着系统定义或用户绘制的路径运动。

二、超链接和动作按钮

为幻灯片中的某个对象设置超链接后，在放映幻灯片时单击该超链接，就可以完成切换到指定的幻灯片、打开网页或文档、发送电子邮件等操作。

如果在幻灯片中绘制了动作按钮，在放映幻灯片时，单击相应的按钮，就可以跳转到指定的幻灯片或启动其他应用程序。PowerPoint 2016 为用户提供了 12 种不同的动作按钮，这些按钮大多预设了相应的功能，用户只需将其添加到幻灯片中即可使用。

三、设置放映方式

根据不同的场所，用户可以对演示文稿设置不同的放映方式，如可以由演讲者控制放映，也可以由观众自行浏览，或让演示文稿自动放映。此外，对于每一种放映方式，还可以控制是否循环播放，指定播放哪些幻灯片及确定幻灯片的换片方式等。为此，可单击“幻灯片放映”选项卡“设置”组中的“设置幻灯片放映”按钮，在打开“设置放映方式”对话框中进行设置，如图 4-65 所示。

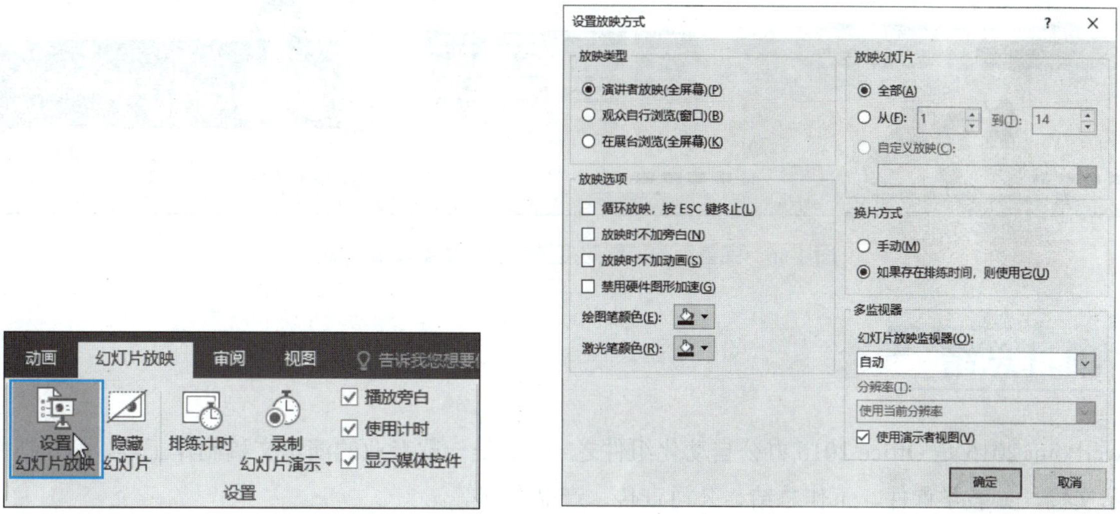

图 4-65　设置放映方式

要放映演示文稿，可单击“幻灯片放映”选项卡“开始放映幻灯片”组中的相应按钮。在放映演示文稿的过程中，PowerPoint 2016 会根据用户的设置来切换幻灯片或显示幻灯片中的各动画效果。演示文稿放映完毕，可按“Esc”键结束放映。如果想在中途终止放映，也可按“Esc”键。

四、打包演示文稿

为了使制作的演示文稿能在其他计算机中正常播放，可利用 PowerPoint 2016 提供的“打包成 CD”功能，将演示文稿及与其关联的文件、字体等打包，然后利用 U 盘或网络等方式，将其复制或传输到别的计算机中进行播放。

实践探索——完善校园防疫指南演示文稿

下面来完善校园防疫指南演示文稿，为其设置切换效果和动画效果，添加超链接和动作按钮（效果见图 4-66），然后放映该演示文稿。其中的切换效果、动画效果等可根据喜好自行设置。

（1）为演示文稿中的所有幻灯片设置一种切换效果，切换方式为“单击鼠标时”。

（2）为幻灯片中的对象设置动画效果、效果选项、动画的开始播放方式等。

（3）为第 2 张幻灯片中的文本添加超链接，将其链接到相应标题的幻灯片。

（4）在第 2 张至第 14 张幻灯片中绘制动作按钮。

（5）从头开始放映演示文稿，查看添加的切换效果和动画效果，单击其中的超链接和动作按钮，查看设置的链接选项是否正确。

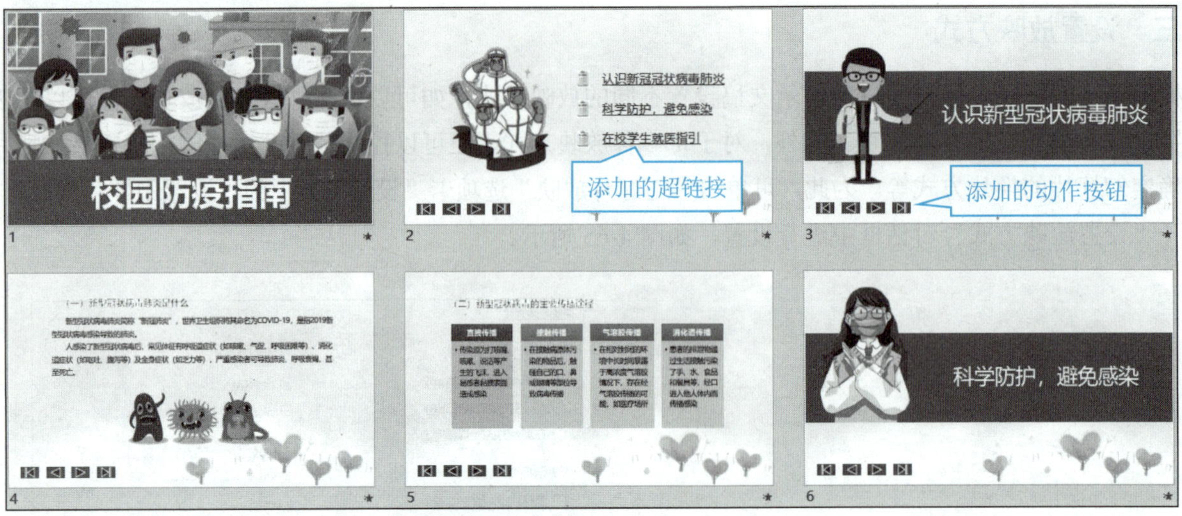

图 4-66　完善后的校园防疫指南演示文稿效果（部分）

项目总结

PowerPoint 2016 是 Office 2016 办公自动化组件之一，它是一款专业的演示文稿制作工具，可以制作各种用途的演示文稿，如教学课件、工作总结、公司宣传、产品介绍等。

制作演示文稿的最终目的是给观众演示，能否给观众留下深刻的印象是评定演示文稿效果的主要标准。为此，在进行演示文稿设计时一般应遵循重点突出、简洁明了、形象直观的原则。另外，在演示文稿中应尽量减少文本的使用，尽可能地使用其他更直观的表达方式，如图片、形状和图表等。此外，还可以加入音频、动画和视频等来加强演示文稿的表达效果。

制作好演示文稿内容后，一般需要为其中的导航文本添加超链接，或者在幻灯片中绘制动作按钮，以便在放映幻灯片时通过单击超链接或动作按钮快速切换到指定幻灯片。此外，为了使演示文稿的放映效果更好，还需要为幻灯片设置切换效果，以及为幻灯片中的对象设置动画效果。

为了使制作的演示文稿能在其他计算机中正常播放，可利用 PowerPoint 2016 提供的打包功能，将演示文稿及与其关联的文件、字体等打包，然后利用 U 盘或网络等方式，将其复制或传输到别的计算机中进行播放。

项目五

信息检索

项目导读

信息检索是人们获取信息的重要方法和手段，也是人们查找信息的主要方式。掌握网络信息的高效检索方法，是现代信息社会对高素质技术技能人才的基本要求。本项目就来学习信息检索基础知识、搜索引擎使用技巧、专用平台信息检索等内容。

知识目标

了解信息检索的基本概念和基本流程，熟悉常用的搜索引擎、通用信息检索平台和期刊、论文、专利、商标等专用信息检索平台，理解信息检索给人们带来的便利。

能力目标

掌握布尔逻辑检索、截词检索、位置检索、限制检索等常用的信息检索方法，能够根据特定的信息需求选择合适的信息检索工具和方式，并能以有效的方法和手段判断信息的可靠性、真实性、准确性和目的性。

思政目标

增强信息意识，自觉并充分利用信息解决生活、学习和工作中的实际问题，发扬团队协作精神，善于与他人合作、共享信息，发挥信息的更大价值。

任务一　了解信息检索基础知识

任务解读

信息技术的迅猛发展，一方面使得信息的产生和更新速度加快，甚至出现了信息超载、信息泛滥的现象；另一方面使得信息资源的重要性日益突出。那么，如何在茫茫信息海洋中快速、准确地找到所需信息，并对信息进行去伪存真、去粗取精呢？答案就是提高信息检索能力。

在本任务中，我们首先利用百度搜索引擎体验信息检索，然后一起来了解信息检索的概念和基本流程。

体验探究——体验信息检索

互联网是当今世界上最大的信息宝库，要想从互联网中快速、准确地获取所需的信息资源，就必须借助信息检索工具。而百度搜索引擎（以下简称“百度”）就是时下人们工作和生活中最流行、使用最广泛的信息检索工具。下面介绍使用百度在互联网上检索信息的方法，体验信息检索给人们获取信息带来的便利。

步骤 1▶　启动 IE 浏览器，在地址栏中输入网址“https://www.baidu.com”，然后按“Enter”键，即可打开百度主页，如图 5-1 所示。

图 5-1　百度主页

步骤 2▶　在搜索框中输入关键词“祝融号”，然后按“Enter”键或单击“百度一下”按钮，打开关键词搜索结果页，如图 5-2 所示。

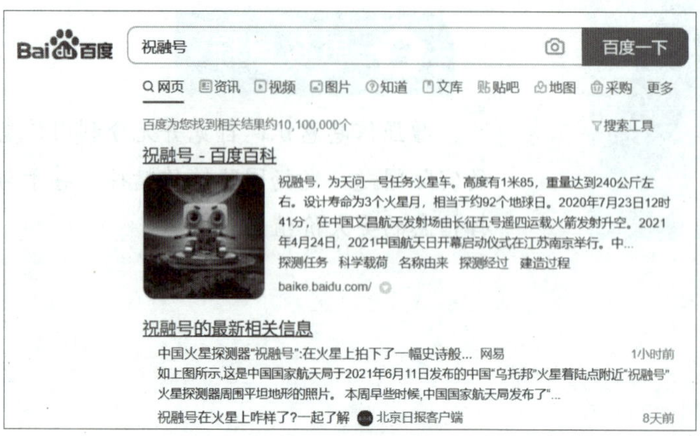

图 5-2　关键词搜索结果页

知识链接

2021 年 5 月 15 日，执行我国首次自主探测火星任务的“天问一号”探测器实现着陆巡视器与环绕器两器分离。其中，着陆巡视器携我国首辆火星车“祝融号”降落火星表面，环绕器则继续环绕火星，为着陆巡视器和地球之间提供中继通信。

2021 年 5 月 17 日，“祝融号”火星车完成状态检查，并第一次通过“天问一号”环绕器对地传回遥测数据，数据显示各系统工作正常。接下来，“祝融号”将陆续开展火星地表成分、物质类型分布、地质结构及气象环境等探测工作。

本次火星着陆任务突破了多项航天关键技术，实现了我国首次地外行星着陆，是中国航天事业发展中具有重大意义的里程碑。

步骤 3▶ 单击搜索框下方的“资讯”按钮，切换至“资讯”版块，对检索到的信息进行一次筛选，如图 5-3 所示。

图 5-3 切换至“资讯”版块

步骤 4▶ 浏览信息资源。在“资讯”版块的搜索结果中单击某条资讯链接，即可跳转至详情页，如图 5-4 所示。

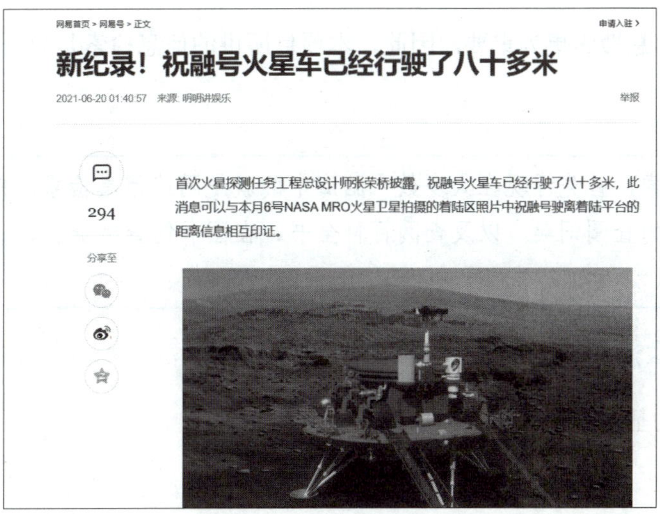

图 5-4 浏览信息资源

课堂互动

思考一下，日常生活中的哪些场景需要进行信息检索？信息检索给我们的生活带来了哪些影响？请分组进行讨论。

必备知识

在日常生活中，当我们遇到不认识的汉字或词语时，第一时间想到的就是查阅词典。以《现代汉语词典》（第 7 版）为例，其中收录了近 7 万个词条，数目相当可观。但是，凭借《现代汉语词典》条理清楚的字词检索系统，每个人都能快速、准确地找到要查询的词条。这个过程就是信息检索的过程。那么，信息检索究竟是什么呢？

扫一扫

信息检索概述

一、信息检索是什么

信息检索有广义和狭义之分。广义的信息检索包括信息存储和信息搜索两个过程，而狭义的信息检索则只包括信息搜索这一个过程。

（1）信息存储也称信息存贮、信息标引，其过程就是先按一定的标准对信息进行收集和整理，然后根据信息的内容或特征对其进行标记、分类和索引，最后将所有信息构建成一个检索系统，并建立检索系统的检索语言。

知识链接

检索语言也称“标定符号”或“标识系统”，是在自然语言的基础上规范化的人工语言，它是检索系统与用户赖以组织、存储和检索信息的重要理论依据，有了检索语言，用户就可以按其规则检索、获取信息，这样存进检索系统的信息才有价值。

（2）信息搜索又称信息搜寻、信息检出，其过程是用户根据所需信息的内容或特征选取检索提问词（简称“检索词”），并将检索词构建成符合检索语言的检索提问式（简称“检索式”），然后利用检索工具将检索式与检索系统中的信息资源进行比较和匹配，最后根据一定标准对命中的信息进行排序后，将匹配程度较高的信息作为检索结果输出。

对于普通用户而言，信息搜索更为重要。因此，本项目所讲的信息检索是狭义的信息检索。

小 提 示

如今，一提起信息检索，首先浮现在大多数人脑海中的就是网络信息检索。然而，信息检索并非网络时代特有的产物，前面提到的查阅词典，以及查阅百科全书、在图书馆查阅资料、拨打 114 查询电话号码等，都属于信息检索。

二、信息检索的基本流程

一般来说，信息检索的基本流程包括 4 个步骤，如图 5-5 所示。

图 5-5 信息检索的基本流程

1. 分析检索内容，明确信息需求

该步骤的主要工作是通过分析检索内容的主题、类型、用途、时间范围和自身对检索的评价要求等，明确自身对信息的要求。很多用户在检索信息时往往直接略过这一步骤，但实际上该步骤十分重要，它能使用户对要获取的信息有充分的了解，从而避免检索结果与预期结果大相径庭。

例如，用户要检索网络安全相关信息，就可以问自己几个问题：所需信息的主题是扫盲科普、引发探讨还是其他？所需信息类型是基础理论知识、最新技术成果、相关资讯报道还是其他？所需信息的时间范围是近十几年、近几年、某个关键时间节点还是其他？检索涉及的领域是越全越好吗……在回答这些问题后，用户就会更加明确自身的信息检索需求，检索时的目的性会更强，检索效率也会更高。

2. 选择检索工具，了解检索系统

（1）检索工具。检索工具是帮助用户快速、准确地检索所需信息的工具和设备的总称。根据检索范围的不同，检索工具可大致分为综合性检索工具和专业性检索工具两类。其中，综合性检索工具包括搜索引擎、门户网站、图书馆、百科全书等，而专业性检索工具则包括各类垂直网站、专业数据库、专题工具书等。

选择检索工具是用户检索信息前关键的一步。用户所选的检索工具适合与否将很大程度上决定其信息检索效率的高低。因此，在选择检索工具时，应遵循以下原则。

① 高效原则。综合性检索工具包含的信息包罗万象，对于涉及范围较广的信息检索非常友好，故很多用户都将其作为信息检索的首选工具。但综合性检索工具包含的信息参差不齐，需要用户花费大量时间进行辨别。因此，对于某些专业性较强的信息检索，使用专业性检索工具能更有针对性地进行检索，检索效率会更高。

例如，某用户要撰写一篇主题为食品安全的学术论文，由于所需信息专业性较强，因此可在权威性较高的食品安全相关网站（如“中国食品安全网”）中进行检索，这样，用户无须花费大量时间鉴别检索到的信息，即可获取更权威、更可信、更有用的信息。

② 灵活原则。互联网上的信息不计其数，没有任何一款检索工具能完全涵盖互联网上的信息。因此，用户在选择和使用检索工具时，不应只拘泥于某一种检索工具，而应当根据自身信息需求灵活使用多种检索工具，从而快速获取所需信息。

（2）检索系统。检索系统是指用户检索信息时用到的检索工具、数据库、检索语言等组成的系统。例如，图书馆就是一个检索系统，其中的检索工具就是图书查询系统，数据库就是图书馆的所有图书，检索语言就是图书分类法。

检索系统通常较为庞大，不同检索系统中包含的信息种类、数量、类型和检索语言等不尽相同。用户在使用检索系统前，可先借助相关说明文件对检索系统进行了解，掌握检索系统的使用方法，从而提高信息检索效率。

课堂互动

《中国图书馆分类法》（简称《中图法》）是如今国内图书馆使用最广泛的分类法体系，它以清晰的体系结构对图书馆中数以万计的图书进行分类，读者根据《中图法》可快速查找到所需图书。请查阅《中图法》的相关资料，了解其分类方法，体会检索语言的构成和特点。

3. 实施检索策略，浏览初步结果

在明确信息需求、选好检索工具、了解检索系统后，就可以拟定信息检索策略了。检索策略主要包括以下两部分。

（1）选取检索词。检索词是用户信息需求的具体表达，它是构成检索式的最基本单元。在选取检索词时，应注意以下四点：

① 提炼的检索词需能全面描述要检索的信息。

② 抽象的检索词要具体化（如将“环保”改为“垃圾分类”）。

③ 删除意义不大的虚词、低频词等（如“哪些”“相关”）。

④ 对检索词进行适当替换和补充（如将“地铁”改为“城市轨道交通”）。

（2）构建检索式。检索式是用户根据检索系统的检索语言对检索词进行的格式化表述，其呈现形式因检索系统而异。例如，某用户要检索中国信息产业经济发展现状的相关信息，若其选择的检索系统是图书馆，则根据《中图法》，检索式应为“F492 中国信息产业经济”。

拟定检索策略后即可利用检索工具进行信息检索。用户可对检索结果进行初步浏览和筛选，排除一些明显不符合要求的信息。

4. 评价检索结果，获取所需信息

进行信息检索后，用户还需对检索结果进行评价，分析检索结果是否与检索式相匹配，是否能够满足信息需求或解决面临的问题。如果满足，则从检索结果中挑选匹配程度最高的作为最终获取的信息即可；如果不满足，就需要对信息检索的基本流程进行复盘，查看是哪个步骤出了问题，及时调整检索策略，再次进行信息检索，直到结果满意为止。

实践探索——检索毕业论文所需信息

某职业学院数字媒体技术专业的一名学生，要撰写一篇名为“从奥运会开幕式设计看数字媒体的创新与发展”的毕业论文。根据本任务介绍的信息检索的基本流程，他对论文所需信息进行了检索，步骤如下。

步骤 1▶ 分析检索内容，明确信息需求。该学生对检索内容的分析结果如表 5-1 所示。

表 5-1 检索内容的分析结果

项 目	内 容
信息主题	各届奥运会（包括夏季奥运会、冬季奥运会和残疾人奥运会）开幕式上用到的数字媒体技术
信息类型	原版视频、相关新闻资讯报道和数字媒体领域的专业评论等
信息用途	佐证观点
信息的时间范围	数字媒体技术诞生初期和经过高度发展后的时代，尤其是 21 世纪以来的奥运会
信息的涉及领域	数字媒体
其他	检索结果应紧密围绕某届奥运会开幕式前后的时间节点

步骤 2▶ 选择检索工具，了解检索系统。考虑到要检索的信息以视频、资讯报道、专业评论为主，且历届奥运会信息量庞大，该学生最终综合使用各类检索工具，并重点选择了百度、央视网和历届奥运会官方网站等。

步骤 3▶ 实施检索策略，浏览初步结果。该学生发现撰写这篇毕业论文需要查阅大量的国内外奥运会相关资料，可根据奥运会的年份对这些信息进行分批检索。因此，该学生选取了“××××年××奥运会”“开幕式”“数字媒体”“黑科技”等为主要检索词，并根据各检索系统的检索语言构建检索式。以 2008 年的北京奥运会为例，该学生先是在百度上输入检索式“2008 年北京奥运会 开幕式”，然后在检索结果中选择并访问了“2008 奥运会”网站（http://2008.cctv.com），在网站中选择了“开幕式”专栏，在其中查找到了很多开幕式的相关资料，如图 5-6 所示。

图 5-6 “2008 年北京奥运会 开幕式”信息检索结果

步骤 4▶ 评价检索结果，获取所需信息。该学生在对检索结果进行了浏览后，选取了检索结果中的一些典型案例作为论文中的论点，如 2008 年北京奥运会的梦幻五环、巨幅画卷等节目中运用的数字媒体技术。

任务二 使用搜索引擎检索信息

任务解读

在互联网上，无数网页存储着极为丰富的信息，这些信息来源复杂、形式多样、更新速度快。那么，如何才能从互联网上快速找到所需信息呢？答案就是使用搜索引擎。

在本任务中，我们首先使用百度检索招聘信息，然后一起来了解搜索引擎的相关知识。

体验探究——使用百度检索招聘信息

每年都会有大量毕业生加入就业大军，但相当一部分毕业生却会因无法找到符合自身需求的招聘信息而陷入迷茫，手足无措。事实上，每天都会有大量各行各业的企业通过互联网公开发布招聘信息，只要掌握一定的信息检索方法和技巧，即可通过搜索引擎等检索工具将其迅速检索出来。下面以检索成都市计算机专业的招聘信息为例，介绍使用百度检索信息的方法。

扫一扫

使用百度检索招聘信息

步骤 1▶ 启动 IE 浏览器，访问百度主页，在搜索框中输入检索式“成都 计算机专业招聘”，然后按“Enter”键，进入搜索结果页，如图 5-7 所示。可以看出，在约 3 710 万条搜索结果中，有很多并不是企业发布的招聘信息，还有很多是过时信息。

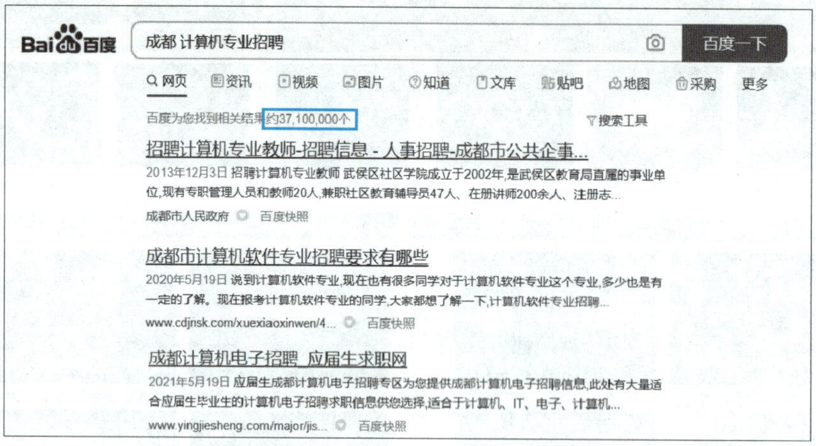

图 5-7　使用搜索引擎检索信息

步骤 2▶ 单击搜索框下方的搜索工具图标[搜索工具]，在出现的筛选条件中选择“时间不限”/“一周内”选项，即可看到筛选后更具时效性的搜索结果，如图 5-8 所示。可以看出，按照时间需求筛选后的搜索结果中的信息时效性很强，但是来源不一，可靠性难以保证。

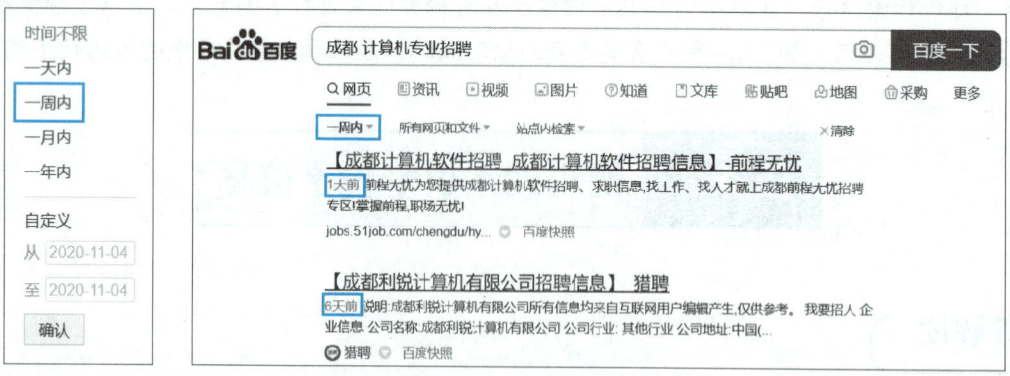

图 5-8　按照时间需求筛选信息

步骤 3▶ 在搜索框下方的筛选条件中选择“站点内检索”选项，在出现的编辑框中输入招聘网站“前程无忧”的域名“51job.com”，单击“确认”按钮（见图 5-9），即可按照站点筛选条件筛选搜索结果。筛选后的搜索结果将均为成都市企业一周内在前程无忧网站中发布的计算机专业招聘信息，如图 5-10 所示。

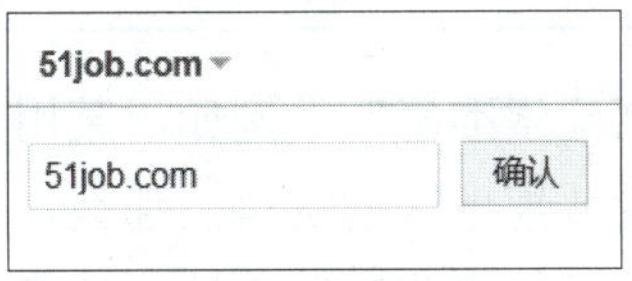

图 5-9 输入站点筛选条件

图 5-10 按照站点筛选条件筛选信息

必备知识

一、常用的信息检索方法

在互联网高度发展的今天，各种各样的检索系统充斥着人们的工作、学习和生活。不同系统可检索信息的类别、范围和支持的信息检索方法不尽相同，但也存在一些具有通用性的信息检索方法。下面介绍几种常用的信息检索方法，包括布尔逻辑检索、截词检索、位置检索和限制检索。

扫一扫

常用的信息检索方法

1. 布尔逻辑检索

布尔逻辑检索（Boolean search）是一种基于布尔逻辑算符的信息精准检索方法。布尔逻辑算符是一种规定检索词之间逻辑关系的算符，目前较常用的布尔逻辑算符包括逻辑“与”、逻辑“或”和逻辑“非”3 种，如图 5-11 至图 5-13 所示。

（1）逻辑“与”（AND）表示各检索词之间的交集。例如，“猫 AND 狗”是一个运用了逻辑“与”的检索式，它表示检索结果中必须既包含猫又包含狗。

（2）逻辑“或”（OR）表示包含任一检索词即可。例如，“猫 OR 狗”是一个运用了逻辑“或”的检索式，它表示检索结果中可以只包含猫，可以只包含狗，也可以同时包含猫和狗。

（3）逻辑“非”（NOT）表示必须包含 NOT 算符前的检索词，排除 NOT 算符后的检索词。例如，“猫 NOT 狗”是一个运用了逻辑“非”的检索式，它表示检索结果中只能包含猫，不能包含狗。同理，若检索式为“狗 NOT 猫”，则表示用户要求的检索结果中只能包含狗，不能包含猫。

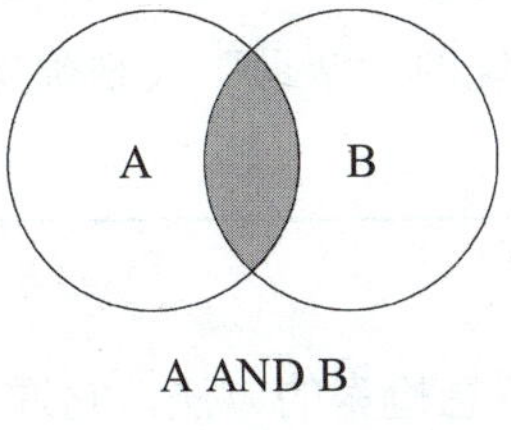

图 5-11 逻辑“与”

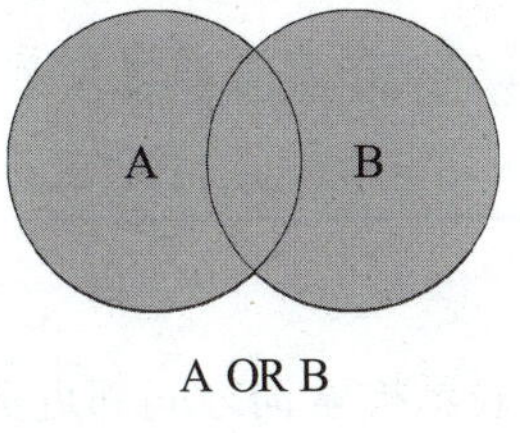

图 5-12 逻辑“或”

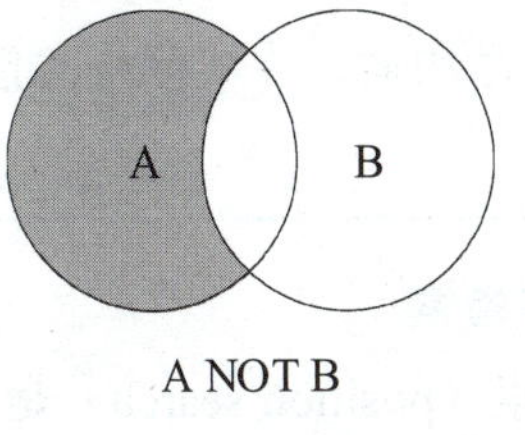

图 5-13 逻辑“非”

小提示

目前，几乎所有的搜索引擎都支持布尔逻辑检索，但不同搜索引擎中的布尔逻辑检索符号却不尽相同。例如，在必应搜索引擎中，布尔逻辑检索符号就是上述的“AND”“OR”“NOT”；而在百度搜索引擎中，逻辑“与”的布尔逻辑检索符号为空格、“+”“&”，逻辑“或”的布尔逻辑检索符号为“|”，逻辑“非”的布尔逻辑检索符号为“—”。

利用布尔逻辑检索，用户可灵活地扩大或缩小检索范围，从而有效提高检索准确率。例如，某用户希望在百度上搜索我国近年来在沙漠治理方面的成果的相关信息，并希望重点查看敦煌地区的资料。那么，该用户就可通过逻辑“与”将检索词“沙漠治理”“敦煌”组合为一个检索式，从而精准检索我国敦煌地区沙漠治理成果的信息。

2. 截词检索

截词检索（truncation search）是利用检索词的词干或不完整的词形进行检索的技术，它是一种预防漏检、提高查全率的信息检索方法。截词是指利用“?”“*”“$”等截词符号替换检索词的某处，使截断后的检索词具有多种可能的词义，这样既可节省输入的检索词数目，又可扩大信息检索范围。尤其是在外文检索系统中，使用截词检索可帮助用户达到较高的信息查全率。

根据截词符号所在的位置，截词检索可分为前截断、后截断和中截断。

（1）前截断。若用户要检索的多个内容存在相同词缀的情况，则可使用前截断的截词检索。例如，用户要搜索各学科在环境保护领域的权威组织，由于很多学科的后缀均为“-logy”[如气候学（climatology）、海洋学（oceanology）、地质学（geology）、生物学（biology）等]，可用前截断检索词“*logy”统一表示多个学科，再与检索词“environmental authority”（环保权威机构）组成检索式即可。

（2）后截断。若用户要检索的多个内容仅单词单复数、年份、作者等元素不同，则可使用后截断的截词检索。例如，用户要搜索2010年至2019年的十年间，每年全球物种灭绝数量的相关资料，可通过后截断检索词“201*”统一表示年份，再与检索词“global species extinction”（全球物种灭绝）组成检索式即可。

（3）中截断。若用户要检索信息的检索词存在特殊单复数（如“man”和“men”）、英美拼写差异（如“colour”和“color”）等情况，为提高信息查全率，可使用中截断的截词检索。例如，用户要搜索全球各国废旧轮胎的再利用率，由于轮胎的英式写法为“tyre”，美式写法则为“tire”，故可通过中截断检索词“used t*re”表示废旧轮胎，再与检索词“recycling rate”（再利用率）组成检索式即可。

小提示

大多数检索系统支持的截词检索都以后截断为主，仅部分检索系统支持中截断。此外，各检索系统中的截词符号不尽相同。在实际检索信息的过程中，用户可通过查看各检索系统的“帮助”文档确定截词检索的相关事项。

3. 位置检索

位置检索（position search）是一种通过表示检索词之间邻近关系进行信息检索的方法，它通常用位置算符限制检索词的前后位置和所间隔的单词数来实现精准检索。

一般来说，位置检索可分为词级位置检索、句级位置检索和同字段位置检索等。

（1）词级位置检索的位置算符包括“(W)”“(*n*W)”“(N)”“(*n*N)”等。

① 位置算符“(W)”表示两个检索词之间只允许有空格或一个标点符号，且两者的前后位置也必须保持一

致。例如，检索式“information (W) technology”表示检索结果中只能包含“information”在前、“technology”紧随其后的内容。

② 位置算符“(*n*W)”表示两个检索词之间允许间隔 *n* 个单词，但两者的前后位置必须保持一致。例如，检索式“information (2W) technology”可以检索出包括“information and computer technology”“information literacy and technology”等检索词的内容。

③ 位置算符“(N)”表示两个检索词之间只允许有空格或一个标点符号，但不对两者的前后位置进行限制。例如，检索式“fast (N) identify”可以检索出包括“fast identify”和“identify fast”等检索词的内容。

④ 位置算符“(*n*N)”表示两个检索词之间允许间隔 *n* 个单词，但不对两者的前后位置进行限制。例如，检索式“experience (2N) surgery”可检索出包括“experience in medical surgery”“surgery and clinical experience”等检索词的内容。

（2）句级位置检索的位置算符为“(S)”，它表示两个检索词必须出现在同一个句子中，但不限制两者的前后位置和间隔的单词数。例如，检索式“COVID-19 (S) impact”可检索出诸如“In a new paper published in The Lancet，revealed that COVID-19 has a significant physical and psychological impact on patients.”“She wrote this article which proved that the impact on the world economy by the COVID-19 will last for a long time.”等内容。

（3）同字段位置检索的位置算符为“(F)”，它表示两个检索词必须出现在检索系统数据库中记录的同一个字段，但不限制两者的前后位置和间隔的单词数。例如，检索式“South (F) Africa”表示检索结果必须是同时包括“South”和“Africa”的字段。

4. 限制检索

限制检索（limitation search）全称是限制字段检索，它是一种通过限制算符限制检索范围，达到优化检索结果、提高检索效率等目的的信息检索方法。

限制检索在各种检索系统中的应用都十分广泛。同样，不同检索系统中的限制算符也不尽相同。下面以百度搜索引擎为例，介绍 3 种常见的限制算符及其用法。

（1）限制算符“intitle:”。该限制算符表示搜索结果的标题中必须包含“intitle:”后的检索词。例如，某用户计划撰写一篇反映中国脱贫攻坚成果的论文，她在百度中搜索关键词“脱贫攻坚”后，出现了约 1 亿条搜索结果（见图 5-14），若直接使用这些信息，则该用户需要在信息筛选上耗费大量时间。

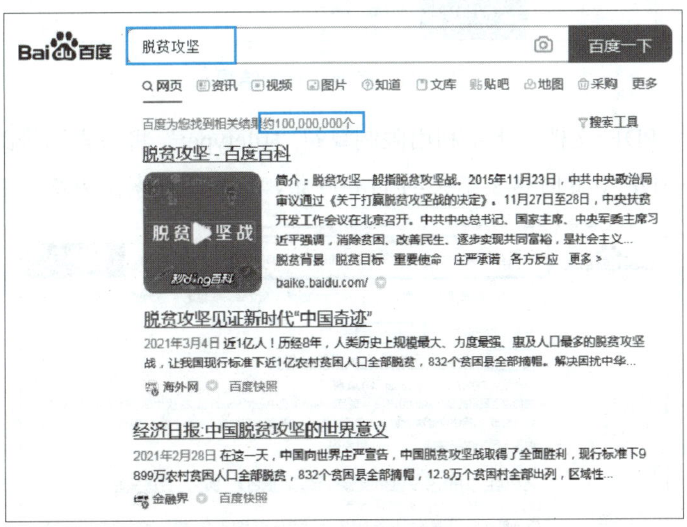

图 5-14 直接搜索的结果

为了提高检索效率，利用限制算符“intitle:”将检索词修改为检索式“脱贫攻坚 intitle:云贵川”，此时搜索结果约 357 条，如图 5-15 所示。

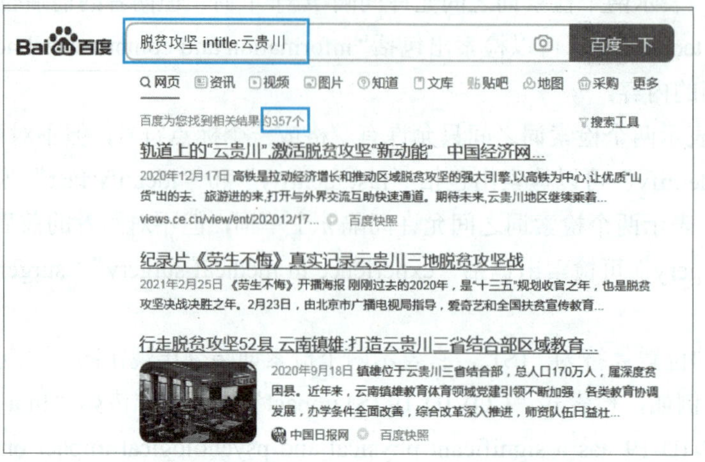

图 5-15　使用限制算符“intitle:”后的搜索结果

（2）限制算符“filetype:”。该限制算符表示搜索结果只能是“filetype:”后规定的文件格式。例如，某用户需要参考《中国互联网络发展状况统计报告》中的数据，他在百度中搜索关键词“中国互联网络发展状况统计报告”后，出现了约 839 万条各种类型的搜索结果，如图 5-16 所示。

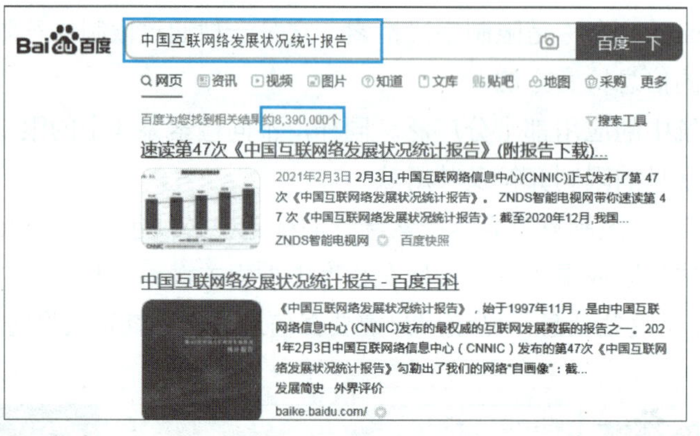

图 5-16　直接搜索的结果

由于官方发布的报告为 PDF 文档，于是利用限制算符“filetype:”将检索词修改为检索式“中国互联网络发展状况统计报告 filetype:PDF”，此时搜索结果约 11 000 条，且这些搜索结果均为 PDF 文档，如图 5-17 所示。

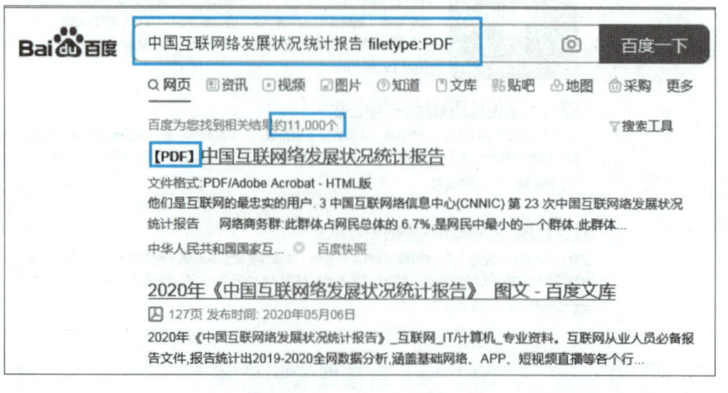

图 5-17　使用限制算符“filetype:”后的搜索结果

（3）限制算符“site:”。该限制算符表示搜索结果只能来自“site:”后的站点。例如，某用户希望搜索健康营养的食谱，他在百度中搜索关键词“营养食谱”后，出现了约 1 亿条来自全网的搜索结果，如图 5-18 所示。

图 5-18　直接搜索的结果

为了优化检索结果，提高信息的权威性和可靠性，利用限制算符“site:”将检索词修改为检索式“营养食谱 site:cctv.com”，使搜索结果中只保留来自央视网的网页，如图 5-19 所示。

图 5-19　使用限制算符“site:”后的搜索结果

课堂互动

单击百度搜索框下方的搜索工具图标 搜索工具，在出现的筛选条件中也能实现与限制算符“filetype:”和“site:”类似的功能。请同学们尝试并比较两种方法的异同。

二、搜索引擎概述

搜索引擎是根据用户需求与一定算法，运用特定策略从互联网中检索出特定信息并反馈给用户的一种检索工具。搜索引擎依托多种技术，如网络爬虫技术、检索排序技术、网页处理技术、大数据处理技术、自然语言处理技术等，为信息检索用户提供快速、高相关性的信息服务。

1. 搜索引擎的分类

按照工作方式的不同，搜索引擎大致可分为全文搜索引擎、元搜索引擎、垂直搜索引擎和目录搜索引擎。

（1）全文搜索引擎也称关键词搜索引擎，这种搜索引擎从互联网上提取各个网站的信息（以网页文字为主）建成数据库，用户通过简单的操作（一般为输入关键词）即可快速检索想要获取的内容。全文搜索引擎会将数据库中与用户检索条件相匹配的数据按一定的排列顺序返回给用户。全文搜索引擎的搜索范围非常广泛，非常适合尚未明确自身检索意图的用户。但使用全文搜索引擎搜索到的信息过于庞杂，需要用户逐一浏览并甄别出所需信息。

（2）元搜索引擎即“搜索引擎的搜索引擎”，它可通过一个统一的用户界面帮助用户在多个搜索引擎中选择和利用合适的搜索引擎来实现检索操作，是对分布于网络的多种检索工具的全局控制机制。不同的全文搜索引擎由于其性能和信息反馈能力存在差异，故各有利弊。元搜索引擎的出现恰恰解决了这个问题，它有利于各搜索引擎间的优势互补，适用于广泛、准确地收集信息。

（3）垂直搜索引擎是针对某一个行业的专业搜索引擎，是一种更加细分的搜索引擎。例如，用户要查询到某地的行车路线，相比于全文搜索引擎，用户通过地图领域的垂直搜索引擎显然可以更加迅速、有效地获取所需信息。因此，垂直搜索引擎适用于有明确搜索意图的检索。

（4）目录搜索引擎是网站内部常用的检索方式。它会将网站内的信息整合处理并以目录形式呈现给用户，其缺点是用户需预先了解本网站的内容，并熟悉其主要版块构成。目录搜索引擎的适用范围非常有限，且需要较高的人工成本来支持维护。

2. 常用的搜索引擎

在上述的 4 种搜索引擎中，全文搜索引擎因操作门槛低、搜索范围广、搜索结果丰富等优点广受欢迎，成为如今搜索引擎的代名词。因此，这里所说的常用的搜索引擎就是指全文搜索引擎。

目前国内外较为知名的搜索引擎包括百度（https://www.baidu.com）、360 搜索（https://www.so.com）、搜狗搜索（https://www.sogou.com）、Google（https://www.google.com）、Microsoft Bing（https://www.bing.com）等，如图 5-20 所示。

图 5-20　常用的搜索引擎

三、通用信息检索平台

对于普通的互联网用户而言，搜索引擎即可满足其绝大多数的信息检索需求。然而，搜索引擎的搜索结果动辄上百万、千万，且搜索结果存在重复、虚假、过时等现象，价值密度较低，在其中筛选有价值信息的过程如同沙里淘金。因此，我们有必要认识一些数据更集中、针对性更强的垂直细分领域平台，并利用它们提供的垂直搜索引擎精准、快速地获取相关领域的信息。下面介绍几种常用的信息检索平台。

1. 综合资讯检索

如今，一些自媒体平台（如百家号、头条号、大鱼号等）和社交平台（如微信、微博等）基于其庞大的用户群体产生的海量数据，形成了一个包罗万象的数据库。凭借着这个数据库，这些平台成了几乎媲美全文搜索引擎的综合资讯检索平台，在资讯的时效性等方面甚至有过之无不及。下面重点介绍新浪微博和微信两个知名的社交平台。

（1）新浪微博。新浪微博是目前国内最知名的微博（见图 5-21），其月活跃用户数可达 5 亿以上。新浪微博中不仅网罗了众多明星名人，还入驻了大量政府官媒、专家学者、社会机构，凭借庞大的用户体量、大量入驻的名人“大 V”和出色的内容生态，新浪微博一枝独秀，成为了解我国社会、民生、商业、娱乐等领域最新资讯的重要窗口，其热点趋势榜单“热搜”常常成为查看国内外热点趋势变化的风向标。

新浪微博提供了站内的垂直搜索功能，使用方法与搜索引擎基本无异。当用户对要检索的信息的时效性和完整性要求较高，且需要了解相关事件的舆论导向时，新浪微博是不二之选。

（2）微信。微信（WeChat）是腾讯公司推出的一款为智能终端提供即时通信服务的应用程序，也是目前我国市场占有率最高的国民级即时通信软件。除为用户提供通信功能外，微信的微信公众号、视频号等都是广大网民日常接触的功能，其中网罗了大量信息，是一个庞大的信息资讯平台。此外，微信还内嵌了搜狗搜索，使自身的信息检索范围更加广泛。

用户通过微信发现页的“搜一搜”功能即可搜索整个微信平台的信息，在得到搜索结果后，用户可根据需要切换“全部”“小程序”“公众号”“文章”“百科”“问答”“新闻”“视频号”“音乐”“商品”等版块查看搜索结果，如图 5-22 所示。

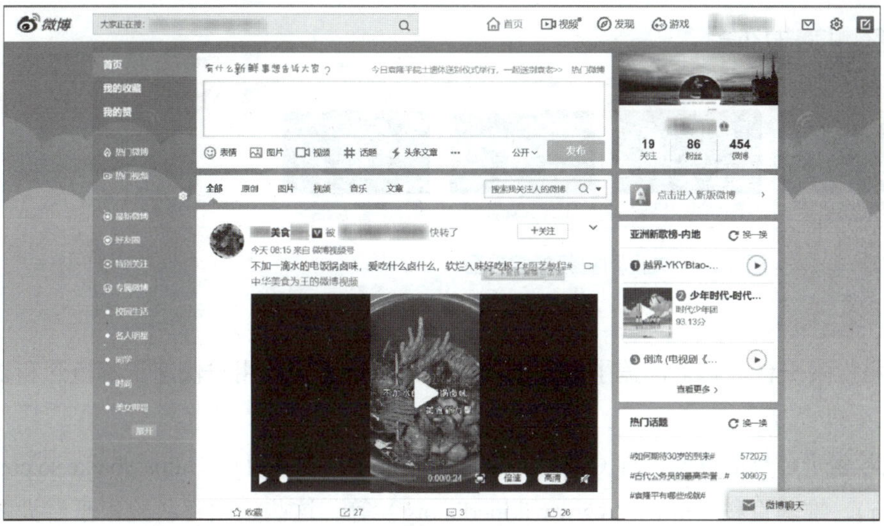

图 5-21　新浪微博

图 5-22　微信“搜一搜”功能

2. 视频资料检索

随着信息技术、移动通信技术的快速发展和智能手机等移动终端的迅速普及，视频已经逐渐取代图文成为人们获取信息和消遣娱乐的主要媒介。目前，国内较知名的视频平台包括抖音 App、央视网（https://www.cctv.com）、西瓜视频（https://www.ixigua.com）、哔哩哔哩弹幕网（https://www.bilibili.com）等，下面重点介绍央视网和哔哩哔哩弹幕网两大平台。

（1）央视网。央视网由中央广播电视总台主办，是以视频为特色的中央重点新闻网站。由于电视媒体的严谨性和中央媒体的权威性，央视网的视频质量和可信度非常高。因此，若用户要检索对真实性和质量要求较高的视频资料，可在央视网中进行检索。例如，在央视网搜索关键词“最美科技工作者”并切换至“视频”版块后，会出现与我国优秀科技工作者相关的节目合集或新闻报道视频，如图 5-23 所示。

（2）哔哩哔哩弹幕网。哔哩哔哩弹幕网（俗称“B 站”）是国内知名的视频弹幕网站，其用户群体以年轻人居多。B 站的特色在于趣味性较高的弹幕互动机制和开放自由的创作环境，其中的视频大多为用户自行制作和上传，视频内容生动、主题丰富、种类齐全、质量较高。因此，若用户需要搜索趣味性高、制作精良的视频（如趣味科普视频），可在 B 站中进行浏览和检索。

图 5-23　央视网视频搜索界面

3．知识百科检索

在互联网中存在很多知识百科检索平台，它们涵盖了各领域的相关知识，可帮助用户快速了解概念和知识点，是信息时代的网络百科全书。

目前，国内外常用的知识百科检索平台包括百度百科（https://baike.baidu.com）、360 百科（https://baike.so.com）、搜狗百科（https://baike.sogou.com）、维基百科（https://www.wikipedia.org）等。这些知识百科检索平台大多遵循百科全书的构建逻辑，即以某个概念、名词或条目（称为“词条”）为基本单元，并对每个词条进行详细解释，如图 5-24 所示。

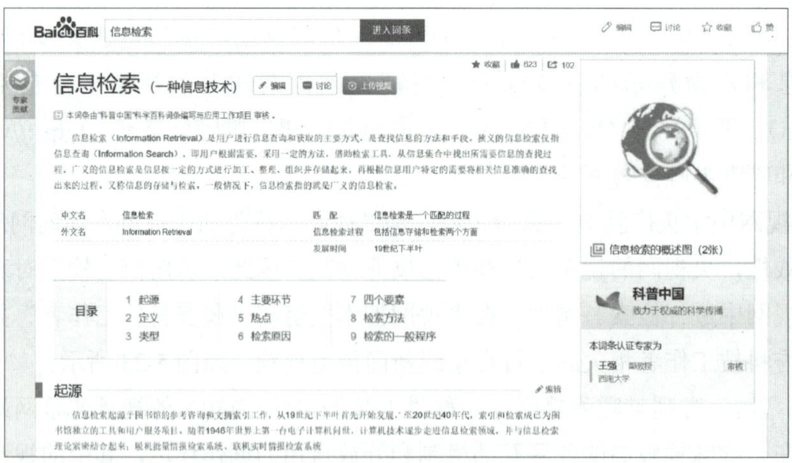

图 5-24　百度百科的“信息检索”词条界面

与传统百科全书不同的是，这些平台鼓励每一位互联网用户参与到词条的创建、解释及完善工作中，使他们充分发扬参与和奉献精神，共同构建供全人类免费使用的知识库。以百度百科为例，截至 2020 年 10 月，百度百科已经收录了超 2 100 万个词条，参与词条编辑的网友超过 717 万人，几乎涵盖了所有已知的知识领域。

4. 文件资料检索

对广大学生而言，知识类、专业类的文件资料是日常学习生活中不可或缺的。当前国内较为知名的文件资料搜索和下载网站包括百度文库（https://wenku.baidu.com）、道客巴巴（https://www.doc88.com）、爱问共享资料（https://ishare.iask.sina.com.cn）、360doc 个人图书馆（http://www.360doc.com）、豆丁网（https://www.docin.com）等。其中，以百度文库（其搜索界面见图 5-25）中收录的文件资料最多最全，在日常学习中，可将百度文库作为文件资料的主要搜索网站，其余网站作为补充。

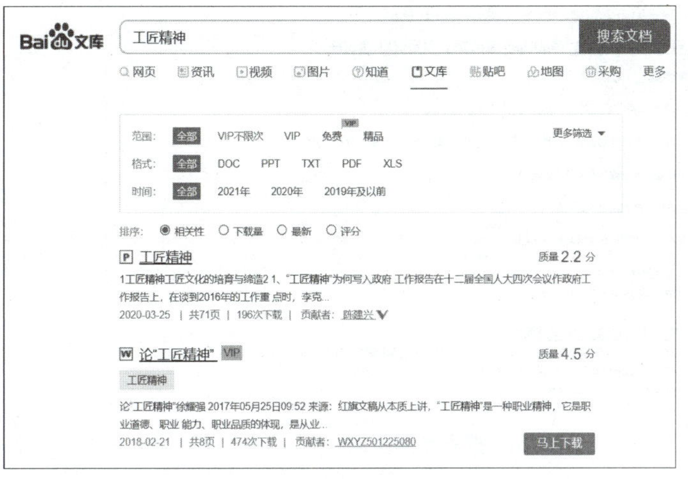

图 5-25　百度文库搜索界面

5. 网络课程检索

网络课程可通过互联网让教师与学生组成“虚拟课堂”，实现远程视频授课、文档共享、师生互动、课业辅导等。这样，教育就突破了地域限制，天南地北的学生都能通过网络课程学到名师传授的知识。当前国内较为知名的网络课程检索平台包括中国大学 MOOC（https://www.icourse163.org）、爱课程（https://www.icourses.cn/home）、学堂在线（https://www.xuetangx.com）、智慧职教 MOOC 学院（https://mooc.icve.com.cn）等。学生可在这些网站中检索并参与自身感兴趣的课程，从而不断提升自身水平。

实践探索——使用搜狗搜索检索全国计算机等级考试信息

全国计算机等级考试（national computer rank examination，NCRE）是我国教育部于 1994 年推出的全国性计算机能力考试，共分四级，主要考察应试人员（多为非计算机专业学生及从业人员）的计算机应用知识与技能。对于在校学生而言，参加全国计算机等级考试不仅能检验自身的计算机技术水平，还能在日后的求职简历中增添更多亮点。

扫一扫

使用搜狗搜索检索全国计算机等级考试信息

然而，很多学生对全国计算机等级考试的要求、时间、考察范围等缺乏了解，不知该如何准备应试。下面以搜狗搜索为例，介绍检索全国计算机等级考试信息的方法。

步骤 1▶ 启动 IE 浏览器，在地址栏中输入网址“https://www.sogou.com”，按“Enter”键确认，访问搜狗搜索主页。

步骤 2▶ 在搜索框中输入关键词“全国计算机等级考试”，然后按“Enter”键（或单击“搜狗搜索”按钮），进入搜索结果页（见图 5-26），在当前页面查看全国计算机等级考试的相关信息。

步骤 3▶ 筛选近一年的搜索结果。单击搜索框右下方的“全部时间”按钮，在展开的下拉列表中选择“一年内”选项（见图 5-27），即可在搜索结果页中筛选一年内的搜索结果。

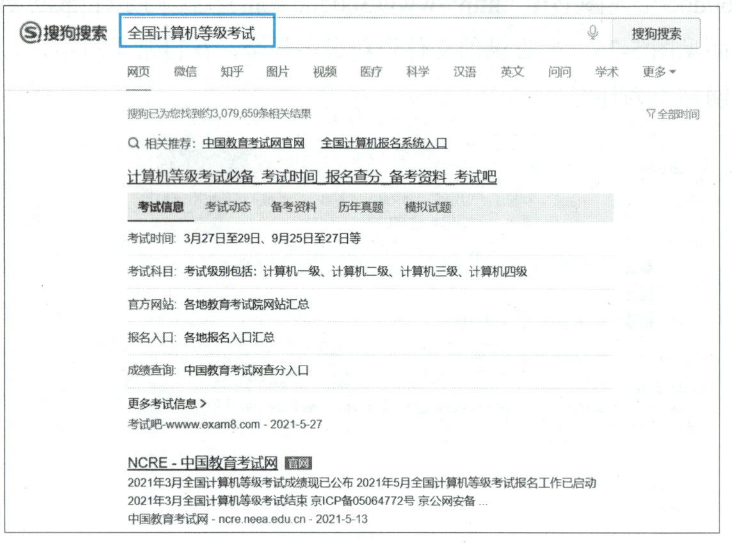

图 5-26 搜索结果页

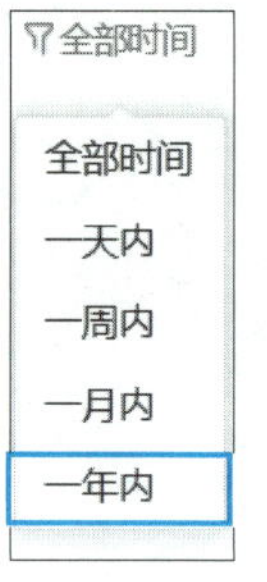

图 5-27 设置筛选条件

步骤 4▶ 搜索全国计算机等级考试二级信息。在搜索框关键词后空一格并输入“intitle:二级”，然后按“Enter”键，显示限制检索后的搜索结果（见图 5-28），在当前页面查看全国计算机等级考试二级的相关信息。

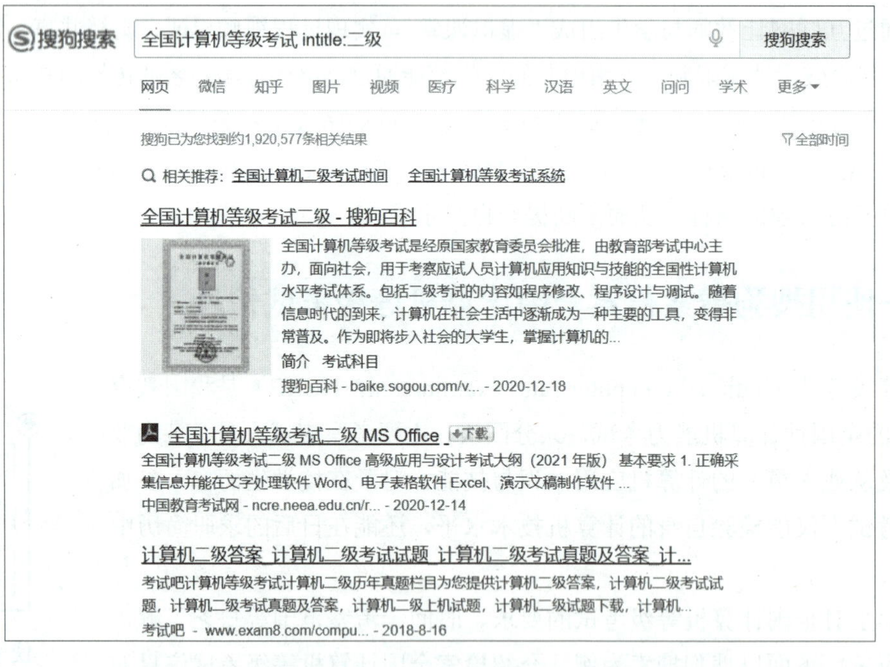

图 5-28 “全国计算机等级考试 intitle:二级”的搜索结果

步骤 5▶ 筛选试题资料。在搜索框关键词后输入“试题”，再空一格后输入“filetype:doc”，然后按“Enter”键，即可在搜索结果页中筛选 Word 文档格式的全国计算机等级考试二级试题，如图 5-29 所示。

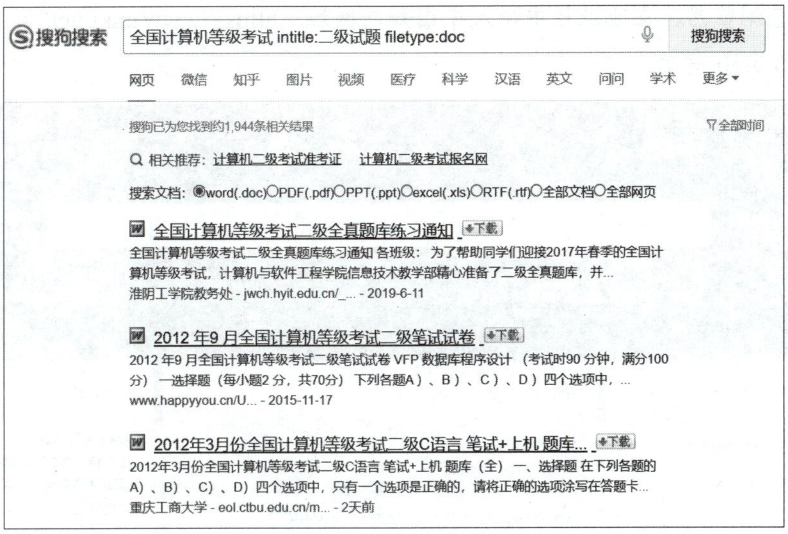

图 5-29 “全国计算机等级考试 intitle:二级试题 filetype:doc”的搜索结果

任务三 使用专用平台检索信息

任务解读

权威性高、专业性强的学术信息资源是在校学生、教师和各类科研人员进行科研活动时必不可少的信息资源。而这些学术信息资源通常收录于各种综合和专题数据库中，很难通过搜索引擎检索到，而需要使用专用平台进行检索。

在本任务中，我们一起来了解常见的期刊、论文、专利、商标等学术信息资源检索的专用平台，并通过各种具体的检索实例，掌握使用这些专用平台进行信息检索的方法。

体验探究——在中国知网上检索期刊论文

论文是一种对某专业领域的现实问题或理论问题进行科学研究和探索的文体。要撰写一篇合格的论文，需要学生综合运用所学知识、理论和技能，解决实际问题和展开科学研究，通过这些步骤写就的论文可以充分体现学生的学业水平。因此，我国普通中等专业学校、高等专科学校、本科院校、高等教育自学考试本科及研究生学历专业教育学业都将毕业论文作为学生结业和取得学位的重要考核标准。

扫一扫

在中国知网上检索期刊论文

学生在论文写作期间，需要查阅大量学术信息，而检索学术信息的精准性将很大程度上影响论文的写作效率和质量。因此，掌握在专用平台上检索学术信息的方法，是在校学生撰写论文的基本功。

下面以在中国知网上检索以“传统设计元素在现代建筑中的应用”为主题的期刊论文为例，介绍在专用平台上检索学术信息资源的方法。

步骤 1▶ 启动 IE 浏览器，在地址栏中输入中国知网网址“https://www.cnki.net”，按“Enter”键确认，访问中国知网首页，如图 5-30 所示。

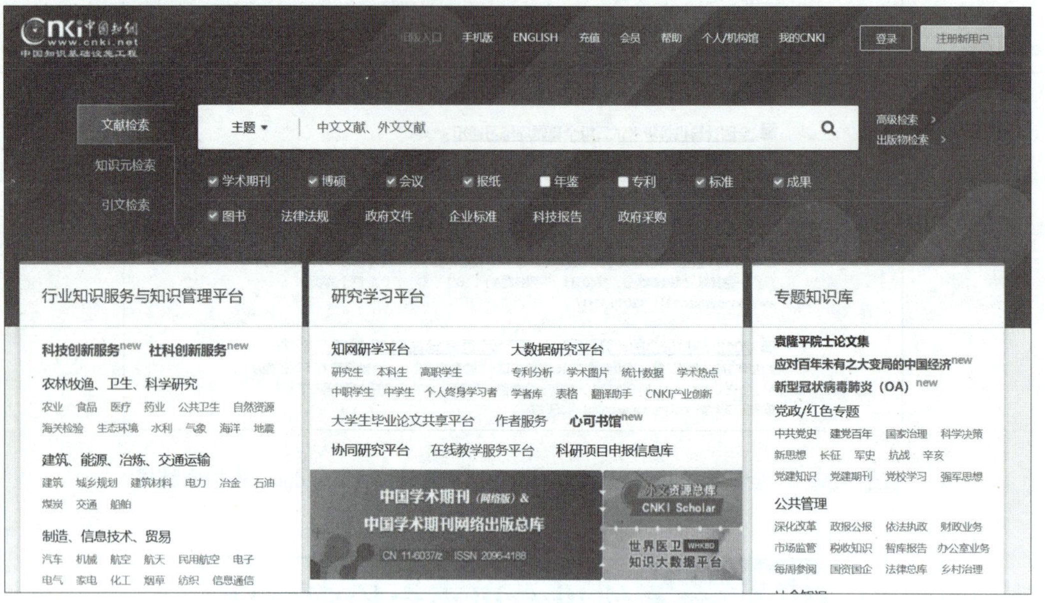

图 5-30　中国知网首页

步骤 2▶ 在搜索框中输入“传统设计 现代建筑”，按“Enter”键，打开搜索结果页，然后单击搜索框左侧的“主题”按钮，在展开的下拉列表中选择“篇关摘”选项，如图 5-31 所示。

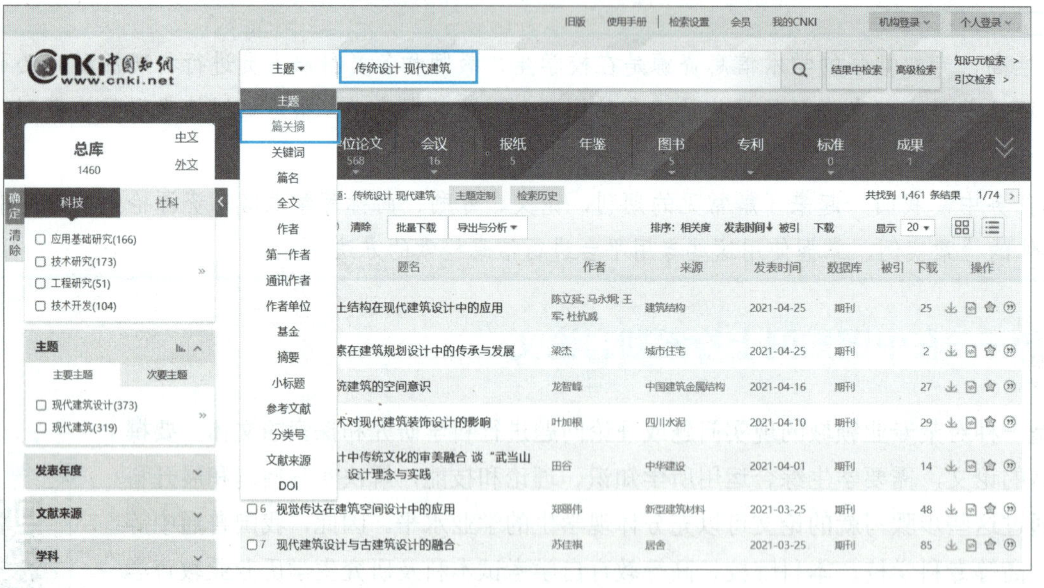

图 5-31　输入检索式并选择“篇关摘”选项

小提示

知网上的学术信息数以百万计，为了让用户更高效地检索到所需信息，知网通过检索字段（具体详见后面的讲解）的方式对文献进行了分类。图 5-31 中的“主题”“篇关摘”“关键词”“篇名”等都是常见的检索字段。其中，“篇关摘”是指将检索范围界定在篇名、关键词、摘要之间。

除检索字段外，用户还可通过界定发表年度、文献类型（如期刊、论文、报纸、专利等）、语言、学科等条件，使检索结果更加精准。

步骤 3▶ 单击搜索框下方的“学术期刊”按钮，从搜索结果中将期刊论文筛选出来，如图 5-32 所示。

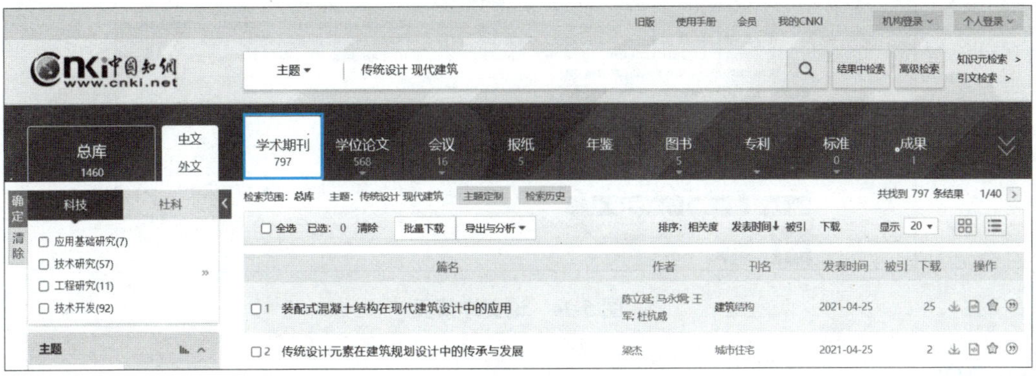

图 5-32 筛选期刊论文

步骤 4▶ 在左侧窗格的“主题”组中选中“现代建筑设计”复选框，然后单击“来源类别”按钮，在展开的下拉列表中选中“核心期刊”复选框；单击“学科”按钮，在展开的下拉列表中选中“建筑科学与工程”复选框，然后单击左侧的“确定”按钮，添加限定条件后的搜索结果如图 5-33 所示。

图 5-33 添加限定条件

步骤 5▶ 在搜索结果中单击某篇期刊论文，打开该论文的详情页（见图 5-34），在详情页中可查看该论文的摘要、关键词、专辑、专题、分类号等信息，还可根据需要选择在线阅读或下载该论文。

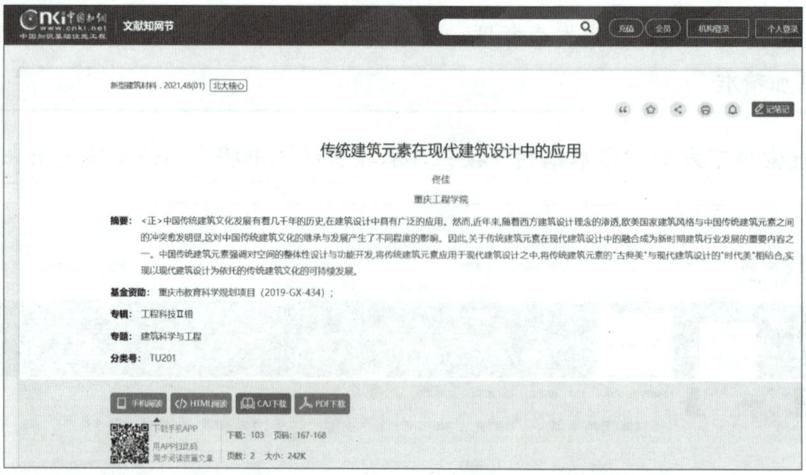

图 5-34　论文详情页

必备知识

一、常用的信息检索专用平台

目前，中文学术信息资源检索专用平台以中国知网、万方数据知识服务平台和维普网最为知名，下面重点介绍这三大网站，并分别介绍一些在更加细分的领域较为知名的网站。

扫一扫

常用的信息检索专用平台

1. 中国知网

中国知网（https://www.cnki.net）即中国国家知识基础设施（China national knowledge infrastructure，CNKI）工程。CNKI 工程是由清华大学、清华同方发起，始建于 1999 年 6 月，以实现全社会知识资源传播共享与增值利用为目标的信息化建设项目。CNKI 工程集团经过多年努力，采用自主开发并具有国际领先水平的数字图书馆技术，建成了世界上全文信息量规模最大的“CNKI 数字图书馆”，并正式启动建设《中国知识资源总库》及 CNKI 网络资源共享平台。

如今的中国知网已经发展成为全球最大的中文学术资源数据库，收录了 95%以上正式出版的中文学术资源，包括期刊、学位论文、会议论文、报纸、工具书、年鉴、专利、标准、国学、法律、海外文献资料等多种文献类型。且中国知网可实现跨库检索服务，为全网教师、学生和科研人员提供多种学术信息资源的一站式检索、导航、统计和可视化分析等服务。

小 提 示

期刊即定期出版的刊物，它具有信息连续、观点丰富、时效性强等优点，能够及时反映国内外技术的发展水平和成果动向，同时还能系统地记录某一学科或某一研究对象的发展过程，这对科研人员具有非常重要的参考价值。

课堂互动

中国知网是几十个文献数据库的集合，其中与学生学业密切相关的数据库包括《中国学术期刊网络出版总库》《中国博士学位论文全文数据库》《中国优秀硕士学位论文全文数据库》《中国重要会议论文全文数据库》

《中国重要报纸全文数据库》等。请登录中国知网了解这些数据库的内容，为自身的学习和毕业论文撰写打下坚实的基础。

2. 万方数据知识服务平台

万方数据知识服务平台（以下简称“万方”）是由万方数据公司开发的，涵盖期刊、学位论文、会议论文、科技报告、专利、成果、标准、法规、地方志、视频等多种文献类型的大型数据库。其文献来源主要包括中国科技信息研究所、国家各部委、中科院、国家各级信息机构、国家科技图书文献中心、外文文献数据库、著名学术出版机构等知名信息开放获取平台。

以期刊为例，万方收录的国内期刊达 8 000 多种，涵盖自然科学、工程技术、医药卫生、农业科学、哲学政法、社会科学、科教文艺等多个学科；万方还收录了 40 000 多种世界各国出版的重要学术期刊，主要来源于 NSTL 外文文献数据库、数十家著名学术出版机构，以及 DOAJ、PubMed 等知名信息开放获取平台。

与另外两大文献数据库相比，万方具有法规、地方志、视频等特色资源，且在资源收集上注重高校、研究机构出版的文献。在文献检索方面，万方的检索功能更加智能化，其具有的全文深度检索功能有利于发掘文献内部的隐含知识。

3. 维普网

维普网（http://www.cqvip.com）原名“维普资讯网”，是重庆维普资讯有限公司建立的综合性期刊文献服务网站。该网站累计收录期刊 15 000 余种，现刊 9 000 余种，文献总量 7 000 余万篇，是中国最大的数字期刊数据库，也是我国网络数字图书馆建设的核心资源之一。

除期刊检索服务外，维普网还对外提供论文检测、论文选题、优先出版、考试服务、知识资源大数据整合等服务。

4. 其他学术信息检索平台

除上述呈现“三足鼎立”之势的三大中文学术信息数据库外，网络上还有很多领域更加细分、资源更集中的学术信息检索平台也能为广大学生的学业提供很大帮助，下面分别列举几类较为常用的学术信息检索专用平台。

（1）电子图书检索平台。目前国内较知名的电子图书检索平台包括超星数字图书馆、读秀、全国图书馆参考咨询联盟等。

（2）专利检索平台。目前国内较知名的专利检索平台包括国家知识产权局专利检索及分析系统、SooPat 专利检索系统等。

（3）商标检索平台。目前国内较知名的商标检索平台包括中国商标网、中华商标协会官方网站等。

（4）标准检索平台。目前国内较知名的标准检索平台包括国家标准化管理委员会官方网站、国家标准全文公开系统等。

（5）外文文献检索平台。目前，国外较知名的文献检索平台包括谷歌学术、Web of Science、美国工程索引、SpringerLink、SDOL 等。

二、使用专用平台检索信息的方法

一般来说，各专用平台均会提供一些检索工具以帮助用户更方便、更精准地检索所需信息，用户掌握这些检索工具的使用方法，可有效提高信息检索效率。下面着重介绍使用专用平台的几种常用检索工具（包括检索字段、二次检索和高级检索等），并分别以具体场景下信息检索为例进行说明。

1. 检索字段

各专用平台为方便用户检索文献，会根据文献的内在内容（如分类、主题、关键词、摘要等）和外在成分（如作者、机构、刊名、标题等）对文献进行标签化处理，这些标签就统称为检索字段。检索字段可作为用户在数据库中检索信息时的限定条件，可使检索结果更加准确。

例如，某用户想查阅历年来有关中国农业高新技术产业发展状况的学术论文，他在万方上直接输入检索词“农业高新技术产业发展”后，出现了 5 550 条检索结果，且很多检索结果的主题不符合检索要求。为使检索结果更加准确，该用户进行了重新检索，选择了“题名”检索字段，其检索词也随之变为“题名:农业高新技术产业发展”，此次检索结果仅为 183 条，如图 5-35 所示。

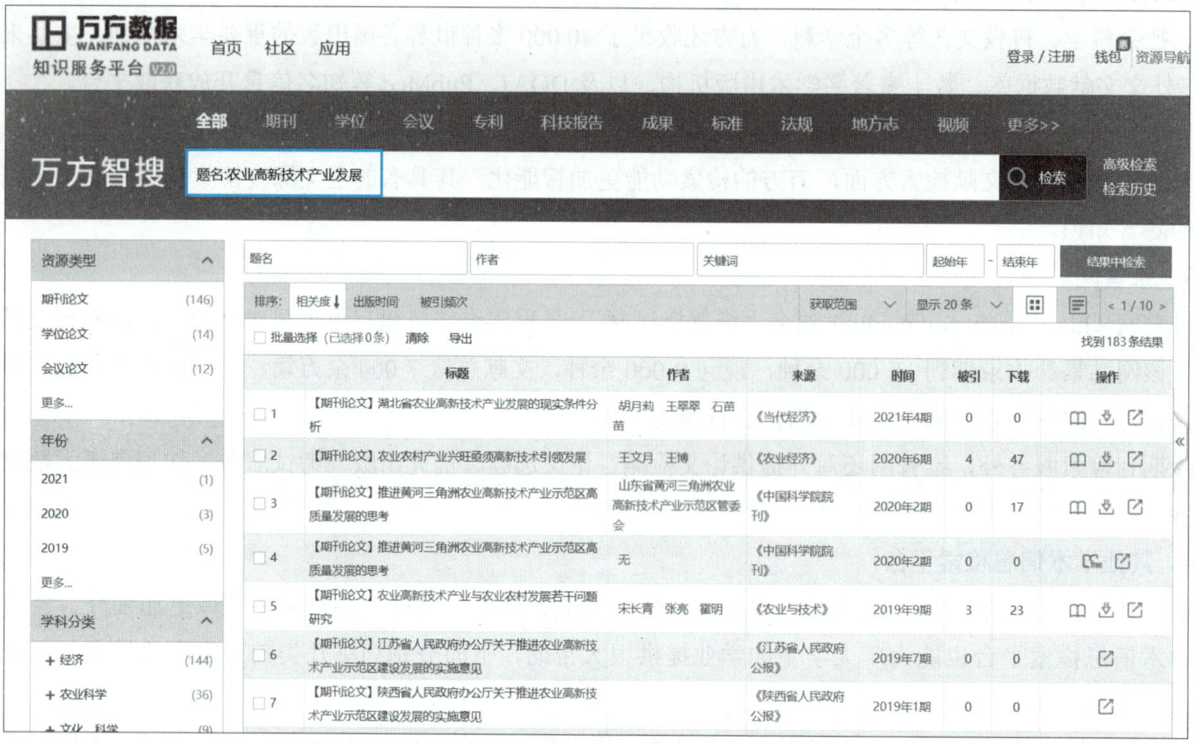

图 5-35　以“题名”为检索字段的检索结果

2. 二次检索

二次检索即在第一次检索结果的基础上，通过再次输入关键词、添加筛选条件等方式再次检索。二次检索可类比于布尔逻辑检索中的逻辑“与”，即二次检索后的检索结果同时满足两次检索条件。这样，通过二次检索，用户就实现了缩小检索范围，精准检索文献的目的。

例如，某用户想要查阅与云计算技术相关的期刊论文，在维普网的维普中文期刊服务平台（http://qikan.cqvip.com）上，输入检索词“云计算”后，检索结果包含的文献数高达 34 278 篇。为缩小检索范围，该用户进行了二次检索，将“题名”作为检索字段，在“云计算”基础上又添加了“信息安全”检索词，并添加了出版日期为“2020”的筛选条件。二次检索后的检索结果仅包含 40 篇期刊论文，如图 5-36 所示。

图 5-36　二次检索结果

三、高级检索

高级检索是指各大专用平台基于前面讲到的布尔逻辑检索、截词检索、位置检索和限制检索等信息检索方法提供的精准化检索工具，可使用户无须在检索界面上输入逻辑算符、截词算符等符号，而只需在其提供的高级检索界面中选择或填入检索限制条件，即可执行检索。

例如，某用户想查询自 2013 年以来，华为公司在 5G 通信领域申请的专利。他访问万方首页后，单击检索框右上方的“高级检索”链接文字，进入高级检索界面，并分别设置了限制条件，最终检索出了 123 条相关专利，如图 5-37 所示。

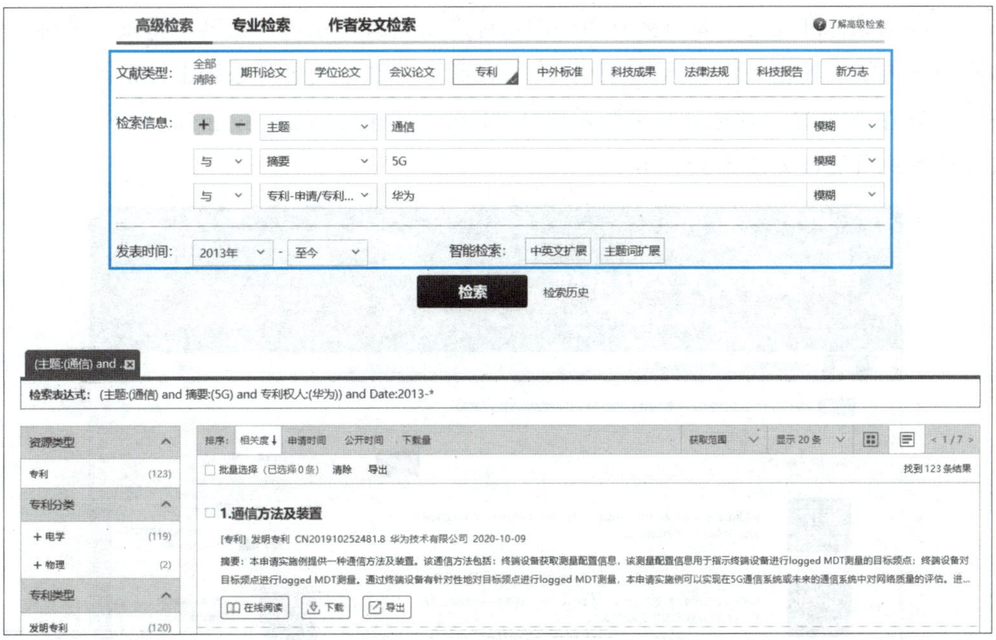

图 5-37　高级检索结果

又如，某用户希望为公司注册企业商标“御潮阁”，于是访问中国商标网提供的商标在线查询系统（http://wcjs.sbj.cnipa.gov.cn/txnT01.do），并进入“商标近似查询”版块，选择了“选择查询”高级检索功能，在依次设置限定条件（见图 5-38）后，检索结果显示该商标尚未注册，于是该用户顺利注册了这一商标。

图 5-38　设置高级检索的限定条件

实践探索——在国家标准全文公开系统上检索国家标准

国家标准即中华人民共和国国家标准，简称“国标”，它是针对全国各行各业的产品生产、岗位职责和安全卫生等的要求和规范的总称。它是规范市场经济客体的“法律”，为国民经济和社会发展提供了重要的技术支撑，在激烈的市场竞争中，“得标准者得人心，得人心者得天下”。

用户可访问中国国家标准化管理委员会发布的国家标准全文公开系统，在其中查询相关标准。下面以查询“局域网验收和测试方法”的相关国家标准为例，介绍在国家标准全文公开系统上检索国家标准的方法。

步骤 1▶ 启动 IE 浏览器，在地址栏中输入网址“http://openstd.samr.gov.cn/bzgk/gb”，按“Enter”键访问国家标准全文公开系统首页，如图 5-39 所示。

图 5-39　国家标准全文公开系统首页

步骤 2▶ 在搜索框中输入检索式“局域网 验收 测试”，然后按“Enter”键（或单击“检索”按钮），进入检索结果页，显示检索结果为 0 条，如图 5-40 所示。这意味着该系统对检索词的精确程度要求较高，因此需要改变检索策略。

图 5-40 检索式“局域网 验收 测试”的检索结果

步骤 3▶ 返回国家标准全文公开系统首页，单击页面右侧的“高级检索”按钮，打开“高级检索”页面（见图 5-41），在“标准状态”组中选中“现行”复选框，在搜索框中输入关键词“局域网”，在“ICS 分类”组中单击“35_信息技术、办公机械”图标，然后按“Enter”键（或单击“检索”按钮）。

图 5-41 “高级检索”页面

步骤 4▶ 进入检索结果页，发现检索结果为 19 条，在这些结果中即可找到现行的“局域网验收和测试方法”相关国家标准，如图 5-42 所示。

图 5-42　高级检索结果

项目总结

图灵奖获得者杰姆·格雷（Jim Gray）曾提出，信息社会中，每 18 个月全球新增信息量是有史以来全部信息量的总和，这就是著名的“新摩尔定律”。时至今日，人类社会已经累积了超乎想象的海量信息，且每天都在产生大量新的信息。在这个信息爆炸的时代，人们面临的不再是信息资源短缺带来的认知匮乏，而是如何在海量信息中快速、准确、全面、高效地检索并获取我们需要的信息资源，以及评鉴和有效管理这些信息的能力。

为了更好地查找和利用信息，人们提出了“信息检索”的概念。信息检索有广义和狭义之分，广义的信息检索包含信息存储和信息搜索两个过程，而狭义的信息检索则只包含信息搜索。信息检索的基本流程包括分析检索内容，明确信息需求；选择检索工具，了解检索系统；实施检索策略，浏览初步结果；评价检索结果，获取所需信息。

计算机技术和信息技术出现之后，尤其是互联网兴起后，人们对信息检索的需求越来越大。彼时，很多检索系统都为用户提供了支持布尔逻辑检索、截词检索、位置检索和限制检索等信息检索方法的检索工具，这些检索工具虽然使信息检索更加便捷，但检索范围有限，用户常常需要不断切换检索系统方可得到所需信息。而随着信息量的持续增加，人们迫切需要一款能够无须切换检索系统，提供“一站式”检索服务的检索工具，搜索引擎就应运而生。搜索引擎利用网络爬虫技术、检索排序技术等技术，最大可将检索范围扩展到整个互联网，且操作简单，入门门槛低，因此获得了大量互联网用户的青睐。

搜索引擎的检索范围很广，但是也造成了“大而不精”的弊端，其中的信息参差不齐。而且，在互联网上，大量学术信息通过搜索引擎是无法检索到的。因此，广大教师、学生和科研人员可通过中国知网、维普网、万方等专用平台来查找期刊、论文等学术信息，针对专利、商标等特种文献，还可访问相应的专用平台获取。

项目六

新一代信息技术概述

项目导读

新一代信息技术是以物联网、人工智能、区块链、量子信息、移动通信等为代表的新兴技术。它既是信息技术的纵向升级，也是信息技术之间及其与相关产业的横向融合。本项目就来学习新一代信息技术的基本概念、技术特点和典型应用等。

知识目标

了解以物联网、人工智能、区块链、量子信息、移动通信等为代表的新一代信息技术的基本概念、技术特点等，对新一代信息技术的发展现状和趋势有一定的认识。

能力目标

能够清晰描述运用新一代信息技术解决实际问题的典型案例，正确分析其应用价值，并能够运用新一代信息技术解决本专业领域实际问题。

思政目标

理解新一代信息技术对人们的生产生活所产生的影响，认同并维护我国科教兴国战略，自觉培养创新意识，勇担民族复兴使命，发扬时代精神。

任务一 了解物联网

任务解读

物联网被称为继计算机、互联网之后世界信息产业发展的第三次浪潮，它是新一代信息技术的重要组成部分，也是信息化时代的重要发展阶段。物联网是一张与互联网相连并且连接世界万物的巨大网络，通过它，人类可以以更加精细和动态的方式管理生产和生活，达到“智慧”状态，提高资源利用率和生产力水平，改善自身与自然的关系。

在本任务中，我们首先通过校园一卡通体验物联网的应用，然后一起来了解物联网的相关知识。

体验探究——了解校园一卡通

随着学校管理不断朝着现代化的方向发展，基于卡证的门禁和认证等校园管理系统已日益普及，学生在校内的日常生活中，常常同时持有多种卡片（如门禁卡、食堂饭卡、水房水卡）和证件（如学生证、图书馆借书证、机房上机证）。这些功能单一、种类多样的传统卡证不仅增加了学校的管理成本，也增加了学生管理自己卡片的难度，造成“卡多为患”的尴尬局面。为改善这一局面，越来越多的学校开始推行校园一卡通。

校园一卡通取代了学生在校学习和生活中所使用的各种卡证，使学生仅需持有一张小小的 RFID IC 卡，即可在食堂、超市、水房、图书馆、教务处、宿舍等多个场景中完成生活消费、学籍管理、身份认证、网上交费等多种操作（见图 6-1），真正实现了“一卡在手，走遍校园”。

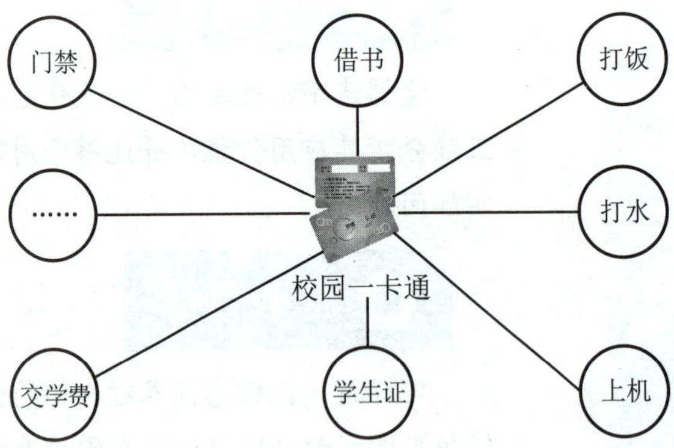

图 6-1　校园一卡通的功能

目前的校园一卡通系统大都包含以下子系统。

（1）身份识别子系统。此子系统主要进行师生身份的辨认，如考勤、门禁、会议、签到等。

（2）商品消费子系统。此子系统主要为师生提供便捷的购物消费功能，如学校超市购物、打水、食堂就餐等。

（3）混合类子系统。此子系统为师生提供混合功能，如在校上网、图书借阅、教务管理、学籍管理等。

校园一卡通系统是一个典型的物联网系统。要实现这样一个用户众多、功能复杂、范围广泛的系统，就需要多种软硬件深度集成，相互配合。例如，学生在不同场合刷卡时，需要使用RFID阅读器读取卡片中的信息，并根据学生所处场合快速精准响应，如有必要，还需将本次操作的信息上传到系统管理平台中，通过此管理平台可对系统中的各类信息进行查询和管理。

必备知识

一、物联网是什么

扫一扫

物联网是什么

物联网又称传感网，是利用 RFID、传感器、全球定位系统（GPS）、激光扫描器等信息传感设备，按约定的协议，把任何物体与互联网相连接，进行信息交换和通信，以实现对物体的智能化识别、定位、跟踪、监控和管理的一种网络。

小 提 示

射频识别（radio frequency identification，RFID）的英文缩写，是20世纪90年代开始兴起的一种自动识别技术。RFID系统主要由3部分组成：电子标签（tag）、阅读器（reader）和天线（antenna）。其中，电子标签用于存储物体的标识信息；阅读器用于以射频信号方式读取电子标签中的信息（有的阅读器也具有写入信息功能）；天线用于发射和接收射频信号，往往内置在电子标签和阅读器中。

例如，中国第二代身份证内嵌了存储个人基本信息的电子标签，需要时利用阅读器扫描，即可获取个人身份信息，通过网络层将这些信息实时传输到公安部相关系统，即可识别出此人是否有犯罪前科，是否为通缉犯等。

传感器也称感应器，是一种探测装置，利用它可以感知物体或环境的温度、湿度、电磁辐射或气体成分等属性，并将感知的信息转换为电信号或其他形式输出。

物联网的定义包含两层意思：一是物联网的基础仍然是互联网，它是在互联网的基础上延伸和扩展的网络；二是其用户终端延伸和扩展到了任何物体之间，使任何物体之间都可以进行信息交换和通信。简而言之，物联网就是“物物相联的互联网”，如图6-2所示。

图6-2 物联网示意图

二、物联网的体系结构

物联网作为一个网络系统，与其他网络一样，也有其特有的体系结构。它包括感知层、网络层和应用层 3 个层次，如图 6-3 所示。

图 6-3　物联网的 3 层结构模型

（1）感知层。感知层利用 RFID、传感器、摄像头、全球定位系统等传感技术和设备，随时随地获取物体的属性信息并传输给网络层。物体属性包括静态和动态两种，其中，静态属性可以存储在电子标签中，使用阅读器读取；动态属性（如温度、湿度、速度、位置等）则需要使用传感器、摄像头或全球定位系统（GPS）等实时探测。

（2）网络层。网络层通过各种网络，将物体的信息实时、准确地传递给应用层。

（3）应用层。应用层有一个信息处理中心，用来处理从感知层得到的信息，以实现物体的智能化识别、定位、跟踪、监控和管理等实际应用。

物联网的 3 层结构体现了物联网的基本特征，即全面感知、可靠传递和智能处理。

三、物联网的应用场景

物联网作为一种新兴的信息技术，其应用正在迅速向各个领域蔓延，从家居、医疗、物流、交通、零售、金融、工业到农业，物联网的应用无处不在。例如，时下流行的共享单车，只要拿出手机扫一扫即可打开智能锁骑行，这些智能锁就使用了物联网技术。

1. 智能家居

智能家居（见图 6-4）是指以住宅为平台，集成与家居生活有关的设施构建的现代化的居住环境。智能家居可通过互联网实现各设施的互联互通，形成一个小型的物联网系统，这些设施会收集并实时共享环境信息，并根据这些信息智能地调节自身状态。例如，回到家时，灯光会自动开启，并根据环境调节亮度；环境系统检测到室内湿度太高，会自动启动空调采取除湿措施；智能监控使得用户通过手机就能随时随地查看独自在家的小朋友和宠物。

2．智能医疗

物联网在智能医疗中的应用包括病人监控、远程医疗、医疗管理、医院物资管理等，如图 6-5 所示。例如，通过在病人身上安装医疗传感设备，医生可以在手机、平板电脑等设备上实时监控病人的各项生理指标数据，从而更科学、合理地制订诊疗方案，或者进行远程诊疗。此外，我们在医院看病时利用就诊卡挂号、分诊、付费、取化验单、取药等，也是利用物联网技术（就诊卡中内嵌有电子标签芯片）实现的。

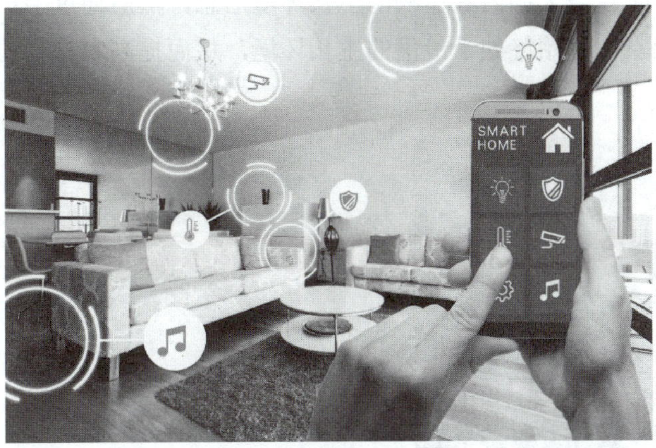

图 6-4　智能家居

图 6-5　智能医疗

3．智能物流

物联网在智能物流中的应用包括库存监控、物品识别、配送管理、运输管理、包装管理、装卸管理、安全追踪等。例如，利用 GPS、RFID、传感器等物联网技术和设备，在物流过程中实现实时对车辆定位、运输物品监控、配送跟踪、在线调度的可视化管理。

4．智能交通

物联网在智能交通中的应用包括车辆定位与调度、交通状况感知、交通智能化管控、停车管理等，如图 6-6 所示。例如，可以通过检测设备（如摄像头）自动检测道路拥堵情况，并利用人工智能自动调配红绿灯，或者向车主预告拥堵路段、推荐最佳行驶路线。

图 6-6　智能交通

5. 智能工业

物联网在智能工业中的应用包括生产过程控制、供应链跟踪、生产环境监测、产品质量检测等。例如，钢铁企业利用传感器和通信网络，在生产过程中对产品的宽度、厚度、温度等进行实时监控，可以提高产品质量，优化生产流程。

6. 智能农业

物联网在智能农业中的应用包括自动灌溉、自动施肥、自动喷药、异地监控、环境监测等，如图 6-7 所示。例如，利用温度传感器、湿度传感器和光线传感器等，实时获得大棚内农作物的生长环境信息，然后通过手机等设备远程操控遮光板、通风口等设备的开启或关闭，让农作物始终处于最优的生长环境，从而提高农作物的产量和品质。

图 6-7　智能农业

实践探索——了解智能穿戴

智能穿戴是指利用物联网技术对日常穿戴（如手表、眼镜、耳机等）进行智能化设计，使开发出的可穿戴设备具备运动辅助、健康监测、安全定位等功能，如图 6-8 所示。例如，智能手环将用户日常工作、运动、睡眠时的身体健康信息采集并发送到智能手机上，智能手机可依据这些信息为用户规划健康的生活方式，并帮助用户规避潜在的健康风险。

图 6-8　智能穿戴

此外，用户还可以在智能穿戴设备之间或人和设备之间形成智能联动。例如，智能穿戴设备监测到用户的不健康行为（如久坐）时，会通过智能手机提醒用户（或直接提醒）；当用户遇到危险时，智能穿戴设备会迅速响应，帮助用户报警、发送求救信号，或联系紧急联系人等。

智能穿戴能够充分体现“科技以人为本”和“科技让生活更美好”的理念，是物联网未来发展的一大趋势。请体验生活中的智能穿戴产品（如智能手环），或通过互联网查询相关产品资料，了解常见的智能穿戴设备，谈谈对智能穿戴现状的分析和未来的展望。

任务二 了解人工智能

任务解读

随着数字化的普及和计算能力的进一步提高，机器不仅能够按照指令完成特定的工作，还能够进行自主学习和设定整体目标，真正的人工智能时代已经来临。

在本任务中，我们首先通过体验人脸识别技术体验人工智能的应用，然后一起来了解人工智能的相关知识。

体验探究——体验人脸识别技术

人脸识别（又称人像识别或面部识别，俗称刷脸），是一种基于人的脸部特征信息进行身份认证的生物特征识别技术。目前，人脸识别已大规模应用到教育、交通、医疗、安防等行业领域，以及楼宇门禁、交通过检、公共区域监控、服务身份认证、个人终端设备解锁等特定场景。

小提示

人脸识别是典型的计算机视觉应用，从应用过程来看，可将人脸识别技术分为检测定位、面部特征提取和人脸确认三个阶段。人脸识别技术的应用，主要受到光照、拍摄角度、图像遮挡、年龄等因素的影响。在约束条件下，人脸识别技术相对成熟；在自由条件下，人脸识别技术还在不断改进。

（1）刷脸门禁。门禁一直以来都是安防市场的关注热点，随着人脸识别技术的不断成熟，智能门禁正在逐步推广应用。由于人脸识别属于非接触性识别技术，操作上更加方便快捷。外置摄像头设备可以实时自动捕捉人脸图像，并通过识别比对，确认当前人脸对应的身份。只要用户在系统中登记过人脸信息，系统就会快速、准确地识别出用户身份，并及时开启门禁，如图 6-9 所示。

（2）刷脸支付。刷脸支付是指通过对人脸的扫描识别，确定支付人身份，从而划走其账户资金，完成支付，如图 6-10 所示。刷脸支付的发展和普及，对于提升用户移动支付体验、改善商户经营效率、带动经济社会智能化发展具有重要意义。

（3）刷脸解锁手机。如今，市面上的智能手机大都支持人脸识别解锁，在手机中开启该功能并采集面部特征后，当需要解锁手机屏幕时，只需面向前置摄像头即可，非常快捷，如图 6-11 所示。

（4）刷脸登录 App。如今，手机里的应用程序大都支持多种登录验证方式，除支持账号密码登录、手机号登录和指纹登录外，有的还支持刷脸登录。例如，百度、淘宝、京东、支付宝等 App 就支持刷脸登录，如图 6-12 所示。

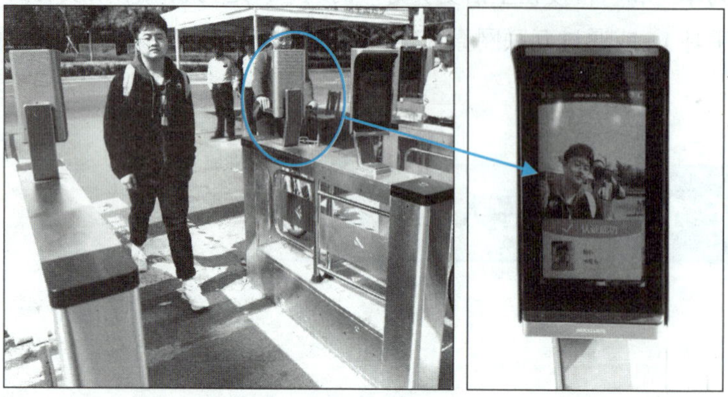

图 6-9　刷脸进入校园

图 6-10　刷脸支付

图 6-11　刷脸解锁手机

图 6-12　京东 App 刷脸登录功能

此外，人脸识别技术还常应用于刷脸签到、刷脸登机、刷脸寻人、刷脸取款和刷脸执法（如整治闯红灯现象、打击号贩子等）。需要注意的是，当前发展较好的计算机视觉、语音识别等应用，通常需要采集人脸、声纹等敏感的个人生物特征，而生物特征等个人敏感信息采集存在法律合规风险，因此监管部门正在研究、制定和完善相关技术要求及安全标准。

必备知识

一、人工智能是什么

人工智能（artificial intelligence，AI）是研究、开发用于模拟、延伸和扩展人的智能的理论、方法、技术及应用系统的一门学科，其目标是生产出能以人类智能相似的方式做出反应的智能机器。具体来说，人工智能就是让机器像人类一样具有感知能力、学习能力、思考能力、沟通能力、判断能力等，从而更好地为人类服务。

扫一扫

人工智能是什么

近几年，在移动互联网、大数据、云计算、物联网、脑科学等新理论、新技术，以及经济社会发展强烈需求的共同驱动下，人工智能的发展进入新阶段，深深地融入我们的生活。无论是手机上的指纹识别、人脸识别、导航系统、美颜相机、新闻推荐、智能搜索、语音助手、翻译助手、垃圾邮件过滤等应用，还是智能监控、智能音箱、智能机器人（见图 6-13）、自动驾驶汽车（见图 6-14）、无人机，这些都与人工智能密切相关。

图 6-13 智能机器人

图 6-14 自动驾驶汽车

二、人工智能的关键技术

人工智能的关键技术包括机器学习、计算机视觉、生物特征识别、自然语言处理、语音识别、机器人技术等，下面分别介绍。

1. 机器学习

机器学习是指使计算机能像人类一样学习，以获取新的知识或技能，重新组织已有的知识结构，从而不断改善自身性能，如图 6-15 所示。机器学习是使计算机具有智能的根本途径，它让计算机不再只是通过特定的编程完成任务，而是可以通过不断学习来掌握本领。

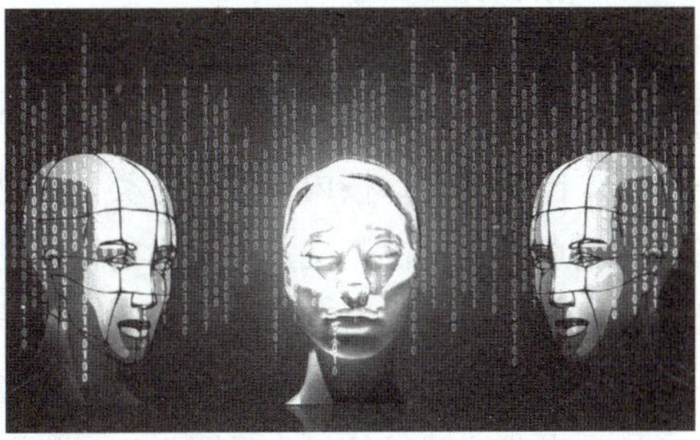

图 6-15 机器学习

机器学习主要依赖大量数据训练和高效的算法模型，其背后需要具有高性能计算能力的软硬件和大量数据作为支撑。例如，给机器学习系统一个关于交易时间、商家、地点、价格及交易是否正当等信用卡交易信息的数据库，以及用来预测信用卡欺诈的算法模型，系统就会自动对交易进行处理，而且处理的交易数据越多，训练越多，模型越高效，预测结果越准确。

机器学习在人工智能的其他技术领域也扮演着重要角色，包括计算机视觉、生物特征识别、自然语言处理、语音识别等。例如，在计算机视觉领域，它能在海量图像中通过不断训练来改进视觉模型，从而不断提高图像识别的准确率。

2. 计算机视觉

计算机视觉是指使计算机具备像人类那样通过视觉系统提取、观察、理解和识别图像与视频的能力，如图 6-16 所示。计算机视觉相当于人工智能的大门，包括医疗成像分析、智能监控、自动驾驶、机器人、工业产品检测等，均需要利用计算机视觉系统提取并识别现场图像或视频信息。计算机视觉的识别准确率普遍可达 90% 以上，远远超过了人类。

3. 生物特征识别

生物特征识别是指根据人的生理或行为特征对人的身份进行识别、认证，如图 6-17 所示。从应用流程看，生物特征识别通常分为注册和识别两个阶段。注册阶段是指通过传感器（如摄像头、麦克风等）对人体的生物特征信息（如人脸、指纹、声纹等）进行采集并存储；识别阶段采用与注册阶段一样的采集方式对待识别人进行信息采集和特征提取，然后将提取的特征与存储的特征进行对比、分析，完成识别。

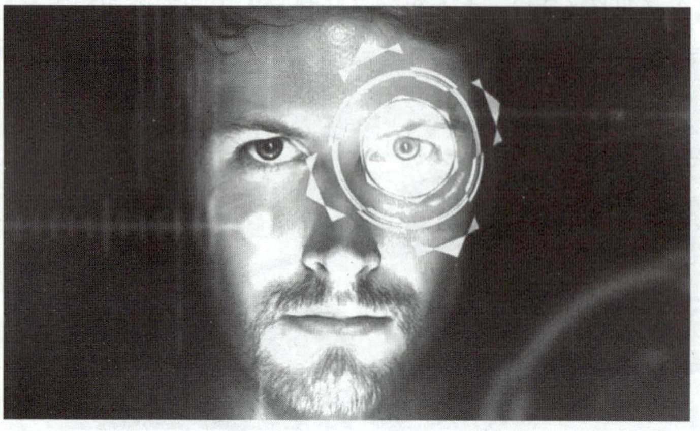

图 6-16　计算机视觉

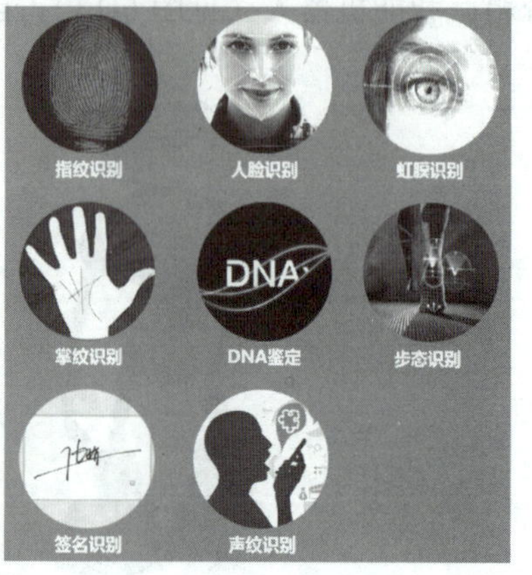

图 6-17　生物特征识别

生物特征识别涉及的内容十分广泛，包括指纹、掌纹、人脸、虹膜、指静脉、声音、步态等。其识别过程涉及计算机视觉、语音识别、机器学习等多项技术。目前，生物特征识别作为重要的智能化身份认证技术，在金融、安防、交通等领域得到广泛的应用。

4. 自然语言处理

自然语言处理是指使计算机拥有理解、处理人类语言的能力，包括机器翻译、语义理解、问答系统等。其中，利用语义理解可以自动识别文章的核心议题，自动将文章按内容进行分类，自动纠正文本错误，自动提取评论中表达的观点，自动检测文本中蕴含的情绪特征等；利用问答系统可以让计算机用自然语言（人类语言）与人交流。

自然语言处理技术目前被广泛应用于自动翻译（如百度翻译）、聊天机器人（如小米公司开发的“小爱同学”，见图 6-18）、新闻推荐（如今日头条）、简历筛选、垃圾邮件屏蔽、舆情监控、消费者分析、竞争对手分析等。

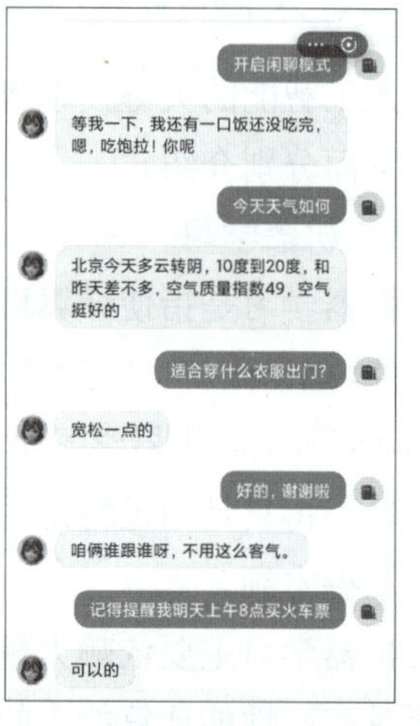

图 6-18　“小爱同学”聊天机器人

5. 语音识别

语音识别是指将人类语音中的词汇内容转换为计算机可以“读”的数据，即让机器能听懂“人话”。目前，语音识别的应用包括语音拨号、语音导航、室内设备语音控制、语音搜索、语音购物、语音聊天机器人等。

6. 机器人技术

利用机器人技术可以将计算机视觉、语音识别、自动规划等感知和认知技术整合至极小却高性能的传感器、制动器及其他设计巧妙的硬件中，制造出能在各种环境中灵活处理不同任务的机器人。从应用上看，可以将机器人分为工业机器人和服务机器人两个类别。

（1）工业机器人。工业机器人是面向工业领域的多关节机械手或其他形式的机器装置，如图 6-19 所示。它可以接受人类指挥，也可以按照预先编排的程序自动运行。工业机器人可以降低劳动力成本、提高生产效率，已在制造行业得到广泛应用。

（2）服务机器人。服务机器人的定位就是服务，如图 6-20 所示。从服务机器人的功能特点上来看，它与工业机器人的一个本质区别在于，工业机器人的工作环境都是已知的，而服务机器人所面临的工作环境绝大多数都是未知的，因此制造难度更大。

图 6-19 利用工业机器人组装汽车

图 6-20 利用服务机器人送餐

三、人工智能的应用场景

人工智能和物联网的应用往往彼此交叉。此外，两者还需要大数据、云计算等技术的支持。例如，物联网的应用中包含人工智能、大数据和云计算；大数据的应用中包含物联网、云计算和人工智能。下面简单介绍人工智能在制造、金融、交通、安防、医疗、物流等行业的一些典型应用。

扫一扫

人工智能的应用场景

1. 智能制造

人工智能在智能制造方面的应用主要表现在以下两个方面：一是智能装备，包括自动识别设备、人机交互系统、工业机器人及数控机床等具体设备；二是智能工厂，包括智能设计、智能生产、智能管理及集成优化等具体内容。

2. 智能金融

人工智能在金融领域的应用主要包括以下几个方面。

（1）智能获取客户。依托大数据和人工智能技术对金融用户进行画像，提升获客效率。

（2）用户身份验证。通过人脸识别、声纹识别等生物识别手段，对用户身份进行验证。

（3）金融风险控制。通过大数据、计算力、算法的结合，搭建反欺诈、信用风险等模型，多维度控制金融机构的信用风险和操作风险，避免资产损失。

（4）智能客服。基于自然语言处理和语音识别技术，建立聊天机器人客服和语音客服系统，降低服务成本，提升用户服务体验。

3. 智能交通

智能交通是指借助现代科技手段和设备，将各核心交通元素连通，实现信息互通与共享，以及各交通元素的彼此协调、优化配置和高效使用。

例如，通过交通信息采集系统采集道路中的车辆流量、行车速度等信息，经过信息分析处理系统处理后形成实时路况，决策系统据此调整道路红绿灯时长；还可以通过信息发布系统将路况推送到导航软件和广播中，从而让人们合理地规划行车路线。

此外，还可以通过不停车收费系统（ETC），实现对通过 ETC 入口的车辆进行身份及信息的自动采集、处理，并自动收费和放行，从而提高通行能力、简化收费管理。

4. 智能安防

智能安防技术是一种利用人工智能对视频画面进行采集、存储和分析，从中识别安全隐患并对其进行处理的技术。智能安防与传统安防的最大区别在于，传统安防对人的依赖性比较强，非常耗费人力，而智能安防能够通过机器实现智能判断。

国内智能安防分析技术主要有两类：一类是采用画面分割等方法对视频画面中的目标进行提取和检测，然后利用一定的规则来判断不同的事件并产生相应的报警联动，其应用包括区域入侵检测、打架检测、人员聚集检测、交通事件检测等；另一类是利用计算机视觉识别技术，对特定的物体进行建模，并通过大量样本进行训练，从而实现对视频画面中的特定物体进行识别，如车辆识别、人脸识别等。

5. 智能医疗

人工智能在医疗方面的应用包括辅助诊疗、疾病预测、医疗影像分析和识别、药物开发、手术机器人等。其中，在疾病预测方面，人工智能借助大数据技术可以进行疫情监测，及时预测并防止疫情的进一步扩散；在医疗影像方面，可以利用计算机视觉等技术对医疗影像进行分析和识别，为患者的诊断和治疗提供评估方法和精准诊疗决策。

（1）手术机器人应用案例。世界上最具有代表性的手术机器人是达•芬奇手术系统，如图 6-21 所示。达•芬奇手术系统分为手术台和远程监控终端两部分。其中，手术台是一个有三个机械手臂的机器人，它负责对病人进行手术。由于每个机械手臂的灵活性都远远超过人类，而且还带有可以进入人体内的摄像机，因此不仅手术的创口非常小，还能够实施一些人类很难完成的手术。

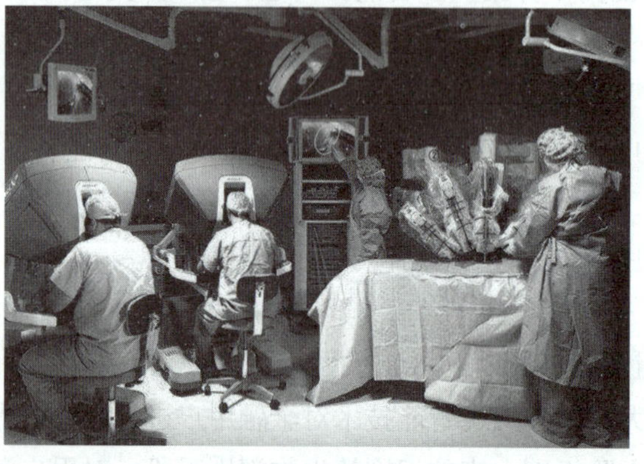

图 6-21　利用达•芬奇手术机器人做手术

（2）医疗影像识别案例。2017 年，上海交通大学和浙江大学合作研发的人工智能系统可在 23 秒内完成 300 张核磁共振影像的直肠癌病灶勾画，识别准确率高达 95.22%。而此前人工识别的最高纪录是 5 分钟内完成 149 张影像勾画，识别准确率为 93%。这意味着，该人工智能系统的识别速度和准确率均超越了顶级的放射科医生。

6. 智能物流

物流企业除利用条形码、射频识别技术、传感器、全球定位系统等优化和改善运输、仓储、配送、装卸等物流业基本活动外，也在尝试使用计算机视觉及智能机器人等技术实现货物自动化搬运和拣选等复杂活动，使货物搬运速度、拣选精度得到大幅度提升。

例如，京东商城（以下简称京东）是国内知名的电商企业。为压缩物流成本，提高物流效率，京东构建了以无人仓、无人机和无人车为三大支柱的智慧物流体系。

京东无人仓（见图 6-22）里主要用到了 3 种机器人——搬运机器人、小型穿梭车及分拣机器人。其中，搬运机器人负责搬运大型货架，其自重约 100 公斤，负载量达 300 公斤左右；小型穿梭车负责将周转箱搬起并送到货架尽头的暂存区；分拣机器人配有先进的 3D 视觉系统，可以从周转箱中识别出客户需要的货物，并通过工作端的吸盘把货物转移到订单周转箱中，然后通过输送线将订单周转箱传输至打包区；打包机器将商品打包后，一个个包裹就可以发往全国各地了。

据了解，京东无人仓的存储效率是传统仓库存储效率的 10 倍以上。其中，分拣机器人的拣选速度可以达到 3 600 次/小时，是传统人工拣选的 5 倍。

除无人仓外，京东还尝试使用无人机（见图 6-23）和无人车（见图 6-24）送货。京东无人车在行驶过程中，车顶的激光感应系统会自动检测前方的行人、车辆等，遇到障碍物还会自动避障。

图 6-22　京东无人仓

图 6-23　京东无人机

图 6-24　京东无人车

实践探索——体验实物识别和图片查询

生活中有很多事物，我们可能不认识或者无法准确地说出它们的名称，借助采用人工智能技术的软件可以帮助我们解决这个问题。请使用具有识别功能的软件（如百度、淘宝、京东、支付宝、形色等 App），体验实物识别和图片查询等功能在生活中的应用，如图 6-25 所示。

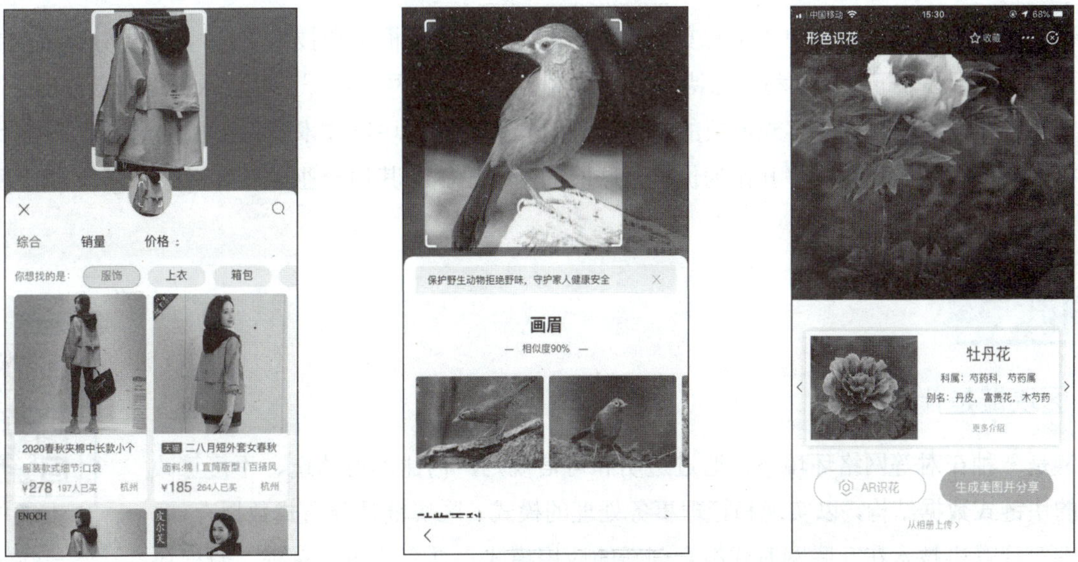

图 6-25　实物识别和图片查询在生活中的应用

任务三 了解区块链

任务解读

一提到区块链，许多人第一反应就是比特币。实际上，比特币不等于区块链，它只是区块链技术的一种应用。除比特币外，区块链在征信和权属管理、资源共享、贸易管理和物联网等诸多领域均有应用。

在本任务中，我们先来了解比特币的相关知识，然后来了解区块链的概念、基本原理和应用场景，以及区块链对推动价值互联网建设的作用。

体验探究——了解比特币

比特币（Bitcoin）是一种电子加密货币，其概念最初由中本聪在2008年11月1日提出，并于2009年1月3日正式诞生。与现有的货币不同，比特币不依靠特定货币机构发行，而是依据特定算法，通过大量的计算产生。

比特币网络基于区块链技术，由参与到比特币支付体系的所有节点共同构成。当比特币网络中产生了一笔交易时，网络中的所有节点都会确认这笔交易并将其记录在“账本”上，只有所有人的“账本”上都存在这笔交易，该交易才是真实有效的。这使得在比特币网络中的每一笔交易都是不可伪造、不可篡改的。此外，比特币网络利用了计算机密码学中的加密算法对货币进行加密，确保了货币流通各个环节的匿名性和安全性。

小 提 示

记录着用户交易记录的“账本”就是区块。比特币系统大约每10分钟产生一个新区块，新区块总是紧跟在前一个区块之后，如同一个“链条”，因此称为区块链。比特币系统的每个用户都持有一份区块文件。换句话说，区块链就是一个动态更新的分布式数据库。

比特币的出现为人类建立去中心化的安全货币体系提供了理论框架和技术支持，具有十分重要的参考价值。但另一方面，一些不法分子也开始利用比特币交易的匿名特性实施网络犯罪，对全球网络安全提出了严峻挑战。因此，对于比特币，我们应保持客观谨慎的态度，利用其背后的区块链技术建设更加安全高效的货币体系，并进一步发挥区块链技术的优势，将其作为价值互联网的基础设施与其他产业进行有机结合，使其能够真正地造福人类。

必备知识

一、区块链是什么

区块链是一种在对等网络环境下，通过透明和可信规则，构建不可伪造、不可篡改和可追溯的块链式数据结构，以实现和管理事务处理的模式。区块链是分布式数据存储、传输、加密等计算机技术在互联网时代组合创新的应用模式，具有分布式对等、数据块链式、不可伪造和防篡改、透明可信、高可靠性等特征。

扫一扫

区块链是什么

区块链的技术起源可以追溯到2008年，化名为“中本聪”的学者发表了论文《比特币：一种点对点电子现金系统》。该论文主要描述了比特币的构建原理，随后，比特币获得了大规模应用，其背后的技术应用模式，综合了加密技术、共识算法、隐私保护等技术，逐渐被人合称为区块链。

区块链包括以下三个基本概念。

（1）交易（transaction）：对账本的一次操作，导致账本状态的一次改变，如添加一条转账记录。

（2）区块（block）：记录一段时间内发生的所有交易和状态结果，是对当前账本状态的一次共识。

（3）链（chain）：由区块按照发生顺序串联而成，是整个账本状态变化的日志记录。

二、区块链的基本原理

下面以比特币网络为例，介绍区块链的工作原理。

（1）比特币客户端发起一项交易，广播到比特币网络中并等待确认。网络中的节点会将一些收到的等待确认的交易记录打包在一起（此外，还要包括前一个区块头部的哈希值等信息），组成一个候选区块。然后，试图找到一个nonce串（随机串）放到区块中，使得候选区块的哈希结果满足一定条件（如小于某个值）。这个nonce串的查找需要一定的时间去进行计算尝试。

（2）一旦节点计算出满足条件的nonce串，这个区块在格式上就被认为是“合法”的，可尝试在网络中将它广播出去。其他节点收到候选区块，进行验证，发现确实符合约定条件了，就承认这个区块是一个合法的新区块，并添加到自己维护的区块链上。当大部分节点都将区块添加到自己维护的区块链结构上时，该区块被网络接受，区块中所包括的交易也就得到确认。

如果把区块链作为一个状态机，则每次交易就是试图改变一次状态，而每次共识生成的区块，就是参与者对于区块中交易导致状态改变的结果进行确认。

三、区块链与价值互联网

1. 什么是价值互联网

价值互联网是一个新兴的概念，是在信息互联网成熟之后，特别是移动互联网普及后出现的一种高级的互联网形式。价值互联网的核心特征是实现资金、合约、数字化资产等价值的互联互通。

正如信息互联网时代实现了信息互联互通状态，在价值互联网时代，人们将能够在互联网上像传递信息一样方便快捷、安全可靠、低成本地传递价值。严格来讲，价值互联网与信息互联网之间并不是更替的关系，而是在信息互联网基础上增加了价值属性，从而逐渐形成实现信息传递和价值传递的新型互联网。

2. 区块链对推动价值互联网建设的作用

区块链通过构建新型的社会信任机制，通过高度普适性的价值存储和价值传递的应用模式的不断推广，正逐渐引发价值转移方式的根本性转变，以及社会协作方式的深入变革，对价值互联网的建设意义重大。

（1）为价值互联网提供基础设施，通过身份认证、隐私保护、基础价值传输协议等功能，推动形成价值互联网的信任基础和信息传递机制。

（2）区块链的应用导致价值互联网进入门槛的降低，能够将更多用户纳入价值互联网系统，可以有效提高价值互联网的规模并提高其价值。例如，区块链有潜力推动普惠金融进程，将落后地区的居民纳入金融体系，从而进一步提高价值互联网的价值。

（3）区块链通过去中心化等方式，可以有效降低社会交易成本，促进价值互联网形成。例如，区块链有望应用在全球范围内的小额跨境汇款场景中，从而省去数百亿美元的手续费。

四、区块链的应用场景

近年来，人们渐渐发现了区块链的潜力与价值，国内外企业陆续投入到该技术的研发和探索之中，尝试将这种技术应用在数字货币之外的领域。如今，区块链已经从单纯的技术探讨走向了应用落地的阶段。虽然很多企业尚处于不断探索和验证的阶段，但也有些企业已结合自身业务摸索出了颇具特色的应用场景。

下面列举几个在未来几年内可能深入应用区块链的场景。

1. 金融服务

区块链带来的潜在优势包括降低交易成本、减少跨组织交易风险等。金融领域的区块链应用目前最受关注，全球不少银行、证券、保险等金融机构都是主力推动者。部分投资机构也在应用区块链技术降低管理成本和管控风险。

（1）中国人民银行成立了“中国人民银行数字货币研究所”，并深入研究了数字货币涉及的相关技术，包括区块链、移动支付、可信可控云计算、密码算法、安全芯片等。

（2）2016 年，加拿大央行宣称正在开发基于区块链技术的数字版加拿大元（名称为 CAD 币），将允许用户使用加元来兑换该数字货币。

（3）2016 年，英国央行推出了基于分布式账本平台的数字化货币——RSCoin。

（4）2017 年 1 月，中国邮储银行宣布携手 IBM 推出基于区块链技术的资产托管系统，这是中国银行业首次将区块链成功应用于核心业务。

（5）2017 年 3 月，日本国会通过《2017 税务改革法案》，该法案将比特币等数字货币定义为货币等价物，允许其用于数字支付和转账。

2. 征信和权属管理

征信和权属的数字化管理是大型社交平台和保险公司都梦寐以求的。目前该领域的主要技术问题包括缺乏足够的数据和分析能力，缺乏可靠的平台支持及有效的数据整合管理等。区块链可以促进数据交易和流动，提供安全可靠的支持。

目前，包括美国国际数据集团（IDG）、腾讯、安永、普华永道等都已注资或进入基于区块链的征信管理领域，特别是跟保险和互助经济相关的应用场景。

3. 资源共享

当前，以网约车、共享单车、共享充电宝等为代表的共享经济模式正在多个垂直领域冲击着传统行业，这一模式鼓励人们通过互联网共享闲置资源。资源共享目前面临的问题主要包括共享过程成本过高、用户行为评价难、共享服务管理难等。

区块链为解决上述问题提供了更多的可能性。相比于依赖中间方的资源共享模式，基于区块链的去中心化模式能更直接地连接资源的供给方和需求方，从而减少交易环节和成本，其透明、不可篡改的特性也有助于减少贸易纠纷。

4. 贸易管理

区块链可以有效地减少自动化国际贸易和物流供应链领域中烦琐的手续和流程。基于区块链设计的贸易管理方案会为参与的多方企业带来更多便利。此外，贸易中销售和法律合同的数字化、货物监控与检测、实时支付等方向都可能成为创业公司的突破口。

类似“一带一路”这样创新的投资建设模式，会碰到来自地域、货币、信任等各方面的挑战。现在已经有一些参与到“一带一路”中的部门，在对区块链进行应用探索。

5. 物联网

物联网也是很适合应用区块链的一个领域，预计在未来几年内会有大量应用出现，特别是租赁、物流等特定场景。但就目前阶段而言，物联网自身的技术局限限制了区块链的大规模应用。

实践探索——撰写关于区块链现状及其未来发展的报告

区块链具有去中心化、开放性、匿名性、不可篡改和可追溯性的特点，越来越多的国家开始重视这一技术的应用与发展，纷纷出台支持政策，鼓励本国区块链生态的建立与完善。

步骤 1▶ 查阅资料，了解当前各国在区块链应用领域有哪些成果。

步骤 2▶ 由于相关应用还未普及，有兴趣的同学可以了解一下已有的典型区块链应用，如比特币、数字人民币等。

步骤 3▶ 根据查阅的资料，结合我国出台的各项政策，撰写一份关于区块链现状及其未来发展的报告。

任务四 了解量子信息

任务解读

从古至今，便捷安全的通信一直是人类不懈的追求。我们的祖先曾用鸿雁传书寄托美好期许，也曾快马加鞭传递信笺尺素；19 世纪，电报、电话的发明让人类实现了“天涯若比邻”；到了 21 世纪的今天，互联网更是将世界联结成了“地球村”。人类对更快速、更安全通信的追求是永无止境的。然而，每一次通信革命，都需要最先进信息技术的支持。那么，支撑人类下一次通信革命的技术是什么呢？答案就是量子信息。

在本任务中，我们一起来了解量子信息的相关知识，包括量子信息的相关物理学原理和常见应用场景，以及量子信息的研究现状和未来发展。

体验探究——了解“墨子号”量子科学实验卫星的重要意义

“墨子号”量子科学实验卫星（见图 6-26）是中科院空间科学战略性先导科技专项中首批确定的 5 颗科学实验卫星之一，也是世界首颗量子科学实验卫星。2016 年 8 月 16 日凌晨 1 时 45 分，搭载着“墨子号”量子科学实验卫星的长征二号丁运载火箭在酒泉卫星发射中心发射升空。这次发射任务的圆满成功，进一步扩大了我国在量子通信领域的国际领先地位，也为我国建立卫星与地面远距离量子科学实验平台打下了坚实基础，对于推动我国空间科学卫星系列发展具有重大意义。

扫一扫

了解“墨子号”量子科学实验卫星的重要意义

图 6-26　“墨子号”量子科学实验卫星

2017 年 1 月 18 日，“墨子号”量子科学实验卫星正式开展科学实验，先后进行了星地双向量子纠缠分发和非定域性检验、星地量子密钥分发和地星量子隐形传态三大预定量子科学实验，并取得了圆满成功。

（1）量子纠缠分发是把制备好的两个纠缠粒子（通常为光子）分别发送到相距很远的两个点。通过观察两个点的统计测量结果，可以验证量子力学非定域性的存在。星地双向量子纠缠分发通过“墨子号”量子科学试验卫星，将两个纠缠的光子分发到地面相距数千公里的两个接收点，其统计测量结果在空间尺度下严格满足“爱因斯坦定域性条件”的量子力学非定域性检验。这一重要成果是我国在空间量子物理研究方面取得的重大突破，为未来开展大尺度量子网络和量子通信实验研究，以及开展外太空广义相对论、量子引力等物理学基本原理的实验检验奠定了可靠的技术基础。

知识链接

量子纠缠是量子力学中的一种“神秘”现象，爱因斯坦曾称其为“鬼魅般的超距作用”。量子纠缠中的“纠缠”是指两个相互作用的微观粒子之间会产生某种“联系”，无论两者相距多远，这种“联系”都不会消失，仿佛这两个粒子“心有灵犀”一般。当其中一个粒子状态发生变化时，另一个粒子会同时发生相应改变，这种现象就是量子力学非定域性，而检验量子纠缠现象的方法就是爱因斯坦提出的“爱因斯坦定域性条件”。

（2）量子密钥分发是指通过量子态的传输向身处遥远两地的用户发送共享量子密钥，利用该密钥对信息进行一次一密的严格加密，由于量子具有不可分割、不可克隆的特性，量子密钥理论上无法窃听，这也保证了用量子密钥所加密信息的绝对安全。早在星地量子密钥分发之前，我国科学家就基于光纤实现了百公里级的量子密钥分发，而星地量子密钥分发方式使得量子密钥的分发摆脱了光纤的限制，将卫星作为可信中继，实现了地球上任意两点的密钥共享，量子密钥的分发范围由此扩展到覆盖全球，这使构建全球量子加密通信网络成为可能。

知识链接

量子是物理世界中最小的单元，它并不指代某个具体的微观粒子，而是能量的最基本单元，因此量子不可分割。

而量子的不可克隆特性则是由于量子叠加现象。量子叠加是指粒子可同时处于多种状态(称为叠加态)，但是当人们对其进行观测或测量时，粒子会从叠加态“坍缩”为一种确定状态（称为本征态）。克隆量子就是要复刻一个处于原始状态（即叠加态）的量子，但叠加态的量子状态是无法通过观测或测量得出的，因此量子是无法克隆的。

（3）量子隐形传态是指利用量子纠缠将物质的未知量子态精确传送到遥远地点，而不用传送物质本身。远距离量子隐形传态是实现分布式量子信息处理网络的基本单元。地星量子隐形传态实现了超远距离的量子隐形传态，倘若在同样长度的光纤中重复这一工作，则需要 3 800 亿年（宇宙年龄的 20 倍）才能观测到 1 个事例。

“墨子号”量子科学试验卫星三大预定量子科学实验的成功，使我国成为国际上率先完成三大量子通信实验的国家，标志着我国在国际量子通信领域达到了全面优势地位，为我国在未来继续引领世界量子通信技术发展和空间尺度量子物理基本问题检验前沿研究奠定了坚实的科学与技术基础。

拓展阅读

中国航天人的浪漫

在人们眼中，“理工科”是不懂浪漫的代名词。然而，奋战在我国航天事业的科学家们却通过对各航天工程和航天器具有寓意的命名，向我们展示了理工科的浪漫。

例如，我国量子科学实验卫星以中国古代的科学家墨子命名，我国的行星探测任务名为“天问”，火星探测卫星名为“天问一号”；我国的探月工程又称“嫦娥工程”，登月探测器名为“嫦娥”，月球车名为“玉兔”，而“嫦娥”降落的区域名为“广寒宫”。此外，我国的航天站名为“天宫”，太阳检测卫星计划又称“夸父计划”，暗物质探测器名为“悟空”，气象卫星名为“风云”，定位卫星系统名为“北斗”，低轨卫星系统名为“鸿雁”……

这些取自我国古老神话、先贤和优美诗歌中的名字，体现出了根植于中华民族血脉中对太空和宇宙的探索精神，寄托着国人对遥远星空和未知宇宙的无尽憧憬。如今，中国航天人用充满诗意的浪漫和领先于世界的科技将神话变为现实，也向世人展示了中华民族文化的生生不息和科技的繁荣昌盛。

必备知识

一、量子信息是什么

量子信息是一种由量子力学与信息技术相结合的新型技术，通过运用量子力学中的理论知识进行信息的采集、处理和传输。

知识链接

量子力学是研究物质世界微观粒子运动规律的物理学分支，主要包括原子、分子、凝聚态物质，以及原子核和基本粒子的结构、性质的基础理论，和相对论并称现代物理学的两大基石。

二、量子信息的研究领域

当下，量子信息存在众多细分领域，但总的来说，它主要致力于量子通信和量子计算两个方面。

（1）量子通信。量子通信是利用量子叠加和量子纠缠进行信息传递的新型通信方式，它基于量子力学中的量子测量坍缩、不可分割、不可克隆三大原理提供无法被窃听和计算破解的绝对安全性保证，主要分为量子密钥分发和量子隐形传态两种。

（2）量子计算。量子计算是一种利用量子力学基本原理进行计算的新型计算模式，主要研究方向为量子计算机和量子算法。从可计算性的角度来看，量子计算机只能解决传统计算机所能解决的问题，但从计算效率上看，由于利用了量子叠加效应，量子算法的计算效率要远高于传统计算机算法。

作为新一代信息技术，量子信息实现了对现有信息技术软硬件的优化和革新，突破了传统信息技术软硬件系统的极限，开辟了信息技术发展的新方向。一旦量子信息获得广泛应用，人类社会将迈入一个全新的阶段。因此，人们将量子信息的诞生称作“第二次量子革命”。

三、量子信息的应用场景

关于量子信息的很多研究尚处在实验室阶段，但也有一些技术正在走出实验室，在各个领域逐步得到应用，帮助它们实现前所未有的跨越式发展。下面介绍量子信息的几种常见应用。

扫一扫

量子计算机“九章”

1. 量子计算机

量子计算机是指用量子态表示信息，将量子比特作为信息处理和存储单元，采用量子算法和量子编码实现高速计算的新型计算机。

传统的电子计算机以 0 和 1（即比特）作为信息处理单元，一个信息处理单元只能同时处理一个单状态比特，而量子计算机的信息处理单元是量子比特，由于量子叠加效应，可同时处理 0 和 1，这使得量子比特能承载的信息量远高于传统电子比特。例如，4 个电子比特可表示 16 个数字，但在同一时间只能表示 16 个数字中的其中 1 个。而 4 个量子比特却可在同一时间表示全部 16 个数字。这意味着，量子计算机的计算能力将随着量子比特数的增加呈指数增长，利用量子技术制造的光量子计算机可在几秒内完成电子计算机几十万年才能完成的运算量。

量子计算机超强的计算能力为密码分析、气象预报、城市交通规划、石油探勘、药物设计等需要大规模算力的问题提供了解决方案，并可模拟高温超导、量子霍尔效应等复杂物理机制，为先进材料制造和新能源开发奠定科学基础。

知识链接

2020 年 12 月 4 日，中国科学技术大学宣布，经过 20 多年的研究攻关，该校研究团队成功研制出 76 量子比特的量子计算原型机“九章”（见图 6-27），并将这一成果发表在了国际学术期刊《科学》上。“九章”处理特定问题的速度比目前排名世界第一的超级计算机“富岳”快 100 万亿倍，比 Google 公司 2019 年发布的 53 量子比特的量子计算机“悬铃木”快 100 亿倍。“九章”的问世，意味着我国实现了量子计算的第一个里程碑——量子计算优越性。

图 6-27 量子计算机“九章”

2. 量子通信网络

量子通信网络是一种采用量子通信系统的保密通信网络，其可在广阔的空间范围内，为大量用户提供绝对安全的网络通信。因此，量子通信网络被称为信息安全的“终极武器”，可从根本上解决国防、金融、政务、能源、商业等领域的信息安全问题。当量子通信网络得到大规模推广后，人们将无须担心任何信息泄露，也不用担心网络恶意攻击行为。

知识链接

2017 年 9 月 29 日，由中国科学技术大学牵头研发的世界首条量子通信网络干线——“京沪干线”正式开通，并与“墨子号”量子科学实验卫星组成天地链路，实现了洲际量子保密通信。2021 年 1 月 7 日，中国科学技术大学宣布，在“京沪干线”基础上，该校研究团队已成功构建出世界首个跨度 4 600 公里的天地一体化广域量子通信网络，如图 6-28 所示。这一成果为未来实现覆盖全球的量子保密通信网络奠定了坚实的科学与技术基础。

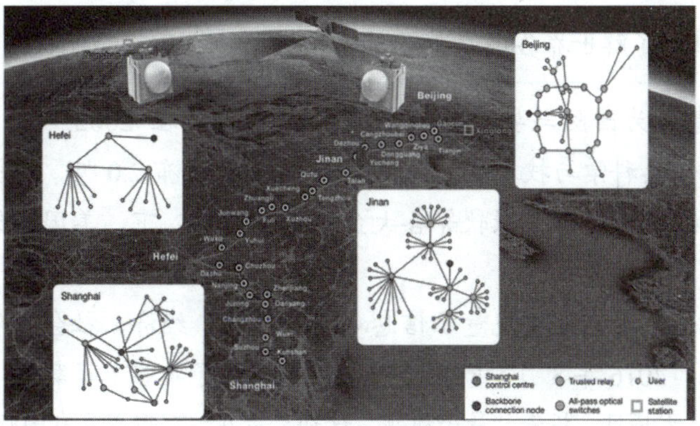

图 6-28 天地一体化广域量子通信网络

3. 量子雷达

量子雷达（见图 6-29）是一种利用量子力学原理，通过收发量子信号来探测目标的新型雷达。由于量子的观测坍缩特性，量子雷达发射的光子一旦探测到物体，其量子特性就会发生改变，量子雷达即可立即发现目标的位置。且由于量子不可复制、不可分割的特点，量子雷达发射的量子信号无法被拦截和篡改，这使得量子雷达难以欺骗和反探测，常规雷达难以探测的隐形飞机也可被量子雷达轻松发现。

图 6-29 量子雷达

量子雷达具有体积小、功耗低、抗干扰能力强、反隐身能力强、不易被敌方电子侦察设备发现和易于成像等优点，在军事和国防领域（如导弹防御和空间探测）具有极其广阔的应用前景和重大现实价值。

4. 量子导航

量子导航是基于各种量子效应和微加工技术的惯性导航系统，它无须依赖外部的 GPS 信号即可得到精确的设备位置信息，并可将传统 GPS 系统数米的导航距离提升至毫米级别，大大提高导航精度，这使得量子导航在无人机、潜艇、导弹、直升机等领域有着广阔的发展前景。

5. 量子成像

量子成像是利用量子纠缠现象发展起来的一种新型成像技术，理论上可在所有光学波段获得成像效果良好的图像，比目前最先进的激光全息成像技术更加强大。目前的量子成像研究多处在实验室阶段，需要的成像时间普遍较长（一般为数秒），不适于瞬时成像的场合，但随着日后技术的成熟，量子成像将在航空探测、军事侦察、远程成像等领域发挥重要作用。

实践探索——了解量子信息的研究现状与发展情况

量子信息对当今及未来社会发展起着至关重要的作用，其发展潜力早已引起了世界主要国家的高度重视。美国、欧洲、日本及我国都将量子信息提升至国家战略高度，并投入大量资金和人才进行研究，加快筹划布局，形成了各自的特点和优势，量子信息领域的竞争日趋白热化。请以小组为单位，查阅相关资料，了解全球量子信息的研究现状与发展情况。

步骤 1▶ 查阅相关资料，了解世界各国在量子信息领域的研究历程和现状。例如：

> 美国是最早将量子信息列为国防与安全研发计划的国家。早在 2002 年，美国国防高级研究计划局（DARPA）就制定了《量子信息科学与技术规划》，并于 2004 年发布 2.0 版，给出了量子计算发展的主要步骤和时间表。此后，在美国政府和谷歌、微软等各大企业的大力投入下，美国已经在量子信息领域完成了全面战略布局，并取得了若干阶段性成果。
>
> 欧洲是量子理论的发源地，也高度重视量子信息对国家安全、经济、社会发展等方面的影响，并投入了众多资源大力发展相关技术。2016 年 3 月，欧盟委员会发布《量子宣言（草案）》。4 月，欧盟委员会正式宣布启动总额 10 亿欧元的量子技术项目，投资“量子旗舰”计划，旨在培育形成具有国际竞争力的量子工业。
>
> 日本对量子信息也十分关注，无论是政府部门还是私营企业，都高度重视对量子信息的研究。自 2000 年开始，日本便将量子通信技术作为国家高级技术研究开发计划之一，10 年内投资约 400 亿日元。

步骤 2▶ 查阅相关资料，了解我国在量子信息领域的研究历程和现状。例如：

> 我国早在二十世纪七八十年代就进入了量子信息的研究领域，近年来我国对其的重视程度越来越高，在我国政府的大力支持和科研人员的不懈努力下，我国的量子信息研究取得了一系列突破性成果，并已然走在了世界前列。例如：
>
> 2016 年，我国发射了全世界第一颗量子科学实验卫星“墨子号”，并率先完成了三大量子通信实验，确定了量子通信领域的全面优势地位；
>
> 2017 年，我国建成并开通世界首条量子通信网络干线——“京沪干线”，实现了洲际量子保密通信；
>
> 2018 年，我国首次实现 18 个光量子比特的纠缠，刷新了所有物理体系中最大纠缠态制备的世界纪录；
>
> 2020 年，我国成功研制出 76 量子比特的量子计算原型机“九章”，实现了量子计算优越性；
>
> 2021 年，我国在京沪干线的基础上，成功构建出世界首个跨度 4 600 公里的天地一体化广域量子通信网络；此外，我国还成功研制出 62 量子比特可编程超导量子计算原型机“祖冲之号”，并在此基础上实现了可编程的二维量子行走。

步骤 3▶ 查阅相关资料，了解我国在量子信息领域的未来趋势和战略目标，例如：

> 毫无疑问，在未来，世界各国在量子信息领域的竞争还将愈演愈烈，而我国也将不断提升自身量子信息研究水平，致力于攻克量子芯片、原子冷却等技术难题，到 2030 年左右，中国力争率先建成全球化的广域量子保密通信网络。在此基础上，构建信息充分安全的“量子互联网”，形成完整的量子通信产业链和下一代国家主权信息安全生态系统。此外，我国还将不断推进量子信息的实用化进程，使其早日进入千家万户，造福百姓。

步骤 4▶ 请各组对比收集到的中外量子信息相关资料，探讨对量子信息重要性的看法和对量子信息未来发展的展望。

任务五 了解移动通信技术

任务解读

> 移动通信技术是指在便携式智能移动终端（如智能手机、平板电脑等）上通过无线的方式（Wi-Fi 或蜂窝网络）实现通信的技术。与针对 PC 的传统通信技术相比，移动通信技术具有组网灵活、使用方便、终端种类多样等优点。5G 是最新一代移动通信技术，也是最前沿、最火热的新一代信息技术。
>
> 在本任务中，我们一起来了解 5G 的相关知识，包括 5G 的基本概念、关键技术和应用场景。

体验探究——走进 5G 时代

在 2019 年的中国国际信息通信展览会开幕式上，工信部与中国电信、中国联通、中国移动、中国铁塔共同宣布启动 5G 商用。截至 2021 年 4 月，我国 5G 套餐用户已经超过了 3.5 亿户，5G 信号覆盖了所有地级市，这意味着我国已初步建成全球最大规模的 5G 移动网络。可以说，5G 已走进千家万户，我国正全面迈入 5G 时代。

扫一扫

走进 5G 时代

步骤 1▶ 查阅资料，了解移动通信技术的发展历程。

步骤 2▶ 由于相关应用还不成熟，用户关于 5G 最直观的感受还是网络速度的大幅度提升。在手机上使用 5G 下载一部高清电影，体验 5G 的网络速度。

步骤 3▶ 依据 5G 的网络特点，分组讨论 5G 未来可能有哪些应用场景。

必备知识

一、第五代移动通信技术

移动通信技术大致经历了 1G、2G、3G、4G 到 5G 的发展历程，如图 6-30 所示。其中，5G 是指第五代移动电话行动通信标准，也称第五代移动通信技术。它是前几代通信技术的延伸，也是最新一代的移动通信技术。

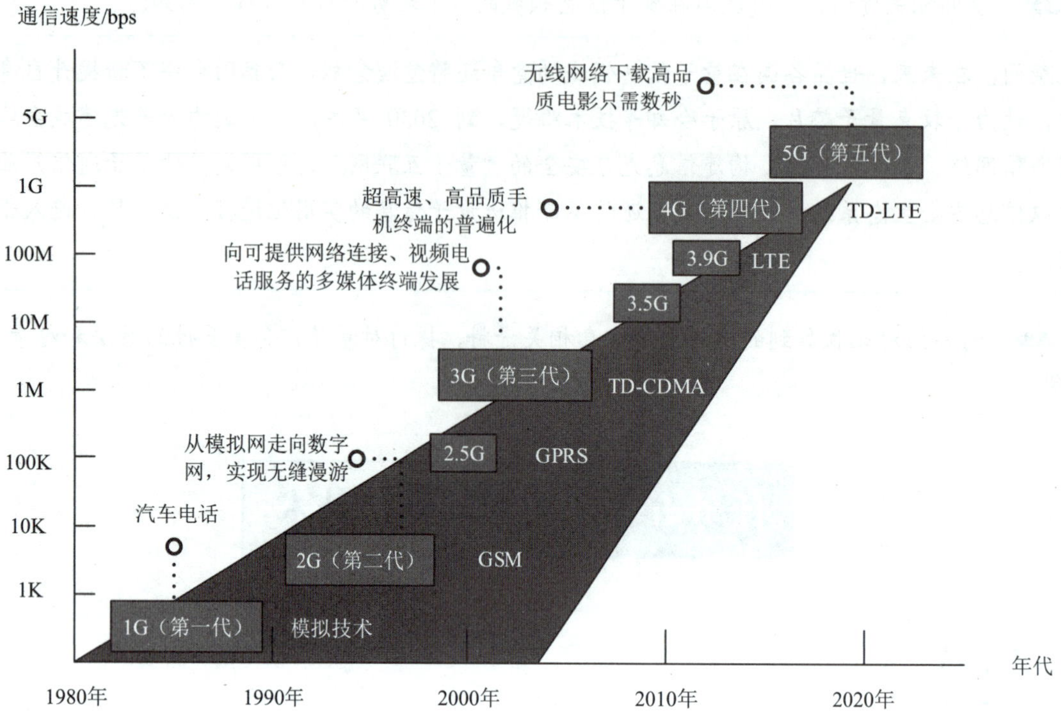

图 6-30　移动通信技术的发展历程

与前几代移动通信技术相比，5G 不再由某项业务能力或者某个典型技术特征所定义，它不仅是一种更高速率、更大带宽、更强能力的通信技术，还是一个多业务、多技术融合的通信网络，更是面向业务应用和以用户体验为中心的信息生态系统。

5G 的性能目标是提高数据速率、减少延迟、节省能源、降低成本、提高系统容量和支持大规模设备连接。因此，5G 可满足人们对超高流量密度、连接密度及移动性的需求和绝大部分的硬件互联场景。作为万物互联的基础设施，它具备巨大的产业生态价值，能带动芯片、软件等基础产业的快速发展，推动新一轮产业创新浪潮，被誉为全球产业升级的颠覆性起点。

总的来说，与前几代移动通信技术相比，5G 具有以下优点。

（1）从用户体验看，具有更高速率、更大带宽的 5G 能够满足消费者对更高网络体验的需求。“快”是 5G 带给大众用户最直观的感受。用户使用 5G 时，数秒时间即可下载一部高清电影，或是传输数百张高分辨率照片，这会全面提升用户体验。

（2）从行业应用看，5G 具有更高的可靠性、更低的时延，能够满足智能制造、自动驾驶等行业应用的特定需求，拓宽融合产业的发展空间，支撑经济社会创新发展。

（3）从发展态势看，5G 已于 2019 年在我国正式商用，且在持续高速发展，大有取代 4G、占据行业主导地位之势。

我国的移动通信技术经历了“2G 时代跟随”“3G 时代参与”到“4G 时代并跑”的发展历程。如今，我国在 5G 时代全面发力、奋起直追，终于实现弯道超车，成功跻身世界第一梯队。全球各国家普遍认为，中国的 5G 已在多方面走在了世界前列，乃至世界第一的位置。

二、5G 的关键技术

5G 的实现主要依靠大规模天线阵列、超密集组网、新型多址、全频谱接入和新型网络架构等关键技术。

- **大规模天线阵列：** 传统的移动通信网络采用的天线只可实现 2～8 个并发通道，而大规模天线阵列的通道数则可达到 64～256 个，这使得 5G 的带宽和系统频谱效率得到了成倍提升。因此，可以说大规模天线阵列对满足 5G 系统容量和速率需求起到重要的支撑作用。
- **超密集组网：** 通过增加基站部署密度，可实现百倍量级的容量提升，是满足 5G 千倍容量增长需求的最主要手段之一。
- **新型多址：** 通过发送信号的叠加传输来提升系统的接入能力，可有效支撑 5G 网络千亿设备的连接需求。
- **全频谱接入：** 通过有效利用各类频谱资源，可有效缓解 5G 网络对频谱资源的巨大需求。
- **新型网络架构：** 基于 SDN、NFV 和云计算等先进技术的新型网络架构，可实现以用户为中心的更灵活、智能、高效和开放的 5G 新型网络。

知识链接

软件定义网络（software defined network，SDN）是一种新型的网络虚拟化创新架构，它通过将网络设备的控制面与数据面分离开来，实现了网络流量的灵活控制，使网络变得更加智能，为核心网络及应用的创新提供了良好的平台。

网络功能虚拟化（network functions virtualization，NFV）是一种网络架构，它利用虚拟化技术，将网络节点各阶层的功能分别以软件方式分割成若干个功能区块，使网络不再局限于硬件架构，从而使网络组建成本和门槛更低，网络调整更加灵活。

三、5G 的应用场景

随着 5G 在 2019 年正式商用，各行业在应用 5G 后纷纷迸发出了强劲的发展活力。下面介绍 5G 的几种较常见的应用场景。

1. 智慧城市

智慧城市是指在城市中利用移动通信技术、物联网、云计算、大数据、人工智能等先进的信息与通信技术实现智能协同、资源共享、互联互通和全面感知，让城市管理变得更加简单、有效，为城市居民提供一个人和人、人和物、人和社会和谐共处的环境。

智慧城市是城市信息化发展的必然结果。要赋予城市“智慧”，就必须将城市中数以千万计的设备接入互联网，建立一个能够全面感知城市动态的系统，该系统应具备对城市中的交通、教育、医疗、物流、安全、政务、能源、居民生活等各项社会服务进行实时协调的能力。这无疑对其应用的通信技术提出了巨大的挑战。而高带宽、低延迟且相当稳定的 5G 为这一切提供了可能。

图 6-31　5G 为智慧城市赋能

因此，5G 对智慧城市的建设有着非凡的意义。在不远的将来，5G 也将持续为智慧城市建设赋能（见图 6-31），将城市变得更智能、更清洁、更安全。

2．自动驾驶

自动驾驶是近年来如火如荼的概念之一，它是指汽车在没有人类驾驶员操纵的情况下，依靠移动通信技术、物联网、人工智能、辅助驾驶等技术，实现完整、有效、安全驾驶。

但是，自动驾驶技术对带宽和时延的要求较高，4G 很难满足其需要。因此，尽管自动驾驶技术日趋成熟，却始终无法得到大规模普及。而 5G 则完全可以满足自动驾驶对带宽和时延的要求，为自动驾驶占领市场助力，如图 6-32 所示。可以预想，在 5G 时代，自动驾驶汽车将不再只是作为实验品出现在某个试点路段，而会成为普罗大众司空见惯的基础交通工具。

图 6-32　5G 为自动驾驶助力

3．远程医疗/教育/办公

远程医疗是指以远程通信技术、计算机技术、遥感技术、遥测技术、遥控技术等为依托，充分发挥大医院或专科医疗中心的医疗技术和医疗设备优势，对医疗条件较差的边远地区、海岛或舰船上的伤病员进行远距离诊断、治疗和咨询。5G 的高带宽、低延迟可以为远程医疗中的医疗资源协调、远程问诊、远程手术等提供有力的技术支持。

除远程医疗外，5G 在远程办公、远程教育、远程会议等多种远程场景（见图 6-33）中也发挥着越来越重要的作用，并在很大程度上改善了当今社会因地域带来的一系列社会问题。未来，5G 将持续为我国数字经济的发展和社会数字化转型注入强劲动力。

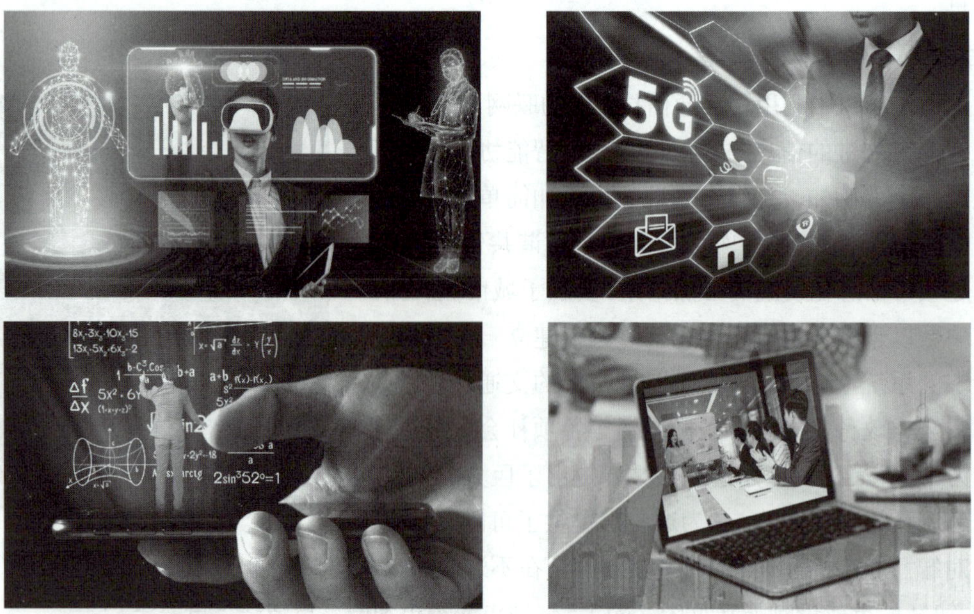

图 6-33　5G 助推多种远程场景

4. 沉浸式娱乐

超高清视频、虚拟现实（virtual reality，VR）、增强现实（augmented reality，AR）、云游戏等沉浸式娱乐应用可带给用户前所未有的极致娱乐体验，但这些娱乐应用对带宽和延迟的要求较高，4G 的带宽大大制约了这些应用的发展。而在 5G 时代，这些娱乐应用都将得到实现，彻底颠覆人们的娱乐方式，如图 6-34 所示。

图 6-34 5G 打造沉浸式娱乐体验

除上述应用场景外，前面提到的物联网、人工智能等新一代信息技术在发展中所遇到的一系列问题，都有可能在 5G 时代迎刃而解。因此，可以说这些新一代信息技术是相互促进、相互催化的。未来，这些信息技术将共同为人类社会描绘一幅“科技改变生活”的美好画卷，使我们的生活更加美好。

实践探索——感受 5G 的应用和发展

自 2019 年商用至今，我国的 5G 事业发展迅猛。但由于尚未形成相匹配的新一代应用生态，5G 目前还未真正融入人们的衣食住行之中，广大民众尚且无法建立对 5G 具体的认知，甚至有人提出，5G 除了网速快一点以外，和 4G 并没有什么区别。

事实上，在 2013 年 4G 商用之际，网络上就有人提出“4G 的出现并没有改变什么”的观点。然而，短短数年间，移动支付、网上购物、外卖、健康码、共享单车等都给我们的生活带来了翻天覆地的变化，而这些新兴事物背后的技术就是 4G。新技术在诞生之初也许无法立刻发挥威力，但其所具有的潜力却值得我们拭目以待。请扫描二维码观看视频，感受 5G 的应用，畅想在不远的将来，5G 将会为人们生活带来怎样的发展。

扫一扫

感受 5G 的应用和发展

项目总结

在人类文明的发展历程中，关键技术的进步起着至关重要的作用。蒸汽机带人类驶入工业时代，发电机将人类领入电气时代，计算机和互联网助人类步入信息时代。如今，以物联网、人工智能、区块链、量子信息、5G 为代表的新一代信息技术或将成为人类下一次科技革命的关键技术，推动人类文明迈入新的纪元。

随着物联网技术的不断发展，物联网时代已经到来。它在传统互联网的基础上更进一步，实现了“万物互联”。在不远的将来，物联网将会使科技与生活的融合更加充分，联系更加紧密，我们的生活必将越来越美好。

人工智能（AI）是对人的意识和思维过程的模拟，生物特征识别、自然语言处理、语音识别和机器学习等都属于人工智能的关键技术。它可以帮助各行各业提高生产效率，更加符合人们的生活节奏和需求；也能为技术和工具赋能，让载体更加智能化，实现更强大的功能。

作为比特币这一风靡全球的电子加密货币的底层支撑技术，区块链近年来成为各国关注的焦点。人们希望以区块链为基础设施，建立准入门槛低、社会交易成本低的价值互联网，并在金融服务、征信和权属管理、资源共享、贸易管理和物联网领域广泛应用区块链。

量子信息是量子力学与信息技术相结合的新型技术，其两大主要研究领域是量子通信和量子计算。其中，量子通信可利用量子力学基本原理，实现无条件安全的通信。量子计算的目的是研制出运算能力是电子计算机上万乃至上亿倍的量子计算机。目前，我国的量子信息科研水平已走在世界前列。

5G 即第五代移动通信技术，它是当前最新一代的移动通信技术，被誉为全球产业升级的颠覆性起点。2019 年，5G 在我国正式商用，我国成为世界上第一批 5G 商用的国家之一。截至 2021 年，我国已初步建成了全球最大规模的 5G 移动网络，5G 已来，未来已来！

近年来，随着综合国力的不断提升，我国的新一代信息技术研究捷报频传，成绩斐然。这一方面要归功于我国科研人员的不懈努力，另一方面，也是党和政府“科教兴国”战略的累累硕果。同样，这些科技成果激励着我们，作为新时代的青年，应当坚定理想信念，树立奋斗意识，为实现中华民族伟大复兴的中国梦不懈奋斗。

项目七 信息素养与社会责任

项目导读

信息素养与社会责任是指在信息技术领域，通过对信息行业相关知识的了解，内化形成的职业素养和行为自律能力。信息素养与社会责任对个人在各自行业内的发展起着重要作用。本项目就来学习信息素养、信息技术发展历程、信息安全、信息伦理与职业行为规范等内容。

知识目标

了解信息素养的基本概念及主要要素，了解信息技术的发展历程，了解信息安全的基本概念和相关法律法规，了解个人在不同行业发展的共性途径和工作方法。

能力目标

能够清晰描述信息技术在各领域的典型应用，能认识到信息伦理失范行为对信息社会的不良影响，并能有效辨别虚假信息。

思政目标

从知名企业的兴衰变化过程中领悟成功经验和失败教训，自觉树立正确的职业理念；自觉遵守相关法律法规及道德与伦理准则，提高参与信息社会的责任感与行为能力，为就业和未来发展奠定基础。

任务一 了解信息素养

任务解读

2001 年，美国教育技术 CEO 论坛提出，21 世纪的能力素养包括基本学习技能（即读、写、算）、信息素养、创新思维能力、人际交往与合作精神和实践能力。信息素养作为其中重要的要素之一，已成为衡量当代人才素质水平的重要标准。

在本任务中，我们先来感受身边的信息，然后一起来了解信息素养的相关知识。

体验探究——感受身边的信息

我们生活在充满信息的世界里，在现代社会中，信息像空气和水一样重要。人们每天通过接收和传递各种各样的信息，来不断认识新事物、学习新知识，同时也在交流思想、沟通感情。

早上，准时响起的闹铃把我们从梦中叫醒，电视上播放的早间新闻告诉我们昨晚今晨发生的大事，以及交通状况、气象预报等生活信息；上学路上，路边的桃花开了，告诉我们美好的春天到来了；课堂上，老师借助数字化的教学资源为我们讲授知识；做作业时，不时需要在网上查阅相关资料……由此可见，在信息社会中，信息无处不在、无时不在（见图 7-1），而身处信息社会的我们，必须具备一定的信息素养，学会获取、理解、筛选和识别信息，从而更好地利用信息。

图 7-1 身边的信息

课堂互动

你认为什么是信息素养？请和同学们分组进行讨论。

必备知识

素养是指一个人在工作学习、待人接物、为人处世等方面展现出的能力和水平。它与能力相伴而生，这是因为素养是为提高自身能力进行学习而得到的，而能力则是素养的具体表现。因此，一个人素养的高低，很大程度上决定了其成功可能性的大小。那么，信息素养又是什么呢？

一、信息素养的提出和发展

信息素养（information literacy，IL）的概念脱胎于图书馆素养（library literacy）。在信息社会到来之前，图书馆是人们获取信息的主要来源。由于图书馆中的藏书众多（见图 7-2），读者想要快速获取信息，就必须掌握高效利用图书馆信息资源的方法。为此，图书馆会针对读者定期开展文献检索技能培训和教育，而图书馆素养，就是读者在经过图书馆培训后具备的素养。

图 7-2　藏书众多的图书馆

随着信息技术的发展，信息化成了社会发展的大趋势，人们不再局限于从图书馆中获取信息，图书馆素养也无法满足时代发展的需要。在此情形下，信息素养就应运而生了。

1974 年，美国信息产业协会主席保罗·泽考斯基最早提出了“信息素养”一词，并将其定义为“经培训后能在工作中运用信息的人即认为其具备了信息素养。他们可在掌握信息工具的使用及熟悉主要信息源的基础上，解决实际问题。”

1982 年，美国信息学家福斯特·霍顿将信息素养定义为“人们在处理问题和决策过程中，利用计算机对所需信息进行标识、存取的水平。”

1989 年，美国图书馆协会（American library association，ALA）下属的信息素养总统委员会在其年度报告中提出了接受度和使用度最广的信息素养定义：具备信息素养的人是能够敏锐察觉自身信息需求，并进行相应的信息检索、评估及有效利用所需信息的人。此外，这份年度报告还提出了“信息素养是信息社会中人的生存能力之一”这一重要观点。

1992 年，信息学家道伊尔（Doyle）在《信息素养全美论坛的总结报告》中将信息素养定义为“一个人从各种不同的信息源获取、评估及使用信息的能力”。

2003 年，联合国教科文组织在捷克共和国首都布拉格召开了国际信息素养专家会议。会议发表了著名的“布拉格宣言”，将信息素养定义为“确定、查找、评估、组织和有效地生产、使用和交流信息来解决问题的能力”。“布拉格宣言”还将信息素养界定为一种“终身学习的基本人权”。

2005 年，联合国教科文组织在埃及亚历山大城召开了国际高级信息素养和终身学习研讨会。会议发表了著名的“亚历山大宣言”，宣称“信息素养和终身学习是信息社会的灯塔，照亮了信息社会发展、繁荣和走向自由之路”。

2015 年，美国大学与研究图书馆协会（ACRL）理事会发布了《高等教育信息素养框架》，该文件对信息素养的定义为“信息素养是一种综合能力，包括批判性地发现信息，了解信息的产生和评价，以及如何使用信息创造新的知识并合理地参与社区学习。”

不难看出，信息素养的概念并不是一成不变的，伴随着信息社会的发展，其内涵和外延在不断丰富。尽管如今的学术界对信息素养概念的界定尚未形成统一意见，但毫无疑问的是，信息素养涵盖人们获取、理解、评估、利用、交流和创造信息的全过程，涉及日常生活、学习、工作、娱乐的方方面面，是个人终身学习、信息技术发展、学习型社会建设、创新型人才培养的重要基础，信息素养教育也会在今后的素质教育中扮演越来越重要的角色。

二、信息素养的主要要素

扫一扫

信息素养的主要要素

作为人们适应信息社会生活的必备素养，信息素养主要包括信息意识、信息知识、信息能力和信息伦理四大主要要素。

1. 信息意识

信息意识是信息素养的前提，它是指个体对信息的敏感度和对信息价值的判断力。一个具备信息意识的人，能够根据解决问题的需要，自觉、主动地寻求恰当的方式获取与处理信息；能够敏锐感觉到信息的变化，分析数据中所承载的信息，采用有效策略对信息来源的可靠性、内容的准确性、指向的目的性做出合理判断，对信息可能产生的影响进行预期分析，为解决问题提供参考；在合作解决问题的过程中，愿意与团队成员共享信息，实现信息的更大价值。

2. 信息知识

信息知识是信息素养的基础，包括信息的特点与类型、信息交流和传播的基本规律与方式、信息的功用及效应、信息检索等方面的知识。信息知识不仅能改变一个人的知识体系和认知结构，还能升华和优化其原先学到的专业知识，使这些知识发挥出更大的作用。

3. 信息能力

信息能力是信息素养的保证，也是信息素养最重要的要素。在信息社会中，几乎做任何事都需要信息能力。一般来说，核心的信息能力包括信息发现能力、信息检索能力、信息组织能力、信息分析能力和信息评价能力，体现在对信息的获取、理解、评估、利用、交流和创造等过程中。一个具备信息能力的人，能根据自身的信息意识和信息知识，熟练地应用各种信息技术工具（如搜索引擎），在海量信息中迅速获取自己所需的信息，并可利用现有信息创造出新信息。

4. 信息伦理

信息伦理是信息素养的准则，它是指人们在从事信息活动时需要遵守的信息道德准则和需要承担的信息社会责任。信息伦理要求我们具有一定的信息意识、知识与能力，遵守信息相关的法律法规，信守信息社会的道德与伦理准则，在现实空间和虚拟空间中遵守公共规范，既能有效维护信息活动中个人的合法权益，又能积极维护他人合法权益和公共信息安全。

在信息素养的四大主要要素中，信息意识和信息知识是一个人具备信息能力和遵守信息伦理的前提与基础，信息能力是信息意识和信息知识的具体体现，也是衡量一个人信息素养高低的重要标准，而信息伦理则是保障信息安全的重要依据。

实践探索——评价自己的信息素养

在日常生活中，信息素养高的人往往可以根据自身需求快速、准确地找到所需信息，并利用信息解决实际问题。请根据自身习惯，回答下列测试问题，并根据测试结果评价自己的信息素养。

“五一”劳动节就要到了，你们全家打算在小长假外出旅游，为了替爸爸妈妈分忧，你自告奋勇地揽下了这次出游的规划工作。由于这次旅游经费有限，且你平时还要上学，只能利用课余时间来进行规划，可谓时间紧、任务重。

（1）妈妈说，她想去一个云雾缭绕、空气清新的地方；爸爸说，他想去一个峰峦叠翠、壁险谷幽的地方；姐姐说，她想去一个鸟语花香、小溪潺潺的地方。为了满足家人的需求，你会通过（　　）的方式确定理想的旅游目的地。

A. 向班上爱旅游的同学打听

B．打电话向旅行社工作人员询问

C．上网查阅相关资料

（2）最终，你将湖南张家界确定为本次的旅游目的地，家人都十分满意。接下来，需要先为家人购买往返的高铁票，你会选择（　　）的购票方式。

A．连夜去高铁站排队

B．致电 114 查询离家最近的车票代售点

C．登录 12306 官网

（3）张家界的景点较多，你们时间有限，无法把所有景点都游玩一遍。因此，搞定高铁票后，你决定计划出行路线。那么，你会选择（　　）的方式选择要游玩的景点。

A．去图书馆查阅相关资料

B．为全家报一个旅行社

C．到旅游点评网站上查看相关攻略

（4）确定出行路线后，你很担心到时候天气不好。此时，你会选择（　　）的方式了解“五一”期间张家界的天气情况。

A．骑自行车去本市气象站咨询

B．登录中央气象台官方网站查询

C．用手机上的天气 App 查询

（5）除了天气外，你发现想要让游览更有趣味性，还需要景点讲解服务。那么，你会选择（　　）为你提供服务。

A．当地居民

B．本地导游

C．当地旅游局开发的语音导游 App

（6）搞定讲解服务后，你想在当地的酒店为家人预订房间，但你不确定酒店是否已经订满。此时，你会通过（　　）的方式了解当地酒店的预订情况。

A．打电话给当地酒店挨个询问

B．在网络论坛上求助当地网友

C．在手机上下载预订酒店的 App 查询

（7）你发现了几家还有空房的酒店，但它们的价格相差很大。你既想省钱，又怕贪便宜订的酒店环境不好，影响家人的心情，因此十分纠结。此时，你会选择（　　）的方式挑选性价比最高的酒店。

A．将酒店按价格从低到高排列，选择其中价格居中的酒店

B．到旅游论坛上查找“驴友”们关于住酒店的攻略

C．根据点评网站上的评分为酒店排序，从中选择价格较低、评分较高的酒店

（8）预订酒店后，你还想到时和家人一起尝尝当地的特色美食。但妈妈和姐姐不能吃辣，爸爸不爱吃酸的。为此，你会通过（　　）的方式寻找符合全家人口味的美食。

A．订阅当地的美食杂志

B．在短视频 App 上查看当地美食攻略

C．通过搜索引擎输入关键词搜索

（9）你的同学们听说你要外出旅游后，十分高兴，想让你到时候拍摄一些张家界景色优美的照片并分享给他们。那么，你会采用（　　）的方式与同学们分享照片。

A．购买一部胶卷相机，将照片洗出来分给同学们

B. 购买一部数码相机，将照片打印出来分给同学们

C. 用手机拍摄照片，并将照片发到朋友圈中

（10）为了避免当日景点的门票售罄，你会采用（　　）的方式提前预订景点的门票。

A. 高价购买“黄牛”票

B. 委托当地网友代买

C. 在景点官方网站或官方 App 上订购

上述各题中，选 A 得 2 分，选 B 得 3 分，选 C 得 5 分。得分在 30 分以下的同学，信息素养水平一般，需要加强对信息素养的培养；得分在 31 分～45 分之间的同学，信息素养水平较高，但仍有进步的空间；得分在 45 分以上的同学，具备良好的信息素养。

任务二　了解信息技术

任务解读

在经历农业社会和工业社会之后，如今的人类社会已步入信息社会。在信息社会中，人们利用信息技术参与社会生活，加快了全球范围内的知识更新和技术创新，形成了一个全新的社会环境。

在本任务中，我们先来体验自动售货机购物，然后来了解信息技术的发展历程，熟悉信息技术在当今社会中的典型应用，体会信息技术对人类社会发展的影响，提升我们在信息社会中的适应力和创造力。

体验探究——体验自动售货机购物

信息技术极大地改变了我们的生活，为我们提供了很多便利。例如，扫码乘坐公交车、移动支付、网上购物……下面通过体验自动售货机购物来感受信息技术为人们的日常消费方式带来的便利。

步骤 1▶ 找一台自动售货机，通过按商品下方对应的按钮选择想要购买的商品，如图 7-3 所示。此时，自动售货机右上角的显示屏上会显示刚才选择的商品信息，并要求用户根据提示完成支付。

步骤 2▶ 在自动售货机显示屏右下角选择支付方式，如选择“微信”，然后用手机微信扫描自动售货机显示屏中出现的二维码，如图 7-4 所示。

图 7-3　选择要购买的商品

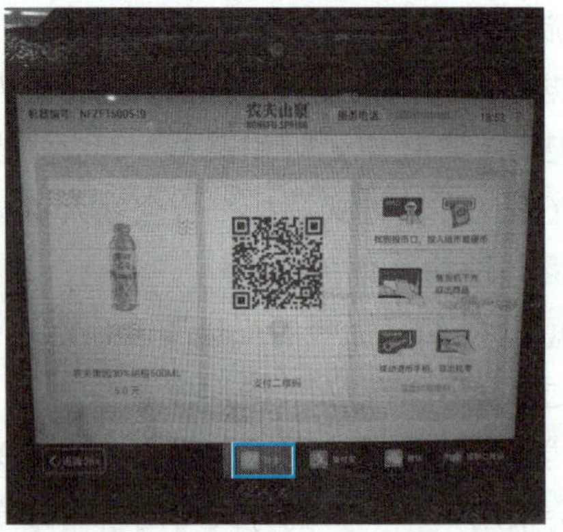

图 7-4　用微信扫描二维码

步骤 3▶ 手机微信上会出现商品信息和支付界面，点击“立即支付”按钮，在出现的界面中输入支付密码，如图 7-5 所示。

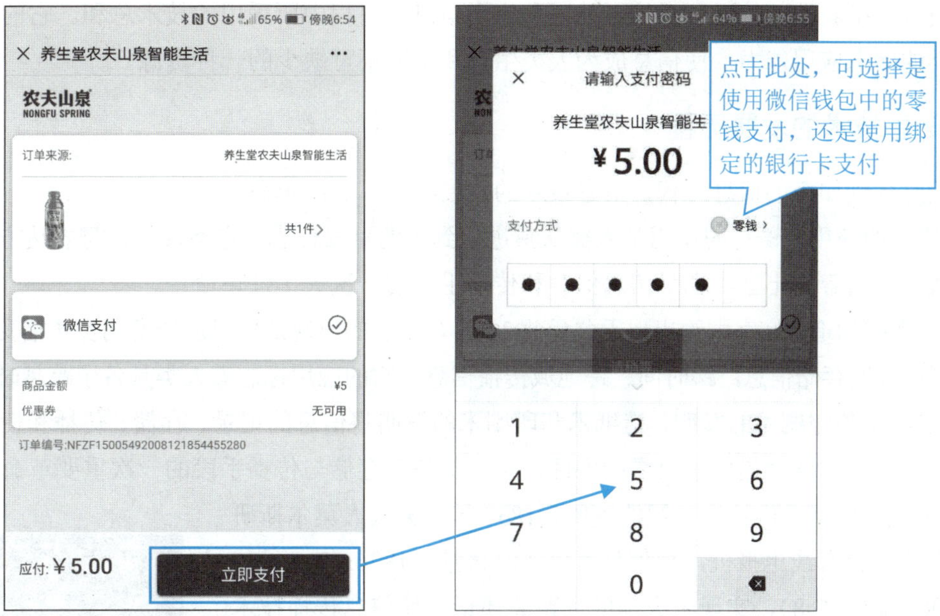

图 7-5 微信支付过程

步骤 4▶ 此时，微信上会出现支付成功界面，并收到购买成功信息，如图 7-6 所示。

步骤 5▶ 自动售货机底部的取货口中会掉落已购买的商品，掀开透明挡板，取出商品即可，如图 7-7 所示。

图 7-6 支付成功信息

图 7-7 取出商品

必备知识

信息技术是指获取、传递、存储、处理和应用信息的过程中所采用的技术总和。它的研究与发展，极大地提高了人类的信息应用能力，使信息成为人类生存和发展不可缺少的一种资源。

一、信息技术的发展历程

从原始时代到如今的信息时代，信息技术的发展经历了 5 次革命。

（1）语言的使用。语言的使用是人类从猿进化到人的重要标志，它不仅是信息表达方式的突破，使人类的思想与感情交流内容更丰富，也是信息保存和传播手段的一次关键性革命。

（2）文字的创造。文字大约出现于公元前 3 500 年。它的出现是信息从语音同步传播变为视觉异步传播的过程。文字可以长期存储信息，跨时间、跨地域传播信息，它的应用标志着人类具备了跨越时空传播信息的能力。

（3）造纸术和印刷术的发明。造纸术和印刷术的发明将信息的记录、存储、传播和使用扩大到更广阔的空间，为信息的积累和传播提供了可靠的保证，是人类信息存储与传播手段的一次重要革命。

（4）电报、电话、广播和电视的发明。1837 年，美国人莫尔斯研制了世界上第一台有线电报机，使信息可以实时传播。1876 年，贝尔发明了电话（见图 7-8），实现了人类的远距离通话，使信息传播技术有了更大的发展。广播、电视的出现与发展则打破了信息交流的时空界限，提高了信息传播效率，是信息存储和传播的又一次重要革命。

图 7-8　贝尔发明了电话

（5）计算机技术与现代通信技术的普及。为了更高效地存储、处理、传播信息，计算机技术与现代通信技术相继出现并迅速普及。它们对人类社会产生了空前的影响，使信息数字化成为可能，信息产业应运而生。

每一次信息技术的进步都会给人类社会带来翻天覆地的变化。不仅如此，信息技术的进步还会给个人带来前所未有的重大机遇。纵观信息技术的发展史，在每次技术变革来临之际，都不乏一群拥有远见卓识的人预见信息技术的发展趋势，并牢牢把握住机遇，成就一番事业。如今，信息技术仍然在飞速发展，相信在不远的将来，信息技术必将再一次谱写人类文明的崭新一页，也会有新一批时代的佼佼者们站在时代洪流的浪潮之巅，创造出属于自己的传奇。

知识链接

从如日中天到江河日下——“互联网活化石”Yahoo！的“罗曼蒂克消亡史”

提起 Yahoo！（以下简称“雅虎”，见图 7-9），很多年轻的互联网用户可能会觉得陌生，但在 20 世纪 90 年代，这个名字就是互联网的代名词。

yahoo!

图 7-9　Yahoo！的 logo

1994 年，互联网尚处于方兴未艾之际，美国斯坦福大学的学生杨致远看到了内容分类的潜在需求，与好友大卫·费罗共同创立了全球第一家提供互联网分类检索服务的网站——雅虎。由于走在了当时信息技术发展的前沿，雅虎取得了巨大的成功：上线仅仅数月，雅虎的日访问量就突破了百万；2000 年，雅虎市值一度达到 1 280 亿美元，成了当时全球最大的互联网公司，媒体称其为“互联网奇迹”。可到了 2016 年，美国的拜仁公司仅用 48 亿美元就收购了雅虎的核心业务，这昭示着堪称“互联网活化石”的雅虎走到了历史的尽头。

纵观雅虎的发展历程，其失败离不开以下几个原因。

（1）故步自封。雅虎的核心商业模式是以门户网站的形式为用户提供免费的互联网信息服务，并凭借汇聚的庞大流量吸引广告实现盈利。在网站信息的整理上，雅虎侧重于人工方式，不肯使用个性化推荐算法。在雅虎创立初期的 web 1.0 时代，互联网上的信息相对较少，这种信息整理模式可帮助用户快速获取高质量的信息，因此大受欢迎；但到了 web 2.0 时代，互联网上的信息呈现爆炸性增长，比起内容千篇一律的门户网站，用户更偏爱使用精准化的搜索引擎和个性化的社交网站来获取信息，雅虎虽看到了市场趋势的变化，却仍然固守原有的信息服务和整理模式，这导致雅虎的用户大量流失，自身也走上了由盛转衰的不归路。

（2）大而不精。鼎盛时期的雅虎曾将业务范围扩展得非常广，几乎涵盖了互联网所有的领域，成了用户访问互联网的“必经之路”。然而，庞大的业务体系虽然大大提高了雅虎的知名度，却也使其业务大而不精，尾大不掉。到最后，雅虎几乎拿不出一款具有竞争力的、不可替代的产品，只得眼睁睁看着自身庞大的用户群体被市场上的同类产品瓜分殆尽。

（3）优柔寡断。信息技术的发展日新月异，只有始终着眼未来，抓住机遇，果断出击，才能不被时代抛弃。然而，雅虎在机会面前却总是优柔寡断，举棋不定。例如，雅虎曾有机会收购 Google、Facebook 和 YouTube，但管理层却因为犹豫不决而一次次错失良机，与这些未来的互联网巨头失之交臂。最终，这些后起之秀将雅虎的市场份额逐步蚕食，雅虎也与这些企业所代表的 web 2.0 和移动互联网时代擦肩而过。

（4）定位模糊。“互联网奇迹”雅虎的发展速度之快在整个信息技术发展史上都相当罕见。然而，迅速崛起的雅虎却始终在自己的企业定位上摇摆不定。从核心商业模式来看，雅虎的本质是一家创新型的信息技术企业，但雅虎却始终以内容生产者和整理者自居，将自身定位成一家媒体公司。模糊的市场定位使雅虎将全部精力放在了内容生产和媒体品牌的打造上，却迟迟没能在核心技术上发力，直到 Google 以势不可挡的姿态称霸互联网时，雅虎才意识到走了弯路，但此时早就大局已定，为时已晚。

课堂互动

雅虎的发展历程带给你哪些启示？请总结雅虎前期的成功经验和后期的失败教训，并与身边的同学讨论这些经验教训对你们今后树立正确的职业理念有什么帮助。

二、信息技术的典型应用

目前，信息技术日益渗透到交通出行、商业、医疗、科技、教育教学、工业、农业、军事等领域，不断推动着人类社会的发展。

1. 信息技术使交通出行更加便捷

如今，随着信息技术的发展而涌现出的各类信息服务系统和信息终端使得人们的交通出行越来越便捷。例如，利用购票网站，可以方便地购买火车票、飞机票等；利用电子地图，可以获取公交、地铁等出行路线；利用网约车，可以享受个性化的优质出行服务；利用导航软件，可以进行实时导航，并了解实时路况信息。

除个人出行外，信息技术在交通管理中的应用也非常普遍。在现代交通运输系统中，管理机构与运营中的汽车、火车、轮船、飞机之间可以及时互通消息；利用全球卫星定位系统，可以为飞机、轮船等交通工具制定航线；城市交通管理部门可以利用交通管理系统及时、准确、高效地完成监控路况与交通流量、管理灯光信号、发现交通事故、记录违章行为等各种任务。

知识链接

北斗卫星导航系统（BeiDou navigation satellite system，BDS）是我国自行研制的全球卫星导航系统，也是继美国的全球定位系统（global positioning system，GPS）、俄罗斯的格洛纳斯（global navigation satellite system，GLONASS）之后第 3 个成熟的卫星导航系统。2020 年 7 月 31 日上午，北斗三号全球卫星导航系统正式开通。

北斗卫星导航系统可以在全球范围内全天候、全天时为各类用户提供高精度、高可靠定位、导航、授时服务，已广泛应用于交通运输、海洋渔业、水文监测、气象预报、测绘地理信息、森林防火、通信系统、电力调度、救灾减灾、应急搜救等领域。未来，北斗卫星导航系统将在人类社会生产和生活的方方面面发挥更重要的作用，为全球经济和社会发展注入新的活力。

扫一扫

北斗卫星导航系统

2. 信息技术改变消费方式

信息技术在商业中的应用也深入到了各个方面。例如，在超市购物时，收银员只需用读码器扫描物品的条码，就可以自动计算应付款额（见图 7-10）；结算付款时，客户只需使用手机客户端扫描二维码，便可实现与商家账户的支付结算（见图 7-11）；日常生活中，通过网上银行或移动支付服务，可以实现水费、电费、燃气费、物业费缴纳（见图 7-12），以及一卡通充值、信用卡还款等活动。

图 7-10　扫码结算

图 7-11　扫码支付

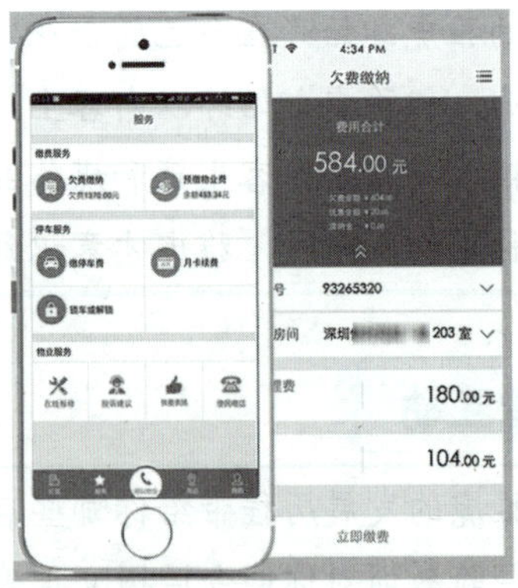

图 7-12　在线缴费

3. 信息技术与医疗领域深度融合

信息技术在医疗领域也得到了广泛应用。例如，CT、超声成像、心电图、脑电图等先进的检测技术，为疾病的诊断提供了依据；电子病历为医生提供了更加规范的综合信息，便于医生快速做出诊断；利用通信网络，可以将患者的病历信息发送给医疗专家，以便共同商讨给出诊断和治疗方案（见图 7-13）；利用信息技术进行药品的药性、成品的分析与化验等，可以更加快速、准确地得出结论。

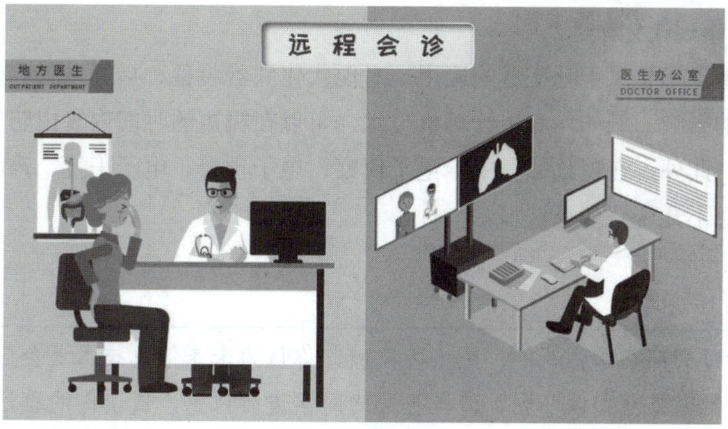

图 7-13　专家远程会诊

4. 信息技术助力工农业发展

工业机器人是工业现代化的典型应用场景，利用它代替人类完成很多繁重、重复或者毫无意义的流程性作业，可以解放劳动力、提高工作效率。例如，焊接机器人在汽车制造行业应用最为广泛，它在焊接难度、焊接数量、焊接质量等方面有着人工焊接无法比拟的优势。

信息技术在农业中的应用也日益深入，涉及农情监测、智能灌溉、农业设施生产制造、病虫害监测与防治、农产品销售与流通等方面。例如，利用遥感技术，可以收集地面上的植物、土壤分布信息，实时监控空气和土壤的温度、湿度及光照强度等参数，了解农作物的长势和病虫害信息等。

5. 信息技术推动科技进步

信息技术的发展与应用改善了科研条件，帮助科研人员不断提高科研工作效率，提升自主创新能力，为科技进步创造了条件。例如，我国自行研制的“神舟十一号”飞船（见图 7-14）成功完成了一系列空间科学实验和技术试验；我国具有完全自主知识产权的“复兴号”动车组列车（见图 7-15）试验时速可达 400 公里，它的成功研制和生产标志着我国铁路成套技术装备特别是高速动车组已经走在世界前列。在这些科技创新和进步的背后，虚拟仿真、人机交互、大数据分析、人工智能、3D 打印等信息技术为高速运算、海量存储、智能控制等提供了有力支撑。

图 7-14　“神州十一号”飞船

图 7-15　“复兴号”动车组列车

6. 信息技术助力教育教学创新

信息技术从根本上改变了教与学的方式。借助信息技术，教师可利用各种信息工具开展生动的教学活动，引导学生主动思考和学习；学生也可以根据需要和兴趣，选择辅助学习软件进行个性化学习。此外，网络课程、远程教育等教学形式的普及，打破了时间、空间，甚至是年龄的限制，使终身学习成为可能。

7. 信息技术助推军事现代化

信息技术在军事领域也得到了十分广泛的应用，对现代化武器装备、指挥方式、作战形式、军队结构及战略战术等都产生了巨大的影响。例如，利用计算机技术，可以在极短的时间内算出防空导弹的发射参数，并指挥导弹攻击入侵的敌机。此外，在现代战争中，电子侦察、电子预警、电子干扰、声呐探测、雷达系统、红外瞄准与夜视装置等，都离不开现代信息技术。

课堂互动

信息技术领域每时每刻都在孕育新的、更大的突破，你认为未来信息技术还会应用到哪些领域？信息技术又会给我们未来的生活带来哪些改变呢？请与身边的同学进行讨论，谈谈你的看法。

实践探索——体验网约车出行服务

随着移动互联网、卫星定位系统等信息技术的发展，出现了一种新型出行模式——网络预约出租车（简称“网约车”）。它以互联网技术为依托构建服务平台，接入符合条件的车辆和驾驶员，通过整合供需信息，为用户提供预约出行服务。

网约车利用卫星定位系统采集乘客和司机的位置信息，乘客只需在乘客端 App 上输入目的地，即可发出用车需求信息。网约车司机使用司机端 App 可以方便地获得附近的用车需求信息，做出应答，并根据定位信息准确找到乘客。司机接单后，乘客可以在手机终端清楚地看到司机及车辆信息，还能与司机即时通信。行程结束后，乘客可以线上支付账单并对司机的服务进行评价。

网约车出行服务的流程如图 7-16 所示，同学们可以找机会体验一下，感受信息技术为我们日常生活带来的便利。

（a）乘客发出用车需求信息

（b）司机做出应答

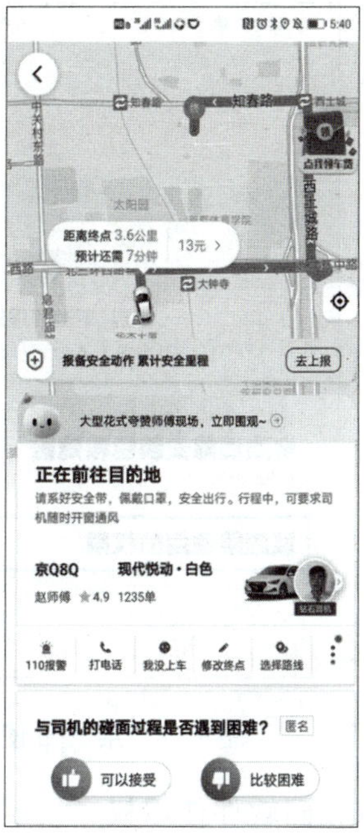

（c）行程进行中

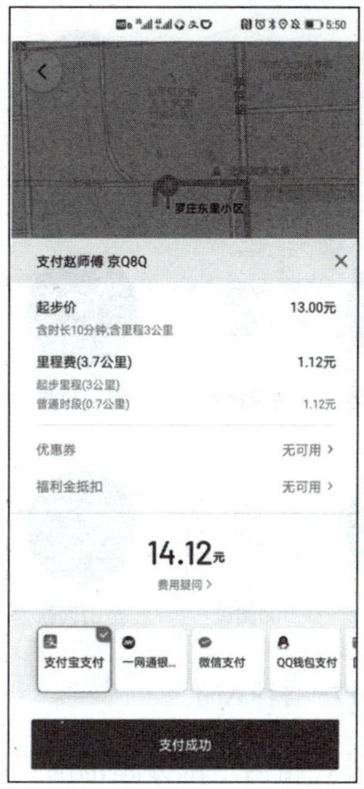

（d）线上支付账单

图 7-16　网约车服务流程

任务三　了解信息安全

任务解读

信息安全问题一直是互联网的"顽疾"。信息安全不仅意味着个人的隐私安全，更意味着经济、社会、国防等国家层面的安全。因此，面对这一"顽疾"，政府和公民必须齐心协力，从观念、意识、法律、制度、标准、技术等多方面入手，"切要害""开处方""下猛药"，共同解决信息安全问题。

在本任务中，我们一起来了解信息安全的概念、目标、特征及相关法律法规等知识，掌握信息伦理知识和有效辨别虚假信息的方法，以及信息行业对从业者职业行为自律的要求。

体验探究——调研 App 违法违规收集使用个人信息现状及治理情况

如今，智能手机已经成为人们生活中不可缺少的一部分。通过智能手机，用户只需安装各种 App（见图 7-17），即可获取相应的网络服务。但是，用户在享受移动互联网快速发展带来的各种便利时，App 强制授权、过度索权、超范围收集个人信息的现象大量存在，违法违规使用个人信息的问题十分突出。例如，某 App 要使用的权限竟高达 47 项之多，如图 7-18 所示。

图 7-17　各种 App

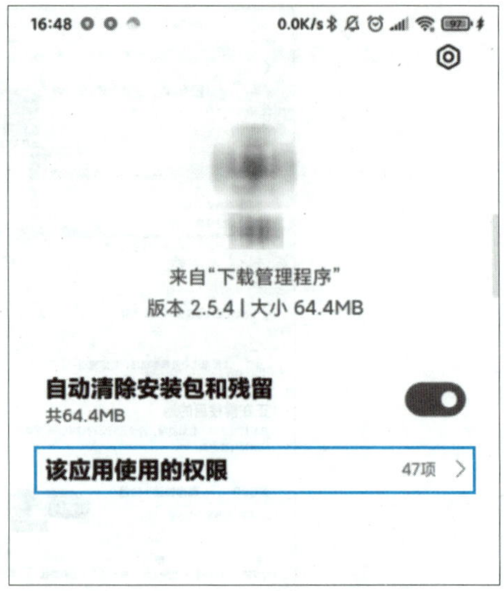

图 7-18　某 App 使用的权限

除用户自愿授权外，相当一部分超范围权限是 App 运营者以收回软件使用权、权限捆绑等手段变相强迫用户授权获取的，有些甚至是在用户不知情的情况下获取的。App 违法违规收集使用个人信息的行为不禁令人担忧：一旦个人信息遭到泄露，用户的信息安全必将受到严重威胁。就目前的情形来看，这种担忧恐怕已成现实。

2018 年 8 月 29 日，中国消费者协会发布了《App 个人信息泄露情况调查报告》（以下简称《报告》）。《报告》显示，我国个人信息泄露总体情况比较严重：在共计 5 458 份有效问卷中，遇到过个人信息泄露情况的人数占比为 85.2%，没有遇到过个人信息泄露情况的人数占比为 14.8%。在个人信息泄露后，约 86.5%的受访者曾遭遇推销电话或短信的骚扰，约 75.0%的受访者曾接到诈骗电话，约 63.4%的受访者曾收到垃圾邮件，排名位居前三位。《报告》还披露，App 运营者未经授权收集个人信息（见图 7-19）和故意泄露信息是个人信息泄露的主要途径。

扫一扫

App 专项治理

《报告》一经发布，引起了社会各界的广泛关注。2019 年 1 月 25 日，中央网信办会同工业和信息化部、公安部、市场监管总局联合发布了《关于开展 App 违法违规收集使用个人信息专项治理的公告》，宣布正式开展 App 违法违规收集使用个人信息行为的专项治理工作，如图 7-20 所示。

自全国范围内开展工作以来，App 违法违规收集使用个人信息专项治理成效显著：开设了“App 个人信息举报”公众号以受理公众的举报信息，截至 2019 年 12 月，共受理了 1.2 万余条网民有效举报信息，核验了 2 300 余款问题 App；组织了 14 家专业评估机构对 1 000 余款常用重点 App 进行了深度评估，对于违法违规收集使用用户信息并出现问题的，责令 App 运营者限期整改，逾期不改的公开曝光，情节严重的，依法暂停相关业务、停业整顿、吊销相关业务许可证或者吊销营业执照。

此外，政府各部门积极采取措施，制定、颁布、出台了一系列个人隐私安全和隐私保护相关法律法规和制度规范。例如，2020 年 3 月，全国信息安全标准化技术委员会正式发布了《信息安全技术　个人信息安全规范》；2021 年 1 月 1 日，《中华人民共和国民法典》正式实施，专设了“隐私权和个人信息保护”章节；2021 年 9 月 1 日，《中华人民共和国数据安全法》正式实施。

评价个人能力素质的重要指标，它包括信息意识、信息知识、信息能力和信息伦理四大要素。作为新时代的公民，自觉提升信息素养，增强自身在信息社会的适应力与创造力，对个人发展、国力增强、社会变革有着十分重大的意义。

在信息社会中，信息安全与我们每个人的隐私、财产和身心健康都息息相关，作为新时代的公民，我们有必要了解一些信息安全的概念、目标、特征等基本知识和相关法律法规，充分认识到信息安全的重要意义，提高自身的信息安全意识。此外，我们还需要掌握信息伦理的相关知识，懂得如何有效地辨别虚假信息，并了解应当遵守的职业行为规范和个人在不同行业内发展的共性途径、工作方法。

参考文献

[1] 教育部考试中心编. 全国计算机等级考试一级教程. 计算机基础及 MS Office 应用：2021 年版 [M]. 北京：高等教育出版社，2021.

[2] 夏翼，马春红，王林浩. 信息技术（基础模块）[M]. 北京：航空工业出版社，2020.

[3] 张红，龙玉梅. 计算机应用基础（Windows 10+Office 2016）[M]. 北京：机械工业出版社，2019.

[4] 潘燕桃，肖鹏. 信息素养通识教程 [M]. 北京：高等教育出版社，2019.

[5] 丁韵梅，谭予星，张桥珍. 信息技术应用基础教程 [M]. 第 2 版. 北京：清华大学出版社，2019.

[6] 张卫民，郑建红. 走进物联网 [M]. 北京：机械工业出版社，2018.

[7] 任思颖，王明进，彭高丰. Office 2016 高效办公案例教程 [M]. 北京：航空工业出版社，2018.

[8] 徐岚. 信息检索实用教程 [M]. 第 2 版. 北京：化学工业出版社，2017.